怀疑论美学

颜翔林　著

商务印书馆
创于1897　The Commercial Press

2015年·北京

图书在版编目(CIP)数据

怀疑论美学 / 颜翔林著 . —北京：商务印书馆，2015
ISBN 978 - 7 - 100 - 11202 - 4

I. ①怀…　II. ①颜…　III. ①美学理论　IV. ① B83 - 0

中国版本图书馆 CIP 数据核字（2015）第 069918 号

怀疑论美学
颜翔林　著

商　务　印　书　馆　出　版
（北京王府井大街 36 号　邮政编码 100710）
商　务　印　书　馆　发　行
三河市尚艺印装有限公司印刷
ISBN 978 - 7 - 100 - 11202 - 4

2015 年 6 月第 1 版　　开本 640 × 960　1/16
2015 年 6 月北京第 1 次印刷　　印张 34 3/4

定价：90.00 元

2001 年国家社会科学基金项目

项目编号: 01ZXB047

修订本序言

该著2004年1月由上海人民出版社出版。此次由商务印书馆出版修订本，作者增补了若干章节和相关内容，对前著有所丰富，并重新校订了正文和引文，对某些参考文献作了更改。作者另一部著作《后形而上学美学》（中国社会科学出版社2010年版）与该著相互补充与印证。

颜翔林

2014年11月18凌晨于永嘉茶山

目 录

Table of Contents

前　言

传统形而上学坚定地信奉哲学和美学的活动，主要依凭于逻辑思辨和感觉经验，并以知识形式和认识方法作为其主导性结构，因而削弱了想象与智慧应有的地位和合法权力。承载东西方传统哲学的怀疑论（Skepticism）的相关观念和方法，置身于当今的文化背景和历史语境，以自我的沉默领悟和自由想象，笔者承接前人，提出怀疑论美学（Skeptic Aesthetics）的理论构想，旨在为当今中国的美学探究呈上一串孤寂的思想足迹。

怀疑论美学眷注于对东西方传统的美学理论予以存疑和否定，以提问（Question）的方式重新解答和诠释美与艺术的相关命题，以求寻觅到自我的话语，从而获得独白和对话的可能。怀疑论美学不满足于充当知识看守和学术鹦鹉的角色，而是以坚韧的思维努力和绝望的学术姿态，抗衡目前盛行的权威话语的压制，以哲学—美学一体化的思考，拓展一条通往充盈精神生机的荆棘之路。本论题的沉思与写作对美和艺术诸多问题进行互相关联的提问和回答，且“提问”的兴趣远远甚于“回答”。美和艺术没有设定一个彼岸世界的终点，它是一个精神无限可能性的敞开结构。因此，怀疑论美学悬搁了诸多问题，包括一些没有“意义”的虚假论题，以现象学“加括号”的存而不论的方式予以理性主义的冷漠对待。例如“艺术起源”和“艺术分类”问题。关于前者，阿多尔诺在《美学理论》中明确指出：“任何想把艺术的历史起源从本体论（Ontology）角度归入某种至高原则的企图，必然会在大量枝节问题迷失方向。”而对后者，克罗齐早就以其深邃的目光给予否定性解答。

怀疑论美学并非是单纯地依凭于主体的玄思和空想所虚构的美学体系，它的精神背景叠印着中国传统文化的古老血脉、庄子的诗性哲学、禅宗的美学智慧、西方古典的怀疑论观念和当代的现象学方法，诸种先贤和圣哲的思维方式和精神人格都被攫取为自己的思想之树的阳光和养分。在这种充分汲取东西方哲学和美学的思想资源的背景下，怀疑论美学致力于自我的生命直觉和想象力的开启，以提问和存疑的反思智慧选择了一条具有发现性的精神路径。然而，主体意志所向往的彼岸和实际抵达的地点必然存在着距离，撰写过程中的思路也在不断地选择与修正，“提问”的本身也意味着诞生新的疑问之可能，美学之路的绵延没有一个预料的终极。因此，怀疑论美学能够作为美学山麓中一个呈现微渺“意义”的思想枝叶就足以令我聊以自慰和感到审美快乐了。

美学（Aesthetics）成为自己倾心向往的乌托邦境界和沉醉迷狂的女神，它赋予内心的诗意冲动和审美享受为语言所无法叙述，它融化为自我生命的机体。理论思维具有自律和自虐的双重倾向，然而它赋予精神的欣悦和苦涩为局外者所无法分享，即使“为伊消得人憔悴”也让我无悔无怨。

诚挚地感谢复旦大学哲学系博士后流动站诸位硕儒给予我的宝贵赐教和启思，促使此课题得以顺畅完成。这份学术情感将会作为个人历史上永久的记忆和珍藏。

颜翔林

于 2001 年 5 月 13 日凌晨

2014 年 11 月 22 日晨曦中再审定

第一章　怀疑论美学的独白

第一节　从“沉默”开始

怀疑论美学是精神丛林的孤独者，它不奢望寻求现代意义上的心灵对话而沉迷倾听自我的独白。当 20 世纪的美学逐渐平息理性与非理性的喧嚣和骚动的历史时刻，它期待于世纪初的沉寂黄昏泅渡过一条通向诗意彼岸的纯粹意识的河流，因为它携带着一个澄明的和古典怀疑论者进行语言与心灵双重交谈的哲学抱负。心仪着这样一个哲学抱负，它的内心似乎既有着理性与逻辑的沉重，又有着想象与智慧的空灵。它必然地相信，古典的哲学圣人不仅会接纳一个现代的审美漂泊者和诗意流浪汉，更赋予它一种解构任何逻辑的意志冲动和悬置所有理论前提的美学勇气。它会凭借自我的“沉默”，寻找到古典怀疑论者所薪火相传的理性工具，并且将这一个精神遗产改造为适合于现代语境的表达方式。然而，怀疑论美学天生地禀赋着悲剧化的心理情绪，它必然扮演美学世界的唐·吉诃德的角色，以绝望的理论姿态去抗争主流的意识形态和美学霸权。其实，它清醒地知道这种抗争既没有思想的必要性也缺乏历史性的条件，甚至怀疑这种方式是否具有精神的价值与意义。于是，它选择“沉默”作为自我哲学的安身立命的方式。

然而，“沉默”在怀疑论美学的视野里，又不仅仅被看作为“无为”的理论姿态，是无可奈何的消极性策略，它却是理性主义的积极工具和提升为一种智慧化的哲学方法。怀疑论美学这里的“沉默”，不等同于维特根斯坦（Ludwig Wittgenstein，1889—1951）哲学意义上的“对于不能谈的事物就应当沉默”①的理论原则，而是回首到古典怀疑论哲学的“无言”（Aphasia）、“悬置判断”（Epoché/ Suspension of judgement）以及庄子的“悬解”、“坐忘”、“吾丧我”等思维境界，沉醉于对所有理论存在展开逻辑否定的解构性活动的美学化场景，由此遗忘种种先验的哲学前提并驱逐任何一种主观概念在自我心灵的存在，有意识地忽略若干被崇拜为“真理”的精神偶像。所以，怀疑论美学的“沉默”也可以视为向往着“没有前提”（Voraussetzungslos）的胡塞尔（E. Edmund Husserl，1859—1938）的现象学的哲学信念。犹如赫伯特·斯皮格伯格所言：“现象学是从沉默开始。只有那种当试图寻找对现象的恰当描述时面对现象体验到真正的困惑与挫折的人，才知道现象学的‘看’真正意味的是什么。”②与现象学的“沉默”存在差异的是，怀疑论美学的“沉默”不仅是现象学的“面向事物本身”（Zur ū ck zu den Sachen selbst）的无言运思，而且在这种理性的“沉默”过程里，它获得一种顽强的自由意志，那就是对于所有现存的理论礁石的撞击，即使这种粉碎自我的绝望撞击后所带来的悲剧性痛苦也是精神狂欢的审美快乐。

从工具论意义上，怀疑论美学的“沉默”精神期许之一是，它不依赖语言去乔装思想，而是以“沉默”去“思想”思想的本身。语言不仅充任它执行思想的工具，而且是自我生命的本体化之结

① 〔奥〕维特根斯坦:《逻辑哲学论》，郭英译，商务印书馆 1962 年版，第 97 页。

② 〔美〕赫伯特·斯皮格伯格:《现象学运动》，王炳文、张金言译，商务印书馆 1995 年版，第 935 页。

构。维特根斯坦说："哲学是以语言为手段对我们智性的蛊惑所做的斗争。"[①] 其实这仅仅包容了一半的合理内核。在怀疑论美学看来，语言如同古希腊神话里的两面神，它呈现着两副不同的面孔：一方面，语言是所谓"思想的直接现实"，依附着人类的工具意识；另一方面，语言永远是思想的碎片和心灵的幻象，语言所拥有的意义的表现性特权极其有限，也未必如海德格尔（Martin Heidegger，1889—1976）所声称的那样"语言是存在之家"，从而使语言获得了超越主体性存在的另一种神秘的本体论资格。怀疑论美学的"沉默"包含了精神的悖论，它既无奈地将思想支付给语言这位不可靠的"经纪人"，又保留着对语言这位不能信赖的精神同行者的理性警惕。可是，它仍然借助于语言的河流去漂浮思想的帆船，甚至渴望沉浸在自我制造的"语言的狂欢节"里而能够触摸到哲学心灵的边缘。只有在语言的万般无奈的境域里，它才可能以"沉默"的方式去体悟潜藏于精神湖泊的水面之下的意识流动。

面对美学历史的斑驳踪迹，怀疑论美学是"沉默"的拳击手，它以"沉默"抗击过去与现在的美学理论的压抑性势能，并还以理性主义的颜色。怀疑论美学天然地挑战于各色各样的美学理论，因此，"否定的辩证法"（Negation der Dialektik）被引申为自我的必然性的方法论选择之一。它在看似形式化的"沉默"的孤独途中，以个体的独白去回避社会化喧嚣，不留情面地嘲弄先验逻辑所构想的"真理的幻影"。它宣称美学的思辨原则"偶像的黄昏"的来临，它将精神的自我放逐途中的惊鸿一瞥的无言"独悟"看作是美学最高形式的方法论原则，而这恰恰契合于现象学的"本质直观"（Wesensschau）或"对

① 〔奥〕维特根斯坦：《哲学研究》，汤潮、范光棣译，生活·读书·新知三联书店 1992 年版，第 66 页。

本质的洞察”（*Weseneinsicht*）等方法。所以，在这种哲学意义上，怀疑论美学的“沉默”博取了反逻辑的思维筹码，而利用这个“筹码”它必然会和以往的美学进行一场知识与智慧的双重较量。

“沉默”乃是认识自我的一种精神方式。怀疑论美学希冀在美学殿堂的语言喧哗里倾听到自我的心声，而这种“沉默”的倾听，则是试图点亮烛照自我心灵的哲学灯火的坚韧努力。所以，认识自我被怀疑论美学确定为崇高的精神目标之一。在此，谨援引卡西尔（Ernst Cassirer，1874—1945）的《人论》卷首里这一段的精彩的话语，作为怀疑论美学的“沉默”方法的注释：

> 认识自我乃是哲学探究的最高目标——这看来是众所公认的。在各种不同哲学流派之间的一切争论中，这个目标始终未被改变和动摇过：它已被证明是阿基米德点，是一切思潮的牢固而不可动摇的中心。即使连最极端的怀疑论思想家也从不否认认识自我的可能性和必要性。他们怀疑一切关于事物本性的普遍原理，但是这种怀疑仅仅意味着去开启一种新的和更可靠的研究方式。在哲学史上，怀疑论往往只是一种坚定的人本主义的副本而已。借着否认和摧毁外部世界的客观确实性，怀疑论者希望把人的一切思想都投回到人本身的存在上来。怀疑论者宣称，认识自我乃是实现自我的第一条件。为了欢享真正的自由，我们就必须努力打破把我们与外部世界联结起来的锁链。蒙田写道：“世界上最重要的事情就是认识自我”。①

不得不钦佩这位文化哲学家对于怀疑论的睿智眼光，他是为数

① 〔德〕恩斯特·卡西尔：《人论》，甘阳译，上海译文出版社 1985 年版，第 3 页。

不多的揭示了怀疑论的思想精髓的哲学家之一。怀疑论美学的“沉默”乃是“自我思念”的出场，它期待于自我认识和自我理解，它依凭逻辑又超越逻辑，依凭知识又超越知识，依凭语言又超越语言，依凭经验又超越经验地对“自我”进行提问和想象、直觉和体验，所以它潜藏着一种不为人察的“自恋欲”（Narcissism），并直接地表白于公众而不必去像其他理论那样虽然秉有这种自恋情结却羞羞答答地遮掩。

“沉默”属于怀疑论美学的一种思维状态，它孕育着智慧的发现。因为它承袭了老庄哲学“大美不言”的思想箴言，承袭了禅宗“本性自有般若之智，自用智惠观照，不假文字”[①]的深刻信仰。它渴求“拈花微笑”的“沉默”境界，也向往海德格尔在《诗人哲学家》所标画的思想向度：

> 道路与思量，
> 阶梯与言说，
> 在独行中发现。
>
> 坚忍前行不息，
> 疑问与欠缺，
> 在你独行路上凝聚。[②]

怀疑论美学的“沉默”是在筹划一种生命存在的自我设问和自我体验，它把思考自我作为生命的主要样式，而在思考自我的途中品

① 慧能著，郭朋校释：《坛经校释》，中华书局2012年版，第66页。

② 〔德〕海德格尔：《诗·语言·思》，彭富春译，文化艺术出版社1991年版，第14页。

尝孤独者的快乐和苦涩。怀疑论美学的“沉默”，在某种程度上是对于胡塞尔的哲学态度的仰慕：“作为思维者的我的体验流，不论它尚未被把握到什么程度，不论在已逝去的和在前方的体验流领域内未被认知到什么程度，只要我在其现有实现前中注视着这个流动的生命，并因此把我自己把握为这个生命的纯主体（稍后本书将专论其含义），我就应该无条件地和必然地说：我存在着，这个生命存在着，我生存着：Cogito（我思着）。”[①]“沉默”于思想的过程是任何一种哲学或美学的幸福，怀疑论美学的“沉默”也许是一张永远无法兑现的精神幸福的期票，但是，在思的过程中它本身就获得了幸福的支付。

第二节 非法性和合理性

正像阿多尔诺（Theodor Wiesengrund Adorno，1903—1969）[②]所声称“否定的辩证法是一个蔑视传统的词组”[③]一样，怀疑论美学也是一个蔑视传统美学的词组。在哲学史上，怀疑论被排斥在主流话语之外，只能作为思想之河的边际而默守着自我的孤独。罗素在《西方哲学史》中声称：

> 应该指出，怀疑主义作为一种哲学来说，并不仅仅是怀疑而已，并且还可以称之为是武断的怀疑。科学家说：“我以为它是如此如此，但是我不能确定”。具有知识好奇心的人说：“我不知道它是怎样的，但是我希望能弄明白”。哲学的怀疑主义者

① 〔德〕胡塞尔：《纯粹现象学通论》，李幼蒸译，商务印书馆 1992 年版，第 127 页。

② Theodor W. Adorno（1903—1969），译为“阿多诺”或“阿多尔诺”，西方新马克思主义理论家。

③ 〔德〕阿多尔诺：《否定的辩证法》，张峰译，重庆出版社 1993 年版，“序言”第 1 页。

> 则说："没有人知道，也永远不可能有人知道"。正是这种教条主义的成分，便使得怀疑主义的体系有了弱点。怀疑主义者当然否认他们武断地肯定了知识的不可能性，但是他们的否认却是不大令人信服的。[①]

罗素（Bertrand Arthur William Russell，1872—1970）对怀疑论的偏见使其无法窥见其表层之下的思维活力，他纯然以知识论哲学的求知目光来苛求于怀疑论，无疑缺乏宽容的思想胸襟。而怀疑论又自甘扮演哲学舞台的配角，快乐地充当一个精神旷野的独往独来的边缘人。倒是黑格尔（Georg Wilhelm Friedrich Hegel，1770—1831）对它持有公允的态度：

> 自古以来，直到如今，怀疑论都被认为是哲学的最可怕的敌人，并且被认为是不可克服的，因为怀疑论是这样的一种艺术，它把一切确定的东西都消解了，指出了确定的东西是虚妄无实的。因此几乎成了这样的局面，仿佛怀疑论本身就是不可克服的，仿佛分别只在于看个人究竟是决意信从怀疑论，还是决意信从一种积极的、独断的哲学。怀疑论的结果无疑地是否定，是消解确定的东西，消解真理和一切内容。[②]

这位一向苛刻的思辨哲学家，能够以宽容而略带赞赏的态度对待怀疑论，也许令怀疑论者有所欣慰。他把怀疑论视为一种"有教养的意识"，因为他睿智的眼光穿透了怀疑论的思维迷雾，把握到了其

---

① 〔英〕罗素：《西方哲学史》上卷，何兆武、李约瑟译，商务印书馆1963年版，第298页。

② 〔德〕黑格尔：《哲学史讲演录》第3卷，贺麟、王太庆译，商务印书馆1959年版，第106页。

哲学生命的内在活力。马克思则对怀疑论给予了积极的评价，他在《关于伊壁鸠鲁哲学的笔记》中指出：

> 怀疑论者是哲学家中的科学家；他们的工作是进行比较，因而也就是收集各种不同的、先前阐述过的主张。他们以平均调和的学术观点看待以前的体系，这样来揭露出矛盾和对立、他们方法的一般原型包含在埃利亚派、诡辩派和学院派之前的辩证法中。然而这些体系不失为独创的并构成一个整体。[①]

现代哲学家维特根斯坦也对怀疑论的“存疑”方法，流露出少有的尊敬：“每一种疑问只揭示基础中存在的一个缝隙；因此我们只有首先怀疑可怀疑的一切，然后再消除所有的这些疑问，我们的理解才可靠。”[②] 以写作《西方的没落》而名噪一时的斯宾格勒（Oswald Spengler，1880—1936）说：“怀疑主义是一种纯粹文明的表现；它消除了走在前面的文化的世界图景，对我们来说，它的成功在于把全部老问题还原为一个发生学的问题。相信是什么也就是已成为什么。”[③] 当代存在主义的代表人物克尔凯郭尔（Soren Aabye Kierkegaard，1813—1855）在他前期的哲学思想的自传性作品《论怀疑者》中表达对于怀疑与哲学的关系的独特思考：

> 为了动手去作哲学思考，我们必须先已怀疑，并搁置起来。

---

① 〔德〕马克思：《关于伊壁鸠鲁哲学的笔记》，《马克思恩格斯全集》第40卷，人民出版社1982年版，第167—168页。

② 〔奥〕维特根斯坦：《哲学研究》，汤潮、范光棣译，生活·读书·新知三联书店1992年版，第57页。

③ 〔德〕斯宾格勒：《西方的没落——世界历史的透视》上册，齐世荣等译，商务印书馆1963年版，第75页。

> 他随后便看出它们说的不是同一回事，因为第一个论题将怀疑定义成了哲学的开端，第二个论题却将怀疑定义成了位于开端之前的东西。由于使他关注这些论题的原因之一，是它们或许会澄清这一关于怀疑无处不在的论题与哲学的联系，由此而多少试探一下他进入哲学之后的前途，这第一论题自然使他开心，因为它看来是最方便的道路了。它并没有把怀疑说成是位于哲学之前的东西，却教导我们说，怀疑时我们就站到了哲学的开端处。①

尽管克氏关于怀疑与哲学的关系的思路与众不同，但仍然把怀疑视为站到哲学的开端处的必要条件。

如果说怀疑论哲学在思想史的长河里获取了自由行驶的权力，并且赢得了一定程度的敬意，由此也确立了自己在哲学庭院里的合法性，那么，怀疑论美学还仅仅在美学山峦里刚刚破土萌芽。它既没有攫取到现代美学游戏的入场券，又因其反叛性的理论姿态被主流思潮宣布为不速之客，更由于当代美学的文化霸权而被迫陷入话语权的缺席。所以，怀疑论美学的悲剧化命运是必然的，它也从不寻求自我存在的“合法性”意义。怀疑论美学只是借鉴东西方怀疑论的合适概念和方法，居身当今的历史背景和文化语境，以自我的直觉和想象及生命领悟和智慧，尝试对美学和艺术问题展开新的提问。它满足于寂静地居于思想的一隅。怀疑论美学，历史性地借鉴和扬弃怀疑论的基本方法论和具体方法，以诞生自己的方法论和理论话语，确立美学的新概念和新命题。

---

① 〔丹麦〕克尔凯郭尔:《论怀疑者 / 哲学片断》，翁绍军、陆兴华译，生活 · 读书 · 新知三联书店 1996 年版，第 46 页。

怀疑论美学可能是众多美学理论的宿敌，因为它思维方法的破坏性势必导致其和其他众多美学难以和睦相处。尽管它以隐蔽的方式在美学舞台的边缘自言自语，但是它的理论话语所具有天然的解构性因素，则势必产生对其他美学理论的无奈的理性冒犯。而怀疑论美学储备了抗衡以往美学的勇气，尤其作为诞生于中国当代语境中的一种非正统的美学，则更需要彻底自律和顽强挑战的精神。胡塞尔在 1921 年 11 月 25 日致罗曼・茵加登（Roman Ingarden，1893—1970）的信中，以一种感人的口吻说道："真正的哲学家只能是自由的哲学家而不可能是别的：哲学的基本特性就是最彻底的自律。"这并非仅仅属于哲学目标的自命不凡和刻意庄重，它隐喻着一种神圣的学术信仰和理论热忱。怀疑论美学正是心仪于如此的哲学精神，它从古典怀疑论窃取了思想的火种，并试图点燃沉闷而干燥的美学荒原。然而，怀疑论美学遵循着"自律"的哲学戒条，它将思想的自由限定在"自律"的原则之下。

怀疑论美学大胆地遗忘掉自我存在的非法性，以自我的否定逻辑去蔑视这种非法性的理由，它尝试在美学的天地里寻觅到自我的合适位置和存在的合理性。怀疑论美学在当今美学的领地里，其处境无疑属于边缘者，它不屑于作为主流话语的成员，决不沉沦为正统意识形态的陪衬物。然而，怀疑论美学却留恋于自我存在的"合理性"确认。在迄今为止的美学语境里，怀疑论美学的"合理性"至少在于它能够消解传统美学的逻各斯中心主义。

传统美学一直作为传统哲学的精神附庸和思想仆役，所以它忠实地继承了传统哲学上的逻各斯中心主义。"逻各斯"（Logos）其原初意义包括语言、思想、思维、理性、逻辑等内容。古希腊哲学家赫拉克利特（Heraclitus，约前 530—前 470）最早将其使用于自己的哲学著作中，并赋予它“世界的普遍规律性”的规定性。尔后，“逻各斯”在不同哲学家的语言游戏和思维活动中被变换为不同的理性面孔。“斯多亚（斯多葛）派就把逻各斯歪曲成世界理性、命运；新柏拉图主义和基督教神学则把逻各斯看作就是造物主、上帝、精神实体；在黑格尔哲学中，逻各斯则是概念、理性、绝对观念。”[①] 哲学上的“逻各斯”逐渐上升为逻各斯中心主义，最终演化为一种接近神话意识的虚假信念，它假定了超验的主观逻辑和终极的真理世界，并借此规定现象界的意义和社会的价值体系，使之成为一张可以由拥有人任意填写数字而他人不能做出任何涂改的精神期票。

以否定旧形而上学的逻各斯中心主义为神圣责任的现象学的方法论，认为：“否定的方面就是它表现为反抗一种对待哲学的态度，这种态度将由传统承袭下来的一些凝固的信仰和理论当作出发点，而传统总是常常将一些先入为主的偏见永远保持下去。这种否定的部分，即验明并蓄意消除理论上的构成物和符号表现形式，以便转向纯粹的现象绝不是一件简单容易的事情，为了消除习惯思想方法的影响，和转向最初看到的东西的原始单纯状态，需要坚决的努力。”[②] 传统美学的逻各斯中心主义，将一些凝固的信仰和理论作为出发点，为美学研究设置了众多先验前提和虚假意识。怀疑论美学肩负着破除传统美学的先验前提和虚假意识的使命，从而获得自我存在的合理性的逻辑证明。

怀疑论美学对于传统美学的逻各斯中心主义的主要的消解工具之一即是怀疑论的“存疑”方法，而这种“存疑”则被胡塞尔改造

---

① 全增嘏主编:《西方哲学史》上册，上海人民出版社 1983 年版，第 46 页。

② 〔美〕赫伯特·斯皮格伯格:《现象学运动》，王炳文、张金言译，商务印书馆 1995 年版，第 919 页。

为“悬置”（Epoché）和“加括号”（Einklammerung）的现象学方法。他竭力将以往形而上学存在的信念悬搁起来，以开辟一条通往严格科学的哲学道路。“我们现在可以让普遍的悬置概念在我们明确、新颖的意义上，取代笛卡尔的普遍怀疑设想。”[①] 怀疑论美学对传统美学的逻各斯中心主义的批判和消解，既借鉴于古典怀疑论的“存疑”方法，也参照以现象学的“悬置”和“加括号”的方法。诸如传统美学理论的主观与客观、唯物主义与唯心主义、审美对象与审美经验、美与美感、美与丑等机械逻辑的二元对立，以及审美价值、审美规律、艺术规律、审美意义、艺术表情论等伪命题或伪概念，怀疑论美学均采取存而不论、存疑、悬置、加括号、中止判断的方法，而更进一步采取否定逻辑的解构活动，宣布传统美学的思维方式的“偶像黄昏”的来临，从而诞生怀疑论美学的自我话语。

第三节　否定虚假的美学意识

传统美学制造了众多的虚假意识。“否定”作为怀疑论美学的方法论选择之一，它必须发挥其清除传统美学的虚假意识的积极功能。

传统美学的虚假意识主要存在于：以知识论遮蔽智慧论，认识论侵袭生存论，道德论渗透审美论，价值论替代想象论；以逻辑工具剥夺心灵直觉，以世俗经验沉沦诗意情怀，又以日常语言或科学语言压抑诗意的语言狂欢与沉默独白，以意识形态制约美学应有的独立品格等。针对如此种种的虚假意识，怀疑论美学激发起本能地挑战对手的否定冲动，甚至油然地滋生出一种拯救美学的理性责任。

怀疑论美学否定传统美学的知识论倾向，认为这等同于将美学

---

① 〔德〕胡塞尔:《纯粹现象学通论》，李幼蒸译，商务印书馆 1992 年版，第 97 页。

这个灵性的自由鸟关闭在精神的樊笼里而窒息其诗意的生命。知识论仅仅眷注于物质性的现象存在或心灵的此岸世界，而唯有富于智慧的诗性心灵，才可能超越知识所赖以存在的逻辑工具和心理经验而获得悟性的开启，借此步入到一个心性澄明，泯灭物质与精神、现象与本质种种差异的天人合一的审美境界，从而敞开被传统美学思维所关闭的想象力。俞吾金在《美学研究新论》这篇见解精湛的论文里，对美学研究的哲学基础予以反思：

> 国内的所谓不同的美学学派实际上都有着相同的哲学基础，那就是苏格拉底、柏拉图肇始的知识论哲学。什么是知识论哲学？知识论哲学是哲学中的一种类型，其基本特征是把求知理解为人类的最根本的特征，并从这一特征出发去解释作为认识主体的人和外部世界的关系。这样一来，认识论就成了知识论哲学关注的核心，思维与存在的关系就成了知识论哲学的基本问题。知识论哲学还把美德理解为知识，进而把求知与道德上、政治上的教化紧密地结合起来。最后，知识论哲学强调从求知中蕴含的“真”出发，去追求真善美三者的统一。从苏格拉底、柏拉图到黑格尔，知识论哲学一直是西方哲学传统中的主导性观念，直到克尔凯郭尔、叔本华、马克思、尼采等哲学家起来对这一传统进行挑战，它才陷入了窘境之中。问题还没有结束，这种窘境由于本世纪哲学家海德格尔对知识论哲学的批判而进一步被加剧了。……当前中国的美学研究仍然在知识论哲学的地基上打转，而不离开这一地基，美学理论的创新几乎是不可能的。[①]

① 俞吾金:《美学研究新论》,《学术月刊》2000 年第 1 期，第 76—85 页。

上述真知灼见的看法在当今中国美学界也许是空谷幽声，而怀疑论美学则将之视为自我的心灵知音。因为怀疑论美学深深领悟到：不颠覆知识论在美学中霸权地位，就无法接纳被主体存在遗忘久远的智慧论，而智慧论的缺席则必然导致美学生命力的萎缩，必然造成主体的想象力和悟性之源泉的干涸。而唯有将智慧从知识的遮蔽中救度出来，美学这株枯萎已久的树木才可能重新绽放出生命的绿叶。

也许美学在诞生之日起就先天携带着某种精神缺陷。美学之父鲍姆嘉通（Alexander Gottliel Baumgarten，1714—1762）说：

> 美学的对象就是感性认识的完善（单就它本身来看），这就是美；与此相反的就是感性认识的不完善，这就是丑。正确，指教导怎样以正确的方式去思维，是作为研究高级认识方式的科学，即作为高级认识论的逻辑学的任务；美，指教导怎样以美的方式去思维，是作为研究低级认识方式的科学，即作为低级认识论的美学的任务。美学是以美的方式去思维的艺术，是美的艺术的理论。[①]

美学之父显然将自己的精神孩子看成在智商上要低于哲学，美学只能蛰伏在哲学这位理性巨人的脚下，充当“低级认识论”的角色。而德国古典美学集大成者黑格尔显然在鲍姆嘉通的思维路径上走得更远。这位一向自视甚高、怀有拯救哲学并将之演进到终极境界的崇高抱负的哲学家，他将自我的精神哲学以主观的想象力和客观的逻辑推导，综合成为一个庞大而精致的体系，而美学则作为这个体系中的“低级的理念”形式，其命运当然无法逃逸出“低级的

① 转引自朱光潜:《西方美学史》上卷，人民文学出版社 1979 年版，第 297 页。

认识论”的阴影。黑格尔将美定义为：“理念的感性显现。……正是概念在它的客观存在里与它本身的这种协调一致才形成美的本质。”[①]无疑，这是以认识论的思维逻辑去确立美的存在。中国现当代美学无法走出西方旧形而上学的认识论的魔圈，局限在认识论境域言说美学的做法，必然使美学成为知识论哲学的可悲附庸，使美学丧失自我的生存意义。怀疑论美学以为，美学应该摧毁认识论的逻辑围墙，而走入生存论的诗意门槛，从而在无限可能性的自我想象与自我提问的精神世界获得超越知识、超越逻辑、超越经验的绝对自由，由此而真正触摸到审美的快乐。

传统哲学习惯于将道德论渗透于审美论，在上古思想家身上这种倾向更为明显。西方旧形而上学和传统美学，习惯将伦理的“善”浸润于审美活动之中，一方面使道德实践意志所产生的“善”和精神无限可能性的“美”之间实行逻辑等同，另一方面以“善”为标尺去衡量“美”是否成为可能。苏格拉底从效用的视角混淆了美与善的差异，柏拉图（Plato，约前427—前347）主张将诗歌从他的审美乌托邦世界里驱逐，“除掉颂神的和赞美好人的诗歌以外，不准一切诗歌闯入国境。”[②]因为在他看来，诗歌所产生的美感快乐迎合了人性中低劣的部分，会破坏人格正义。亚里士多德（Aristotle，前384—前322）在《诗学》中更加强化了“美”和“善”相融的意识，例如他告诫诗人：“第一，不应写好人由顺境转入逆境，因为这只能使人厌恶，不能引起恐惧或怜悯之情；第二，不应写坏人由逆境转入顺境，因为这最违背悲剧的精神——不合悲剧的要求，既不能打动慈善之心，更不能引起怜悯或恐惧之情。”[③]亚里士多德喜好凭借

① 〔德〕黑格尔：《美学》第1卷，朱光潜译，商务印书馆1979年版，第142、143页。

② 《柏拉图文艺对话集》，朱光潜译，人民文学出版社1963年版，第87页。

③ 〔古希腊〕亚里士多德：《诗学》，罗念生译，人民文学出版社1962年版，第37—38页。

鲜明的道德判断代替对于悲剧人物的审美判断，表现出将美学与伦理学合流的思想倾向，他的“净化”（Katharsis）概念也包含着不容置疑的道德内涵。罗马时期的贺拉斯（Quintus Horatius Flaccus，前65—前8）在《诗艺》提出“寓教于乐”观点，只不过在传统的道德美学的思路上又迈出了一步。而到康德时代，真、善、美被确立为知识大厦的完整结构，他的哲学的三重“批判”和谐地综合了三者在精神世界里的存在。而在中国先秦时代的儒家意识里，美与善始终被纳入同一性的思维范畴里。孔子认为：“《诗》三百，一言以蔽之，曰‘思无邪’。”[①] 孟子认为：“可欲之谓善，有诸己之谓信，充实之谓美，充实而有光辉之谓大，大而化之之谓圣，圣而不可知之之谓神。”[②] 而荀子则借孔子之言赞叹：“夫玉者，君子比德焉。”[③] 这三位伟大的古典思想家都将道德理念渗透到审美活动之中，以伦理学笼罩于美学之上。尔后的中西美学家更是将道德论置于审美之上，遮蔽了美学的独立精神。怀疑论美学以为，必须清除这些由来已久的虚假意识，从而恢复美学的自由。

价值论（Axiology）或价值理论（The theory of value）是构成束缚美学精神自由的另一个枷锁。康德（Immanuel Kant，1724—1804）在《判断力批判》里“美的分析”的第一个契机里就区分出美与“功利”的差异，认为审美活动是“凭借完全无利害观念的快感和不快感对某一对象或其表现方法的一种判断力”[④]。部分扬弃了美学与价值论逻辑联系。然而，令人遗憾的是，康德又提出了著名的“美是伦理的象征”（Schoenheit als Symbol der Sittlichkeit）命题，在他否定

① 《论语・为政》。

② 《孟子・尽心下》。

③ 《荀子・宥坐》。

④ 〔德〕康德：《判断力批判》上卷，宗白华译，商务印书馆 1964 年版，第 47 页。

美与功利的关系的同时却肯定了美与道德的关系，仍然未能彻底割断与价值论的潜在关联。而作为现代美学的代表人物之一的克罗齐（Benedetto Croce，1866—1952）在拒绝价值论对美学侵扰的态度上比康德显然果决，他清晰地勾画出美、艺术和价值存在的逻辑鸿沟，以不容置疑和不无调侃的语气说：

> 由艺术即直觉的理论所引起的第三个否定是：艺术活动不是一种道德活动，也就是说，实践活动的这种形式，尽管必然同"功利"、同"苦乐"联系在一起，但并不是直接功利主义和快感主义的，这种形式进入了更高级的心灵领域。可是，直觉就其为认识活动来说，是和任何实践活动相对立的。而实际上，正如远古时代就已指出的那样，艺术并不是起于意志；善良的意志能造就一个诚实的人，却不见得能造就一个艺术家。既然艺术并不是意志活动的结果，所以艺术便避开了一切道德的区分，倒不是因为艺术有什么豁免权，而是因为道德的区分根本就不能用于艺术。一个审美的意象显现出一个道德上可褒或可贬的行为，但是这个意象本身在道德上是无所谓褒贬的。[①]

一向以"存疑"和"否定"开辟思维道路的怀疑论美学，对克罗齐将美、艺术和道德做出严格的逻辑区分的方式，表现出少有的理论赞同。美学必须和伦理学进行决然的心灵告别，确立自我的独立存在并获得自主的话语权力，才能赢得一块新的精神空间。

现代价值论或价值理论使美学上拖带着沉重的实践意志的思维尾巴，它更眷注现实性的功利存在和情感倾向，因为价值判断更大

---

① 〔意〕克罗齐:《美学原理·美学纲要》，朱光潜译，人民文学出版社1983年版，第213页。

程度上是与利益追求和情感欲望联系着，它必须保持对现实世界种种利益和目的性的承诺。因为，它必然放逐主体的诗意想象力和自我自觉，使精神的无限可能性让位于有限的现实性目标。怀疑论美学对于美学上的价值论的顽强否定就基于如此的考虑：它必须摧毁旧形而上学和现代价值论对美学的双重压抑，而接纳想象论回归审美主体，从而恢复精神的无限可能性在审美活动和艺术活动中的主宰性地位。

怀疑论美学厌倦了传统美学以逻辑工具剥夺心灵直觉和以世俗经验沉沦诗性情怀的行为。西方旧形而上学的逻各斯中心主义决定了美学长期依附于形式逻辑和辩证逻辑这两种主要思维工具的悲剧命运，这导致主体心灵的直觉和想象的缺席。尤为不幸的是，传统哲学与美学均将直觉和想象视为非逻辑的心灵幻象，归属于心理活动的不确定性因素，由此认为它们无法正确地感知现象界和领略真理的面目。怀疑论美学则重新阐释了“想象”，认为它具有超越任何思辨逻辑的能力，属于人类思维最高级的形式和最玄妙的境界，唯有“想象”或“直觉”才能恢复美学的生存智慧，从而在精神的丛林里发现一条通往审美彼岸的幽径。怀疑论美学对西方经验主义美学表现出同等的冷漠甚至蔑视，因为无论任何经验都必然黏带着知识与逻辑、分析与综合等重复性因素，它们只能以感性捕捉到审美活动和艺术世界的外在存在，根本不可能触摸到审美活动和艺术世界的本源性的生命流动。移植于西方经验主义的中国当代的某些美学派别，当然也无法逃脱出如此的思维窠臼和根基性局限。怀疑论美学竭力去摇撼经验主义美学的霸主地位，并主张以诗性的审美情怀与生命智慧去救赎被实践理性和世俗经验囚闭太久的美学灵魂。

克罗齐以富有想象力的哲学心灵在美学与语言学之间划出等号，

他说："直觉即表现的定义还肯定了语言就是艺术，而语言学也就是美学。"[①] 无须深究他是在何种语言学意义上寻找出语言与审美的逻辑关联，但至少可以推断这位思想深邃的美学家绝非将审美活动完全交付给经验性的日常语言或普遍性的科学语言。令怀疑论美学遗憾的是，众多的美学不是选择其中之一，就是徘徊于这两种语言之间，将它们紧密地和审美活动实行非有机性的嫁接。上述两种语言均无力表达或极其有限地叙述审美世界的隐秘，因为它们永远只能是思想的碎片和心灵的浊流，只有绝望地充当作为精神之树的灰色落叶的角色，或失落地作为一种不称职而又无法遗弃的思维工具。怀疑论美学认为，唯有狂欢化的诗意语言和沉默独白，才使自己具备一种走入审美殿堂的资格，也唯有它们才使触摸到审美心灵的隐秘得以可能。因为，只有这两种语言形式最大限度地呈现出语言的魔力，最大可能性地延伸了语言的思维张力和想象激情，才能映像出语言湖泊之下的透明潜流。

怀疑论美学不满于传统美学以意识形态（Ideology）侵蚀审美活动的现状。传统美学把阶级意识、世界观、政治立场、经济方式等非审美形态的话语转换为美学思考的对象，迫使美学沦落成为意识形态的奴仆。马克思主义美学家阿尔都塞认为："在戏剧世界或更广泛地在美学世界中，意识形态本质上始终是个战场，它隐蔽地或赤裸裸地反映着人类的政治斗争和社会斗争。"[②] 可以认为，这是对美学极端片面和有害的理解，它驱使美学扮演意识形态的工具和政治斗争的筹码。果真如此，则必然使美学的纯粹的学术尊严被消解为对外在力量的扭曲心灵的谦卑与顺从。另一位西方马克思主义美学家

---

① 朱光潜：《西方美学史》下卷，人民文学出版社 1979 年版，第 642 页。

② 〔法〕阿尔都塞：《保卫马克思》，商务印书馆 1984 年版，第 125 页。

阿多尔诺认为，举凡意识形态多半是虚假性存在，它主要充当了维护官方权力和主流话语的工具。[1]看来，美学应该走到了一个克服意识形态的奴役而获得独立人格的历史时间了。

第四节 悬置前提的灰色理论

怀疑论美学悬置传统美学的众多“前提”或“论题”，认为传统美学的诸多“前提”或“论题”都是虚假意识的产物，起源于独断论的思维方式，因此不能具备严格意义的“命题”资格。怀疑论美学认为，传统知识论和价值论的美学都是独断论性质的思维果实，必须予以“存疑”和“否定”。独断论思维方式推导出来的逻辑结论存在着难以遮蔽的虚假性，它们所构成的众多美学概念一般不具有思想意义，因为它们不具备哲学含义的“命题”资格。在哲学意义上，“只有命题才有意思；只有在命题的前后关系中，名字才有意义”[2]。纵览传统美学充斥着没有意义的虚假“命题”。于是，怀疑论美学扮演了悬置传统美学的种种“前提”或“论题”的灰色理论的角色。怀疑论美学悬搁没有“意义”的美学“前提”或“论题”，诸如以下：

一、真、善、美相统一

二、美具有本质

三、美划分为自然美、社会美、艺术美

四、人体是最高级的形式美

五、美存在规律

① 〔德〕阿多尔诺：《美学理论》，王柯平译，四川人民出版社1998年版，“引言”第11页。

② 〔奥〕维特根斯坦：《逻辑哲学论》，郭英译，商务印书馆1962年版，第32页。

六、美具有价值

七、美必然联系于主体情感

八、美具有意义

九、美是真理的呈现

……

这些“论题”构成传统美学的核心概念和主导性话语，它仿佛像浓密的精神迷雾一样，蒙蔽过无数醉心于美学的心灵。它们甚至制造出犹如神话学意义上的崇拜意识一样，使众多探究美学迷津的人们匍匐在它们神圣的脚下。怀疑论美学肩负着破除这种美学神话的责任，哪怕它承担美学破坏者的名声也在所不惜。怀疑论美学也许天然地秉承了“灰色理论”的属性，它只会给其他美学带来悲凉的气息，因为怀疑论自古以来就是一门以否定他者为快乐的哲学，它相信只有在不间断的怀疑和否定的理性冲动之中，哲学才能诞生新的灵感和新的生命。

一、真善、美相统一

传统美学将“真、善、美”相统一，作为美学的先验前提予以继承和传递。怀疑论美学必然地对此命题给予理性的悬置。怀疑论美学认为，“美”与“真”、“善”不存在必然性逻辑联系，仅仅潜藏着偶然性关联。美是虚无化的精神无限可能性存在，而“善”则可能是意志信仰和实践行为，它往往被遮蔽在现实世界的渊薮里而无法具有心灵的自由和诗意。“真”则属于实体化的存在或主体表达出的一种心理判断，它蒙蔽着厚重的知识与经验的尘埃，丧失了飘逸于想象世界和智慧语境的资格。由此，这三重现象存在着不可弥补的精神鸿沟。

二、美具有本质

“美的本质”仍然是知识论哲学遗留给美学的思想阴影之一，它仅仅是一种虚假意识的承诺。美学不应该追问：什么是美？美是什么？而应该追问：美如何可能？审美如何可能？纯粹意识如何领悟美之可能性？所谓美之“本质”仍然是传统知识论哲学的认识论在美学领域的逻辑推演。所以，它必然是美学的伪话语和伪命题。任何对不存在的虚幻的“美的本质”的苦心孤诣的探求无非是缘木求鱼的举动、浪费心智的努力。美是精神虚无化的诗意存在和智慧存在，属于心灵界无限可能性的想象活动和直觉活动，是人类精神的自我提问和解答。它的“本质”绝不应该被实证化地设定，美仅仅存在于纯粹意识的永恒流动之中，它更像一种空灵的诗意的生命流。

三、美划分为自然美、社会美、艺术美

人类难以克服的思维惰性之一是崇拜意识。黑格尔在《美学》里以严格的逻辑划分方式，将美的生命整体切割为“自然美”和“艺术美”，这不过是按照他的“精神现象学”体系所作出的理念等级的推演结果。尔后的人们牢固地信奉这一分类观念，进而又依凭伦理学的目的，递加了“社会美”这一概念，以构成完整意义上的美学对象。怀疑论美学借鉴克罗齐的思维路径否定传统如此的“命题”。克罗齐认为“艺术不能分类”，他以幽默的口吻说：“就各种艺术作美学的分类那一切企图都是荒谬的。它们既没有界限，就不可以精确地确定某种艺术有某某特殊的属性，因此，也就不能以哲学的方式分类。讨论艺术分类与系统的书籍若是完全付之一炬，并不是什么损失。”[1]

---

① 〔意〕克罗齐：《美学原理·美学纲要》，朱光潜译，人民文学出版社1983年版，第124—125页。

克罗齐的理由是，因为美与艺术是直觉的表现，而直觉的不能分类的性质，必然决定美与艺术的不能分类。怀疑论美学认为美属于精神的、最高的虚无境界，是心灵对自我存在的想象与直觉、对纯粹意识的隐喻和对无限可能性的向往，它是绝对不能也无法采用逻辑切割的精神生命体，美不存在任何“结构”，因此它拒绝外在的任何分类。

四、人体是最高级的形式美

莎士比亚借用戏剧里的丹麦王子哈姆雷特作为自己的精神传声筒，发出了著名的人是“宇宙的精华，万物的灵长”的人文主义的思想表述。然而，在潜意识深处却蕴藏着一种人类普遍存在的自恋情结（Narcissism）。作为“符号的动物”（Animal symbolicum）①，人类不仅对自我的符号化的文化活动的产品滋生出本能的迷恋，也必然滋生对进行符号化创造的物质载体——即自我的有机体的自恋情结，而这种自恋情结转移到美学领域则表现为上述的理论命题。尽管从文化人类学意义或文化哲学意义上考虑，“人体美是最高级的形式美”这种观点符合一种心理主义的情感标准，也勉强可以在适度的理性范围接受下来。然而在美学境域，却不能作为一种合理的命题而被保留。怀疑论美学不能宽容传统美学以自恋情结为理论机制，杜撰出一个没有意义的伪命题。既然人的物质存在本身就是“动物的形式”，而它和动物相比，在形式感的诸多方面，绝对不具备审美的优势。在怀疑论美学看来，在众多的美学理论里，无疑潜藏着对人类的物质载体和文化符号的双重的自恋情结，存在着人类中心主义和思维暴力的阴影。

五、美存在规律

马克思在《1844 年经济学哲学手稿》里，以闲适的口吻提及

---

① 〔德〕卡西尔：《人论》，甘阳译，上海译文出版社 1985 年版，第 34 页。

“人也按照美的规律来建造”这一看法。而此处的“规律”由于语言的差异而被美学家们差异地阐释着。“规律”（Law），也可以译为“法则，自然法则，规则，法律，定律”等。有些美学家不考虑整体语境的因素，采取汉儒注经的方式，机械地理解为存在着一种超越主体存在的美的客观规律，假定它影响和决定了审美活动和艺术创造的所有过程，保守着认识活动的秘密。其实，从《巴黎手稿》的具体语境探究，马克思只不过从技术层面认为，审美活动或艺术创造过程中，可能存在着一些具体的创造活动的技术性或技巧性的“规则”限定，而绝不像许多美学理论断定的那样，存在着一种超越主体精神和纯粹意识之外的神秘的、美的“规律”。怀疑论美学决然否定“美的规律”的概念，因为，在它思维空间里，美是精神无限可能性的生命流动，是心灵活动绝不重复的诗意的想象活动与智慧活动，是永无终结的纯粹意识的自我提问和自我解答。美一旦沉没于“重复”和“规律”的思想泥潭，必然断送自我的灵性和生命。

六、美具有价值

传统美学的富有诱惑性的话语之一即是“审美价值”，这是传统美学在价值论的树枝上栖居所产生的精神幻象之一。将“价值”和“审美”实行逻辑联结也许是“美善统一”的思维前提的顺理成章的结果，然而这正是传统知识论哲学和价值论哲学的又一个精神泥潭。怀疑论美学竭力斥拒“审美”和“价值”的逻辑关联，认为“审美价值”是在日常语言的意义上的“语误”。

当今美学所流行的“审美文化”研究，借鉴法兰克福学派的社会批判理论，对现代语境下的审美活动进行阐释。尽管这种理论移植所产生的“审美文化批判”也不乏一些合理内核，然而也难以扬弃对“审美价值”的这一逻辑前提的信赖，依然缺乏对审美活动和价值活动的概念区分，因此，它不能承担对现代社会的“美学批判”的历史责任。而怀疑论美学也许可以部分地承担严格形态的美学批评。因为怀疑论美学拒绝审美与价值的逻辑沟通，它剥离传统美学的功利意识和审美活动的缠绕，揭示现代社会的大众对于技术工具的迷恋的缘由，对当今心灵被消费原则的遮蔽而失落诗性精神和生命智慧展开追问和否定，从而担当起应该担当的社会批判义务。

七、美必然联系于主体情感

庄子和惠子这两位哲学家，曾经就人之本质和存在的问题展开论辩。惠子认为人之本质及存在意义即在于“有情”，“人而无情，何以谓之人？”而庄子则断然否定人之本质与存在意义和情感之间的逻辑联系，认为情感是精神之“伪饰”，属于虚假的存在，它阻滞了想象力和智慧，必然使主体的自由消解于功利和欲望的目标。所以，庄子主张“无情”。在美学意义上，庄子同样认为审美活动应该和情感活动保持严格的距离，因为审美和情感没有必然的逻辑关系。[①]悲哀的是，庄子这种深刻的哲学洞见和美学命题似乎如空谷幽响，在美学上少有知音。东西方传统美学执着的信念之一，就是认为审美必然联系于主体心理的情感，而情感似乎成为唯一能救赎审美活动和艺术活动的工具。怀疑论美学以庄子美学的21世纪的“传人”自许，它秉承庄子的美学概念，认为迄今为止的东西方传统美学都假定了一个“前提”，那就是将审美和情感密切地关联起来，视情感为审美活动的核心存在或主导性势能，继而规定艺术创造必然是情感活动的合理果实。怀疑论美学一方面否定情感和审美之间的关系，认为情感恰恰构成对审美的制约，它使知识、欲望、道德意

① 庄子有关“无情”的运思，请参见《庄子》“德充符”、“人间世”、“养生主”、“大宗师”诸篇。

识等心理因素在情感的旗帜下聚集为对诗意冲动和心灵智慧的压抑性力量，从而破坏美感的生成；另一方面，怀疑论美学否定情感与艺术的必然逻辑。认为艺术作为人类精神的自由象征，它不可能限定在“情感”这个单一性的心理结构上，只有和情感保持适度距离和理性否定的艺术文本，才可能具备真正的艺术价值和审美魅力。

八、美具有意义

传统美学在理论思维方式上守望着一个不辩自明的逻辑结果：美的存在指向有意义的存在，无论这种意义是属于一种普遍性的客观存在还是属于一种有限性的主观体验。美一方面先天地隐含着意义的形式，凸现精神界的抽象规定性；另一方面与经验结合生成意义的内容，体现现象界的具体规定性；再一方面，美将自我存在与现象界实行“实践性”的主客体的必然联结。于是，就合乎逻辑地诞生新的审美意义。毫无疑问，传统美学在众多的理论命题中就包含着如此的思想内核：赋予意义在美的存在的本体论地位和审美活动过程中的生存论价值，将美与意义规定为任何主观逻辑无法分离的辩证统一的存在对象。以否定传统美学的虚假命题和理论信仰为己任的怀疑论美学，也以对传统美学的“美是意义”这一核心概念的否定为运思之路，认为“意义论”构成传统美学的一个思维陷阱，它是主观的虚假命题和可疑的理论信仰。所以，怀疑论美学寻找美与意义的差异性理解，提出美的非意义性质的理论阐释，它试图从怀疑论视界言说：美是非意义的精神无限可能性的存在方式，它是超越任何意义的人类精神的最高悬浮状态；它既自身斥拒意义，又放弃向现象界赋予意义；美属于人类心灵无限自由的想象性存在，是心灵不中断地对现象界的存疑与否定，也是精神界永无终结地对自我的提问与回答，因此，美是拒绝任何意义的自为自律的存在。

九、美具真理的呈现

传统美学虽然没有在“真理”和“美”之间画等号，但是，它的“真善美相统一”的前提，潜在地表明“真理”和“美”之间存在一个紧密的精神链条。怀疑论美学悬置“美是真理的呈现”这一论题，认为它同样是虚假意识的产物。以其特有的学术癖好，海德格尔喜欢从词源学上对哲学概念进行看似还原式的，但往往赋予自我规定性的阐释，对于“真理”，他就是采取如此的策略。他说：

> 古希腊人称存在者的显露为Aletheia。我们称为“真理”，但在使用这一字眼时几乎不假思索。如果在作品中发生了一特别存在者的显露，它的为何和如何的显露，那么，艺术中的真理便产生了和发生了。
>
> 在艺术作品中，存在者的真理将自身置入作品。“设入”此处意味着，即置放在显要位置上，一个存在者，一双农鞋，进入作品，处于其存在的光亮之中，存在者的存在的显现恒定下来。
>
> 那么，艺术的本性将是：存在者的真理将自身设入作品。①

显然，海德格尔在他特定的美学含义上使用“真理”的概念。其实，我们从黑格尔的“美是理念的感性显现”的美学命题上，也可以部分窥视到海德格尔这一论断的影子。无论是黑格尔的旧形而上学还是海德格尔的新形而上学，都未能逃逸出知识论哲学和理念论美学的阴影笼罩，在他们的虽然存在差异但本质一致的美学论断里，美仍然充当了概念和逻辑的婢女，或者说艺术仍然未能改变作为“真

① 〔德〕海德格尔：《诗·语言·思》，彭富春译，文化艺术出版社1991年版，第37页。

理”之仆役的命运。

怀疑论美学悬置“美是真理的呈现”或“艺术即真理将自身设入作品”的“命题”。推崇美对真理的超越气势及艺术和真理无关的阐释。认为美仅仅存在和“真理”或“真实”的偶然性的联系而非必然性联系，但是，美绝不是“真理”意志的果实，因为，在古代怀疑论看来，“真理”的有无还是一个有待解释的问题。其次，艺术在本体论意义上超越“真假”逻辑，因此，它可以保持对“真理”的中立态度，拉开与真理的距离。艺术不是真理的体现，更非“真实”性存在的反映。因此，传统美学以“真理”或“真实”为神圣标榜的逻辑前提是一个不可靠的精神支柱。

第五节　怀疑论美学的基本方法

怀疑论美学的基本方法，一是来自对东西方传统怀疑论哲学的改造性承袭；二是在于在当今文化语境下的自我领悟。为了阐释的方便，将之归纳为这样十个方面：

一、存疑（Epokhe）

二、否定（Negation）

三、悬置（Epoché）

四、对立（Antithesis）

五、均等（Isostheneia）

六、提问（Question）

七、想象（Imagination）

八、体验（Erlebnis）

九、无言（Aphasia）

十、宁静（Ataraksia）

前五种作为根基性方法或普遍性方法。第六、七、八三种是借鉴性方法。第九、十最后两种既是具体方法，也引申为怀疑论美学的姿态与境界。

一、存疑（Epokhe）

原初的含义包括："制止"、"保留"、"保持"、"定时"、"定位"等。公元前273年阿尔克西劳（Arkesilaos，前315—前241）成为学园派的领袖，他所理解的存疑（Epokhe），大约包含着这样的哲学原则：对一切不能由感觉和理性所确认的知识与信念不作赞同。早期怀疑论代表人物皮罗（Pyrrho，又译皮浪、毕洛，约前360—前270）虽然没有直接就存疑发表意见，但是他赋予这一概念以"无主张"、"悬搁"的内涵，意味着主体对待事物应该保持"中止判断"的态度。后来，继承怀疑论思想衣钵的塞克斯都·恩披里可（Sextus Empiricus，约160—210）在《皮罗学说概略》里说："存疑是心灵的站立状态，由之我们既不否定也不肯定任何事物。"他对怀疑派评价道：

> 怀疑学派，由于它的追求和研究的活动，也被称为"研究派"，由于研究者探究之后所产生的心理状态，也被称为"存疑派"，由于他们怀疑和探索的习惯，以及由于他们对肯定和否定不作决定的态度，也被称为"犹疑派"，更由于我们觉得皮罗之委身于怀疑主义，要比他的前辈更彻底、更显著，所以也被称

为“皮罗派”。[①]

在前怀疑主义时期，存疑还局限于消极的主体意识，缺乏对事物的明确态度。后来的怀疑主义，显然对存疑灌注了一种积极的哲学态度。无论古典怀疑主义者笛卡儿（René Descartes，1596—1650）、休谟（David Hume，1711—1776）、康德，还是现代怀疑主义人物叔本华（Arthur Schopenhauer，1788—1860）、尼采（Friedrich Wilhelm Nietzsche，1844—1900）、柏格森（Henri Bergson，1859—1941）、克尔凯郭尔等，还有后怀疑主义思潮的代表德里达（Derrida，1930—2004）、利奥塔（Jean-Francois Lyotard，1924—1998）等人，他们均程度不同地受到古希腊怀疑论的思维方法影响，赋予“存疑”这一概念以解构的功能和挑战的意味。在这些富有反叛意识的思想家看来，它应该具有一种斥拒和批判的姿态。被称作“哲学上的蒙娜丽莎”的桑塔亚纳（George Santayana，1863—1952）也把“‘最后的怀疑’作为探讨他的本质领域的一种方法，对于‘最后的怀疑’的这种惊人的用法与胡塞尔的现象学还原有一种值得注意的而且实际上是很有启发的相似之处”。[②] 胡塞尔说：“在认识批判的开端，整个世界、物理的和心理的自然、最后还有人自身的自我以及所有与上述这些对象有关的科学都必须被打上可疑的标记。它们的存在，它们的有效性始终是被搁置的。”[③] 存疑这一思维线索在西方哲学史上一直延续至今，启思着思想的发展和演变。在中国古典哲学的话语里，虽然没有和西方哲学

① 北京大学哲学系外国哲学史教研室编译：《古希腊罗马哲学》，商务印书馆1961年版，第339页。

② 〔美〕赫伯特·斯皮格伯格：《现象学运动》，王炳文、张金言译，商务印书馆1995年版，第188页。

③ 〔德〕胡塞尔：《现象学的观念》，倪梁康译，上海译文出版社1986年版，第28页。

的“存疑”相对应的一词，然而，庄子哲学思想却包含了丰富的怀疑主义精神，他的“存疑”方法显然更为宽泛和具有东方的智慧。庄子不仅对物质、知识、经验、逻辑、语言等现象“存疑”，更多对生命本体、纯粹意识、思维方式、道德准则、社会规律等更高精神性的范畴予以“存疑”。遵循先贤的思想轨迹，宋代的张载提出：“于不疑处有疑，方是进矣。”[①] 清人黄宗羲认为：“小疑则小进，大疑则大进。疑者，觉悟之机也。”[②] 中西思想史都将存疑引申为重要的思维方法之一，看作是开启智慧之门的一个工具。

怀疑论美学积极接纳存疑这一方法，作为自我的美学探究的重要工具。与前期怀疑主义的存疑有所不同，怀疑论美学的存疑，首先吸取西方古典怀疑主义的批判精神，建立一种笛卡儿的“普遍怀疑”的思维原则，从而对传统美学的众多虚假意识予以存疑；其次借鉴西方现代和后现代的怀疑主义的解构策略，对以往美学的种种概念、命题、理论进行否定与消解，清除美学上的逻各斯中心主义和独断论，拉开美学和意识形态的距离，守护美学的纯粹学术的尊严，以期盼美学获得精神的独立性。最后，回归庄子哲学的超越境界，怀疑论美学不仅展开对于外部世界的存疑，而且转向对自我存在的存疑，追问主体意识是否可能，如何可能对自我的存在与意义产生认识，如何领悟美的存在和生命中的诗性与智慧，从而达到精神的绝对的自由和虚无，使美真正和存在者的存在契为一体。而唯有这样的问题，才构成美学的“命题”，也才具有本体论和生存论的意义，因而滋生形而上的色彩。德国当代美学家赫伯特·曼纽什也指出：

---

① 张载：《经学理窟·义理篇》，《张载集》，中华书局 1978 年版，第 275 页。

② 黄宗羲：《明儒学案》，沈盈之点校，中华书局 1985 年版，第 85 页。

> 怀疑态度，即一种在本能状态下作出某种决定的同时，对之加以仔细平衡和毫无偏见的检查的态度。这种在作出决定时不断问一个“为什么”的怀疑态度，通常被视为有学问者或有文化者的典型表现特征。这种对怀疑态度的高度评价已延续了若干世纪。毫不奇怪，当怀疑论逐渐成为哲学的中心问题时，表明人类思想业已趋向成熟。这种带有怀疑色彩的哲学主张是：人的认识是有局限性的，绝对真理和丝毫不容更改的确定性是不可企及的。①

当美学借鉴怀疑论的方法的时候，也许表明美学的进一步的成熟和发展，以及具有本体论和方法论的相统一的特征。

二、否定（Negation）

和存疑密切相关的方法即是否定（Negation）。这一方法尽管在前期怀疑论和古典怀疑论的思想舞台都没有明确的位置，然而，它隐蔽地“出场”和“在场”，并未被有意识地“缺席”和“驱逐”。在前期怀疑论和古典怀疑论看来，“存疑”必然地牵扯着“否定”，它们像是哲学家庭里的孪生子。而在现代哲学的视野里，否定不仅仅是黑格尔精神哲学里的冰冷的理性工具和必须联结着“肯定”的藤蔓才能结出思想的瓜果。借用阿多尔诺的话来说，否定就是“矛盾地思考矛盾”，他所提倡的“否定的辩证法”，反对黑格尔哲学的“同一性”：

> 在黑格尔那里，同一性和肯定性是一致的。把一切非同一的和客观的事物包含在一种被扩展和被抬高成一种绝对精神的

① 〔德〕赫伯特·曼纽什：《怀疑论美学》，古城里译，辽宁人民出版社1990年版，第1页。

> 主观性之中一定会导致这种调和。与此相反，在每一个别规定性中起作用的整体力量不仅是它的否定，而且本身就是否定的、不真实的。关于绝对的、总的主体的哲学是一种特殊的哲学。①

他的“否定的辩证法”消解了黑格尔哲学的同一性和调和性，遵循只有“否定”、拒绝“肯定”的主观逻辑，在他看来，思维本身就是一种否定活动，甚至确认某物是某物的肯定性陈述也是否定性质的，因为它意味着某物不是别物。

怀疑论美学的否定以“否定的辩证法”作为主要的思维依据，同时参照传统怀疑论的“否定”方法，既对某些实体现象进行否定，也对主体的感觉经验进行否定；既否定既定理论的概念、范畴、逻辑，也不断地对自我存在进行反思和否定性理解，以寻求新的理论话语的不断诞生。怀疑论美学不仅否定传统美学所假定的知识、逻辑、功利、语言等与美的联系，也否定情感、道德、价值、意识形态等与美的虚假联系。在这种理论意义上，怀疑论美学的否定，拒绝承认所谓实体性的“美的现象”，认为传统美学先验设定的现象界都不过是一种逻辑信念，它们只能是纯粹意识的意向性的产物。因此，所有“审美现象”都仅仅属于主体的精神自我的诗意幻象。怀疑论美学也拒绝接纳心理主义的“审美经验”的概念，否定审美活动从属于任何心理经验，而认为审美不依凭主体的经验，它只是精神界的不可重复的否定冲动和提问过程，没有一个终极和结果，因此不可能为未来的精神活动提供借鉴。怀疑论美学的否定，参照萨特（Jean Paul Sartre，1905—1980）的“否定”，认为“否定是对存

① 〔德〕阿多尔诺:《否定的辩证法》，张峰译，重庆出版社 1993 年版，第 139 页。

在的拒绝。一个存在（或一种存在方式）通过否定被提出来，然后被抛向虚无”[①]。而“美”正是对于存在的否定性过程中诞生的精神花冠。但是，怀疑论美学的否定与萨特的“否定”存在差异的是，萨特将“虚无”当作“否定”的起源或前提，将之视为非本真的、存在被遮蔽而未能澄明的状态，他说：

> 虚无不是作为未分化的空洞或作为将不被当作相异性的相异性而成为否定的基础的。它是否定判断的起源，因为它本身就是否定。它奠定了作为行为的否定的基础，因为它是作为存在的否定。虚无只有在被明确地虚无化为世界的虚无时才能成为虚无；即，只有当它在虚无化中明确地指向这个世界以把自己确立为对这个世界的否认时，才能成为虚无。[②]

在萨特的哲学意义上，虚无是后于存在的存在，“通过这种存在，虚无来到事物中”[③]。而在怀疑论美学的哲学信念里，“虚无”是先于存在的“存在”，它是存在者的精神无限可能性的藏匿，正是由于它具有对现实界的否定性，才可能使自我寻求到对自我的亲证和理解，才使精神的诗意生存和智慧诞生得以可能，并借此开拓出一条烛照自我心灵的审美之路。怀疑论美学在具体的否定层面上，还借鉴庄子、克罗齐的否定逻辑，对传统美学的虚假命题进行清理和批判，力求对美之存在和主体的审美活动做出一体化的否定性解答，还审美活动以一个超越性的诗意空间。

---

① 〔法〕萨特:《存在与虚无》，陈宣良等译，生活·读书·新知三联书店 1987 年版，第 39 页。

② 同上书，第 48 页。

③ 同上书，第 53 页。

三、悬置（Epoché）

古希腊的怀疑论者倾向于对不能确认的事物采取“存而不论”的态度，由此获得心灵的平衡和宁静。诚如皮埃尔·奥邦格所言：“在古代，怀疑论者，或者不如说后来被称为怀疑论者的人们，都自称是‘艾菲克蒂柯伊’（Ephektikoi），这个名称是指让判断暂且悬而不决（Epoché）而使用独特思考方式的一类人。”[①] 胡塞尔现象学借用了怀疑论的悬置概念，作为建立一门严格科学的理性工具。现象学力求将以前的所有观点“悬搁”起来，加以“括号”，使哲学达到一种没有任何“前提”的思维状态。克劳斯·黑尔德在《现象学的方法·导言》中说：

> 对任何存在态度的放弃，对所有可能的存在态度的变种所持的中立性，在胡塞尔那里得到了一个取之于古希腊怀疑论的概念“中止判断”。这个称呼的词义是“抑止”，即：抑止住对存在的态度。中止判断的态度是一种被寻求的对世界的新态度，通过这种态度，哲学将自身与自然的观点区别开来。对它的发现包含着对这样一个问题的回答的开端，即：现象学的方法如何能够成为哲学，即成为对总体的课题探讨。世界的总体——“世界”在此被理解为所有视域的视域——对于自然观点来说始终未成为课题。恰恰是这个非课题的东西通过中止判断——并且只有通过中止判断而成为课题。因此，只有中止判断才使本质直观的现象学有可能转变为一门严格的、无成见的哲学方法。[②]

① 〔法〕雅克·施兰格等：《哲学家和他的假面具》，徐有渔等译，社会科学文献出版社1999年版，第20页。

② 〔德〕克劳斯·黑尔德：《现象学的方法·导言》，见〔德〕胡塞尔：《现象学的方法》，倪梁康译，上海译文出版社1994年版，第27页。

对怀疑论的悬置方法的借鉴和改造使现象学得以成为一门严格的本质直观的科学。其实，“无成见”也是怀疑论所心仪的思想目标之一。怀疑论美学朝着这一思想目标行走，它欣悦地选择悬置的方法。和前期怀疑论者的精神向往相应和，这里的悬置，依然不放弃对心灵的平衡和宁静的追求。尽管怀疑论美学悬置传统美学的众多概念、方法、论题，无法使自我的存在迎合他人的理论，必然招致他者的讨伐和嘲讽，然而，怀疑论美学能够保持自我心灵的“宁静”。

怀疑论美学的悬置或“中止判断”主要针对传统美学的核心的概念、方法、论题。诸如：美之本质、审美对象、审美经验、审美心理、美的实践性、社会美、道德美、美育、思辨方法、历史与逻辑相统一的方法、美的规律、审美价值、审美标准等。怀疑论美学认为，所有这些问题均隐藏着虚假意识，是预设前提的先验概念或者属于心理主义的主观信念。至少说，是以主观逻辑取代了具体的分析，或是凭借思辨方法覆盖了诗意直观，遗忘精神无限可能性的想象和智慧，缺席了应该出场的悟性和反思判断。传统美学将心理主义和逻辑主义交织在审美活动的精神竞技场，以不同的方式招致相同的精神结局，那就窒息了审美活动的自由性和超越性，撇弃了人类精神的自我直觉和自我隐喻，忽略了心灵世界的“虚无”对审美的决定性的意义。胡塞尔的现象学对心理主义进行了断然的决裂和无情批判，他意识到不进行如此的哲学行动，就无法诞生属于真正意义上的本质科学，现象学就无法赢得自我的话语权力。他将心理主义作为怀疑论的相对主义看待。在《逻辑研究》中他写道：

在怀疑主义所具有的这些非真正形式中，有一种形式往往会与我们这里所定义的、真正认识论的怀疑主义相混淆，这种

> 怀疑主义的形式便是指：人们将认识局限在心理此在上，并且否认“物自体”（Ding an sich）的实存或可认识性。但这类理论显然是形而上学的怀疑主义；它们自身与真正的怀疑主义无关，它们的命题首先在逻辑上和在意识行为上无悖谬，它们的要求是否合理只是一个论据上和证明上的问题。只有在各种相近的歧义或在导致不当的基本怀疑信念造成逻辑错误的影响时，各种混淆以及怀疑的转折才会形成。[①]

胡塞尔显然否定了心理主义的“怀疑主义形式”，至少在现象学意义上，认为它不能满足作为哲学的严格“科学”的要求。怀疑论美学遵循现象学对于心理主义的批判思路，转换在美学领域则表现为：它悬置传统美学的心理主义的种种概念、方法、论题，否定“美”和心理经验的联系，认为主体的“心理”不可能触摸“美”的真谛，它当然无法承载纯粹意识去渡过一条接近“美”之彼岸的河流，更缺乏诗意和智慧的悟性去接纳“虚无”化的精神本体走入超越知识与经验、语言与逻辑的绝对自由的境界。在怀疑论美学的意识里，迄今为止的美学所信奉的审美心理或审美心理学，实在属于虚妄的概念和被异化的学科。

四、对立（Antithesis）

塞克斯都·恩披里可在《皮罗学说概略》里说：“怀疑论体系的主要基本原则，是每一个命题都有一个相等的命题与它对立这个原则；因为我们相信只要停止独断，我们就会得到这个结论。”[②]

---

① 〔德〕胡塞尔：《逻辑研究》第1卷，倪梁康译，上海译文出版社1994年版，第99页。

② 北京大学哲学系外国哲学史教研室编译：《西方哲学原著选读》上卷，商务印书馆1981年版，第176页。

对立（Antithesis）构成了怀疑论的主要方法，这一方法是它和形而上学的独断论进行对话和争论的理性工具，也是它拥有探究和批判的能力的重要来源。怀疑论者采用“或者把现象与现象对立起来，或者把思想的对象与思想的对象对立起来，或者把现象与思想的对象对立起来”[①]的方法，从现象与思想中发现种种矛盾并揭示对立的命题，以解构形而上学的独断论的合理性或合法性，借此寻觅到自我的精神存在的可能性。黑格尔考察了怀疑论的论证方式的进一步情况：

> 一般地是：他们使每一种确定的、肯定的、思维到的东西与它的反面相对立；这一点他们是以一定的形式提出来了。从怀疑论的本性来说，我们不能要求它有命题的体系；所指出的只是揭示对立的一些普遍的形式和方法。[②]

怀疑论运用揭示矛盾对立的方式，呈现思想的差异性和丰富性，以抗衡独断论的思维压抑，并试图获得概念相对性的哲学说明。古希腊后期怀疑派的人物安奈西德姆斯所提供的知识不确实的理由中有这样的论点，哲学史家梯利（Frank Thilly，1865—1934）描述道：

> 同样的对象，在不同的生物、不同的人看来有所不同；对不同的感官、对同一人来说有所不同；而且因主体和环境处于不同的时间和不同的条件，对同一感官来说也有所不同。每一种感觉

① 北京大学哲学系外国哲学史教研室编译：《西方哲学原著选读》上卷，商务印书馆 1981 年版，第 176 页。

② 〔德〕黑格尔：《哲学史讲演录》第 3 卷，贺麟、王太庆译，商务印书馆 1959 年版，第 122 页。

都为主观和客观的因素所制约，因此永远不一样。还提出证明，反驳证明的可能性、因果概念和上帝存在的论证。[①]

这自然地使我们联想到庄子于《齐物论》篇里的哲学寓言："毛嫱、丽姬，人之所美也；鱼见之深入，鸟见之高飞，麋鹿见之决骤。"《至乐》篇也云："《咸池》、《九韶》之乐，张之洞庭之野，鸟闻之而飞，兽闻之而走，鱼闻之而下入，人卒闻之，相与还而观之。"相对主义观念的确是怀疑论的思维特性之一，矛盾对立方法为这种相对主义的理念开拓了一个精神空间。无论是先秦时代的庄子还是古希腊的怀疑论者，均喜爱以矛盾对立的策略实现对独断论的同一性思维方法的抗衡的哲学目的，它可能蕴含如此的思想动机：怀疑论者不声称谁能发现了"真理"，甚至不断言"真理"的存在，"真理"或正确的认识只可能潜藏在思想的矛盾对立之中。

怀疑论美学运用对立的方法，试图说明，传统美学的众多"命题"都可以寻求到对立的存在，它们都存在着相反面。如果说古希腊的怀疑论所提供的对立命题有三种方式，那么，怀疑论美学也可依照如此的思维逻辑相应推导出美学上的对立命题：

1. 现象对现象

现象：塔在远处看是圆形的。

现象：塔在近处看是方形的。

现象：这棵树是美的。

现象：这棵树是不美的。

---

① 〔美〕梯利：《西方哲学史》，葛力译，商务印书馆1995年版，第127页。

2. 思想对思想

思想：神意存在。

思想：神意不存在。

思想：美是主观经验的产物。美即理念。

思想：美是客观现实的存在。美即客体。

3. 现象对思想：

现象：雪是白色的。

思想：雪是黑色的。[①]

现象：山水之美。

思想：山水之美只是精神的诗意澄明，属于纯粹意识的自我提问和发现。游离于精神自我之外的“山水之美”，只不过属于虚假的心灵幻象。

传统美学包含了许多悖论，即使是为数不多的理论本身不存在矛盾的“命题”，也可以寻求到与之对立的命题。因此，传统美学的任何“命题”都可以寻找到相反的对立面。在如此的理论信念下，怀疑论美学充溢了解构性的冲动和建构性的欲望。

五、均等（Isostheneia）

怀疑论者试图反驳对立的双方所采取的一种思维方式，它揭示

① 因为阿那克萨戈拉提出论证说：雪是冻结的水，而水是黑色的；所以雪也是黑的。这就是把思想与现象对立起来。参见北京大学哲学系外国哲学史教研室编译：《古希腊罗马哲学》，商务印书馆 1961 年版，第 340 页。

互相矛盾的双方在论证上无论哪一方都不比对方更可信和更合理。怀疑论可以寻找出和任何一个“正命题”进行思想抗衡的“反命题”，以这种“证伪”活动从而呈现任何理论的局限性和“真理”的相对性。怀疑论者还凭借自我提问和自我反驳的“思辨双簧”，显现人类认识的“均等”现象。中期学园派的怀疑论者卡尔内亚德（前213—前128），在出使罗马的时候，第一天提出“正题”，第二天建立“反题”，以自我诘难的方式尝试证明，思维活动中存在着对立的“均等”现象。他认为：“我们不能指出感觉是否为实在对象的真实摹写，因为我们没有同它相比的对象；虽然我们没有认识事物本性的标准，但明晰而鲜明的知觉可引导我们有把握采取实际的行为；聪明人根据这种或然的程度接受某一观念，但他永远铭记，最大程度的或然性并不保证是真理。”[①] 怀疑论者借助正题与反题的互相对立的“均等”思维，确定“真理”的相对性。

怀疑论阐释为什么对立的现象和思想是无可决断的，从而获得“均等”这一思维规定性的确立。怀疑论认为，因为决断的标准和证据在逻辑上无法确定，所以对立的双方不可能获得理性的最后证明，它们只能在“均等”的状态之中永远地对峙下去。恩披里可说：

> 第一种建立在矛盾上的证明就是：不管是在生活中间，或是在哲学家们的看法中间，对于所求问的对象，都可以有一种不能作决定的意见分歧，因此，我们由于既不能作出一个肯定的判断，也不能作出一个否定的判断，便只有采取保留的态度了。第二种使人陷于无止境的情况就是：我们拿来证明所问的东西的根据，按照我们的说法，是需要进一步证明的，而这个证明又需要

① 《中国大百科全书·哲学卷》，中国大百科全书出版社1987年版，第314页。

> 更进一步证明，这样下去，永无止境，因而便产生出保留的态度来了，因为我们没有可以拿来作为出发点的据点。第三种由相对性而来的证明就是：……客体是与作判断的主体相关联的，同时也与那些和它自身一块儿被感觉到的事物相关联，它表现出这样一种情形来，以致我们必须采取保留态度，对它的本性究竟如何不作判断。第四种从假定得来的证明的产生，是由于独断的哲学家们从一个假定出发，而陷于“向无穷递进”，而他们并不能给这个假定作出证明，只是单纯地、毫无根据地以承认的方式以求达到这种假定。循环论证的产生，则是由于那用来证明所问的事情的根据，本身就要求确认所问的这件事。因为我们在这种情况之下不能应用这两个命题中间的一个命题来证明这个命题或那一个命题，所以必须采取保留的态度。①

恩披里可还试图说明，一个类的标准不能被同一类的标准所采纳，一个类的标准不能被不同类的标准所依据，两个类的标准不能被其中一个类的标准所凭借。由于采用的标准和证据是相对性质的，它们也需要进一步的证明，并且这种“证明”趋向于无限循环，所以现象与思想、思想与思想的对立双方，在逻辑上“均等”。

传统美学不同流派之间的诸多“意见”即存在着如此“均等”的现象。它们互相持有的观点、方法、结论，既不可能存在相同的标准，也不可能有合乎逻辑的证明。怀疑论美学以均等的策略去对立传统美学的诸多“命题”，它尝试为传统美学的各种“正题”寻找

① 〔古希腊〕塞克斯都·恩披里可：《皮罗学说概略》第1卷，第164页。参见北京大学哲学系外国哲学史教研室编译：《古希腊罗马哲学》，商务印书馆1961年版，第456—457页。

出与之对峙的“反题”，从而达到思维的“就是均等”，以取得“悬搁判断”的态度，获得自我思考和自我独白的话语权。

六、提问（Question）

虽然怀疑论就提问（Question）这一方法似乎没有做出明确的诠释。然而，这一方法却以一种隐蔽出场的方式存在于古典怀疑论的思维殿堂里。尤其是庄子哲学，它闪烁着奇谲空灵的东方智慧和诗性情怀，以怀疑论的敏锐眼光体察现象界诸多问题，反思自我精神的如何可能、为何可能等形而上的问题，眷注于对自我存在意义的提问。庄周与思想挚友惠施的哲学对话，媲美于苏格拉底的“对话”或“问答”，全然属于思辨智慧的精美果实。庄子哲学里蕴含着极其丰富的东方怀疑论式的提问，不像西方传统形而上学那样，满足于追问知识如何存在、如何获得的问题，而转向追问主体能否获取知识、知识如何可能、能否满足人的精神意义的要求、知识是否存在局限性、主体有否必要以有限的生命时间去追求无限的知识存在等问题。庄子云：“吾生也有涯，而知也无涯。以有涯随无涯，殆已。已而为知者，殆而已矣！”[①] 他对知识以及对追求知识的行为，均表示了怀疑和质询的哲学态度。除此之外，庄子对人的认识能力、真理的存在、道德律令、自由境界、审美活动、历史的规律性、生死循环、生命意义、现象界的同一性等问题，都予以新视野的提问。他眷注于以独特的思维方式对常识性问题进行富有智慧色彩的提问，而舍弃对这些问题进行“知识”性的或重复性的解答。

怀疑论美学将这种提问的方法移植于美学领域。一方面，怀

① 《庄子·养生主》。

疑论美学对传统美学的所有命题、概念、观点，进行非知识形态的提问，反思以往的诸多结论是否可靠、它们对于审美现象和审美活动的阐释是否正确。它不再沿着传统美学思路去追问，诸如什么是美，什么是审美对象，审美经验，什么是美的规律，美与实践的关系、艺术与生活的关系，审美标准、审美价值何为等缺乏想象力和智慧领悟的问题。而是提问：美如何可能？审美如何可能？艺术如何可能？美学如何可能？美学为什么假定超越精神之外的思维偶像而使美面临缺席的窘境？美如何超越知识、经验、逻辑、概念、规律、道德、实践等等思维阴影的遮蔽而获得自身的显明与独立？美与艺术如何消解虚假的片面的标准而走向一个无标准、无限定的超越历史的自由时间和自由空间？另一方面，怀疑论美学不间断地提出对自我存在的疑问，不间断地追问自我的理论、方法、观念能否成为新的可能性，在这种追问的过程中，愉悦地构筑自己的精神茅舍。但是，在更为理想化的理论状态，怀疑论美学对自我的提问也应该具备不断“否定”的性质，它永不宣称提问的终结，为进一步的探究保留余地，这样才保持了人类精神的尊严和生命的长久活力。

七、想象（Imagination）

想象（Imagination）从来没有在旧形而上学那里获得过合法的地位和被尊重的理性待遇。它被认为是低级的认知形式或感性的、变形的认知方式，只能谦卑地存在于理念的低级形式如艺术中。所以，在思辨哲学或知识论哲学中，自然地拒绝了它的出场。西方旧形而上学将想象阐释为“本原的影像”。这意味着如此的理论认识：想象是对不真实的虚假存在的承诺，是一种对现实存在的非逻辑性的片面化的偶然“理解”，此种“理解”具有非理性的直觉因素，当然就不属于客观和正确的“认识”活动，因此无法接近“真理”的彼岸世界。因此，想象不可能获得知识论哲学的礼遇。

西方哲学自康德起，对于想象有了新思维的认识。在康德看来，想象无疑是一种心理综合能力，有助于主体对于现象界的知性把握。他对想象的重新界定代表了旧形而上学对想象的思维变革。然而，这种变革还不是根基性和突变性的。因为康德对于想象的阐释仍然没有超脱于旧形而上学将想象视为非思维形式和非认识能力的理论窠臼。和康德相比，胡塞尔显然强调想象的认识性功能。他在关于时间意识的讲座中曾说："想象是一种可以被描述为当下化（再造）的意识。……想象在这里是指与感知一同构成直观的那种意识行为。它与感知相对立，因为它本身是对一种感知的'想象性变更'。"① 现象学提升了想象在现代哲学中的思维地位。

生活在华夏上古时代的庄子，由于其诗性哲学的精神内蕴，他对想象的理解富有精神张力和思维活力，也更有诗性的智慧与悟觉。与西方的知识论哲学不同，庄子将想象提升为一种人类精神的最高的认识形式，作为一种最高的探究现象界和追问自我存在的思维方式与逻辑工具。庄子认为，知识与理性的认识方式只能涉及事物的局部外相，难以抵达内部的本真存在，它只能适用于对实存世界的片面把握，而唯有想象这种"心游"或"神游"的绝对自由的思维方式，能够将心灵带入事物的本质之中，并获得有机整体的把握。更重要的是，想象作为人类精神存在的运思工具，重要功能在于认识自我，对自我存在的纯粹意识予以提问和反思，从而达到对自我存在的意义提升和价值领悟。因此，想象凸现为主体存在对生命终极意义的探询工具，也是生命哲学或人生哲学最根本的思维方式。

① 倪梁康：《现象学及其效应——胡塞尔与当代德国哲学》，生活·读书·新知三联书店1994年版，第65页。

因为只有想象才能获得对“善”的信仰和道德律令的亲证，也唯有想象才能携带心灵进入绝对自由的境界，获得对自由的真正把握和占有。最后，也唯有想象引导精神进入绝对虚无的“道”的境界，从而达到对“真理”的悟识与分享。

正是启悟于庄子哲学，怀疑论美学认为，想象这一方法，应该成为自己的必然的逻辑选择，它欣喜地接纳其为自己最重要的思维方式之一。想象是超越理性逻辑之上的思维工具，它能够使人之精神本质达到敞开和澄明的境界，谋求到在美学方法中的尊贵地位，因为只有想象才可能使“怀疑”和“否定”等怀疑论的哲学视野拓展到更为宽广的范围。就美学而言，更期盼想象来改变视野的狭小和局限，改变概念的陈旧和单一，并冲击墨守成规的逻辑和方法、观念和理论，从而使荒漠的精神田园获得充沛的雨水，让枯萎的理论之树重新绽放出思维的绿叶和花朵。

八、体验（Erlebnis）

像迎接“想象”一样，怀疑论美学同样将体验（Erlebnis）信奉为自己重要的方法之一。但是，这种体验有别于心理主义的所理解的体验，后者只是从主体普遍存在的没有过滤掉欲望、功利、道德等因素的心理感觉出发来确立“体验”的内涵，而前者则严格排斥欲望、功利、道德等因素在精神中的存在，只依赖个体的诗性直觉去领悟纯粹意识中的“现象”所具有的意向性存在。怀疑论美学的体验和其他哲学的体验也有所不同。因为后者被限定了认识论范围，正如诠释学代表人物伽达默尔（Gadamer，1900—2002）指出：“就像在胡塞尔那里一样地也在狄尔泰那里，像在现象学中一样出色地也在生命哲学中，体验概念首先就表现为一个纯粹的认识论概念。”①

① 〔德〕H.G. 伽达默尔：《真理与方法》，王才勇译，辽宁人民出版社 1987 年版，第 94 页。

他又认为，对生命哲学而言，“体验的概念就构成了一切对客体之知识的认识论基础。‘体验’这个概念在胡塞尔现象学中所具有的认识论功能，同样地是无所不在的”[①]。体验不在认识论意义确立自我价值，而在想象论和智慧论上获得自主性。它不满足于对客观对象的真实把握，而希冀于对可能性存在的自我领悟：它渴望超越知识平面达到对精神隐秘的体察，企图粉碎单一的意义存在而达到对整个对象的否定性的有机观照。正如伽达默尔对体验的精湛之论那样：

> 体验具有一种摆脱其意义的一切意向的显著的直接性。所以被经历的东西都是自我经历物，而且一同组成该经历物的意义，即所有被经历的东西都属于这个自我的统一体，因而包含了一种不可调换、不可替代的与这个生命整体的关联。就此而言，被经历的东西按其本质不是在其所传导并作为其意义而确定的东西中形成的。被经历东西的意义内涵于其中得到规定的自传性的或传记性的反思，仍然是被熔化在生命运动的整体中，而且持续不断地伴随着这种生命运动。正是体验如此被规定的存在方式，使得我们与它没有完结地发生关联。尼采说：“在思想深刻的人那里，一切体验是长久延续着的。”他的意思就是：一切体验不是很快地被忘却，对它们的领会乃是一个漫长的过程，而且它们的真正存在和意义正是存在于这个过程中，而不只是存在于这样的原始经验到的内容中。因而我们专门称之为体验的东西，就是意指某种不可忘却、不可替代的东西，这些东西对于领悟其意义规定来说，在根本上是不会枯竭的。[②]

---

① 〔德〕H.G. 伽达默尔：《真理与方法》，王才勇译，辽宁人民出版社 1987 年版，第 94 页。

② 〔德〕H.G. 加达默尔：《真理与方法》上卷，洪汉鼎译，上海译文出版社 1999 年版，第 85—86 页。

在伽达默尔的意义上，体验具有过去时、回忆性、整体感和过程意味的精神特征，它和生命存在的意识流动有着潜在的关联。怀疑论美学的体验除了上述的内涵外，和伽达默尔的“体验”有着心灵的沟通。它试图借助于这种体验活动，对传统美学进行反思和批判，并且展开对审美活动和艺术活动的重新领悟。在此意义上，审美活动是生命存在对以往心灵活动的回忆或追忆，它既不沉湎于生命的感性层面的本能欲望，也不局限于生命的理性层面的逻辑目的，而是向往于生命存在的诗性冲动和智慧生成。由于体验的不间断性，就必然地决定，审美和艺术的活动必然是不断否定性质的，它们处在永不间断的生命流动之中和意识流动之中，体验尽管处于一个不间断的过程，但是绝不意味着顽强地重复自我和模仿他人。美与艺术，是一种心灵独白和渴望对话的自我放逐和漫游。在这一活动中的主体，部分地类似于马斯洛所声称的“高峰体验”（Peak experience）心灵状态：“已不完全是受世界法则支配的尘世之物，更多的是一种纯粹的精神。就内在精神规律与外在现实规律的区别而言，他更受前者而不是后者的支配。”[①] 其实，在审美体验中的主体甚至也排斥“精神规律”的约束。因此，像言说美和艺术一样，体验也规定任何理论存在方式不可能有一个规范和约定，也没有一个终极。所以，怀疑论美学破除对传统美学的偶像崇拜。

九、无言（Aphasia）

与其说它是一种理论方法还不如说它是一种哲学态度更为合适，只是这种“态度”在某种意义上也表现为一种对待现象与思想的回应方法。无言（Aphasia）看似古希腊怀疑论者处于某一境域所选择

---

① 〔美〕马斯洛：《自我实现的人》，许金声、刘峰译，生活·读书·新知三联书店 1987 年版，第 263 页。

的无奈而消极的思想策略，皮罗说：

> 没有任何事物是美的或丑的，正当的或不正当的，这只是相对于判断而言的。没有任何事物真正是这样的（像判断的那样），只是人们按照风俗习惯来进行一切活动。每一件行为都既不能说是这样的，也不能说是那样的。①

既然处于这样的境域，无论选择什么话语来进行言说都必然使自己陷入尴尬，只能采取理智的逃避方式，于是怀疑论者就坚守“无言”。表面上看起来是怀疑论放弃了言说的权力，保持精神的沉默。其实，更深刻的原因在于：“怀疑论的起因，我们说是希望获得安宁。有一些有才能的人，为事物中的各种矛盾所困惑，在就二者中选择一件加以接受时发生怀疑，于是进而研究事物中间什么是真的，什么是假的，希望通过这个问题的解决得到安宁。”② 恩披里可的这一解释使我们多少窥视到怀疑论者选择无言的思想原因。那就是对于精神“安宁”的渴求，使他们不愿接受任何一种现成的思想答案，也不甘愿徘徊于两种对立的观念之间。其实，这正是一种“智者”的方法和态度。每一个存在的主体都必然会面临的如此的境域，任何的言说都将使自我跌入愚蠢的或悲剧化的思想陷阱，倒不如采取“吾不言”或“吾丧我”的方式，反倒能进入一种使精神安宁和审美超脱的境界，体现出生命的大智慧。

回首庄子的人生哲学，就充满了如此的无言智慧。对于诸多

---

① 北京大学哲学系外国哲学史教研室编译：《西方哲学原著选读》上卷，商务印书馆 1981 年版，第 177 页。

② 〔古希腊〕塞克斯都·恩披里可：《皮罗学说概略》。参见《古希腊罗马哲学》，商务印书馆 1961 年版，第 339 页。

“无意义”的命题，他采取存而不论的无言态度，放弃自我的言说，因为在他看来，对这类问题的任何言说，只能证明自我的愚蠢和丢失思想的尊严。所以他认为“大美而不言”[①]，“得意而忘言”[②]。在另一个思维层面上，庄子认为，最高境界的精神存在或最高境界的美，也不能凭借语言这个有限的心灵工具来传达，语言也不能尽善尽美地表达深刻复杂的精神意义：“道不可闻，闻而非也；道不可见，见而非也；道不可言，言而非也。知形形之不形乎？道不当名。”[③]“道”作为精神的最高虚无、最高的美，当然不可能以语言或其他的方式来表达或描述，甚至也不能凭借感觉去把握。推到审美境域和艺术境界，许多现象和思想当然无法用语言传达。六祖慧能的“摩诃般若波罗蜜”所谓“大智慧到彼岸”[④]，也采取“沉默”或“无言”的方式应对提问。传统美学的一个思维失误就在于，竭力去言说某些恰恰不能凭借语言所描述的现象和心灵活动，结果只能陷入精神的沼泽而无法自拔。怀疑论美学的无言包含两个方面，一是对审美活动和艺术活动中不能言说的东西保持沉默，这也许是一种消极的智慧；二是对传统美学的诸多“无意义”的论题，选择无言的态度，认为对它们的任何言说只能使自我扮演无聊的语言喧哗者的角色。

十、宁静（Ataraksia）

和无言一样，宁静（Ataraksia）被理解为一种思维态度似乎更为合适怀疑论者的初衷。古希腊早期的怀疑论者确信，在道德问题上谈不到确实的知识，也不应该作出判断。如果这样做，不再追求

---

① 《庄子·知北游》。

② 《庄子·外物》。

③ 《庄子·知北游》。

④ 慧能著，郭朋校释：《坛经校释》，中华书局2012年版，第59页。

理想，就可以避免许多不愉快的事。精神宁静产生于恬淡寡欲的态度。怀疑论者认为在道德问题上不存在确切的“知识”，放弃对这类“知识”的信仰和追求，才能得到一片心灵“安宁”的空间。所以，怀疑论创始者之一的皮罗将怀疑论的起因之一归结为是因为主体“希望获得安宁”。恩披里可认为：“怀疑论的起因在我们看来是希望获得心灵的宁静。有才能的人受到事物中的矛盾的困扰，怀疑自己应当接受那种选择，就去研究事物中何真何假，希望能够通过解决这些问题而获得宁静。”[①] 如果说追求幸福和善行，希冀精神的宁静和恬淡成为晚期希腊哲学的特征之一，那么，在庄子哲学里，这种对道德、知识、经验、情感等等的悬搁和“坐忘”的态度，所心仪的目标和晚期希腊的精神追求恰恰产生跨文化的叠合。庄子主张只有放弃对常识的认识或斥拒日常经验，甚至撇开被普遍确认的道德准则和精神信仰，乃至于清洗掉自我的情感和欲望，才有可能使存在者上升到一个自足自慰、绝对自由从而“乘天地之正，而御六气之辨，以游无穷”[②] 的审美境界。庄子试图放弃对理性与感性、形而上与形而下的双重追求，他心仪“逍遥”和“齐物”从而以想象性的“神游”或“心游”消解世界上任何差异并达到心灵的宁静和愉悦，由此泅渡到诗意和审美的人生彼岸，触摸到正等正觉的大智慧。

绝不能将怀疑论的宁静理解为一次性的“悬搁”和“否定”，因为在怀疑论看来，宁静的获得不可能仅仅是一蹴而就的思维结果。世界上干扰心灵的现象与思想层出不穷，它肩负一种不间断地破除这种干扰，以保证心灵不断享受“宁静”的神圣责任。所以，怀疑

① 〔古希腊〕塞克斯都·恩披里可：《悬搁判断与心灵宁静》，包利民等译，中国社会科学出版社 2004 年版，第 5 页。

② 《庄子·逍遥游》。

论自然承担了不间断地怀疑与否定、批判与反思、探究与诘难的哲学使命，并在这种精神活动的旅途之中收获思想的作物，而在收获这种思想作物的同时，怀疑论者也收获内心的幸福和快乐。他们相信，只有破除对独断论的迷信，消解对形而上学的机械逻辑和僵死的思想教条的崇敬，将逻各斯中心主义和一切虚假的意识偶像驱逐出哲学之门，获得本体论意义和生存论意义的双重自由，才能超越思维的对立和矛盾，进入“逍遥以游”的虚无境界，而领悟到最纯粹的最空灵的美。看来，撇弃外在的虚妄观念的压抑是怀疑论者获得幸福与宁静的首要步骤，也是其永不停歇的劳作。

无疑，这也是怀疑论美学的心灵镜像，它要达到真正意义上的精神的宁静和幸福，就必须进入到思维的不间断的存疑与否定、批判与反思的挑战之中。只有祛除传统美学附加的种种虚假意识，它才能感觉到由衷的快乐。因此，怀疑论美学的宁静获得，不是消极地逃避理性的困境，也不畏缩于精神的艰涩，只是宣称自我的思想“中立”而超越理论的红尘之外。另一方面，它也不屑参与美学上的思维游戏或语言游戏，而试图以想象力和诗意的领悟去言说自我的存在。“对话”成为奢侈的理论欲望，它只愿意守望自我的心灵独白，而这种“独白”也生成为寻觅宁静的一种方式。正是处于既挑战又逍遥的两种思想态度之中，故怀疑论美学才呈现自己的非主流意识形态的应有的边缘意义。

第二章　西方怀疑论的精神历程

第一节　柏拉图的“洞穴之影”

哲学在人类精神殿堂的最初登场并非借助于抽象理念的拐杖，而是依凭于文学化的隐喻而踽踽独行，柏拉图的“洞穴假象”可谓一个经典的例证。人类对于自我存在的发现和追思，恰恰是以“怀疑”自身的存在为序幕或开场的：我是谁？我来自何方？我又将向何处去？犹如后印象主义画家高更在其名作里的“提问”一样，只不过以存在主义的思想特征在艺术文本的场景和语境里延续了这种哲学“怀疑”。如果说哲学渊源于人类精神对自我的存在与意义的“存疑”和“提问”，那么，柏拉图的“洞穴之影”的隐喻，就是这种哲学一个闪光的精神起点。

柏拉图在其《理想国》第七卷里，借苏格拉底与格劳孔的对话，以自己富有想象力的隐喻，叙述了一个虚拟的场景：

> 苏：让我们想象一个洞穴式的地下室，它有一长长通道通向外面，可让和洞穴一样宽的一路亮光照进来。有一些人从小就住在这洞穴里，头颈和腿脚都绑着，不能走动也不能转头，只能向前看着洞穴后壁。让我们再想象在他们背后远处高些的地方有东西燃烧着发出火光。在火光和这些被囚禁者之间，在

洞外上面有一条路。沿着路边已筑有一带矮墙。矮墙的作用象傀儡戏演员在自己和观众之间设的一道屏障，他们把木偶举到屏障上头去表演。

格：我看见了。

苏：接下来让我们想象有一些人拿着各种器物举过墙头，从墙后面走过，有的还举着用木料、石料或其他材料制作的假人和假兽。而这些过路人，你可以料到有的在说话，有的不在说话。

格：你说的是一个奇特的比喻和一些奇特的囚徒。

苏：不，他们是一些和我们一样的人。（着重号为本书作者所加）你且说说看，你认为这些囚徒除了火光投射到他们对面洞壁的阴影而外，他们还能看到自己的或同伴们的什么呢？

格：如果他们一辈子头颈被限制了不能转动，他们又怎样能看到别的什么呢？

苏：那么，后面路上人举着过去的东西，除了它们的阴影而外，囚徒们还能看到它们别的什么吗？

格：当然不能。

苏：那么，如果囚徒们能彼此交谈，你不认为，他们会断定，他们在讲自己所看到的阴影时是在讲真物本身吗？

格：必定如此。

苏：又，如果一个过路人发出声音，引起囚徒对面洞壁的回声，你不认为，囚徒们会断定，这是他们对面洞壁上移动的阴影发出的吗？

格：他们一定会这样断定的。

苏：因此无疑，这种人不会想到，上述事物除阴影而外还有什么别的实在。

格：无疑的。

苏：那么，请设想一下，如果他们被解除禁锢，矫正迷误，你认为这时他们会怎样呢？如果真的发生如下的事情：其中有一人被解除了桎梏，被迫突然站了起来，转头环视，走动，抬头看望火光，你认为这时他会怎样呢？他在做这些动作时会感觉痛苦的，并且，由于眼花缭乱，他无法看见那些他原来只看见其阴影的实物。如果有人告诉他，说他过去惯常看到的全然是虚假，如今他由于被扭向了比较真实的器物，比较接近了实在，所见比较真实了，你认为他听了这话会说些什么呢？如果再有人把墙头上过去的每一器物指给他看，并且逼他说出那是些什么，你不认为，这时他会不知道说什么是好，并且认为他过去所看到的阴影比现在所看到的实物更真实吗？

格：更真实得多呀！

……

苏：亲爱的格劳孔，现在我们必须把这个比喻整个儿地应用到前面讲过的事情上去，把地穴囚室比喻为可见世界，把火光比喻太阳的能力。如果你把从地穴到上面世界并在上面看见东西的上升过程和灵魂上升到可知世界的上升过程联想起来，你就领会对了我的这一解释了，既然你急于要听我的解释。至于这一解释本身是不是对，这是只有神知道的。但是无论如何，我觉得，在可知世界中最后看见的，而且是要花很大的努力才能最后看见的东西乃是善的理念。我们一旦看见了它，就必定能得出下述结论：它的确就是一切事物中一切正确者和美者的原因，就是可见世界中创造光和光源者，在可理知世界中它本身就是真理和理性的决定性源泉；任何人凡能在私人生活或公共生活中行事合乎理性的，必定是看见了善的理念的。[①]

这就是被称之“洞穴假象”的哲学寓言。柏拉图借助苏格拉底式的“辩证法”而言，说了自己的哲学智慧。对上述文本，后世的诠释者包含着仁者见仁、智者见智的思想动机。然而，令人遗憾的是，它所蕴藏的怀疑论的哲学精髓却未为人所道。这段精妙的设喻，闪烁着怀疑者的思想灵光，古希腊怀疑论可以被视为发轫于此。

一、解构因袭习惯而来的虚假感觉

柏拉图以隐喻方式陈述这样一个经常被人们忽略的事实：人们都生活在一个约定俗成的观念的“洞穴”之中，所信奉不移的信念和理想原本仅仅属于“真理”的幻象而已。柏拉图首先表达出对主体感觉的怀疑，认为所有知识的起点的感觉之不可靠，进而推论我们赖以行事的知识不可靠。因此，每一个存在者都不同场合、不同程度地充当了“洞穴囚徒”的角色。换言之，在某种意义上，我们都会程度不同受到“洞穴假象”的袭扰和欺骗。其根本性的原因，就源于主体感觉的不可靠，所以，必须对之采取“存疑”的态度。这一思想影响到了后来的怀疑论者。皮罗就认为，既不能从我们的感觉也不能从我们的意见来说事物是真的或假的。后来的怀疑论者往往首先存疑的对象就是主观的“感觉”。柏拉图对感觉的存疑，则牵引出善的“理念”的出场，因为他认为只有善的“理念”的出场才使怀疑得以消除，从而使主体亲近“真理”和泅渡到“美”的彼岸。所以，他认为善的“理念”就是一切事物中一切正确者和美者的原因，就是看见世界中

---

① 〔古希腊〕柏拉图：《理想国》，郭斌和、张竹明译，商务印书馆 1986 年版，第 272—276 页。

创造光和光源者，在可知世界中它本身就是真理和理性的决定性源泉。柏拉图的“怀疑”显然不包括“理念”，因为它是消解“怀疑”的精神工具和神圣信仰。与后来的怀疑论者唯有对“怀疑”不怀疑相比，柏拉图对于“神灵”和“理念”这两种本体性存在是不怀疑的，因为它们在柏拉图的心目中具有等值的最高意义。

二、存疑主体的知识判断方式

“洞穴之影”晓喻这样一个思维事实：主体的知识判断往往不依赖“理念”只凭借“经验”，因此许多的“知识”并不可靠。柏拉图由对知识判断方式的怀疑递进到对知识本身的怀疑。当主体对“洞穴之影”产生怀疑冲动的时候，就意味着我们这些洞穴中的“囚徒”可能获得精神上的解放和自由，能够排斥“经验”的干扰而采用理性的眼睛去观察世界和认识自我，从而有可能看见“善的理念”，而拥有了“善的理念”，则必然使我们在私人生活和公共生活中行事时合乎理性的准则。因此，在柏拉图的哲学意义上，理性是高于知识的精神形式。换言之，来自经验判断的知识往往值得怀疑，而来自理性判断的知识却是可靠的“事实”。可见，柏拉图仅仅存疑凭借“感觉”和“经验”的知识判断方式，而对理性或“理念”判断而来的“知识”不持怀疑态度。所以，柏拉图的“怀疑”具有部分有保留的不彻底性质。

三、用“想象”否定在场的“假象”

柏拉图将“洞穴之影”比喻为精神存在的假象，正是主体对假象的信奉不移才导致我们距离“理念”越来越远。而克服这种在场的假象就需要一个精神工具，柏拉图将这一工具设定为：想象。柏拉图将人类的精神构成划分为：“第一部分叫做知识，第二部分叫做理智，第三部分叫做信念，第四部分叫做想象；又把第三部分和第四部分合称意见，把第一部分和第二部分合称理性；意见是关于产生世界的，理性是关于实在的；理性和意见的关系就象实在和产生世界的关系，知识和信念的关系、理智和想象的关系也像理性和意见的关系。”① 在柏拉图的知识谱系中，“想象”并没有沦落到被哲学思维撇弃的境域，他恰恰将“想象”接纳为一种重要的哲学方法，看作是主体克服“洞穴假象”的理性工具。因为，生活在“洞穴阴影”中的人们，他们所依凭的感觉经验无法获得对事物的真切理解，唯有借助于心灵的“想象”，才能克服幻影的侵扰，从而超越在场的虚假意识，触摸到现象界的真实存在。和柏拉图有着某种精神的应和，怀疑论也喜爱借重于“想象”的途径去超越在场的假象或否定没有意义的存在，去走近一个真实的世界或理想的精神彼岸。

四、悬搁与批判的“辩证法”

如果说苏格拉底自许为知识的“助产士”，而他的“辩证法”就是思想的“助产术”。而柏拉图常常借助于苏格拉底的论辩术去阐发自我哲学观念，他采用质疑、否定、悬搁、诘难、批判等方法进行思考与分析，从而促使哲学思想的诞生。黑格尔认为这种方法“帮助已经包藏于每一个人的意识中的思想出世”②。柏拉图视这种“辩证法”为最高的知识和最高的学问，他借苏格拉底和格劳孔的“对话”说：“辩证法是唯一的这种研究方法，能够不用假设而一直上升到第一原理本身，以便在那里找到可靠根据的。当灵魂的眼睛真的陷入了无知的泥沼时，辩证法能轻轻地把它拉出来，引导它向上，同时

① 〔古希腊〕柏拉图：《理想国》，郭斌和、张竹明译，商务印书馆 1986 年版，第 300 页。

② 〔德〕黑格尔：《哲学史讲演录》第 2 卷，贺麟、王太庆译，商务印书馆 1959 年版，第 57 页。

用我们所列举的那些学习科目帮助完成这个转变过程。"[①]所以，柏拉图赞成"把辩证法摆在一切科学之上，作为一切科学的基石或顶峰"。[②]有学者断言："柏拉图的'辩证法'也是对苏格拉底的'精神接生术'的进一步发展。它要求完全撇开感性事物：从理念（概念）出发，完全依据理念，通过揭露理念之间的关系，最后上升到无矛盾的善的理念。"[③]这可能片面阐释了柏拉图的"辩证法"。其实，柏拉图的"辩证法"原本旨意并非局限于以"理念"取代所有的认识方式这个单一的目标上，它更多肩负了综合多种认识功能而接近理念的使命。尽管理念是最高的认识工具，但不是唯一的认识手段。除此之外，如"辩证法"即是一种较高级的思维方法，它可以承担引导心灵走近"理念"的责任。所以，柏拉图的"辩证法"是一种探究理念体系的哲学方法。从"洞穴之影"的隐喻里，可以窥见柏拉图的"辩证法"的理性光芒，而产生这一光芒的因素之一，就是对某些虚假的思维存在的悬搁和批判。"辩证法"悬搁了意识假象和精神幻觉，对使我们陷入这种虚假意识的原因进行深入的考察，从而可能发现真实的存在和获得合理的认识。柏拉图的"辩证法"，其实非常契合怀疑论的"存疑"、"否定"、"悬搁"、"对立"等思维方法。

五、善的理念：不容怀疑的精神本体

柏拉图的思想建筑里隐含了丰富的怀疑论宝藏，然而毋庸讳言，柏拉图的怀疑信念既有限又不彻底。因为他始终为"理念"保留着最尊贵的思想位置，它象征着一种最高的真实和绝对的真理，隐喻为一种超越现象界和精神界的神秘本体，类似于庄子的"道"，属

---

① 〔古希腊〕柏拉图：《理想国》，郭斌和、张竹明译，商务印书馆 1986 年版，第 300 页。

② 北京大学哲学系外国哲学史教研室编译：《古希腊罗马哲学》，商务印书馆 1961 年版，第 206 页。

③ 全增嘏：《西方哲学史》上卷，上海人民出版社 1983 年版，第 153 页。

于知识与经验之外的存在，语言和逻辑也无法描述它的特征或本质。柏拉图就将“理念”世界看作“真理”的化身，艺术对它的模仿“是和隔真理两层的第三级事物相关”[①]。在他的美学比喻里，“床”的理念属于精神的第一等级，现实的“床”属于对床的理念模仿，和理念隔了一层，而绘画所表现的“床”就和“床”的理念隔了两层，沦落为对理念的“模仿之模仿”，和理念的距离更远。

就像怀疑论仅仅为“怀疑”保留一块不容怀疑的地盘一样，柏拉图也为“理念”保留了不容置疑的空间。因为他的所有哲学观念和思维方法都奠基于理念的存在上，而对“理念”的解构就必然意味着造成整个思想建筑群的坍塌。因此，我们多少对柏拉图这位不彻底的怀疑论者给予了一定的理解和宽容。我们崇敬于他对于“洞穴之影”的探究，以剖解精神假象产生的缘由，使每一位存在者滋生出敢于对一向以为“真实”或“正确”的信念进行怀疑的理性勇气。评价柏拉图为古希腊的怀疑论的最初创始者，并不想妨碍对这位先贤其他思想的认识。值得注意的是，后来怀疑论者似乎很少能超逸出柏拉图的思想阴影，或者说，他们都不同程度移植和催长了柏拉图的某些怀疑论的精神胚芽。

第二节　皮罗主义的孤独之路

哲学史上，习惯于将皮罗看作怀疑论的开山者或创始人，称之为怀疑论之父。梯利在《西方哲学史》里说皮罗“年轻时跟德谟克利特的学生研究这位伟大的原子论者，了解埃利亚学派和麦加拉学派的学说。他没有写出什么著作，由弗利乌斯的提蒙记录了

① 〔古希腊〕柏拉图：《理想国》，郭斌和、张竹明译，商务印书馆 1986 年版，第 399 页。

他的观点，但是，提蒙的讽喻随笔只有片断流传下来”[①]。文德尔班（Wilhelm Windelband，1848—1915）在其《哲学史教程》中认为，怀疑论起源于智者学派的学说：

> 怀疑主义没有采取学派的结社形式，但也汇合成一种体系形式，达到伦理高潮。皮浪按照当时的时代精神集中了智者学派的消极后果，他的学说是由蒂蒙提出来的。这种智者学派的怀疑主义曾骄横一时，占领过柏拉图园林；因为，如果说中期学园还未完全接受这种学说，那么它却利用了这学说为武器反对斯多葛主义并奠定自己的伦理学。学园在这方面的发展出现了学派的两个领袖：阿尔凯西劳斯和卡尔尼亚德，他们相隔大约一世纪之遥。往后，当学园派再度批驳怀疑派时，怀疑派得到的同情主要来自经验主义的医生们，其中，即使到了这一时期的末期还是值得提一提的是艾奈西狄姆和阿格利巴。关于怀疑论理论的全集在后来很长一段时间才编成，它保留在塞克斯都·恩披里珂的著作中。
>
> 但是怀疑派更深远的意义是：它表达了一度占据过整个古代文明，正如曾一度占据过希腊文明的那种基本情调——一种与当代文明的独自的精神内容不相一致的情调。[②]

怀疑论在文明发展的过程中没有能充当主要角色，它处于思想文化的边缘而未能获得主流话语的地位，诚如文德尔班所论，尽管它一度占据过希腊文明的那种基本情调，然而也是一种非正统的意识形态形式。罗素则对怀疑主义抱有一定的偏见：“怀疑主义自然地会打动许多不很哲学的头脑。人们看到了各派之间的分歧，以及他

① 〔美〕梯利:《西方哲学史》，葛力译，商务印书馆1995年版，第124页。

② 〔德〕文德尔班:《哲学史教程》上卷，罗达仁译，商务印书馆1997年版，第216页。

们之间的争论的尖锐，于是便断定大家全都一样地自命为具有实际上是并不可能获得的知识。怀疑主义是懒人的一种安慰，因为它证明了愚昧无知的人和有名的学者是一样的有智慧。”[①] 倒是黑格尔表现出对怀疑论的崇敬：

> 怀疑论完成了一切认识皆属主观的看法，将认识中的存在都普遍地用显现这个名词来代替了。怀疑论是最后的一个顶峰：存在物的形式，以及对存在物的认识的形式，都完全被取消了。怀疑论是这样的一种哲学，它不能说是体系，却又愿意是体系。在怀疑论的面前，人们是怀着很大的敬意的。[②]

黑格尔还认为，怀疑论是一切确定的东西的辩证法和一种有教养的意识。他花费了一定的篇幅来追溯和讨论怀疑论的历史。

> 本来意义的怀疑论的历史，通常是认为从皮罗开始的；因而也就得到了皮罗主义的名称。我们已经提到过，怀疑论在某种意义下是比较早的。怀疑论者本身，例如塞克斯都·恩披里可，也说到过它是很古的。塞克斯都·恩披里可这个论述怀疑论的主要著作家，是从怀疑论的历史开始讲的。在某个意义之下，怀疑论者就宣称“荷马已经是一个怀疑论者，因为他曾经从对立的方面讲同一的事物。”他们又把比亚士也算作怀疑论者，因为他有一句格言说：不要担保（这句话的一般意义是：不要执着地把某物当作某物，不要执着于自己一心专注的任何

---

① 〔英〕罗素：《西方哲学史》上卷，何兆武、李约瑟译，商务印书馆1963年版，第297页。

② 〔德〕黑格尔：《哲学史讲演录》第3卷，贺麟、王太庆译，商务印书馆1959年版，第106页。

事物，不应当相信任何一种情况，不应当相信对象是固定不变的)；塞诺芬尼和巴门尼德的哲学的否定方面也是如此；赫拉克利特所抱持的原则是：一切皆流，因而一切都是矛盾的和变灭的；柏拉图和学园派〔也是怀疑的〕，不过在他们那里还没有把怀疑论很明确地表达出来。①

黑格尔对怀疑论抱有浓厚的哲学兴趣，也使我们从一个侧面窥视到这种思维方式的重要意义。

一般倾向于将怀疑主义学派划分为三个时期：希腊化时期的皮罗、蒂蒙的怀疑主义，柏拉图中期学园派的怀疑主义，罗马时期的怀疑主义。而笔者则将这三个时期的怀疑主义总称之为“前期怀疑论”，以便和后来以笛卡儿、休谟、康德等人为代表的古典怀疑论，以叔本华、尼采、克尔凯郭尔、胡塞尔等人为代表的现代怀疑论，以及以德里达、利奥塔等人为代表的后现代怀疑主义相区别。

一、超越现象的怀疑主义

以皮罗和他的学生蒂蒙（Timon，前320—前230）为代表的怀疑主义理论可以认为是超越现象的怀疑论。由于皮罗采取类似孔子式的“述而不作”思想方式，他的学说主要由其弟子蒂蒙记录而保存，所保存的又为残篇断简。蒂蒙出身于南意大利的佛利岛的贫贱之家。在父亲离世之后，他充当舞蹈演员谋生，在那时舞蹈演员属于卑贱的职业之一。后来，蒂蒙有幸成为一名“智者”并积累了丰厚的资产，并定居雅典从事纯粹的哲学研究，成为皮罗学说的阐释者。这一期间，蒂蒙撰写了大量的文学与哲学著作，可惜多数都散佚而未能传世。在

---

①〔德〕黑格尔：《哲学史讲演录》第3卷，贺麟、王太庆译，商务印书馆1959年版，第111页。

他的作品里，嘲讽了诸多的哲学家，对独断论进行顽强的挑战。皮罗的怀疑主义理论主要见于蒂蒙的《意见》一书。

皮罗采取相对主义的认识论和方法论，试图悬搁具体的事物现象和实践问题而呈现出哲学的超越精神。他认为事物的本性无论是凭借经验或理性都无法确切地把握，因此诸多问题不可能获得一个正确的理解和判断，事物也无所谓美丑、正义与非正义的质的差异。所以他主张对事物省略判断，而采取一种"悬搁判断"的方式，"他还把这种观点贯彻到社会伦理生活中去，对人类生活的种种外界环境采取漠不关心的态度，认为哲人面临任何际遇，都应保持心灵的完全宁静，不要让任何事物妨碍他的这种宁静"[①]。塞克斯都·恩披里可颇有趣味地描述皮罗的思想和行为：

> 他选择了一种最好的哲学思想方法，据阿布德拉的阿斯卡纽说，这种哲学所采取的形式是认为真理不可知，不作任何判断。他否认事物有光荣的与不光荣的，正当的与不正当的。他并且一般地认为并没有事物真实地存在，而是人们的风俗习惯作下了这样的约定；因为没有一件事物本身是这样而不是那样的。
>
> 他的生活方式与他的学说是一致的。他不避免任何事物，也不注意任何事物，面对着一切危险，不管是撞车、摔倒、被狗咬，总之根本不相信他的感官的任何武断。据卡吕斯多的安提贡说，他的朋友总是跟着他，把他救出危险。但是，据爱内西德谟说，只是他的哲学建立在不作任何判断上，在日常生活中他仍然谨慎行动的。这样一直活到近九十岁。[②]

---

① 范明生：《晚期希腊哲学和基督教神学》，上海人民出版社1993年版，第153页。

② 北京大学哲学系外国哲学史教研室编译：《古希腊罗马哲学》，商务印书馆1961年版，第341页。

皮罗的哲学观点主要包含了这样几点：

1. 万物一致而不可分别。

2. 它既不是这样的，也不是那样的，也不是这样和那样的。

3. 没有任何事物是美的或丑的，正当的或不正当的，这只是相对于判断而言的。

4. 没有一件事情可以固定下来当作教训，因为我们对任何一个命题都可以说出相反的命题来。

5. 最高的善就是不作任何判断，随着这种态度而来的便是灵魂的安宁，就像影子随着形体一样。

6. 死与生之间并无分别。

7. 使人们完全解脱是很难的。

8. 下功夫做一个诚实的人。[①]

这位怀疑论的先行者所标举的怀疑论信条，首先对现象界的存在表示了存疑的态度，认为所有现象均是相对性质的，因此主体的经验或理性无法对它们进行确切的判断。而超越现象的唯一方式就是采取“存而不论”的悬搁判断的哲学态度。这种“不动心”的态度可以抛弃对现象界作出任何的主观承诺，从而使自我能够获得快乐或幸福。皮罗的这种怀疑论者的超然态度，最终被演变为一种哲学方法或思维原则，启思后来的哲学家。

二、否定的怀疑主义

如果说皮罗的怀疑论的方法主要在于“存疑”的话，那么，柏

① 北京大学哲学系外国哲学史教研室编译：《古希腊罗马哲学》，商务印书馆1961年版，第341—342页。

拉图中期学园派的怀疑论代表人物阿尔凯西劳（Arcesilaus，前315—前241）和卡尔尼亚德（Carneades，前214—前128）的怀疑论的方法则可以归结为“否定”。阿尔凯西劳继承了苏格拉底、柏拉图、德谟克利特（Demokritos，前460—约前370）、巴门尼德（Parmenides，约前515—前5世纪中叶以后）、皮罗等人的怀疑论的思想衣钵并有所发展，以怀疑主义的思维方式引导柏拉图学园派走向一个新的哲学目标。阿尔凯西劳针对斯多葛学派的学说进行否定性的批判，在否定性的批判过程中发挥怀疑论的思辨精神。

1. 否定真理的标准。阿尔凯西劳首先否定斯多葛学派的真理标准的信念。他认为没有确定的知识，只可能存在或然性的知识，而且或然性的程度也存在差异，即使具有最大程度的或然性，也不能断定它是“真”的。因此，任何命题和任何判断都无所谓“真”与“假”，属于虚假的存在。所以，可以消解“真理”的标准及“真理”的存在。

2. 否定“表象”的同一性。阿尔凯西劳批驳了斯多葛学派的“表象”同一论。他认为斯多葛学派所论证的“表象”，有的并非是真实的“存在”，只是虚幻的直觉品，例如精神病患者的“表象”即是这类性质。其次，主体的表象和对象并不存在确切的对应性，表象往往是对对象的歪曲和变形。最后，主体之间对同一对象的表象必然存在差异，同时这种表象也难以传达，无法进行统一的精神尺度的通约。因此，表象不具备同一性。

3. 否定伦理的目的论。阿尔凯西劳否定斯多葛学派的伦理目的论，认为独断的认识论本源于伦理目的。对任何一种伦理目的确认，其实都是在接受一种“意见”，而这种建立在接受“意见”基础上的表象，本身就是一种先于知识和概念的先验判断，而且这些判断本身就是或然性质的，因而属于虚假的或不可靠的精神存在。所以，伦理并不存在目的，也没有先验的“表象”或概念。

卡尔尼亚德则否定了斯多葛学派的“理解的表象”的可能性，并且指出这一学派的神学和自然哲学均不能成立，因此导致对神学的否定。他还提出“盖然性理论”，认为只能有限地承认“盖然性的表象”，而拒绝接受对知识和真理的确实判断。

三、思辨的怀疑主义

罗马时期的怀疑主义达到前期怀疑论的较高水准。这一时期的怀疑论者综合和提升了怀疑主义的方法，思辨的“论式”被引导到怀疑论的殿堂，从而扩充其思想内涵。埃奈西德穆（Aenesidemus，生卒不详，大约活跃于公元初期前后）[①]和塞克斯都·恩披里可（Sextus Empiricus，他大约生活于公元2世纪末，名字恩披里可“Empiricus”隐含“经验者”的寓意）为其代表人物。

塞克斯都·恩披里可认为：“在早期的怀疑派那里，通常的传统看法是：‘悬疑’由以产生的‘型式’为数共有十个。‘型式’的另两种名称为‘论证’和‘主张’。”[②]埃奈西德穆从“判断的主体”、“判断的对象”和“主体和对象的关系”这三个方面提出自己的十个论式：

1. 生物机体的差异性导致对同一对象产生不同判断。埃奈西德穆主要在动物与人之间、人与人之间的感觉比较的过程中，揭示由主体差异性所导致的感觉差异性的客观事实，阐释不同生物对同一对象可以产生快乐或痛苦、有利或有害等判断的观念，由此“怀疑

---

① Aenesidemus，在中文文献里又被译为爱内西德谟，安奈西德姆斯，艾奈西狄姆，爱那西德穆，埃涅西得姆等。

② 〔古希腊〕塞克斯都·恩披里可：《悬疑与宁静》，杨适等译，上海生活·读书·新知三联书店1989年版，第12页。

派则指出，一切都是变动的。这样一来，等同性、同一性就被扬弃了；只有在这种感性的同一性、这种普遍性被扬弃了的时候，另一方面便进来了”①。

2. 不同主体的知性或理性的差异性导致不同的观念。埃奈西德穆认为每个人的心理结构不同，以及所观察事物的方式的不同，必然带来不同的观念。诚如所言："因为人们一定也有一种精神的差异性，并且说出极为矛盾的判断，所以我们无法知道应当相信哪一个。相信大多数人是无用的，因为我们不能去问所有的人。"②

3. 同一主体的不同感官，以不同的方式感知对象所获得的印象必然存在差异，甚至存在矛盾的现象。因为各种感觉器官之间在构造上存在差异，所以对对象的感觉差异也为顺理成章的逻辑结果。

4. 主体由于自身内在的不同状态和变化而导致不同的判断。同一事物在同一主体的感觉经验里，由于主体所处的境域变化或者主体的心理状态的波动，如时空的改变、精神目标的转移等，也招致对同一对象做出差异性的判断。认识主体内部的情况并非一成不变，而这一情况势必决定认识的变化。

5. 从不同的位置、距离和地点，观察事物会产生不同的感觉或得出不同的结论。

6. 任何事物都不是单独地、孤立地进入主体感官，它们混合为复杂的整体，不同事物的混杂会改变其原来的特性，由此导致主体的不同判断。又因为任何事物必须借助中介才能被感官所感觉，因而感觉总是混杂着别的事物。

7. 事物由于量的不同组合及颜色、温度等因素的不断变化，使

---

① 〔德〕黑格尔:《哲学史讲演录》第3卷，贺麟、王太庆译，商务印书馆1959年版，第125页。

② 参见上书，第126页。

其处于永恒的变动之中。黑格尔评价道："认为量和结合对于质和分解没有关系，乃是一种抽象的看法，量的变化也能使质发生变化。"[①] 怀疑论这一"论式"无疑具有积极的思维意义。

8. 所有知识均是关于事物之间或事物与主体之间关系的知识，而不是事物本身的知识。因此纯然的知识不存在，知识都是相对意义的构成品，必须对事物以及由此而来的知识保持"悬搁判断"。

9. 事物的"罕见"与"常见"，也就是重复程度的因素，同样能够改变主体对事物的判断。罕见的东西比常见的东西受到更大的重视；习惯使这个人对一件事做这样的判断，使那个人对此做那样的判断。

10. 由于道德、风俗习惯、法律等社会条件的不同，主体的观念则存在差异，由此对事物的判断必然不同。

黑格尔对埃奈西德穆的十个"论式"评价为：

> 真正来说，都不是逻辑的说法，并不归到概念，而是以经验的方式，——直接反对经验的东西。从直接的确认提出某物是真的，再以同样的方式指出此物的反面也同样确实，因而认为它的反面是有效的，——而以任何一种别的观点也可以指出它无效。一个东西的反面，说它有效，是牵连到不同的情况上，这十个比方就包含着这些情况。[②]

黑格尔认为埃奈西德穆的十个"论式"是以经验的方式反对经验的东西，自然有其道理，的确这个十个"论式"包含诸多主观经

---

① 〔德〕黑格尔：《哲学史讲演录》第3卷，贺麟、王太庆译，商务印书馆1959年版，第129页。

② 同上书，第131—132页。

验的要素。然而上述十个“论式”又不全然如黑格尔所言“不是逻辑的说法”。因为埃奈西德穆的“论式”至少蕴含着概念、判断、推理等形式逻辑的因素，同时也潜藏着存疑、对立、否定、悬搁、批判等哲学思辨的方法。

黑格尔对塞克斯都·恩披里可的五个“论式”[①]给予积极的评价：“怀疑论的另外五个比方具有一种完全不同的性质；这些比方比较属于思维的反思，它包含着确定概念本身的辩证法。这些比方看起来要好些，显然来源比较晚。同时也显然可见，这些比方描述了一种完全不同的哲学思维的立场和修养。他们特别反对概念的各种思想形式和规定性。”[②]塞克斯都·恩披里可的五个“论式”或五种根据为：“第一种根据是由我们对同一对象的各种观点互相矛盾而得来，第二种根据是由论证一直引导到陷于无止境而得来，第三种根据是由相对性得来，第四种根据是由前提的任意性而得来，第五种根据是由循环论证得来。”[③]以下，具体描述这五个“论式”：

1. 意见的差异性。塞克斯都·恩披里可认为，人们据以推论的学说繁多，几乎每个人都有自我的主张。由此人们对于同一对象的意见也不尽相同，甚至互相矛盾。哲学家们对于若干重大问题的见

---

① 关于五个“论式”的归属问题，我国学术界有不同的判断。如《中国大百科全书》、全增嘏主编的《西方哲学史》将之归于塞克斯都·恩披里可的名下。而范明生所著《晚期希腊哲学和基督教神学》、苗田力主编的《古希腊哲学》、蒋孔阳和朱立元主编的《西方美学通史》（第1卷）则将之归于阿格里帕（Agrippa，生卒年月不详，仅知道他是后于埃奈西德穆的怀疑论者）。本人则依据黑格尔《哲学史讲演录》的看法，将五个“论式”归于塞克斯都·恩披里可的名下。

② 〔德〕黑格尔：《哲学史讲演录》第3卷，贺麟、王太庆译，商务印书馆1959年版，第133页。

③ 北京大学哲学系外国哲学史教研室编译：《古希腊罗马哲学》，商务印书馆1961年版，第456页。

解都不一致。“如伊壁鸠鲁认为，我们面前的对象是被感觉到的东西，斯多葛学派则认为是被思维的东西；由于对象可以用不同的方式来加以规定，所以对于对象就不断地发生意见的差异，尤其是哲学家们意见的差异。因为，有些人认为，感觉到的东西是真的；有些人认为，只有思维到的东西才是真的；又有些人认为，有些感觉到的东西和有些思维到的东西是真的。”[①] 塞克斯都·恩披里可认为，无法使这些认识上的差异统一起来，因为缺乏一种统一的标准：我们既不能以感觉到的东西为判断标准，也不能以思维到的东西为判断标准。所以，他提出“悬搁判断”的怀疑论主张。

2. 无穷递进。著名的“无穷递进”的论证，最初由柏拉图在《巴门尼德篇》用于对其“理念论”进行思辨的过程中提出。怀疑论者发挥了这一思维方法。塞克斯都·恩披里可提出，如果说感觉到对象需要经由感觉到对象来判断，那么就必然意味着，这个感觉到的对象势必由另一个感觉的对象作为依据。这样就陷入无穷递进的思维境域。倘若以思维到的对象为依据，其结果也不外如此。另一方面，如果以思维到的对象作为感觉到的对象的依据，结局也是如此。因为思维到的对象，也必须要有依据。而对于依据的因果律的追究永无止境。“怀疑派指出，为了某项主张而提出的根据，本身又需要有根据，根据的根据又要有根据，如是直到无穷。”[②] 塞克斯都·恩披里可认为这种探究丧失了思维的意义与价值，还不如采取放弃判断的“不动心”方式更为合适。[③]

---

① 范明生：《晚期希腊哲学和基督教神学》，上海人民出版社 1993 年版，第 162 页。

② 〔德〕黑格尔：《哲学史讲演录》第 3 卷，贺麟、王太庆译，商务印书馆 1959 年版，第 133— 134 页。

③ “无穷递进”，有的学者理解为“无穷倒退”。如范明生的《晚期希腊哲学和基督教神学》、苗田力主编的《古希腊哲学》将塞克斯都·恩披里可的第二个“论式”理解为“无穷倒退”，基本含义没有差异。

3. 相对性。塞克斯都·恩披里可认为，任何认识取决于认识主体，而认识的主体必然是相对的。因为主体对孤立的事物无法认识，唯有凭借和其他事物的联系中才能认识某物。所以，主体就面临着如此的选择：在思想中寻找存在或者感觉到的对象为依据；在感觉的对象中寻找思想的依据；除此之外，还要为思想和感觉到的对象寻找依据。结果又陷入无穷递进的思维境域。因此，无论是认识的主体还是认识的方式，也无论是认识的依据还是认识的结果都是相对性质的。

4. 虚假设定。塞克斯都·恩披里可指出，独断论者发现自己面临一个追溯无穷的依据的思维窘境，他们势必提出一个虚假设定作为原则或标准，这个原则他们不加证明，认为必须简单地无证明地加以承认和接纳，因为这是一个"公理"。黑格尔阐释了塞克斯都·恩披里可的这一思想："独断论者有权利假定一个公理为不加证明的东西，怀疑论者也有同样的权利，或者——如果愿意这样说的话——也有同样的不正当的权利把反面假定为不加证明的东西，这两个假定都同样有效。因此一切定义都是假设。"[①] 也就是说，独断论者的逻辑前提的任意性和假定性，必定使所谓的"公理"成为一种人云亦云的东西，它同样不可靠和不真实。

5. 循环论证。所思维的对象或论述的东西必须以某种事物为依据，然而此事物又必须以另一事物为依据。这就意味着："论证感性认识的确立时，需要引理性认识作依据；而在论证理性认识的确立时，又需要引感性认识作为论据；这样，就陷入循环论证，何况就是感性认识和理性认识本身的真实性，仍还有待于证明，结果又陷

① 〔德〕黑格尔：《哲学史讲演录》第3卷，贺麟、王太庆译，商务印书馆1959年版，第134页。

入‘无穷倒退’。”[①] 怀疑论认为循环论证构成独断论的主要思维逻辑，而这一逻辑显然具有无法证明性和不确定性，因而属于同样不可靠的虚假意识。

黑格尔因此对怀疑论的“论式”给予一个总体的评价：

> 怀疑论对否定方面有了这种意识，如此确定地想到了否定的形式，是值得尊敬的。怀疑派的举动，并不是象人们所说的那样，使人提出一种异议，指出把事物想成别样的可能性，作出随便反对这种断言的认识的任何一种攻击。这并不是经验的作法，而是包含着科学的规定。这些比方归结到概念，归结到规定性的本质，并且详尽无遗地反对确定的东西。怀疑论者要想在这些环节中维护他个人的想象中的伟大。这些比方证明了怀疑派在论证进展中的高级意识的出现，——这是一种高于通常逻辑、高于斯多葛派的逻辑和伊壁鸠鲁的准则的意识。这些比方乃是理智所陷入的必然对立。在这些比方中囊括了一切理智形而上学的缺陷。无穷推进和假设（直接的认识）在现在还是屡见不鲜地被人提出的。这些比方指斥独断论的哲学，这种哲学的方式就是在一个确定的命题中提出一个原则作为规定性。这样的原则始终是有条件的，因此便具有毁灭自身的辩证法于自身之中。这些比方乃是反对理智哲学的强有力的武器。怀疑论者用他们这些比方一方面反对通常意识，一方面以伟大的智慧反对哲学反思的原则。[②]

---

① 范明生：《晚期希腊哲学和基督教神学》，上海人民出版社 1993 年版，第 163 页。

② 〔德〕黑格尔：《哲学史讲演录》第 3 卷，贺麟、王太庆译，商务印书馆 1959 年版，第 140—141 页。

梯利也在其所著的《西方哲学史》中写道："怀疑主义思潮在哲学史上不是没有影响的。它削弱了某些学派的极端独断主义，诱导另一些学派修订了他们的观点。它指出各个体系之间及它们本身以内的差异和矛盾，使思想家们缓和分歧而强调一致，从各体系中选取常识所能接受的观点。"[①] 以皮罗等人为代表的怀疑论哲学所具有的思想意义甚至还远远超越了黑格尔和梯利等人所给予的评价。而怀疑论对美学的启迪，尽管现在对它做出任何的评价还为时嫌早，但至少可以肯定，它的诸多方法及前十种和后五种的"论式"，可以引申为怀疑论美学的方法论和思维工具，从而构成对传统美学的解构性势能和建立怀疑论美学理论的有益成分。

尚需涉及的是，高尔吉亚提出的三个命题也丰富了怀疑论的思想："林地尼的高尔吉亚属于放弃标准的同党，虽然他不采取普罗泰戈拉的方法。他在名为《论非存在或论自然》的著作中力图建立三个相互关联的命题：第一，无物存在；第二，即使存在某物，人们也不可能把握；第三，即使把握了，人们也无法加以表述，告诉别人。"[②] 高尔吉亚的三个命题显然持有对存在的怀疑态度，以及对感觉经验的不可靠的确信，认为主体不能依赖语言工具去传达对事物的感受，因此就消解了事物的客观性和真理的标准。还有文艺复兴时期的法国思想家蒙田（Montaigne，1533—1592），因写作《随笔集》而知名。他以怀疑论为思想工具，对宗教进行理性主义的批判。他认为主体的认识能力是相对的，因此必须采取怀疑的方式去认识世界。感觉和理性都不能确定事物的真实存在，每人看事物的

---

① 〔美〕梯利：《西方哲学史》，葛力译，商务印书馆 1995 年版，第 127 页。

② 汪子嵩、范明生、陈村富、姚厚介等：《希腊哲学史》第 2 卷，人民出版社 1993 年版，第 265 页。

方式不同、态度不同，人们的观念也必然存在差异，所以必须放弃所有的信仰。蒙田主张人应该过一种“自然状态”的理想生活，抛弃宗教对心灵的束缚，也抛弃所有的知识、法律、契约等社会规则，回归最自然最原初的生活状态，从而获得真正意义的自由、平等的实现。蒙田的怀疑论所具有方法论的意义并不显明，只是延伸了怀疑论在社会生活的应用价值。这也许构成了他对于怀疑论的一种社会学意义的贡献。

第三节　古典哲学的“边缘”

怀疑论的思维传统在西方的古典哲学里一直没有中断，然而它仍然居于边缘的位置，未能扮演主要的角色。到了笛卡儿时代，这种“边缘”发生了位移，一度影响到主流的哲学，甚至占据显赫的思想地位。

一、本体论意义的怀疑论

若内·笛卡儿[①]（René Descartes，1596—1650）两本重要的哲学著作为:《方法论》（1637）和《沉思录》[②]（1642）。诚如罗素所言:“在这两本书中，笛卡儿开始先说明一向被人称作‘笛卡儿式怀疑’的方法。笛卡儿为了使他的哲学获得牢固基础，决心让自己怀疑他好歹总能怀疑的一切事物。”[③]笛卡儿在《第一哲学沉思录》的“第一个沉思”（论可怀疑的事物）的开篇写道：

---

① 笛卡儿（René Descartes，1596—1650）又译笛卡尔。除了引文之外，本书统称“笛卡儿”。

② 此书汉译本又名《第一哲学沉思集》，庞景文译，商务印书馆1980年版。

③ ［英］罗素:《西方哲学史》下卷，马元德译，商务印书馆1976年版，第86页。

> 由于很久以来我就感觉到我自幼年时期起就把一大堆错误的见解当做真实的接受了过来，而从那时以后我根据一些非常靠不住的原则建立起来的东西都不能不是十分可疑、十分不可靠的，因此我认为，如果我想要在科学上建立起某种坚定可靠、经久不变的东西的话，我就非在我有生之日认真地把我历来信以为真的一切见解统统清除出去，再从根本上重新开始不可。……凡是我早先信以为真的见解，没有一个是我现在不能怀疑的，这决不是由于考虑不周或轻率的原故，而是由于强有力的、经过深思熟虑的理由。[①]

文德尔班评价道："这位哲学家利用他自己的戏剧性的自我对话，刻画了他对真理的追求。从'怀疑一切'（De omnibus dubitandum）原则开始，从各方面检验了全部观念领域，在这过程中我们碰上了怀疑派论点的全套结构。"[②] 西班牙学者加塞尔在一本通俗小册子《什么是哲学》中说："当整个世界都在怀疑的浪潮中悬浮的时候，唯一没有被悬起来的就只有怀疑本身了。这而且是'我的怀疑'。一切必须从这里开始；这也是一切怀疑的终极界限：如果我怀疑世界是否存在，我不能怀疑我正在怀疑。我在怀疑——这不正是我们在一直追寻的不可怀疑的事实吗？就是从这个思想开始，现代哲学之父笛卡尔给现代哲学揭开了序幕。"[③] 笛卡儿式的怀疑，无疑具有哲学的本体论意义。因为他的怀疑是普遍性质的理性主义怀疑，他认为哲学的第一要义必须怀疑一切，撇开所有的假设而达到无成

---

① 〔法〕笛卡儿：《第一哲学沉思集》，庞景仁译，商务印书馆 1980 年版，第 14—19 页。

② 〔德〕文德尔班：《哲学史教程》下卷，罗达仁译，商务印书馆 1997 年版，第 534 页。

③ 〔西班牙〕何·奥·加塞尔：《什么是哲学》，商梓书等译，商务印书馆 1994 年版，第 83 页。

见的境界，这样才能使思想获得一个良好的开端。笛卡儿首先将怀疑的目标指向对物质世界的认识，认为有关它们的知识是不可靠和虚妄的，因为主体的感觉往往掺杂错误或虚幻，从而欺骗了我们的理性。与此相关，笛卡儿指出，主体依赖逻辑工具和认识形式所获得的知识也是值得怀疑的，因为这些逻辑工具所凭借的认识公理本身是不可靠的，仍然需要进一步检验。进而笛卡儿将怀疑的矛头指向了宗教神学，认为宗教神学中所存在的种种思想观念也值得疑问。如上帝的存在性和教义教规的合理性，不是不可以存疑的。笛卡儿将“怀疑”提升到哲学的最高意义和最普遍的方法，赋予它本体论的内涵。他从普遍怀疑的原则出发，提出了研究哲学的第一原理：“我思故我在”（Cogito ergo sum）。“自我”的存在是自明性质的存在，尽管我可以怀疑一切，然而对于“我在怀疑”则是不能怀疑的，它构成怀疑论的唯一的精神堡垒。而“怀疑”的过程即是思维的必然呈现，这就意味着“我思”。如果说“我”在怀疑和思维，那么，“我”的存在就是确实可靠的存在。因此，笛卡儿将“我思故我在”视为唯一可靠的“真理”，而对此，非但不能表示怀疑还必须持有坚定的哲学信念。正如梯利所阐释的那样：“有一件事是确实的，那就是我怀疑或思维，对此是不能怀疑的。在思维者进行思维的时候，设想思维者不存在，这是矛盾。在这里笛卡儿不是从经验的心理事实推论出：我思，故我在；而是从逻辑上推论：怀疑意味着存在一个怀疑者，思维意味着存在一个思维者，即一个思维着的东西（Res cogitans）或精神实体；这样就把握了在他看来是一个合理的、自明的命题。怀疑意味着思维，思维意味着存在；Cogito，ergo sum，我思，故我在。‘对一个循序而进行哲学思维的人来说，这是首先出现、最确实的知识。’这是我们一直寻求的原则——形而上学的一个确实而自明的出发点。”[①] 令人

① 〔美〕梯利：《西方哲学史》，葛力译，商务印书馆 1995 年版，第 309— 310 页。

遗憾的是，由于对于二元论哲学的信守，笛卡儿不是一个彻底的怀疑论者，他也宣称自己和怀疑论保留一定的精神的距离。同时，他还确立了三种实体：心灵、上帝、物体。而这三种实体之中，只有上帝属于真正的实体。可见，笛卡儿没有将怀疑论贯彻到所有事物之上。

笛卡儿怀疑论的思维启示在于，“怀疑”被提升到本体论位置，也一定程度地赋予了方法论的意义。其次，笛卡儿的“普遍怀疑”具有“批判的怀疑”的性质，它敢于对传统的观念和方法提出理性的挑战和质疑，呈现出思想的锋芒和张力。罗素说：“‘批判的怀疑’方法在哲学上非常重要，尽管笛卡尔本人只是三心二意地应用这方法的。按逻辑讲，显然怀疑要在某处止住，这方法才能够产生积极结果。假若逻辑知识和经验知识双方都得有，就必须有两种怀疑止点：无疑问的事实和无疑问的推理原则。笛卡尔的无疑问的事实是他自己的思维，按最广的意义使用‘思维’这个词。”[①] 黑格尔则说：“笛卡尔的怀疑，他的不作任何假定，是因为没有一件东西确实可靠；他的怀疑并不是为了自由本身，认为自由之外别无有价值的东西，认为假设和外物的性质、形式虚妄无实。……我们决不能把笛卡尔的论证过程看成证明方法上首尾一贯；这是深刻的、内在的进程，虽然表现得很朴素。笛卡尔哲学的精神是认识，是思想，是思维与存在的统一。”[②] 笛卡儿提升了怀疑论在哲学中的地位，使其具有真正形而上学的意义，因为怀疑论已经展现了一定的思辨逻辑的力量，显示出对传统思维方式的诘难和挑战的勇气，并且洋溢出自己的本体论存在的生命力。

---

① 〔英〕罗素：《西方哲学史》下卷，马元德译，商务印书馆 1976 年版，第 90—91 页。

② 〔德〕黑格尔：《哲学史讲演录》第 4 卷，贺麟、王太庆译，商务印书馆 1978 年版，第 67 页。

二、认识论意义的怀疑论

与笛卡儿的怀疑论相比，休谟的怀疑论更呈现出认识论的思维特征。休谟的怀疑论包含着一定的不可知论的色彩，可以认为这也是古希腊怀疑论特征的延续，因为在皮罗主义者看来，无论实体的存在或思维的存在都难以认识和传达。休谟在其《人性论》里花费了一定的篇幅讨论了怀疑主义的哲学体系，尤其是讨论了理性的怀疑主义和感官方面的怀疑主义，从认识论的视角对怀疑论的思想进行了经验主义的清理。诚如黑格尔所言："休谟的怀疑论直接以洛克的哲学为对象，同时也以巴克莱的唯心论为对象。思想方面的发展过程是这样：巴克莱把一切观念等量齐观；休谟则明确了感性物与普遍者的对立，并且把它清楚明白地说了出来，——把感性物定义为没有普遍性。"①

休谟的怀疑论主要体现于这几个方面：

1. 对演绎理性怀疑。休谟认为传统哲学信奉不移的演绎理性是可疑的。他在《人性论》中写道：

> 理性在一开始占着宝座，以绝对的威势和权力颁布规律，确定原理。因此，她的敌人就被迫藏匿于她的保护之下，借着应用合乎理性的论证来说明理性的错误和愚蠢，因而可以说是在理性的签字和盖章之下作出了一个特许照。②

休谟正是在理性的特许照之下开始对理性的颠覆活动。他认为

① 〔德〕黑格尔：《哲学史讲演录》第4卷，贺麟、王太庆译，商务印书馆1978年版，第205页。

② 〔英〕休谟：《人性论》，关文运译，郑之骧校，商务印书馆1980年版，第213页。

全部知识以概然判断为基础，而概然判断又必然依附于人类的知觉经验，后者包含着一定易误性。“当我反省我的判断的自然的易误性时，比在我只考究我对它进行推理的那个对象时，我对我的意见的信心就更小了；当我再往前进，细细检查我对我的官能所做的每一次接一次的评价时，于是全部逻辑规则都要求不断的减低信念，而最后把信念和证据都完全消灭了。”[①] 他认为，原因和结果的一切推理都凭借习惯而得来，因此这种推理的逻辑和标准在认识论意义也是值得怀疑的。

2. 对外部存在的怀疑。像前期怀疑论一样，休谟表示出了对外部存在的怀疑。然而休谟的这种“怀疑”却显得较为精细和富于逻辑感。他从几个思维环节提出了关于物体存在的信念的怀疑主义的论证：主体感觉不能直接产生物体存在的信念；物体存在的信念只能属于心理描述的说明，而这一说明不可靠；对物体存在的哲学思辨的说明也是不可靠的；一切的主体对物体的论证都“不可靠”则表明：在各种观点和自然信念的矛盾之中，必然呈现怀疑论的存在意义。黑格尔认为：“休谟和古代怀疑论者一样，求助于各个民族的意见不同：在不同的民族、不同的时代，被视为正当的事情是不同的。”[②] 而对外部存在的怀疑方式，也恰恰是借助于这种不同主体的意见不同。

3. 对心灵和上帝的怀疑。休谟认为：“我们所谓的心灵只是被某些关系所结合着的一堆不同知觉或其集合体，并错误地被假设为赋有一种完全的单纯性和同一性。”[③] 他因此推论，主体的心灵往往被不同的知觉所遮蔽，它能否具有确定的存在意义还值得怀疑。他还对

① 〔英〕休谟：《人性论》，关文运译，郑之骧校，商务印书馆 1980 年版，第 209 页。

② 〔德〕黑格尔：《哲学史讲演录》第 4 卷，贺麟、王太庆译，商务印书馆 1978 年版，第 207 页。

③ 〔英〕休谟：《人性论》，关文运译，郑之骧校，商务印书馆 1980 年版，第 234 页。

流行的论证上帝存在的“设计论”进行了反驳，认为根据人类的意向和计划来推论异于人类万分、高于人类万分的神明的意向和设计是荒谬的作法。

休谟在《人类理智研究》中提出“温和的怀疑论”（Mitigated scepticism）这一说法，以区别于皮罗主义的过激怀疑和笛卡儿的普遍怀疑。诚如我国学者所论：“休谟的怀疑主义是建立在经验论证的基础上的。休谟通过对人类认识活动的全面分析后指出，人类的认识能力是有限的，认识的范围是狭窄的，除了经验和心理活动之外，我们对于外部世界的存在，内心的自我和人格的同一性，普遍的规律性和必然性等，都没有确定和实在的知识，也不能提出任何客观有效的证明。从哲学理论的历史演进看，休谟的怀疑主义是英国经验论发展的逻辑结果，是经验论原则中怀疑主义因素的最充分的理论表现。”① 也有学者认为：“休谟的怀疑论只是手段，不是目的，他对物体、自我存在的怀疑，对因果性之诘难，进一步说，他对理性本身的非难，当然一方面是为消解传统的形而上学，然而更重要的却在于使哲学思辨转向人性本身，使哲学由传统的注重对象研究转向研究人的心灵活动及其原则，为知识寻找人性的基础。”② 其实，休谟的怀疑论的手段与目的并不存在着逻辑的分离，它们共同组合成哲学思维的张力，对虚假的形而上学进行否定逻辑的思维努力，试图证明人类的理性能力的有限及知识的不可靠性，这就是休谟哲学的真实面目，我们不宜对此做出超越哲学史实际的拔高判断。

三、方法论意义的怀疑论

伊曼努尔·康德在哲学上享受的殊荣令罗素略有非议：“一般认

---

① 周晓亮：《休谟及其人性哲学》，社会科学文献出版社 1996 年版，第 202 页。

② 杨玉成：《论休谟怀疑论哲学的目标》，《晋阳学刊》1996 年第 2 期，第 41—44 页。

为是近代哲学家当中最伟大的。我个人不能同意这种评价，但是若不承认他非常重要，也可说是愚蠢无知。”[①] 笔者赞同罗素的看法，而对因“崇拜情结”所导致的对康德的过分溢美，表示一种怀疑论的淡漠态度。休谟对因果概念的怀疑和批判，使康德从独断论的思维迷醉中苏醒，继而开始自我的哲学沉思。“沃尔夫把所有哲学流派分为怀疑论和独断论。康德提出了第三条道路，即批判的道路。这种批判不是针对任何哲学体系的批判，而是对采取纯粹形式的，亦即不依任何经验为转移的理性本身的批判。”[②] 康德最主要的哲学著作是三大批判:《纯粹理性批判》(1781)、《实践理性批判》(1788)和《判断力批判》(1790)。他将休谟的思维终点转变为自我哲学的起点，从理性批判入手，探究知识的来源及知识在什么条件下如何可能的问题，由此开始建构成自己的哲学大厦。有趣的是，尽管康德宣称他的哲学旨在于克服两种世界观，即怀疑论和独断论，而恰恰在他的哲学中也潜隐着怀疑论的因素，并且主要呈现于《纯粹理性批判》著作之中。

康德在《纯粹理性批判》第一版“序文”中写道:“现代尤为批判之时代，一切事物皆须受批判。宗教由于其神圣，法律由于其尊严，似能避免批判。但宗教法律亦正以此引致疑难而不能得诚实之尊敬，盖理性惟对于能经受自由及公开之检讨者，始能与以诚实之尊敬。”[③] 在康德心目中，唯有经过哲学批判的对象，才可能获得真正意义上的尊敬。看来，他既不满于独断论也不满于怀疑论，期待于自我的批判论为哲学清扫出一条通往知识可能性和认识可能性的精

---

① 〔英〕罗素:《西方哲学史》下卷，马元德译，商务印书馆 1976 年版，第 247 页。

② 程志民:《康德》(西方思想家研究丛书)，湖南教育出版社 1999 年版，第 30 页。

③ 〔德〕康德:《纯粹理性批判》，蓝公武译，商务印书馆 1960 年版，第 3 页。

神道路。康德的批判哲学，以批判主体的认识能力为宗旨，探究认识的发生和认识范围及可能性，试图通过清理出主体认识的起源和界限，清理出感性、知性和理性的起源和界限从而确立对现象界的客观知识的把握形式。应该说，康德仅仅移植怀疑论的某些思想胚芽，借以确立“批判哲学”的方法论。或者从另一层意义说，康德将“批判”提升为怀疑论的方法论，使怀疑论更具有了思辨哲学的性质。正如海涅对这种“批判”所论：“与其说是通过他的著作的内容，倒不如说是通过在他著作中的那种批判精神，那种现在已经渗入于一切科学之中的批判精神。”[①] 海涅所说的“批判精神”也即可看作是怀疑论的“批判”方法论。康德哲学的怀疑论意义的方法论主要体现为这样几个方面：

1. 对“怀疑”本身的批判。康德对“怀疑”进行了理性主义的批判，因为他渴望摆脱休谟的怀疑论阴影的纠缠而走出一条自我的哲学路径。康德认为怀疑论不但会把社会所建立的秩序加以摧毁，也会消解人类精神所建立的秩序。所以，他在《纯粹理性批判》中认为：“但此种怀疑的方法仅对于先验哲学始为主要之方法。在其他一切之研究范围中，怀疑的方法虽或能废而不用，唯在先验哲学中则不然。在数学中而用怀疑方法则谬矣；盖在数学中绝无虚伪主张能隐藏而不为人所发现，诚以其证明必常在纯粹直观指导之下，且由常为自明的综合方法进行。”[②] 康德将知识划分为三类，数学之知识、自然之知识、哲学之知识。依其所见，怀疑之方法只能应用于哲学之知识而对于数学之知识和自然之知识不适合。因为前两种知识已经证明为可靠的知识，“怀疑”已经成为多余的思维活动。他由

① 〔德〕海涅：《论德国宗教和哲学的历史》，海安译，商务印书馆 2000 年版，第 114 页。
② 〔德〕康德：《纯粹理性批判》，蓝公武译，商务印书馆 1960 年版，第 329 页。

此确立了“怀疑”方法的有限性，或者说，康德的怀疑论只是一种有限的或局部的怀疑论（Local scepticism）。李泽厚在《批判哲学的批判》中认为：“康德肯定了普遍必然的科学知识成立的可能，否定了上帝作为认识对象的可能。从而一方面反对了休谟的怀疑论，另一方面反对了莱布尼兹的唯理论，又将两者折中调和在自己的‘批判’里。”[①] 这的确构成了康德的“批判哲学”的特征之一。然而，我们还必须体察到康德对“怀疑”的不彻底性，这似乎存在着这样一个悖论：康德的“批判”本身就具有怀疑主义的思维性质，他对于普遍必然的科学知识的可能性也持有某种怀疑的意识。所以，康德对于“怀疑”之批判呈现出思想深处的自我矛盾。

2. 对知识形式的批判。康德由对知识形式的“怀疑”导致对知识的思辨批判。康德对知识形式的批判和他将主体的认识机能，划分为感性、知性、理性三个层次密切相关，后者决定了他的批判对象。

对知识形式的批判，首先涉及对感性的批判。他在“先验感性论”中说：“‘由吾人为对象所激动之形相以接受表象’之能力（感受性），名为感性。对象由感性授于吾人，仅有此感性使吾人产生直观；直观由悟性而被思维，且自悟性发生概念。但一切思维，不问其直接间接，由其性格最后必与直观相关，故在吾人人类，最后必与感性相关。”[②] 康德认为，作为知识形式的“命题”属于“先验综合判断”，体现出普遍性和必然性，而先验的感性论是关于感性的先天的认识形式和理论。就感性这一概念而言，康德着重讨论了与其密切关联的时间与空间的问题。他把时间和空间理解为感性的先天的直观形式，其理由是以此为基础的数学知识是先天的。康德认为

---

① 李泽厚：《批判哲学的批判》，人民出版社1984年版，第63页。

② 〔德〕康德：《纯粹理性批判》，蓝公武译，商务印书馆1960年版，第47页。

对于感性的先天综合判断的发现是其哲学的一个功劳，由此也揭示了感性的重要功能。其次涉及对知性的批判。康德说："意识从其自身产生观念的能力，认识的主动性，就应该叫作知性。"① 康德认为意识自身具有先验的范畴，而这些范畴构成了十二种逻辑判断，它们分别属于量的判断、质的判断、关系的判断和方式的判断，其中每一类判断又都包含三种形式，总共构成十二种形式。② 主体则施展自我的能动性，凭借这些范畴把感性知识结合起来。如果说感性具有接受观念的能力，那么，知性则具有主动地综合现象中间的材料使其诞生形式的能力。由此，先天的知性范畴使知识的产生得以可能。最后，康德涉及对理性的批判。如果说知性是凭借范畴整合感性的知识，那么，理性则借助于"理念"整合知性的知识，并由此获得完整和纯粹的知识。然而理性在认识世界和获取知识的同时，又陷入康德称之为"二律背反"的矛盾境地。"二律背反"包含彼此矛盾的命题，共有四对，每一个正命题都有一个反命题与之相对。每一命题均可以被证明，由此都存在各自的合理性。这就导致人类的理性知识陷入一种悖论，使判断力产生有如古希腊怀疑论的"悬搁"状态。康德由对理性的"批判"而获得一种清晰的结论：主体的认识能力有限，而知识由于理性无可逾越的自身矛盾必然也存在着不可靠性，所以，世界上普遍存在着不可知的对象。在这里，康德显然和传统的怀疑论者走得更近了，呈现出精神的相通或默契。从给

---

① 转引自全增嘏主编：《西方哲学史》下卷，上海人民出版社 1985 年版，第 65 页。蓝公武译本将"知性"译为"悟性"。鉴于蓝先生译本的概念表述和当今通行的概念表述存在一定的差异，笔者将此处"悟性"作"知性"理解。

② 康德的十二范畴，还可参阅蓝公武译本，商务印书馆 1960 年版，第 81 页。十二范畴划分为四类：1. 判断之量：全称判断、特称判断、单称判断。2. 质：肯定判断、否定判断、无限判断。3. 关系：断言判断、假设判断、抉择判断。4. 形相：想当然的判断、实然的判断、必然的判断。

美学的启思来看，康德的“二律背反”潜藏着更为深刻的方法论意义。迄今为止，美学争执的诸多命题均可以囊括于二律背反的思维魔圈，它们在不同程度上均隐藏着思维的自我矛盾，互相构成对峙的悖论，并由此澄明各自的虚假性和不可能性。怀疑论美学也正是借助于潜藏于哲学中的怀疑论意识，开始对传统美学的挑战和批判。

第四节 怀疑论与现象学

怀疑论这只思想的帆船在西方哲学史的长河里一直孤独而悠然地漂浮，它从来没有停止过自我的自由行程。尽管它常常被人们所忽视或以偏见、蔑视的眼光看待，但是它毕竟以其充沛丰富的灵感和勇于挑战的激情去搏击哲学的风浪，而令人肃然起敬。

我们将康德之后的怀疑论称之为现代怀疑论。如前所论，现代怀疑论者可以包括叔本华、尼采、克尔凯郭尔等人。甚至可以上溯到马克思[①]、恩格斯和新马克思主义代表人物，如马尔库塞、阿多尔诺、弗洛姆等人。他们的怀疑论思想主要表现于对资本主义社会的生产方式、政治制度和意识形态等方面的怀疑、否定和批判。而后现代怀疑论者可以包括德里达、利奥塔等人，他们在现代文化语境下对后工业社会的经济和文化进行否定和批判。无论是现代怀疑论还是后现代怀疑论，它们秉赋着一个共同的思想特征就是，不像以往的怀疑论那样较多眷注于认识论和方法论等纯粹思维的问题，而产生一个重要转向：那就是对社会存在的历史与现实的种种问题进行怀疑与否定，怀疑由来已久的价值观和伦理观，否定一向被公认

① 马克思曾说过，他喜欢的箴言之一就是“怀疑一切”。参见《马克思恩格斯全集》第31卷，人民出版社1972年版，第589页。

的信仰和实践准则，对社会存在尤其是当今异化了的社会存在进行反思和批判。尼采所呐喊的“上帝死了”可以视为这种现代意义的怀疑论的象征性挑战，它试图解构传统社会所遗留的一切价值准则。而弗洛伊德对精神活动的无意识的深入分析，揭示了主体存在的隐秘本质。在一定程度上显示出对传统的人之本质的哲学观念的怀疑。然而，现代文化语境中，真正承袭怀疑论的哲学精神和方法的只能推举以胡塞尔为代表的现象学。因为唯有现象学承袭怀疑论的哲学衣钵，眷注于纯粹意识的思考与探究，发展了怀疑论的方法论，并在一定程度上启迪于怀疑论美学。在此理论意义上，我们仅就现象学来讨论其包含的怀疑论的思想意义。

一、现象学对怀疑论的思维借鉴

埃德蒙德·胡塞尔为现象学的奠基人。英国现代哲学家艾耶尔以不置褒贬的超越态度评价道：

> 由于他相信这些现象的首要性，使他发明了“现象学”这个术语，用来称呼他认为是他所发现的真正的第一哲学。对现象的研究是从概念上进行的，而不是一种经验的过程。它们被纳入一种还原过程，这是指，把它们的实在的状况及其经验瓜葛从一切问题中予以括去。只有当它们名副其实地作为如此这般的意识活动和意向对象时，我们才能可靠地对它们作详尽的考察。它们的本质将自身提供给直观，并且据说现象学的本质正在于这种“本质的直观”中。[①]

这不失为恰当之论。胡塞尔这位有着“彻底自律的精神气质”的人，

① ［英］艾耶尔：《二十世纪哲学》，李步楼等译，上海译文出版社 1987 年版，第 244 页。

把哲学家称作“人类的公仆”，“他们通过检验我们受到威胁的文明的基础，为重建人性准备基础。胡塞尔按照苏格拉底和柏拉图的精神，以一种非常乐观的心情把哲学的这种使命描绘成是道德上‘复兴’的使命”[①]。然而，在他的哲学湖泊里也闪耀着怀疑论的思想涟漪，构成其一道独特的方法论景观。怀疑论甚至成为现象学的助产士，它直接导致了现象学观念和方法的诞生。

1. 现象学：悬搁“前提”的哲学。胡塞尔曾经声称现象学是一种“没有前提”的哲学，这一口号在思想界轰动一时。追溯这一口号的渊源使我们不得不联想到怀疑论的“悬搁”和“中止判断”的概念。胡塞尔正是从怀疑论那里“盗取”了思想的天火，从而点亮了现象学的前行之灯。诚如克劳斯·黑尔德所言：

> 为了使现象学方法成为哲学，中止判断必须成为**普遍的**中止判断。它不能放过任何一个对存在的态度。但这里产生出一个困难的问题：现象学家们所做的关于对象的意向显现的陈述也包含着一种对存在的态度。关于在被给予方式中的显现的判断恰恰是把这些被给予方式理解为存在着的。如果现象学也放弃这个存在设定的话，那么它就无法提出任何论断。中止判断的最终结果是放弃所有认识要求并因此而放弃作为科学的哲学；在古希腊怀疑论中，它的作用恰恰是如此。作为科学的现象学需要有一个在受到中止判断之后仍保留下来的论断的领域。[②]

① 〔美〕赫伯特·斯皮格伯格：《现象学运动》，王炳文、张金言译，商务印书馆1995年版，第133页。

② 〔德〕克劳斯·黑尔德：《现象学的方法·导言》，见〔德〕胡塞尔：《现象学的方法》，倪梁康译，上海译文出版社1994年版，第29页。

这准确地勾勒出现象学和怀疑论的联系与区别。如果说怀疑论的"悬搁"和"中止判断"是彻底的哲学信仰，而现象学的"没有前提"的口号和"中止判断"的说法，只是一种哲学的方法或者思维策略。现象学不可能放弃对存在的态度，不然它就无法提出任何判断，寻找到自我的精神之家，而沦落为话语的缺席者。尽管如此，还必须正视到现象学的思想渊源之一为怀疑论，尤其是怀疑论的方法对现象学给予了重要的启示。

胡塞尔由怀疑论的"悬搁前提"的方法达到先验自我和先验意识，一方面，他主张把传统哲学的所有问题统统加以括号，存而不论，从而开始自我哲学的纯粹之思。另一方面，胡塞尔存疑关于外部世界的抽象信念和关于自我存在的心理经验，以免在进行纯粹意识的本质直观的过程中受到预先假定的观念的干扰。最后，凭借纯粹意识所建立的可靠的认识基础，从而达到本质的和科学的知识。胡塞尔还借鉴了笛卡儿的怀疑论思想。"胡塞尔喜欢用把笛卡儿的'Cogito（我思）'清楚地表述成三段的公式'Ego cogito cogitata（我思所思）'来说明这种最小世界的结构。"[①] 他实际上把笛卡儿的怀疑论公式转换为现象学的方法论。

2. 主体性哲学。怀疑论无疑属于古代的主体性哲学，而现象学则作为现代意义的主体性哲学，后者借用了前者的观念与方法。在一定程度上，胡塞尔还借鉴和改造了笛卡儿的"普遍怀疑"的方法。在《现象学的观念》中，他说："现在让我们回忆一下笛卡儿的怀疑考察。由于考虑到错误和假象的多种可能性，我也许会陷于这样一种怀疑主义的绝望中，以至于我最后只能说，对我来说没有什么是

---

① 〔美〕赫伯特·斯皮格伯格：《现象学运动》，王炳文、张金言译，商务印书馆 1995 年版，第 190 页。

可靠的，一切都是可疑的。但是，对于我来说显然并不可能一切都可疑，因为在我做出一切对我都可疑这个判断的同时，我如此判断是无疑的，一旦明白了这一点，那么想坚持普遍怀疑就会导致悖谬。而在任何一个怀疑的情况中，确定无疑的是，我在这样怀疑着。任何思维过程也是如此。无论我知觉、想象、判断、推理，无论这些行为具有可靠性还是不具有可靠性，无论这些行为具有对象还是不具有对象，就知觉来说，我知觉这些或那些，这一点是绝对明晰和肯定的；就判断来说，我对这和对那作判断，这一点是绝对明晰和肯定的，如此等等。笛卡儿把这些考虑用于其他目的；但我们在这里可以通过适当改造来利用它们。"[①] 胡塞尔改造笛卡儿的"普遍怀疑"的方法，因此获得通向纯粹意识的思维之路。诚如所论：

> 胡塞尔认为通过笛卡儿的怀疑的途径所得出的不应是笛卡儿意义上的，还没有完全摆脱经验特性的"我"和"我的思"，而应该是先验的自我和先验的意识（即通过彻底的现象学的中止判断而剩余下来的纯粹的自我和纯粹的意识）。
>
> 经过笛卡儿的途径和彻底的中止判断我们达到一个纯粹意识的领域。这种纯粹意识具有以上所说到过的意识活动（Noesis）和意识活动的对象（Noema）的相关联系的意向性的结构。在这里，纯粹的自我是作为意识活动的执行者而存在的，意识活动的对象是由意识活动构成的。[②]

怀疑论的存疑、悬搁和中止判断等方法，使现象学寻找到获得

① 〔德〕胡塞尔：《现象学的观念》，倪梁康译，上海译文出版社 1986 年版，第 29 页。

② 刘放桐主编：《现代西方哲学》，人民出版社 1990 年修订版，第 558 页。

纯粹意识和本质直观的思维途径，当然，“胡塞尔还在特殊的意义上使用‘怀疑’概念：它被用来指称一种‘信仰样式’，一种处在‘肯定’和‘否定’之间的存在信仰”[①]。正是怀疑论的思维方法，促使胡塞尔建立了一种现代意义上的主体性哲学。

3. 确立精神信念和方法。胡塞尔经过对怀疑论的改造为现象学确立一种精神的信念和方法。他在《纯粹现象学通论》中说：“人们在维护这种等同论和反对纯本质思维有效性时达到了一种怀疑论，这种怀疑论，作为一种真正的怀疑论，由于陷入悖谬而消除了自身。”[②]看来，胡塞尔仅仅是借鉴于怀疑论的某些观念与方法，而在哲学的本体论上他和怀疑论保持着一定的精神距离。他扬弃了怀疑论的普遍怀疑的原则，而奠定了对于纯粹意识的信念，对于现象学的“我思”、本质直观、先验还原等方法也是不容置疑的。如现象学还原的剩余，“胡塞尔称它为绝对的、不容置疑的或纯粹意识的领域”[③]。在这里，似乎更清晰窥视到现象学与怀疑论的思想联系与差异。胡塞尔意义上的“绝对思想”包括笛卡儿在第二个沉思中所列举的全部活动，诸如怀疑、理解、肯定、否定、意愿、拒绝、想象和感觉等。它们恰恰是怀疑论思想的底蕴和精华，有些则是怀疑论的主要方法。在此思想基础上，胡塞尔还匠心独运地提出“自由想象变换”（Freie Variation in der Phantasie）的概念，希冀借助“想象”的功能，使不在场的东西达到澄明。“自由想象变换”这种方法，在胡塞尔看来，可以达到“本质的洞察”（Wesenseinsichten）并且能

---

① 倪梁康：《胡塞尔现象学概念通释》，生活·读书·新知三联书店 1999 年版，第 526 页。

② 〔德〕胡塞尔：《纯粹现象学通论》，李幼蒸译，商务印书馆 1992 年版，第 77 页。

③ 〔美〕赫伯特·斯皮格伯格：《现象学运动》，王炳文、张金言译，商务印书馆 1995 年版，第 190 页。

够确立若干本质之间的本质关系。他提升了怀疑论的“想象”方法，使之具有形而上的思辨哲学的内涵，并达到严格科学的目的。

二、现象学对怀疑论的批判

从怀疑论卵翼下成长的现象学，并没有对其感恩而窒息自我的哲学生命，它通过对怀疑论的否定性批判而达到新的精神境界。现象学对怀疑论的批判，主要是借助于对心理主义和相对主义的斥拒而实现的，通过对“中止判断”的概念清理和怀疑论划分出精神界线。胡塞尔在《欧洲科学的危机和超验现象学》中以休谟为靶子对怀疑论进行了批判：

> 正如一切怀疑论、一切反理性主义一样，休谟的那种理论也势必自己取消自己。我们对休谟的天才越惊叹，就越对他缺乏相应的伟大的哲学气质这一点感到遗憾。这一点表现为，休谟在他的整个叙述中无动于衷地把他的荒谬加以乔装打扮，或把它解释为无害的，尽管他（在《人性论》第一卷的最后一章中）描绘出了一幅这种因坚持理论前后一致性的哲学家所陷入巨大困境的图画。休谟没有起来同这种荒谬作斗争，没有起来揭示这种感觉论和一般的心理主义所据以为基础的所谓不言自喻的观点，没有为寻求建立一种前后一致的自我理解和真正的认识论作出努力；相反地，他心安理得地停留在这种学院式的怀疑论中，并在此扮演了一个给人以深刻印象的角色。①

无疑，胡塞尔担当了休谟所未能完成的哲学任务——对心理主义进

① 〔德〕胡塞尔：《欧洲科学的危机和超验现象学》，张庆熊译，上海译文出版社 1988 年版，第 106 页。

行彻底的思维清算，并由此也展开对怀疑论的批判。

1. 批判心理主义。胡塞尔在《逻辑研究》第七章专门论述了“心理主义作为怀疑论的相对主义”问题。“胡塞尔在提出反驳逻辑心理主义的理由时（胡塞尔相当仔细地和公正地倾听了心理主义的申诉），首先是着力揭示心理主义结论的荒谬性，然后再抨击心理主义所据以建立的各种偏见。”[①] 他写道：

> 怀疑主义这个术语便获得了一个清晰的概念并且同时明确地被划分为逻辑的怀疑主义和意识行为的怀疑主义。与这个怀疑主义概念相符的例如有怀疑主义的古代形式连同这一类命题：没有真理，没有认识和对认识的论证，等等。如前所述，经验主义——无论是温和的还是极端的经验主义——也是一个例子，它与怀疑主义的这个确切概念相符合。而怀疑主义的理论中包含着悖谬性，这从它的定义上看便已是不言而喻的了。……如果一个形而上学的怀疑论者以如下的形式把握他的信念：“没有客观的认识”（即：对物自体的认识）；或者：“所有的认识都是主观的”（即：所有事实—认识都只是对意识事实的认识），那么这里就有一个很大的力量在诱惑你屈服于主观—客观这个表述方式的双重意义并用意识行为-怀疑论的意义来替代原初的、与原来立场相符的意义。于是这句话便转变成了这样一个全新的判断：“所有认识作为意识现象都服从于人类意识的规律；我们称之为认识形式和认识规律的东西，无非只是‘意识的作用形式’或这些作用形式的合规律性而已——

① 〔美〕赫伯特·斯皮格伯格：《现象学运动》，王炳文、张金言译，商务印书馆 1995 年版，第 143 页。

无非只是心理学的规律而已。”[①]

胡塞尔认为无论是逻辑的怀疑主义还是意识行为的怀疑主义，都不过是心理主义的集合体，它们理论中具有一定的悖谬性。它们取消了认识的客观性和科学性，取消了知识的形式和真理的标准，因此也消解了严格哲学的存在意义与价值。而这些恰恰是现象学所竭力排斥的，胡塞尔承担了与心理主义进行不懈斗争的使命，他竭力去寻找心理主义的偏见和谬误以澄清纯粹意识存在的合法性和合理性。由此使现象学与怀疑论产生必然的本体论和方法论双重的分道扬镳，使自我的哲学观念和方法都明显地区别于怀疑论。

2. 斥拒相对主义。在《逻辑研究》中，胡塞尔“饶有兴趣”地对相对主义进行批判。他对相对主义的概念及其特点进行解释之后，着重批判了个体相对主义。他说：“个体相对主义是一种如此公开的，并且我几乎要说，一个如此狂妄的怀疑主义，以至于人们虽然不是从未认真地倡导过它，但至少在近一段时间内没有认真地倡导过它。这学说在提出时便已被反驳掉了——这当然是对那些能明察逻辑之物的客观性的人而言。如果主观主义者，即一般怀疑论者连这样一种状况都明察不到的话，即：定律，如矛盾律，只建立在真理的意义之中，根据这些定律，关于那些相对于不同的人而言的相对主观真理的说法必然是矛盾的，那就无法说服他们。”[②] 在这时候的胡塞尔及其现象学，似乎和怀疑论保持着较大的精神鸿沟，倒是他后期的现象学表现出对怀疑论显现了较大的宽容。总体来说，胡塞尔对相对主义或怀疑论的斥拒表现出坚持不懈的思想努力，因为，

① 〔德〕胡塞尔:《逻辑研究》第1卷，倪梁康译，上海译文出版社1994年版，第98—99页。

② 同上书，第101页。

作为严格科学的现象学必然要维护“知识”和“真理”的尊严，维护逻辑工具和思辨哲学的普遍意义和价值。胡塞尔反驳心理主义的另一个结论是：

> 心理主义逻辑上必然地包含一种怀疑论的相对主义。因为只要我们使逻辑规律依赖于人类思维者的心理特征，我们也就使它们与这些思维者相关，因此就把在各方面都不稳定的人当作衡量万物的尺度。因此在胡塞尔看来，相对主义是一种不攻自破的立场：只要它坚持它本身是真理，就会否定一切知识的可能性。实际上相对主义甚至连真理与谬误的意义也摧毁了。[①]

知识论哲学或理性主义思想决定了胡塞尔不可能在怀疑论道路走远，也决定了现象学和怀疑论的不可避免的思维分歧。怀疑论的生命果仁被现象学的理性外壳所束缚，难以获得萌芽的机会。现象学从怀疑论的羽翼下走出，却构成对怀疑论的果断否定。这就是哲学所特有的不断进取不断创新的理论激情，也是值得称道的思想薪火的传递。

3. 清洗“存疑”观念。现象学对怀疑论的批判还包含着一种“清洗”策略。那就是对怀疑论的方法进行有意识的演变，使之适合自我的思维需要。例如，胡塞尔对怀疑论的“存疑”和“中止判断”方法的批判性改造，借助于这两个怀疑论的方法，达到对已经约定俗成的种种意识、观念、方法的摈弃和悬搁，使现象学成为一个“没有前提”的哲学，获得对纯粹意识的信念。他在现象学意义上重

---

① 〔美〕赫伯特·斯皮格伯格：《现象学运动》，王炳文、张金言译，商务印书馆 1995 年版，第 144 页。

新阐释了怀疑论的“中止判断”的内涵：

> 认识批判所必须进行的中止判断不可能具有如下的意义，即：它不仅在开始时，而且自始至终在对任何认识、也包括它自己的认识进行置疑，并使任何被给予性、也包括它自己所确定的被给予性无效。既然它不能把任何东西作为预定立为前提，那么它就必须提出某种认识，这种认识不是它不加考察地从别处取来的，而是它自己给予的，它自己把这种认识设定为第一性的认识。[①]

胡塞尔只是有目的和有保留地选择怀疑论的“存疑”和“中止判断”的方法，然而在更大程度上对它做出否定性批判。胡塞尔研究者、荷兰的德布尔阐释其“怀疑”概念道：“因为这里所说的怀疑并不是真正的怀疑。我们并非自由地怀疑我们所选择的任何东西。只有当我们的经验提供了某种怀疑的机会时我们才能够怀疑。（注意：这里显示出了胡塞尔和笛卡儿的一个重要区别，胡塞尔并不认为世界是一个可疑物。）……显然，正是依赖于胡塞尔确定这些概念的方式，悬搁才表现着某种自成一统（Sui generis）的东西。它并不是一种真正的怀疑，因为它与那种对被排除物的坚定信念是相容的。同样，悬搁也不是一种中立性的态度或布伦塔诺已经分析过的‘纯粹思维’。”[②] 胡塞尔之所以对“怀疑”持有保留的态度，是因为他必须为现象学预留着一块不能丧失的精神地盘。在他看来，坚持普遍

---

① 〔德〕胡塞尔：《现象学的观念》，倪梁康译，上海译文出版社 1986 年版，第 28 页。

② 〔荷兰〕泰奥多·德布尔：《胡塞尔思想的发展》，李河译，生活·读书·新知三联书店 1995 年版，第 323—324 页。

怀疑必然导致悖谬，取消事物存在的实在性和判断事物的客观标准，从而否定了纯粹意识的合理性和真理的合法性，使知识和信念成为一种不可能性。因而解构了严格科学的逻辑结构，使整个现象界没有一种合乎理想的准则和使哲学失落严格的方法。这样一种可怕的精神图景是胡塞尔无论如何所无法接受的，相对主义的阴影必然使精神世界的一切存在变得灰暗和朦胧，颠覆一切依靠理性和逻辑所建立的完美的哲学大厦，使主体的求知欲望趋于压抑或彻底消失，知识论哲学所心仪的两个相辅相成的终极目标——认识和知识必然会从精神的视野里消失。现象学天然地承担了斥拒相对主义的庄严使命，肩负起拯救哲学的神圣责任。所以，它必须坚信科学和真理的实在性和合法性，承诺知识和逻辑的存在法则，相信纯粹意识的无可怀疑性，并依赖意向性建立和事物的直接联系，由此进入到先验还原、本质直观的精神领域，从而把握事物的存在本质。并借此，勾画出现象学对怀疑论的“存疑”的逻辑清洗和决然否定的态度。

三、现象学对怀疑论美学的启示

现象学的精神链条无疑连接着怀疑论哲学，而怀疑论美学的精神链条既连接着怀疑论也连接着现象学，它们共同构成怀疑论美学必不可少的思想环节，为其输送着精神的动力和提供方法的借鉴。现象学对怀疑论美学的启示在观念和方法上是多方面的，在此涉及下列几点：

1. 消解传统哲学二元对立的本体论。传统哲学的思维惯性将世界划分为二元对立模式，如现象与本质、思维与存在、形式与内容、物质与精神等，又喜好将主体存在割裂为理性与感性、道德与本能等对立的方面。由此遗留下一个难以消弭的逻辑鸿沟。现象学提出“现象即本质”的一元论的思维原则，取消传统哲学按照主观逻辑所设定的二元对立模式。因为依照现象学的态度，传统哲学“关于存在论述的一般意义被颠倒了，这个存在首先是为我们的，其次才是自在的，后者只有‘相对于’前者才如是”[①]。现象学认为，现实本身没有任何“绝对本质”，事物总是意向性的，只是被意识者，在意识中被表象着和显现着。否认在纯粹意识的现象之外，存在着事物的客观本质或存在性。现象学恢复了哲学应有的主体性精神，修复了二元论哲学所设定的逻辑断裂，将现象与本质一体化。胡塞尔说：

> 我们使把握的和理论上探索的目光指向在其自身绝对独特存在中的纯意识。这就是所探索的余留下来的“现象学剩余”，虽然我们已“排除”了包含一切物、生物、人、我们自己在内的整个世界。严格说，我们并未失去任何东西，而只是得到了整个绝对存在，如果我们正确理解的话，它在自身内包含着、“构成着”一切世界的超验存在。[②]

依照现象学的这种观念，世界的所有存在都被纯粹意识“意向性”地拥有，胡塞尔的“现象学剩余”只保留一个叫着“纯粹意识”的精神本体，由此我们不再受到二元论的矛盾困扰。“在现象学的态度中，按本质一般性，我们中止实行所有这些认知的设定，即我们将所实行的设定‘置入括号’。”[③] 传统哲学二元论的对立模式被现象学“置入括号”，存而不论。这启思于怀疑论美学，使它意识到，传统美学的审美对象与审美意识、美与美感、审美形式与审美经验等

---

① 〔德〕胡塞尔：《纯粹现象学通论》，李幼蒸译，商务印书馆 1992 年版，第 135 页。

② 同上书，第 136 页。

③ 同上。

等的二元对立的思维模式必须“置入括号”，必须消解这种主观逻辑所设定的机械对立，由此达到怀疑论美学的“剩余”：那就是纯粹主体的虚无化存在，它象征着精神的无限可能性和隐喻着精神的诗意存在和生命智慧，借助于想象和体验使不在场的东西得以澄明，从而触摸到空灵缥缈的美之灵魂，而这个“美的灵魂”只不过是自我意识的虚无化的幻影或虚拟化的精神存在，尽管它不是知识形式，不是真理形态，也不符合逻辑，甚至超越现实性之外，语言也难以传达和不具有确定的“意义”与“价值”，然而它构成了人之为“人”的存在本质和精神的想象性的绝对自由，构成生命存在的终极追求和文化创造的源泉与动力。由此，使美学产生根本性的思维变革，引导其进入崭新的精神空间。

2. 接纳纯粹意识作为审美主体。传统美学的“审美主体”掺杂着众多外部因素，知识论、真理论、价值论、实践论等意识形态构成对审美主体的干扰和侵蚀，使其难以窥视到美的隐蔽的光辉和奥秘。怀疑论美学移植现象学还原的方法，排除传统美学附加于主体之上的概念累赘，接纳纯粹意识作为审美主体的唯一性结构，由此达到审美活动的虚无化状态，超越知识论、真理论、价值论、实践论等外在的观念制约，获得审美活动的纯粹自由的权力，使诗意和智慧分享到在审美境界的合法地位。胡塞尔解释“现象学还原”这一方法使用了“排除”这一语汇：

> 首先不言而明的是，由于排除了自然界，即心理的和心理物理的世界，因而也排除了由价值的和实践的意识功能所构成的一切个别对象，各种各样的文化构成物，各种技术的和艺术的作品，科学作品（就其作为文化事实而非作为公认的有效性

> 统一体被考虑而言），各种形式的审美价值和实践价值。同样当然还有如国家、习俗、法律、宗教这类现实对象。因此一切自然科学和文化科学，以及它们的全部知识组成，正如要求自然态度的科学一样，都要加以排除。[①]

这一思想无疑极其深刻和新颖，它启发怀疑论美学去“悬搁”和“存疑”传统美学所先验设置的种种概念和规则，撇弃由价值和实践的意识功能所构成的个别对象，清除知识形式和价值准则给予于美学的悬疣附赘，赢得一片属于自我心灵狂欢的场所。怀疑论美学接纳纯粹意识作为审美主体的唯一性存在，必然斥拒外在的现实对象，卸掉国家、习俗、法律、宗教等社会意识所附加于美学的精神负载，取得精神自我的超越世俗的诗性自由和生命愉悦，为获得真正意义上的生命幸福奠定形而上的基础，从而也体验到人之为人的本质存在。由此，怀疑论美学摈弃外来的观念馈赠，使主体的审美活动得以澄明和去蔽，并诞生自我的独立性和自主性，以庄子哲学的“逍遥以游”的方式，去寻求审美的超然境界。

3. 想象与体验引申为美学的方法。传统美学的方法基本是逻辑的方法和经验的方法，或者是逻辑的方法和历史的方法相统一，从具体的技术层面考虑，还有诸如思辨的方法、归纳的方法、实验的方法、分析的方法等。令人遗憾的是，由于对传统形而上学的思路的遵循，传统美学对“想象”和“体验”给予了极大的漠视和冷淡，认为它们是低级的认识方式而不能承担探索美学的理论任务。现象学对想象和体验给予了旧形而上学从所未有的礼遇，发掘了它们具有的认识功能，甚至认为它们超越了形式逻辑所不具备的认识的优

---

① 〔德〕胡塞尔：《纯粹现象学通论》，李幼蒸译，商务印书馆 1992 年版，第 150 页。

越性。现象学给予了“想象”和“体验”前所未有的重视，胡塞尔在《逻辑研究》和《纯粹现象学通论》等著作中深入探讨了“想象”和“体验”这两种互相关联的认识方法的价值和意义，他认为理解事物诸本质关系或关联，必须要借助于“自由想象变换”（Freie Variation in der Phantasie），这样有可能获得“本质的洞察”。他还认为，若干本质之间的本质关系也是由想象变换程序确立的，想象是剖解知识隐秘的重要工具之一。与此相关，现象学对体验给予同样的眷注：

> 体验是对某种东西的意识，例如，一个想象是对某确定的怪兽的想象，而一个知觉是对某个“现实的”对象的知觉，一个判断是对与其相应的事态的判断，如此等等，这并不与在世界中的、特别是在事实性心理关联体中的体验事实相关，而是与在观念作用中作为纯粹观念被把握的纯粹本质相关。①

体验被现象学上升为一种至关重要的思维方法，作为意识的形式它可以揭示事物的纯粹本质，而不再仅仅拘泥于心理活动的阈限之内。像想象一样，它们承担了揭示事物隐蔽存在的职责，使存在者获得一种超越在场事物的而把握无限可能性存在的能力。在现象学的启发之下，怀疑论美学主张将“想象”和“体验”引申为自我的思维方法，它不仅仅眷注于将它们作为自己的认识方法，能够把握意识深处的隐秘，而更深刻的考虑在于，怀疑论美学试图使自我的思维方式富于想象力和体验机能，从而体悟到生命内在的诗意冲动和获得超越知识形式的自由和智慧，因此能够在对自我的提问的

① 〔德〕胡塞尔:《纯粹现象学通论》，李幼蒸译，商务印书馆 1992 年版，第 106 页。

过程中而领略到美的真谛。

怀疑论和现象学犹如哲学湖泊里两艘毗邻的帆船，尽管各自的目的地不同，然而它们有着类似的行驶方式和精神路线，尤其是后者从前者获得了许多行驶的技巧和策略，使得自己显露了更富有哲学的朝气和活力，留下一串串令人惊叹不已的思想浪花，从而丰富了人类精神的园圃。海德格尔以平静的态度对现象学评价道："现象学哲学的时代似乎已经过去了，它已经作为过去的东西与其他哲学学派一起仅仅被记录在历史中。仅从现象学的最本己的方面来说，现象学并不是一个学派，它是不时地自我改变并因此而持存着的思的可能性，即能够符合有待于思的东西的召唤。如果现象学是这样为人们所理解和坚持的话，那么它作为一个哲学的标题就可以不复存在了，但是它会有益于思的事情，而这种思的事情的敞开状态依然是一种秘密。"[①] 诚如海氏所论，现象学持存着"思"的可能性并有待于"思"的召唤。正因于此，它启思于怀疑论美学，将现象学作为可能性来加以把握，使其沿着现象学的思维轨迹奔向一个诗意的审美的目标。

---

① 〔德〕海德格尔：《面向思的事情》，陈小文、孙周兴译，商务印书馆1999年版，第98页。

第三章 怀疑论美学的可能性追问和逻辑选择

第一节 可能性之追问

现代美学只是单向度地关注以东西方现有的理论“回答”审美与艺术的问题，遗忘了如何寻找自我的话语对诸种美学命题及其审美与艺术的现象进行“提问”，美学沉迷在对“回答”的自我满足的同时而失落了具有理论发现意义的“提问”。现代美学有意或无意地扮演了精神教父的角色，于是这种无意识的自恋情结转换为信念暗示：美学居于社会文化的中心地带。怀疑论美学认为，美学必须放弃充当精神教父的承诺，也必须“偏离”自我设定的虚假中心，而走向一个理论自律和精神独白的“边缘”，只关注自我存在的提问而拒绝对种种“现象”作出回答。只有这样，现代美学才能找到自己的本体论地位和恢复主体性品格。

如果说“提问”比“回答”更具有理论的发现意义，那么对美学而言，提问比回答显得尤为迫切。因为现代美学一直恪守着以现成的理论话语回答美与艺术的种种问题，既缺乏对这些问题予以新思维的提问，又缺乏对自我存在提出新视界的设问，这就相应决定了它行走在一条既重复他人话语，又重复自我观念的悲剧化的精神道路。由此合乎逻辑地规定着：

1. 美学应拒绝回答“什么是美”的问题，而应当设问“美如何可能”？

2. 美学应拒绝回答“什么是美学”的问题，而应当设问“美学如何可能”？

3. 美学应拒绝回答“什么是审美”的问题，而应当设问“审美如何可能”？

4. 美学应拒绝回答“什么是艺术”的问题，而应当设问“艺术如何可能”？

如果说美学把握住这几个关键的根基性的提问，就意味着它获得一种思维的转向并可能寻找到自我存在的新话语。

一、美如何可能?

迄今为止的美学均假设了一个提问的存在和被提问的存在，它们均假设了一个“什么是美”或“什么是美的本质”的提问，并试图从不同的理论视界来解答，从而建立一个逻辑起点，为进一步形成一个逻辑行程和最终构造一个理论体系作准备。这个被传统美学标举为“斯芬克司之谜”的第一问题或元问题，实际上源于认识至上论的信仰，来自于理性逻辑至上的幻觉，以二元论的思维准则将美设定为现象界的存在，并尝试凭借精神的认识活动或理性逻辑把握它，并达到所谓美与美感、审美对象与审美经验的主客观统一。严格地说，传统美学对于“什么是美”或“美的本质是什么”的诸多回答都难以称得上“命题”，而正如维特根斯坦所言：“只有命题才有意义。”这就意味着传统美学诸多的对这一问题的回答是没有意义的。现在是到了应当对看似已被若干方式回答了的问题重新提问的时候了。“什么是美”这一设问先验地包含了这样一个思维失误：它将美从精神存在或纯粹意识中逐出，将之界定为现象界的客观存在对象，而这一对象又依赖于主体的认识活动来把握。如果说“哲学的第一步应该把事物从意识中逐出。恢复意识与世界的真实关系，这就是指，意识是对世界的位置性意识。”① 那么，美学的第一步恰恰不应该把美从意识中逐出，将美误解为与精神存在相分离的客观本体，而应该将美接纳为纯粹意识的意向性存在，领会为精神无限可能性的自为存在。在这样一个思维前提下，就应该放弃追问“美是什么”或回答“美的本质是什么”。而重新设问：美如何可能？

将“美是什么”重新设问为“美如何可能”，即意味着如此的思维转向：消解传统美学的二元论意识，消解美与美感、审美对象与审美经验的逻辑对立，信奉现象学本体论的思维原则：现象即本质，任何现象均可还原为主体的纯粹意识，美与美感、审美对象与审美经验的二元对立均属于一种虚假的主观逻辑，它们均可还原为纯粹意识的一体化构成，美就可以被理解为纯粹意识的意向性结果，被领会为精神存在的自明或自我呈现。于是，就顺理成章地获得这样的话语：美在存在者的诗性存在中才得以可能。否定传统美学的现实性原则和单一性的实践概念，拒绝接受美存在于现实世界的实践活动这样的美学观念，而将美设定为对现实性的否定和对实践活动的间离，从而解答为精神存在的无限可能性。美不存在于现实世界的实践活动的过程而受到功利、目的、概念、道德的束缚，美作为精神的最高的悬浮状态以心灵的无限可能性从而不受任何现实性事物所束缚。借此，寻找到如此的思维结果：美只有作为精神无限可能性才得以可能。必须存疑传统美学的“历史意识”，存疑单向度地以经济决定论的思维模式将美解答为经济、物质的历史发展的结果这样的美学方法，从而悬搁历史唯物主义在美学探究中的地位。这

① 〔法〕萨特:《存在与虚无》，陈宣良等译，生活·读书·新知三联书店1987年版，第9页。

样，就可以将美标画为一种超历史的共时性的精神虚无化的存在，它既不是历史意志的合力使然，也不是历史理性的目的使然，而是存在者的超历史的精神独白和超现实的自由想象，它是精神对自我的不间断的存疑与提问、否定与超越，它不是历史的果实而恰恰构成心灵创造历史文化的张力，它的存在只属于精神的自律与自为的过程而不属于客观历史的结果。所以，怀疑论美学又将美筹划为精神的虚无化的过程，只有在精神的虚无化的过程，美才得以可能。拒绝传统美学的理性逻辑的限定和粉碎平面化的实用工具的美学概念，将美领悟为非认识性的非逻辑性的心灵领悟的结果，它既不是无理性的感性生命层面的无意识冲动的本能产物，也不是囿于实用目的的世俗生活的工具和消费品，由此解答为精神无限可能性的诗性生存和智慧生存，是精神界对自我的想象与提问。所以，美既非知识形式，又非理性存在，既非生命本能，又非实用工具，美是超越于理性与感性之上的纯粹精神的诗性与智慧的呈现。由此，将美阐释为只有在精神的诗性生存和智慧生存的境域才得以可能。

二、美学如何可能?

传统美学一直尝试解说“什么是美学”或“美学为何”的问题。但一直缺少一条阿里阿德涅的思维彩线[①]，因而难以走出自我设置的理论迷宫。传统美学所持有的这两个互为联系的精神信念是极其有弊的：一是信守美学是“科学”的界定，规定美学要满足研究对象的确定性和理论研究的客观性这样的性质要求，以至于允许移

---

① 阿里阿德涅彩线（a clue of Ariadne）古希腊神话故事中说：“国王米诺斯构造著名的迷宫，将雅典王子忒修斯和众多童男童女置放进去，由于国王女儿阿里阿德涅爱上了忒修斯，给他一团彩线和宝剑。彩线的一端拴在迷宫的门口，使王子得以复出，王子在迷宫中用宝剑杀死怪物，便携众人和阿里阿德涅公主胜利逃走。”（参见斯威布：《希腊的神话和传说》上卷《忒修斯的故事》，楚图南译，人民文学出版社 1958 年版。）

植实证主义、科学主义的种种观念与方法来侵凌美学，甚至主动接纳某些自然科学的方法来回答美学的问题，因此，托马斯·门罗（Thomas Munro，1897—1974）所提出的“走向科学的美学”的理论主张即是这种历史潮流的逻辑结果。二是坚信理论的普遍有效性和合理性，坚信理论可以回答实践的所有提问，认为美学理论是一种“真理的自明”，它来源于“实践活动”，当然可以回答实践的所有提问。现在，有必要重新提问：美学是否是科学？美学理论是否“合理”？它能否承担或有无必要承担回答实践的提问？美学只有走出上述的思维迷宫，才可能找到一条通向重新发现自我存在的精神之路。

将“美学为何”或“什么是美学”重新设问为“美学如何可能”，就意味着对传统美学的上述信念的解构，也象征着对传统美学的理论迷宫的背离。放弃“美学是科学”的旧信念，不一定追求美学研究对象的确定性和研究方式的客观性，也就合理地拒绝实证主义、科学主义以及自然科学的种种观念与方法。那么，就引导美学走入一个更为自由的没有较多规范性的精神空间。使美学重归玄学的家园，寻求那失落久远的想象力和诗性智慧而放弃束缚自由心灵的逻辑工具和理性主义的思考方法。这对美学而言是一次观念的变革和解放。于是就可以进入一个美学的新视界：美学只有放弃“科学”的规范才得以可能。

破坏传统美学所信奉的理论的合理性和有效性的虚假逻辑，以怀疑论的观点来看待理论，从而认为任何一种理论均可存疑，均属于一种主观逻辑的“偏见”，理论存在必定受到研究对象、思维方式、历史语境等的局限，因此存在无可避免的“偏见”和“误解”，理论必然存在有限性和片面性。这就相应规定了理论无法回答实践的所有提问这一事实。同时，理论具有自律自为性，有些理论来自于精神的主观逻辑，与实践存在距离，它不能承担回答实践提问的义务，但它也有存在的意义与价值。于是就获得这样的思维结果：美学理论的“偏见”无可避免，美学应放弃承担回答实践提问的义务。它只是自律自为的精神存在，既不能适合普遍存在的现实性事物，也不能作为普遍有效的“真理”形式而存在，美学只有作为有限性的精神的主观逻辑，作为理性的“偏见”才得以可能。

转变传统美学只关注向现实存在、客观对象发问的思考方式，只回答种种“现象”和描述种种“事物”的做法，将研究对象用逻辑方式机械地划分为自然美、社会美、艺术美并将“美育”引为自我责任的做法，应当驱使美学来一次思维转向，由对客观对象、“现象”与“事实”的关注而转变为对精神存在的关注，对呈现在纯粹意识中的“现象”的关注，也就意味着对精神的无限可能性的关注。这就相应规定了传统美学对于自然美、社会美、艺术美的逻辑划分是没有意义的，美是不可分割的精神自我的一元世界，它是人类精神存在的虚无化的诗性生存和智慧生存，属于人类精神的最高虚浮状态，因此它不能被划分。同时，美只负责对自我心灵进行想象化的诗性提升和智慧生成，而不负有道德教育的义务和所谓“美育”的职能。在上述意义规定下，我们就可以言说：美学只有在对自我存在关注的境域才得以可能。

怀疑论美学摈弃传统美学受约于哲学、伦理学、历史学、逻辑学的种种规定性的习惯，与这几门学科保持一定的思维距离，既呈现思想观念的差异又呈现方法手段的差异，从这几门学科的遮蔽中行走出来，寻找到一块澄明的属于自我存在的心灵栖居地。这就意味着，现代美学一方面必须悬搁哲学的抽象思辨的方法，存疑伦理学的“绝对命令”的信仰原则，否定历史学的描述手段，拒绝逻辑学的演绎归纳的方法，而采用想象、领悟、诗性的思考方式，有助于发现与言说自我心灵的话语。由此，可以推断：美学只有徜徉在否定他人和发现自我的过程之中才得以可能。

三、审美如何可能?

一方面，传统美学在回答“什么是审美”的问题的过程，瞩目于客观事物的现实性，忽略审美主体的可能性，因此无法领会美只不过是审美者的存在本质的出场，属于存在者精神无限可能性的诗性展开。另一方面，传统美学在回答“什么是审美”的提问的时候，只笃守住对存在者的“肯定”逻辑，把审美活动与存在者的知识、概念、伦理、经济、意志、生命、本能等理性与非理性的现实性活动直接联系起来考察，忽略了对存在者的诸种存在与审美的关联进行存疑与否定。正是由于传统美学失落了对存在者的否定逻辑，它无法获得对审美活动深入的阐释。所以，甚有必要将传统美学单纯回答“什么是审美”这一思路转变为对审美的提问，可以设问：“审美如何可能？”

摈弃传统美学对客观事物的绝对信念，持有对现实存在的存疑态度，从而进入对它们予以否定的境域，认为所有事物的存在均是意向性的存在，属于呈现于纯粹意识之中的“现象”，因此，并不存在外在于审美者的“审美对象”，任何审美对象只不过是审美者的意向性的呈现。审美者是凭借精神的无限可能性去否定事物的现实性而获得自我存在的诗性和智慧，才进入使美得以可能的超越性境域。这样，就确定了如此的理解：存在者在对现实事物的否定中才使审美得以可能。

拒绝传统美学对于存在者的理性或感性的片面规定，存疑传统美学将审美者肯定在社会历史的范畴或者置放在本能冲动的囿限之中，而转向如此之阐释：审美活动既不依赖存在者的理性活动，也不依赖存在者的感性活动，而只凭借存在者的自我想象的诗性活动和智慧活动。审美一方面是审美者对自我存在的社会历史性的否定，超越自我存在的知识形式、概念内容、伦理准则、经济目的等现实性因素；另一方面是审美者对自我存在的生命本能的否定，超越自我存在的意志欲求、本能需要、生命冲动等非理性的因素，走向一个精神自我没有遮蔽的自由境界。在上述意义的规定下，审美活动只有在审美者对自我存在的理性与感性的双重否定中才得以可能。

反省传统美学将审美活动局限在价值领域和情感领域的狭隘思路，否定将存在者的价值观念和情感判断密切地与审美活动作逻辑联系的做法，而转向一个新的运思之路径：审美活动一方面并非标明为价值事实，它与种种的价值准则、价值概念保持一定的距离，伦理价值、宗教价值、认知价值、经济价值等概念都与审美者的审美活动存在根基性的差异，审美者只有对自我价值观念予以抛掷或疏离，才能悟觉非价值形态的虚无化的美之存在。审美活动另一方面也呈现为非情感倾向，它既与个体的生物需要的情感欲求无关，又与群体的社会性的理性情感无关，因为情感必然与来自各个层次的欲望、目的、意志密切关联，所以它构成了对悟性、想象力、诗性情怀的阻滞，构成对美的遮蔽。先秦思想家庄子认为情感是存在者的“累”，它妨碍了精神的自由和悟性的畅达，破坏了人的本真的存在，所以他主张以“无情”作为人的本质性存在的构成。受庄子思维的启发，可以如此界定：存在者只有抛弃情感的遮蔽才能把握美之存在。审美者只有在对价值观念或情感态度的否定活动之中才使审美得以可能。

怀疑论美学否定传统美学将审美活动限定在实践活动之内，寻找审美之维度的解答的做法，扬弃传统美学将审美活动单向地指向世俗生活而缺乏对实用观念、物质现象进行诗性超越的方法。传统美学尤其是实践美学将实践视为审美活动的根基性构成，或者说将审美置放在实践的羽翼下获得相对性的阐释，理论的局限性显而易见。怀疑论美学认为，审美活动是超越于实践活动之上的精神存在的自我体验、自我想象的诗性活动和智慧活动，它必然是之于世俗生存的否定和对实用观念的拒绝，蕴含着对于日常经验和具体物象予以想象性间离和陌生化重建，因此必然与实践境域的功利目的、意志倾向、理性要求保持距离。所以，我们获得如此的阐释：审美只有在存在者以精神的无限可能性对实践活动的否定过程才得以可能。

四、艺术如何可能?

传统美学对于“什么是艺术”的解答，既重复他人的话语，又重复自我的话语，完全遵循旧形而上学的思路，必然陷落于缺乏想象力和创造性智慧的思维泥潭。对于“艺术”这个人类精神的智慧灵鸟的提问，美学的回答也许遗忘了自我的智慧。传统美学一方面接纳了哲学对“什么是艺术”的回答，将艺术形而上地解说为理念的感性显现，是主体对现实生活的认识与反映并呈现某些社会历史的本质，又将艺术赋予认识工具和具有实用理性内涵的现实性存在形式；另一方面接纳了文艺理论对“艺术是什么”的回答，将艺术界定为情感的表现形式，艺术是对个人情感和社会群体情感合目的性的“真实”表现，从而反映某种意识形态和呈现道德伦理概念，以及其他的价值取向，实现种种社会性功能。对上述的回答，我们均持有存疑的态度和重新提问的权力。现在，从怀疑论视界出发，重新设问：“艺术如何可能？”

怀疑论美学存疑传统哲学、文艺理论、美学将艺术解答为现实生活的反映和理念的感性显现的认识论、反映论的思路，解构社会历史决定论的种种艺术概念，从而进入另一种理论视界：艺术无论从主观内容还是客观存在均是对现实生活的怀疑与否定，是人类精神的无限可能性所想象的虚拟存在来对抗真实存在的审美形式。它寻求的是一种超越社会历史现实性的意义与价值，这种意义与价值绝不像传统美学所界定的那样仅仅指向认识、道德、教育、娱乐等等实用层面，这种意义与价值是指向精神自我不断存疑、否定，自我超越的层面。因此，可以断言：艺术只有在精神存在对现实事物的否定过程之中才得以可能，在精神存在的存疑过程才得以可能。

怀疑论美学悬置传统艺术观念的“真假”逻辑和艺术的“真实”和“合理”的狭隘概念，认为真假逻辑不适合于对艺术文本的判断，艺术作品的真实与虚假构不成其内在的艺术价值和审美魅力。也就是说，日常经验的真伪判断对艺术而言不具有意义，艺术既无“真”，也无“假”，它居于两者的边缘。更确切地说，艺术是超越真伪逻辑的精神的虚无化的存在形式。《红楼梦》作者曹雪芹借“太虚幻境”的一副对联富有智慧地言说对于艺术的真假逻辑的怀疑：“假作真时真亦假，无为有处有还无”。艺术与“合理”与否没有必然性联系也不呈现价值的正反高下。艺术创造不一定合知识、合认识之理，也不一定承担反映社会历史发展的本质与规律、体现某种“真理”的义务，艺术品“合理”与否和艺术价值判断没有因果联系，艺术欣赏当然也不依赖“合理”概念去品评。中国古典美学标举“无理而妙”[①]是对艺术的“合理”概念的有力否定。因此，可以推导出这样的思维结果：艺术只有超越真假逻辑和“合

① 贺裳：《皱水轩词筌》。

理”概念的限定才得以可能。

怀疑论美学批判传统美学的“艺术表情论”，存疑“艺术是人类情感符号的创造”[①]这一美学观，而转向认为，艺术在一定程度上是否定情感因素的。因为情感代表了主体存在的本能欲望、感性需要、理性目的，蕴含一定的实用愿望，它常常以虚假形式歪曲精神的本真存在，构成对存在者的遮蔽，对想象力和诗性领悟的双重束缚。庄子即深刻地发现了这一点，他认为情感是“有待”，必然限制精神的自由，妨碍智慧的生成，所以他主张人的存在应该选择“无情”，存在者只有摆脱“有待”，才能获得心灵的绝对自由和悟性的通畅。沿循着这一思维轨迹，有理由怀疑传统美学的艺术表情论，而应该看到艺术创造的“造情”和“矫情”正是构成了对于艺术价值的负面效应。艺术是人类精神无限可能性的审美呈现，它并非局限在“情感”这个单一的心理要素方面，而情感并非是存在者的本质存在。可以这样推论：艺术只有在对情感意志的超越与否定过程才得以可能。

怀疑论美学颠覆传统美学的艺术概念的“经验论”和“知识论”，对艺术是现实生活的经验的积累和合乎知识形式的表现这一观念予以否定。认为艺术并非是依赖于生活经验的积累和反映，艺术在更大程度上是对知识形式的摈弃，所以艺术既不是对现实生活的认知也不是对客观事物的合知识目的的表现，而是人类精神存在超越感性经验、理性认识及其知识形式的富有想象性的智慧活动。艺术是人类诗性智慧的呈现，它必然呈现为对主体经验和知识的否定活动。在这种意义下，就可以进一步体悟到艺术创造是超越经验和

---

① 这一看法以苏珊·朗格（Susan Langer，1895—1982）为代表，她在《情感与形式》和《艺术问题》里，表述了这种美学观念。

知识的智慧性果实。所以，又可获得这样的启示：艺术只有凭借诗性智慧对于经验和知识的否定活动才得以可能。

第二节 怀疑论美学的“偏离”

传统美学恪守对于理论神圣性的信仰和怀有强烈的自恋情结，它坚信理论的普遍的有效性和真理性，并且认为美学理论处于现代文化活动的中心，因此它负有拯救现代心灵、引导现代文化走向的崇高使命。无疑这一方面包含了传统观念对于理论的承担者——知识分子的一种虚假的使命要求；另一方面也蕴藏了知识阶层对于理论活动的夸饰性承诺，以及对自我存在的缺乏自知的自欺幻想。如前所言，美学理论长期以来怀有可悲的自负色彩，总是竭力扮演力不从心的精神教父的角色，确信自我可以救度现代心灵，可以履行社会批判和文化批判的历史责任，由此达到通过对社会大众的思想、观念、文化活动的指导、提升而达到推动历史进步、文化发展的目的。在21世纪之初蓦然回首20世纪美学所走过的历程，不难感觉到美学到了应重新选择精神路径的时候了，到了“偏离”社会的中心话语，走向“边缘”存在的历史时间。现在，从“偏离”这一话语切入，探究美学如何确立自我的主体性存在和寻找到独立的人文品格。

一、偏离中心话语

传统美学的思维误区之一即在于从自我的主观理念出发，相信美学理论成为社会存在的中心话语，或者竭力要扮演这种中心话语的代言人，它以社会大众的精神教父自许，自不量力地在心理上自我暗示为精神文化的引路人，生活与艺术的“合理”的评判者。总而言之，它受东西方所共有的传统人文精神的影响，将某种理论及理论持有者“虚拟”为芸芸众生的心灵导师。所以，蓦然回首现代美学的精神历程，总感到它在内心深处对自我“说谎”，并且深信不疑这种“真实的谎言”。于是，在各种社会思潮交织的话语漩涡中，可以倾听到美学的“呐喊、启蒙、拯救、批判、解构、重建”等的喧哗，它坚信能够在精神上救度众生，实践上改变世风，从而诞生出理想的文化存在形式和艺术存在形式。其实，只需稍稍的理性反省即可以发现，知识阶层不接受这种意识形态方面的自荐导师，社会大众也冷漠地对待这种广告式的精神推销。前者更关注权力与利益的再分配，后者更瞩目生存位置的选择和感性需要的消费满足。无论是前者还是后者，他们对文化艺术的判断与好恶完全依赖自己的价值观和趣味标准，而对美学言说的种种概念、规范、标准，或者是难以理解，或者是情感拒绝。因此，现代美学应停止对自我的社会角色的“虚拟”，放弃由来已久的对自我的感性化的“说谎”，而转换为一种理性的目光重新审视历史和审视大众，重新估衡自我，这样美学才能找到现在与未来的心灵走向的坐标。

这个“坐标”就意味着，美学必须对以往的角色定位和话语选择进行存疑与否定，偏离社会思潮的中心话语，走向自我选择的精神存在的“边缘”。一方面，美学应该放弃对社会思潮的中心话语的关注，悬搁对于政治经济、道德法律、时尚风气等不断炒作出品的社会热点的判断，对凡是“不可言说”的事物保持沉默，以一种怀疑主义的“无言”方式，对待非自我领域的事物与现象，改变以往美学侵凌哲学、经济学、伦理学、历史学、社会学等学科对象的做法，必须正视这样的现实：美学理论的功能是有限的，美学的“意见”是片面的，它不能承担对各种社会现象的提问做出回答的责任，它只能关注美与艺术的领域。所以，美学不可能表达系统的哲学观，无必要阐释某种伦理观和价值观，也不可以勉强去谈论其他的社会见解。美学只能笃守“审美”这个“边缘”，笃守超越现实生存的诗性智慧。另一方面，美学必须寻求自我存在的位置，重新思考自我角色的性质、功能。在此，借用庄子的“游”的概念来阐明。美学的“游”，就是保持和社会意识形态的一定距离，追求一种精神的孤独漫游，远离公共话语的喧嚣而能够自由地心灵独白。美学既是社会存在的“多余人”与“陌生人”，也是“边缘人”与“逍遥人”，它悬浮于种种现实性之上而放弃承担改变现实性的使命。美学只“逍遥以游”美与艺术的“边缘”领地，只关注精神可能性的虚无化存在，负责对自我精神进行诗性和智慧的考问，而不关注对整个社会存在进行理性和逻辑的意识形态方面的提问与回答。美学永远是精神的孤独之舟，它既不能救度芸芸众生，也不能改变历史之河的走向。它只能孤守自我的那一片遥远而纯净的心灵家园，在自律自为中分享人类精神那有限的审美快乐。

二、偏离理性工具

传统美学一直未能走出旧形而上学的思维阴影，长期遮蔽在哲学的认识论、知识论、价值论的种种概念的规定性之中，主动接纳伦理学的道德律令和绝对理性的理论信念，担负起道德看护和风化教育的义务，并且派生一个具体规范性的概念“美育”。美学一方面呈现为认识论的推演，以单向的理性主义的认识形式替代诗性领悟和创造性智慧，伴随着想象力的衰退而长期局限在陈旧的命题、概念、范畴、标准等之中不能诞生新的理论存在形式；与此相关，美学成为艺术理论的知识工具和艺术史的经验载体，只担当知识工具的角色，缺乏非知识形态的心灵体验和创造性智慧，因此只能模仿他人的话语而沉寂了自己的心声；同时，美学移植了哲学、经济学的价值论（Axiology）或价值理论（The theory of value）的观念，以“价值”的眼光去探究美与艺术的现象，用价值判断涵盖审美判断，于是理性观念排斥了想象力，逻辑分析驱逐了直觉体验，美学成为“价值”的抽象品；美学还被赋予哲学与宗教的双重意义的信仰论的色调，承担了理性主义的信仰追求，美学渐渐弥漫着理性化的信仰原则的气息。实际上，美与美学绝不是理性信仰的产物。如果说，信仰具有必然性和重复性的性质，主要依赖于意志的活动，而美则在于一种偶然性和不可重复性的性质，在于精神存在的无限可能性的偶然性的诗性领悟，是一种不可重复的心灵智慧，所以美与理性信仰无关只与审美信仰有关。又因为美学、艺术理论以及艺术文本应追求“不可重复”的精神品格，它们必然具有与信仰不同的性质。另一方面，传统美学呈现为较强烈的道德理性的色彩。呈现在对艺术文本的分析评价方面，美学仍然没有摆脱以伦理学的眼光品鉴艺术现象的思维传统，习惯从道德观念出发阐释艺术作品的观念、人物、情节，常常使审美评判让渡给道德评判，使美学标准内涵了道德伦理的理性内容。美学喜好从某种道德尺度去衡量艺术家，并将这种衡量密切联系于他们的作品，在这种联系中给艺术家某种价值界定。这种做法虽然早为克罗齐所否定，但仍然为美学乐此不疲的理论工具。在对审美文化的分析评价方面，美学本能地以道德家的视界去观察研究各种文化现象，以一种理性主义的伟大代表人物马克思、恩格斯都不赞赏的以党派的、阶级的、道德的观点去分析评价文艺现象，或者以某种抽象的道德观念看待具体的和历史的审美文化现象，使美的领域住守着一个顽固僵化的道德看守者。美学还赋予自己一个称之为“美育”的具体的道德义务，虽然说“美育”的范围较为宽泛，但它目的性主要涉及道德层面。审美教育实质上更多涉及道德人格的教育，虽然在伦理学上具有一定的意义与价值，但它毕竟不是美学的功能。

借助于上述的考察，可以认为美学之于理性工具的偏离应体现在：由知识论向智慧论转向，美学不告诉“知识”，只晓喻“智慧”，因为美学没有客观的“真知”，只有主观的“偏见”；由认识论向直觉论转向，美学不言说“认识”，只信奉“直觉”，因为美学没有客观的“真理”，只阐释主观的“意见”；由价值论向体验论转向，美学不关注客观的“价值”，只瞩目主观的“体验”，因为美学没有客观的“道德”，只有主观的“存疑”。合而言之，美学应放弃对于“客观科学”的追求和对理性工具的承诺，客观承认自我无力担负起对社会历史的“使命”和“责任”，当然也不能有效地进行所谓的社会批判和文化批判，因为美学只是诗性体验的主观哲学，只能担负对美与艺术的“叙事人”的角色，只能关注对自我存在的提问与解答，它处于社会存在和大众者的关注的“边缘”，它只能对人类精神的可能性存在进行想象与独白，对现实性存在予以审美否定，它行走一条自我放逐、自我逍遥的自律自为的孤独之路。

三、偏离实用原则

知识与信息已成为这个世界的主宰话语，知识与信息的一体化使技术发展达到前所未有的速度。技术发展服从于存在者的需要原则和消费原则，这种原则即是当今历史的实用原则和实用理性。反转过来，这种实用原则必然导致存在者的“知识悲剧”和“信息异化”，主体精神被淹没在知识积累的浪潮和信息传播的漩涡，在一定程度上失落自我的诗性智慧和审美情怀，失落对形而上的可能世界和彼岸世界的幻想与激情。存在者以实用原则作为实践意志的向导，呈现为对商品与货币的崇拜与迷恋，对技术与信息的享受与沉醉。于是

“消费”与“娱乐”就成为现代人的精神主题和感性家园。在现代人文背景中，美学在一定程度上被实用原则所诱惑，自觉和不自觉地走入经济活动并与技术发展产生密切的关联，这就必然导致所谓“实用美学”和“消费美学”的应运而生。如果用一种客观态度看待这一现象，不得不承认在某种意义上，对技术和经济这一极来说，这是一种“幸事”，因为美学赋予它们知识形式和实用目的之外的精神可能性，给予它们所匮乏的智慧与悟性，使它们由此获得新的存在意义与价值；然而，从美学这一极来说，则是一种“不幸”，因为美学使自我的诗性生存让渡给了世俗生存，使超越现实性的无目的的自由精神服从于功用目的和生活意志，服从于经济观念和利益需求，这必然导致美学逐渐缺乏对于虚无化的精神自我的关注，缺乏对终极关怀和审美超越的兴趣，忘却非价值形态的彼岸世界和理想王国，从而磨蚀掉自我的悟性与想象力，并从诗性家园中逐出自我。所以，美学与技术存在、经济活动的关联是值得存疑的事情。美学应保持与技术存在、经济活动一定的距离，对它们存而不论，采取怀疑论的“无言”与“悬搁”的态度。也就是说在一定程度上，美学必须偏离实用原则，既拒绝走向所谓技术美学也放弃走向应用美学，固守纯粹美学的独立品格，以悲剧化的姿态去抗衡 21 世纪的物质洪流和信息袭扰，扮演一次哈姆雷特式的“生存还是毁灭”的戏剧角色。美学绝不会在经济狂潮和技术发展中走向毁灭，不会在精神孤独中陷于绝望，当然也不可能在对经济和技术的谦卑与逢迎中获得新生，美学依然能在 21 世纪孤守住自己的精神家园，抵御住消费与娱乐的诱惑而沉醉于诗意的生存。我们无权阻滞经济、技术对美学的选择，并认为这可能是“合理”的历史潮流。但有理由坚信，美学有权不选择对经济、技术的取媚，并坚守偏离实用原则，依然能够在新世纪找到精神的栖居地。

四、偏离对话中心

这是一个交流和对话的历史时间，也是一个寻求理解和渴望被理解的人文境域。经济活动和技术工具已牢固地直接或间接地把不同的国家、地域、集团、民族、阶层及个人联系起来。商品与技术的交换伴随而来的是话语与思想的对话与交流。“对话”自然而然地成为理论活动的主题。对美学而言，对话也许就成为一种必然性的要求。所以，有些学者主张，在对话中重建现代美学。

但问题的复杂性在于：美学具有非科学形态的性质，不属于严格的知识形式，也不具有概念的确定性与规范性。又因为美学自身存在不同的流派，各自存有不同的思维方式、研究路径、探究对象、理论兴趣、话语符号，所以寻求美学不同理论主张之间的对话并非像设想的那样简单。更为深入的运思意义在于：美学偏离对话要求，一方面是因为美学应追求某种超语言的智慧和超知识的悟性，没有必要考虑种种概念的确定性和规范性，所以对话活动对它而言并没有十分重要的意义。另一方面，美学理论的不同存在形式持有不同的话语符号，难以达到相等的意义回应，与其难以理解他人的话语，倒不如求证自我和心灵独白。再一方面，美学存在的魅力恰恰不在于“对话”而在于“独白”。如果说，知识只有在“对话”中诞生更重要的价值，而美学只有在“独白”中才呈现与他人意义的差别。美学只有守住“独白”才不至于丧失自我存在的意义，才可以保存各自流派的不同存在的特色。美学只有在“独白”的过程，才能领悟自我存在的可能性和创造性，诞生诗性智慧和想象冲动，在独白中走向一个虚无化的精神家园。所以说，对话对美学而言既是一种多余的要求，也是一种不明智的选择，因为这种要求与选择极易消磨美学的独立品格及各自流派的丰富性，又会造成美学自我领悟力的降低和想象力的衰退。美学注定要成为人类精神顽固坚守的诗性领地，它也许是古典心灵的世代相传的最后薪火之一，闪烁着微弱而充盈灵性的光辉，烛照一个个悲剧化的孤独的审美心灵。它不希冀对别人诉说什么，也不期待去理解他人的存在，它只是一个审美的漫游者和独白者。在这种漫游与审美的过程，潜隐并澄明了自我的意义与价值。

第三节 想象与智慧——美学的精神归宿

怀疑论美学从“存疑”与“否定”的视界，对想象与智慧进行新思维的探究。它论述想象眷注提问和自我反思等方面的特征，标画出知识与智慧的本质性差异，由此揭示“想象”与“智慧”的某些被遮蔽的心灵面目，进而强调当代美学对于“想象”与“智慧”的迫切需求。

文化的失语必然伴随“存疑”和“否定”这两种极为重要的精神要素的沉落，这就逻辑地生成了知识与智慧的双重悲剧：存在主体的迷失和文化创造力的匮乏。在文化哲学意义上，于新世纪蓦然回首当代美学所走过的历程，就不得不承认这样的客观事实：美学患有严重的失语症。它缺乏对东西方现成理论的怀疑与否定，更缺乏对自我存在的反思与提问。更进一步地说，美学失落了“想象”和“智慧”这两种至关重要的理论创造的精神张力，由此也消解了精神文化的创造能力和创造激情。

一、想象

当代美学承袭西方传统的形而上学的主客相分、二元对立的思维模式，行走一条单纯以形式逻辑与辩证逻辑为思维工具的精神道路，恪守对于逻辑与理性的思维至上性的哲学信仰。正是由于对现存的理论话语和思维方式的不加否定的接纳和模仿，美学也就合乎逻辑地陷于失语的悲剧境地。

世纪之初的美学重建所面临的思维转向之一就是接纳被旧形而上学逐出理论之门的"想象"，借助于它以超越"在场"的存在而达到使自我的精神存在摆脱遮蔽、走向澄明，并得以寻找到自我精神的运思之路，获得自己的理论话语，从而能够自由地言说。因而，对于"想象"的期待就构成了美学当下的逻辑选择。

传统哲学对于想象历来持有轻视的态度，甚至包含较大的理解偏见。认为想象较大程度上诉诸精神直觉或心理幻觉，属于理论层面之下的感性活动。因此，它不属于严格的思维范畴。又因为想象呈现出排斥形式逻辑和知识经验的内在特征，所以，将之界定在非认识论的至少是低级认识形态的境域。西方旧形而上学将想象阐释为"原本的影像"（Scheme of image-original）。这意味着如此的理论坚信：想象是对不真实的虚假存在的承诺，是一种对现实存在的非逻辑性的片面化的偶然"理解"，此种"理解"具有非理性的直觉因素，当然就不属于正确的"认识"活动，因此无法接近真理的彼岸世界，用黑格尔的哲学术语表述就是，它无法认识"理念"或"绝对精神"。

西方哲学至康德起，对于想象有了新思维的认识。他认为："想象是在直观中再现一个其本身并不在场的对象的能力。"[①] 在康德看来，想象无疑是一种心理综合能力，有助于主体对于现象界的知性把握。张世英对此做出了甚为精当的分析："根据康德的'三重综合'特别是第二重综合即'想象中再生的综合'说，要想把在场的东西与不在场的东西综合成一个整体，就必须把不在场的东西同时再现出

① 张世英:《超越在场的东西》,《江海学刊》1996 年第 4 期。

来，或者说‘再生’、‘再造’。在场的东西之出现，是明显的、现实的出现，而不在场的东西之出现则是一种潜在的、非现实的出现，这种潜在的、非现实的出现就是想象。”[①] 无疑，康德对想象的重新界定代表了旧形而上学对想象的思维变革。然而，这种变革还不是根基性的和突变性的。因为康德对于想象的阐释仍然没有超脱旧形而上学将想象视为非思维形式和非认识能力的理论窠臼。和康德相比，生活在华夏上古历史时间的庄子，由于其诗性哲学的精神内蕴，他对于想象的理解富有精神张力和思维活力，更有诗性的智慧与悟觉。

与西方的形而上学不同，庄子将想象提升为一种人类精神的最高的认识形式，作为一种最高的探究现象界和追问自我存在的思维方式与逻辑工具。庄子认为，知识与理性的认识方式只能涉及事物的局部外相，难以抵达内部的本真存在，它只能适用于对实存世界的片面把握，而唯有想象这种“心游”或“神游”的绝对自由的思维方式，能够将心灵带入事物的本质之中，并获得有机整体的把握。更重要的是，想象作为人类精神存在的运思工具，重要功能在于认识自我，对自我存在的纯粹意识予以提问和反思，从而达到对自我存在的意义提升和价值领悟。因此，想象凸现为主体存在对生命终极意义的探询工具，也为生命哲学或人生哲学最根本的思维方式。因为只有想象才能获得对“善”的信仰和道德律令的确证，也唯有想象才能携带心灵进入绝对自由的境界，并获得对自由的真正把握和占有。最后，也唯有想象能引导精神进入绝对虚无的“道”的境界，从而达到对“真理”的悟识与分享。庄子所谓“若夫乘天地之正，而御六气之辩，以游无穷者，彼且恶乎待哉？”[②]“故目之于明也

① 张世英：《超越在场的东西》，《江海学刊》1996年第4期。

② 《庄子·逍遥游》。

殆，耳之于聪也殆，心之于殉也殆。”[①]“井蛙不可以语于海者，拘于虚也；夏虫不可以语于冰者，笃于时也；曲士不可以语于道者，束于教也。”[②]“臣以神遇而不以目视，官知止而神欲行。”[③]“道不可闻，闻而非也；道不可见，见而非也；道不可言，言而非也。”[④]等哲学寓言，均不同程度标举了想象在思维活动中的作用和意义。

庄子哲学，一方面眷注现象界的“齐一”无差别境界，以此廓清主体的知识存在的无意义性和无价值性；另一方面强调主体认识的有限性和相对性，指出仅靠感觉经验和理性知解是无法认识真理（道）的；再一方面，庄子认为对于最高存在的——“道”的把握，既不能依赖感官知觉，也不能凭借语言和逻辑，甚至也不能通过“思”与“虑”的方式。受上述思维前提规定，庄子自然地推崇“想象”这一心灵工具。“想象”用庄子的哲学语言来言说，包含有“游”、“坐忘”、“虚静”、“县解”、“丧我”、“天籁”、“守本”、“守神”等内涵。上述概念在庄子哲学中无疑包容丰富的思维规定性，但均不同程度蕴藏着对于想象的运思。庄子的“想象”具有否定逻辑、否定语言、否定感觉经验、否定知识、否定理性等内涵，注重精神界的直觉体验的整体把握，尤其注重对自我存在的纯粹意识的诗性观照和智慧性的提问。所以，它既不同于感性思维，又不同于理性思维，而是一种诗性思维，是高于前二者的智慧活动。

作为西方后形而上学代表的现象学，对于想象赋予了新的理解。将之视为思维的积极范畴，设定为呈现意识和把握意向性的重要精神路径。胡塞尔是在较高的思维形态上阐释想象的，他把想象

---

① 《庄子·徐无鬼》。

② 《庄子·秋水》。

③ 《庄子·养生主》。

④ 《庄子·知北游》。

转换为与众不同的哲学术语。诸如“本质的看”，“体验”，“意向性体验”，“体验流”，“本质直观”，“先验还原”等概念，均不同程度触及了想象的内涵及规定性。例如，胡塞尔的纯粹现象学所理解的“体验”：“体验本身的本质不仅意味着体验是意识，而且是对什么的意识，并在某种确定的或不确定的意义上是意识。因此体验也潜在地存于非实显的意识本质中，非实显的意识可通过上述变样转变为某种实显的我思思维，我们把这种变样形容为‘注意的目光对先前未被注意的东西的转向’。”[①] 在胡塞尔看来，体验（想象）不仅仅是意识，而且是对某物的意识，呈现出某种意向性，并且能够将非实显的存在转变为“我思”，使未被注意的东西进入“注意的目光”。胡塞尔又说：“每一作为时间性存在的体验都是其纯粹自我的体验。它必然有如下的可能性（如我们所知，它不是空的逻辑可能性），即自我使其纯粹自我目光指向此体验，并将体验把握为在现象学时间中现实存在的或延存的东西。”[②] “我们把意向性理解作一个体验的特性，即‘作为对某物的意识。”[③] 无疑，胡塞尔将体验（想象）标画为意识生成的重要的心灵途径，而且指向纯粹自我并且在时间中无限延存，即所谓“体验流”，它能够使不在场的东西在自我意识的“现象”中显露出来。体验被赋予了理性形式与内容，想象构成了现象学意义的甚至超越一般理性认识形态的思维方式。这也就是现象学给人们重要的认识论转向的启示之一。

与胡塞尔纯粹现象学的思路相沟通，海德格尔的存在论现象学也表现出对于想象这一精神活动的理论关注的兴趣。海德格尔认为，

---

① 〔德〕胡塞尔：《纯粹现象学通论》，李幼蒸译，商务印书馆1992年版，第106页。

② 同上书，第205页。

③ 同上书，第210页。

现象学这词有两个组成部分：现象与逻各斯。两者都可溯源至希腊术语：显现者与逻各斯。“‘现象’一词的意义就可以确定为：就其自身显示自身者，公开者。……‘诸现象’就是：大白于世间或能够带入光明中的东西的总和；希腊人有时干脆把这种东西同ταοντα（存在者）视为一事。”[①] 至于逻各斯（λόγος）海氏又从词源学、语义学的视角，考释为基本含义是“言谈”，逻各斯（λόγος）之为言谈，“其功能在于把某种东西展示出来让人看；只因为如此，λόγος才具有〔综合〕的结构形式。”[②]“因为 λόγοζ 的功能反在于素朴地让人来看某种东西，在于让人觉知存在者，所以 λόγοζ 又能够意味着理性。”[③] 现象为存在的显现、公开、澄明，逻各斯蕴含着言说，能够就某种东西给人看，从而呈现存在者；它又具有综合的功能，包含着理性成分。海氏的存在论现象学的现象与逻各斯这两个互为联系的核心概念，均指向存在者的存在，均追求使存在的去蔽和澄明，而通向去蔽和澄明的路径无疑是包括“想象”这一重要的思维方式。海氏所谈的“言说”、“看”，即是哲学的“思”，而这种哲学的“思”，在一定程度上是指向想象活动的。“通过想象以超越在场的东西、进入无穷尽的东西的整体境域，这种与‘隐蔽’紧密相连的‘去蔽’活动使一切具体事物如其所是地发生，或者说，‘使它们在敞亮中发生’，它们打破‘混沌’，开拓了言说、行为、思维的各种通道。”[④] 海德格尔将想象界定为存在者的重要的精神构成，是构成存在者之所以存在的前提。只要凭借于它，存在者才能超越在场的东西，获得综合能力，从而使不在场的事物得以呈现、澄明。无疑，想象属于高度理

① 〔德〕海德格尔：《存在与时间》，陈嘉映、王庆节译，生活·读书·新知三联书店 1987 年版，第 36 页。

② 同上书，第 41 页。

③ 同上书，第 43 页。

④ 张世英：《超越在场的东西》，《江海学刊》1996 年第 4 期。

性的逻各斯活动，构成了存在者的存在意义和精神价值。

存在论现象学的另一位代表人物萨特，也对想象给予一定程度的眷注。和海德格尔所不同的是，萨特对想象的思考接近美学，而且直接与他对艺术问题的考察相联系。萨特承继胡塞尔的意向性的概念，认为事物存在总是纯粹意识的给予物，同时纯粹意识具有直观对象本质的能力，所以审美想象和艺术想象也是精神存在之于现象界的一种本质把握和本质直观，因此这种想象也是主体认识事物和返观自我的思维工具，而且甚至是高于理性的意识形式。萨特的“想象”概念，包含着一定的“自由”意义，构成人之存在的本质，同时带有对于现实的否定性和超越在场的虚无性。他进而认为：“美是只适用于想象的事物的一种价值，它意味着对世界的本质结构的否定。”① 在萨特看来，艺术品是一种非现实性的存在，艺术是以想象对现实世界予以否定的结果。

想象，从怀疑论美学的视界，我们将之理解为对现实性的精神悬浮状态，是精神主体凭借可能性对现实性的存疑活动，也是存在者依赖“虚无化”的心灵潜能对现象界的逻辑否定。想象，在这里和传统的哲学、美学概念作了一次思维变革的告别。在本体论意义上，想象应该被设定为精神的可能性对现象界的悬浮，是追求非实在性、非现实性、超意义、超功利的心灵自由过程，这个自由不是去适应现象界而是使现象界适应自己的可能性。其次，这种精神的“悬浮”自律自为，不借助于外在力量和受制于外在目的，也排除内在的功利目的，它可以被认为是对精神自我的纯粹反思，只设想为自身的超越现实界的“可能性”。所以，它服从一种纯粹的动机：即找到自己的超越性存在、找到精神可能性的存在，它是对于自我存

① 蒋孔阳主编：《二十世纪西方美学名著选》下卷，复旦大学出版社1988年版，第230页。

在的观照和发问：我是什么？我何为？我如何可能？这种精神不着现实世界的悬浮，是人类直觉与认知自我存在的最重要的反思方式：这就是——想象。所以，这种“心灵的存在方式”，绝不仅仅是属于艺术与审美的范围，它是属于人类精神活动的所有方式所共享的心理张力。

虚无是精神最本己的想象，想象由于虚无的性质规定，它必然显现为对现象界的逻辑否定。值得注意的是，虚无之悬浮性为想象寻找到逻辑前提，虚无之否定性为想象寻找到启动的张力。合而言之，正是由于虚无的悬浮性和否定性，想象才得以沿着可能性的自由本质漫游，才为主体建造一个有意义的“家”。这个“家”，即是主体的自由本质的隐喻，这个“意义”不属于外在的存在而只附庸于精神的自由目的。

想象还可以借用庄子哲学的“游”的概念进行补充性解释。“游”是最多可能性的和最少现实性的想象，它是最本己的想象，是心灵积极的自我反思。首先，它是对自我的想象，是心灵内省，其次才转向现象界，或者严格地说，它把自我也设定为一种现象界，所以这种“游”，更是一种神游、心游或意游，当然也是精神对现实性最彻底的否定和心灵最悬浮的想象。因此，它的自由度也最高最普遍。

以上，对于“想象”进行了新视界的描述和新思维的阐释。由此，可以说，当代美学所缺失的正是心灵原创的想象活动。这种想象活动应该蕴含对美学现存理论形式、思维方法、逻辑工具、话语符号、概念推导、命题提出等方面的重新清理和重新估衡。用怀疑论的眼光来看，就是依据“想象”对美学的所有问题进行全面深入的存疑和否定的理论活动。也就意味着，当代美学也必须对自我来一次重新提问和回答。凭借这种“想象”，美学可以诞生新的心灵悟性的理论创造的激情，可以发现新的思考对象和研究范围，并寻找到新的思维方式和概念形式，从而提出新的命题与新的观念和产生新的话语。总而言之，当代美学将“想象”引为自我精神的根基之时，它必然获得自我理论存在的新的意义与价值。

二、智慧

西方文化、哲学传统关注“知识”，着意于逻辑工具的运用，相应导致了科学技术的发达、实用哲学与思辨哲学的厚积。中国文化、哲学传统凝神于“智慧”，潜心于心性悟觉的畅达，相应带来了诗文艺术的繁荣、伦理哲学与诗性哲学的丰赡。这固然属于笼统模糊、不够准确的宏观判断，但西方哲学重知识论，中国重智慧论却是一个自明不争的事实。西方哲学迄今最杰出的几个思辨代表，如柏拉图、康德、马克思、胡塞尔、海德格尔等，他们的哲学均未能逃逸于“知识”及其如何可能的思辨魔圈，即便是被视为哲学圣人的康德，他的“三大批判”也只是触及“智慧”论的边缘而未能深入探究下去。当然这无损于康德在他的“知识”论，以及人的认识如何可能等哲学探讨中，所获得的前无古人的巨大成就，这也表明东西方哲学在本体论、认识论、方法论等方面的差异。这也意味着，这仅仅是哲学存在方式的不同和运思路径的不同，以及话语使用的不同，但是，不应该视为价值与意义的普遍不同。

“一个人对于不能谈的事情就应当沉默。”[①] 维特根斯坦的这一忠告，也许可以包含多种的释义，但它无疑可以牵涉到我们之于智慧的理解活动。由于智慧的自我存在属于超名言之域，是语言符号“不能谈的事情”。依庄子之见，只能“以道观之”，以“无待”、“县解”、

① 〔奥〕维特根斯坦:《逻辑哲学论》，郭英译，商务印书馆 1962 年版，第 97 页。

“丧我”、“逍遥以游”等超知识、超经验、超语言等“物我两忘”的神秘直觉的心灵活动去领悟。近代严复所构想的“无对之域”，以及王国维所言说的“可爱”之存在，均是智慧生存的精神世界，而对于它，不能以“可信”的知识形式来界定。从怀疑论美学的视界，将智慧言说为“精神无限可能性的虚无化存在”，智慧即“虚无”，它为精神存在的最高悬浮状态。智慧尽管是不可言说的，但以“虚无”来言说智慧，也许能最低程度地使智慧蒙上知性的尘埃。

1. 智慧即“虚无”。将智慧界定为“虚无”，不是去接近现实性的知识，而是标举它与知识的根本性差异。和众多把“智慧”标画为“更高级别的知识”的见解不同，怀疑论美学不承认智慧必然要从知识领域提升而来这一主观规定性，而认为智慧必然是非知识性质的。智慧作为虚无的一种本己化的存在，无疑内蕴着自己的否定性，而这种否定性的根基在于对以往知识的怀疑和悬搁，本源于精神可能性对现实性的现象界的怀疑与提问。在另一个层面上，智慧不是追求知识的心灵过程，更不考虑知识如何可能、如何因果的问题，它只关注如何超越知识、如何超越现实性而获得自我的存在和显露。智慧以“存疑”作为启动的张力，以“否定”作为工具化的构成，以“想象”作为自己的直接结果。或者更确切地说，智慧作为精神的虚无化的生存方式，它瞩目于心灵反知识的提问过程，也放弃眷注结果和回答。因为智慧对于知识的否定性，它必然呈现为对日常经验的拒绝，所以智慧既不能依赖于对日常经验的主动积累，也不是呈现为对日常经验的被动接纳。佛教史上慧能对众人所争执的“风动”与“幡动”所做的“心动”的回答，以及这位后来成为禅宗之祖的偈诗：“心是菩提树，身为明镜台。明镜本清净，何处染尘埃？”均是超越知识概念和日常经验的智慧果实。怀疑论美学主张智慧和知识分离，信守智慧对知识形式和日常经验的怀疑性和否定性的这一理论原则。

2. 反逻辑。让我们从智慧作为精神无限可能性的虚无化存在这一视界出发，界定智慧的反逻辑的性质。如果说逻辑是知识得以可能的前提和工具，那么，智慧则凸现出对于逻辑工具的否定和拒绝的特质。因为逻辑注重分析与归纳，关注概念、判断、推理、同一律、矛盾律、排中律、因果律等限定性，则必然和智慧存在精神性的差距。如果说知识必然依赖逻辑范畴才得以可能，那么，智慧恰恰呈现出对逻辑形式的超越与背离。智慧的反逻辑的存在特征，一方面在指向同一律、矛盾律、排中律、因果律这几个所谓的形式逻辑的基本规定性。同一律主张“思维的确定性”，而智慧似乎更醉心于思维的不确定性、模糊性。庄子和惠子的“游鱼之乐”之辩，庄子和骷髅的“生苦死乐”之辩，慧能的“心动”之辩，嵇康的“声无哀乐”之辩，就是超越同一律的智慧果实。矛盾律规定思想不能“既真又假”，不允许同时接纳两个互相矛盾的判断。智慧则偏爱于反矛盾律的“悖论”，追求既“真”又“假”、真假相融的思维境域。如公孙龙子的“白马非马”论，庄子的“因是因非”、“方生方死”论，也呈现了这种反矛盾律的哲学智慧。排中律要求任何思想或者是真实的或者是虚假的，而智慧在许多境域恰恰是在思维的假定中以某种“真实”的方式呈现。因果律则更强调思维对于事物现象的普遍联系的考察，但智慧更关注对某些事物、某些方面的悬搁，沉醉对某些偶然联系的探究，甚至于颠倒因果。另一方面，智慧的反逻辑的特征，是指向演绎逻辑和归纳逻辑的层面的。智慧常常放弃对演绎逻辑的承诺，既不接受逻辑的大前提、小前提，又不接受所谓前件、后件、选言肢等的“真假”判断的规定。智慧可以在演绎逻辑中自由徘徊，但不一定遵守它们的思维规则。智慧在某种意义上，对归纳逻辑的斥拒更为执着。归纳逻辑总是建立在“重复性”这一思维规定性上。如果说重复与积累是知识赖以存在的前提，而唯有智慧拒绝“重复”，因为一旦被重复，智慧的创造性就会丧失而跌入“愚蠢”的泥潭。智慧是在永无止境的怀疑与否定、想象与提问的过程中获得生成性的。所以，归纳逻辑也不适合于智慧。

3. 智慧的超语言的特性。智慧作为人类精神的高级存在形式，就在于它难以言说性，它尽管难以抛弃语言工具，但追求语言之外的意义生成。如果说知识必然要借助于语言的言说，语言是知识的本体和工具，而智慧往往是不可言说或难以言说的，它追求语言之外的灵性和逸响。作为语言之果实的知识，必然受现实性限制，为种种概念和功利目的所遮蔽。智慧更多是一种“心语”，是超越语言之外的心灵独白，是精神对语言的存疑和拒绝。凭着这种存疑与拒绝，精神才获得自我考问的权力，才获得某种对现象界的领悟。关于智慧超越语言的界定，怀疑论美学无疑受到中国古典哲学“言意之辨”这一论题的启发。《易·系辞》认为:“言不尽意。”庄子进一步阐发了这一思想。魏晋时代的王弼即提出“得意在忘象，得象在忘言”的观点，认为智慧即在于“忘象”和“忘言”。欧阳建主张“言尽意”论，这种观点更多知识论的意义，而未能关涉到智慧的问题。关于智慧的超语言的性质，中国佛教哲学的阐发既丰富又深刻。如般若的“心境俱无”说，唯识宗的“心有境无”说，“阿赖耶识”说，华严宗的“如来藏”说，“事事无碍”说，禅宗的“顿悟”说，法性宗的“离言绝待”说等。均从不同的佛学义理，强调了智慧超语言的性质。宋代普济的《五灯会元》，汇辑不同时期的各派高僧关于教义的辩论和生活的故事，更是富有趣味地说明了智慧对于语言的超越性和否定性。智慧只能被心灵来领悟而难能以语言去言说，它是哲学庭院里的花香而非鸟语，美学幽谷中的清泉之相而非飞瀑之音。

4. 智慧关注人类心灵的追求“过程”。与此相反，知识则更眷注主客观相符合的结果。智慧立足于精神的可能性，知识则倾向于客观世界的现实性。智慧的虚无化的本质规定，使其瞩目于内省的提问而舍弃回答，知识的现实的工具性质，迫使自我热衷于合乎客观实在性和主观实用性的回答而忽略提问。智慧沉醉于精神的自由漫游和审美的欣慰，遗忘考虑它是否能走到一个功利性的目的地，精神的自我考问的漫游过程就被当作直接的无功利的结果了，它也没有必要和兴趣去过问客观现象界是否符合主观精神的逻辑。它把这个“义务”让渡给了知识承担，因为知识更感兴趣于主客观相符合的逻辑结果。智慧的过程性凸现为，它只沉迷于对精神存在的追思和领悟，而遗忘“思”的目的性和“思”的结果。因此，智慧的“命题”和“言说”可能有悖日常经验和“真理”。从知识论视界看，智慧可能是“谬误”和“荒诞”的思维果实，是心灵界虚幻的产物，因此，它的“结果”可能是不正确的或违背常识的。然而，智慧就是眷注于心灵的“思”的过程，而拒绝考虑是否表达一个合乎“真实”的知识结果。

5. 智慧属于精神存在的绝对自由的展开。智慧是心灵的绝对自由的展开，而想象性则作为这种自由展开的心灵保证。由此，“自由”与“想象”又构成智慧存在的两个密不可分的必然因素。与智慧相比，知识必然是不自由的，因为知识必然是“有待”于现象界，“有待”于语言、逻辑，更“有待”于实践及其“结果”来验证，至少说知识的自由是有限度的。庄子就敏锐地指出知识是心灵的“累”，知识是对心灵的遮蔽和领悟力的束缚，是对诗意情怀和美的侵蚀。所以，庄子主张存在主体超越知识层面去“心游”或“神游”。“游”，它实际上代表或象征着一种人生的智慧，表达对现实世界的否定性的想象活动。凭借这种想象性，心灵才可能打破知识的有限自由的局限而进入绝对自由的活动空间。智慧正是由于具有对现实的否定性进入“无待”之域，所以它必然比知识的自由更大。另一方面，由于智慧依赖想象作为其生成的内在机制，它必然获得超越实证世界的自由权力。而知识主要依赖记忆、经验、实践、推理等方式得以可能，较少借助于想象力，所以它无法获得与智慧相等的自由度。

6. 智慧的存在还呈现为幽默性。如果说，幽默在某种意义上，体现了生命存在的智慧。那么，可以说智慧在一定程度上展开为喜剧性的幽默。如果说幽默经常建筑在逻辑的自相矛盾的方面，如像车尔尼雪夫斯基所说的那样，幽默是幽默家的自尊、自笑、自鄙的情绪的混合，呈现为精神存在的自我否定性。那么，智慧正是由于蕴含了某种内在的逻辑矛盾，显现对生命存在和现实存在的否定冲动，在某些境域展开为喜剧的幽默。所以，智慧更多与人生有关、与艺术有关，更多与对自我的追问和思考有关，更多凸显为超越现实苦痛的喜剧性的幽默趣味。

7. 最后，怀疑论美学合乎逻辑地认为，智慧主要涉及艺术与宗教的领域，主要涉及审美与诗性的人生存在。它致力于提出认识自我的问题，醉心于精神无限可能性的提问过程，追求的是绝对的无限的精神性存在。因此，它属于一种想象性的心灵存在和否定性的主观逻辑。所以，智慧既非“真”，也非“假”，既是“真理”，又非“真理”，真伪逻辑和它无关。言说智慧主要存在于艺术与宗教的境域，主要关涉审美与诗性的人生活动，也是依据于智慧主要诉诸心灵的想象活动这个基本的规定性。艺术与宗教都凭借想象力而获得精神存在的可能性，并且相互使对方得以内在心灵的沟通和外在形式的侵凌。艺术与宗教都坚守对于现实存在的否定原则，而瞩目于进入不在场的虚拟的意义世界或价值世界。审美与诗性的人生活动也通过想象功能而得以实现，两者均持有对现实世界的超越原则而追求非实存的理想性，它们均期待一个虚无化的世界进入自我的视域，并渴望走向一个自我放逐、自我圆满、绝对自由的“自欺”境域，在这一境域，却是既不讲“意义”，也不讲“价值”的，所以，怀疑论美学论述了美的非意义性和非价值性的特质。怀疑论美学因此规定，这两种存在方式，既不是“实践”的人生活动，也不是“道德”的社会活动。后者的活动，主要凭借实践理性、道德理性而进行，较多排斥想象，因此，和审美与诗性无关。由此，我们还可以推导出如此的结论：智慧与人生的道德规范无关。道德遵循的是理性信仰，即康德所说的“绝对命令”；而智慧放弃对于任何道德信念的遵从，它只服从对于审美与诗性的自由人生的超越性选择，不负载实践意志的自律。因为它奠基于想象力而非逻辑原则和实用目的，所以，必然沉醉于非实存的虚无化的世界。从上述理论意义，还可以有理由相信：艺术与宗教更多是智慧活动的结果而与知识工具较少牵涉，审美的与诗性的人生，更大程度上取决于智慧的创造，而与逻辑化的认识活动缺乏联系。智慧涉及的是对自我存在的提问，眷注的是纯粹意识的存在与走向，而知识涉及的是对物质世界的解答，关注的是实用目的的如何实现的问题。

想象和智慧实质上是精神活动的一体化存在，是同一事物的两种存在方式。如果以一种简明的话语来言说，两者均归于精神存在对自我的“存疑”和“否定”，而这又归于人类精神的元逻辑的起始存在：即精神的“虚无化”存在。

美学只有寻找到自我存在的新的智慧，才可以超越以往的知识形式、理论话语、逻辑概念，行走在不断对自我存在予以提问的精神过程，使自己不断诞生新的话语、新的概念、新的理论。在21世纪之初的历史时间，美学对于想象和智慧的呼唤是一种必然的逻辑选择。

第四节 存疑与否定——美学的逻辑选择

怀疑论美学从本体论的视界，从“存疑”和“否定”这一话语切入，对美学进行新思维的追问，认为必须对以往的所有美学命题予以存疑，对传统美学的概念与方法予以悬搁；与此相关，必须对以往的美学理论予以否定逻辑的清理与消解，从而找到自我的理论之路和谋求新的话语权力。

中国现代美学充当了对于以往美学思想的知识看守的角色。或者更确切地说，现代美学只是墨守在当今历史文化语境的视界，对现实的审美现象、文化现象、艺术现象进行了“思想重复”的阐释。这就合乎逻辑地规定：现代美学必然内在地构成知识悲剧和思想悲剧的二重性存在。于是，当今美学如何诞生自我的理论话语和寻找新的概念方式就成为势在必行的逻辑选择。

一、存疑

现代美学的思维缺乏之一是“存疑”的精神，只是单向度地以肯定逻辑的方式承接了东西方传统美学的思维结果，而遗忘了以否定逻辑对现成的思维存在进行存疑与追问。这就必然导致：使自我存在遮蔽在各式各样的理论话题和逻辑概念之中，从而丧失自我领悟与自我筹划的思考权力。于是，现代美学对于“存疑”的需要就势必转换为对于一种长期匮乏的思维方式的逻辑选择。

“存疑”原义指向“保持、停顿、休止、定位、定时”诸方面，古希腊、罗马哲学家将之引申为怀疑论（Scepticism）哲学的中心概念，并赋予丰富的思维规定性，提升到具有本体论和方法论相统一的认识范畴。皮罗主义将“存疑”阐释为：“我既不能从我们的感觉也不能从我们的意见来说事物是真的或假的。所以我们不应当相信它们，而应当毫不动摇地坚持不发表任何意见，不作任何判断，对任何一件事物都说，它既不不存在，也不存在，或者说，它既不存在而也存在，或者说，它既不存在，也不不存在。”[①] 怀疑论主张，对事物应该持有存疑的“意见”，只能悬搁自我的看法，不能做任何“肯定”的判断。与这种“存疑”相回应，皮罗又高举一种“无言”的哲学态度，认为思维主体只有放弃判断，对事物不作任何取舍，才可摈弃思维的烦恼，达到心神安宁、超越是非的生存境界。柏拉图学园派代表人物阿尔克劳西将“存疑”理解为：存在者对于任何知识与信念不能持“同意”的态度，因为这些知识与信念总难以为感觉与理性把握，而个体的感觉与理性也是不可靠的和值得怀疑的。罗马的怀疑主义者塞克斯都·恩披里可在这一思维路径上似乎走得更远：“无论感性知觉或思维都不能给我们提供出一个真理的标志，我们可以用来当作真理标志的一切，都是充满矛盾的，都是不可靠的。”[②] 既然事物不可知，真理也非一种客观形态的存在，现象界充满对立与矛盾，一切均可“存疑”，因而对事物应持悬置判断的态度。怀疑论者将“存疑”比喻为“心灵的站立状态”，由之既不肯定事物

---

① 北京大学哲学系外国哲学史教研究编译：《西方哲学原著选读》，商务印书馆 1981 年版，上卷，第 177 页。

② 北京大学哲学系外国哲学史教研究编译：《古希腊罗马哲学》，商务印书馆 1961 年版，第 457 页。

也不否定事物。“存疑”的思维态度到了笛卡儿手中被演化为一种哲学原则，他主张“对现有的一切认识和观念一律加以怀疑，然后再设法找到一个确凿无疑的真理，用以作为演绎的出发点。”[①] 笛卡儿说：“要想追求真理，我们必须在一生中尽可能地把所有的事物都来怀疑一次。”[②] 他著名的哲学命题——“我思故我在”。“思”是“我在”的前提，而“存疑”是“思”的前提，“怀疑”活动是前导的或内在的运思活动。如果说“我在怀疑”，也就意味着“我在思”，“既然我在怀疑，我在思想上是无可怀疑的，那么作为怀疑活动主体的‘自我’的存在也就是确实可靠的了。”[③] 显然，笛卡儿将“我思故我在”作为“研究哲学的第一条原理”。黑格尔评价道：“De omnibus dubitandum est（怀疑一切）抛弃一切假设和规定，是笛卡儿的第一个命题。”[④] 然而，黑格尔认为，笛卡儿的这一命题不具有怀疑论的意义，这显然不够合理。研究哲学的第一条原理的逻辑基点无疑是指向“存疑”的心灵活动，西方哲学的“存疑”的思维线索延续到休谟那里被演变为对神学信仰的怀疑，他放弃对于知识、认识活动等方面的存疑关注，而对于人类普遍接受的精神信仰持有怀疑态度。尽管他的存疑主要局限在宗教领域，但对启思人类之于精神自我的怀疑不无价值与意义。

西方哲学的怀疑主义传统在20世纪的现象学再次获得思想的回声。胡塞尔认为：“普遍怀疑的企图属于我们的完全自由的领域：我们可以试图怀疑任何东西，不论我们可能多么坚定地相信它们，甚至在充分的明证性中肯定它们。”[⑤] 然而，这位现象学的创始人更多地

① 全增嘏主编：《西方哲学史》上册，上海人民出版社1983年版，第498页。

② 〔法〕笛卡儿：《哲学原理》，关文运译，商务印书馆1959年版，第1页。

③ 全增嘏主编：《西方哲学史》上册，上海人民出版社1983年版，第501页。

④ 〔德〕黑格尔：《哲学史讲演录》第4卷，贺麟、王太庆译，商务印书馆1978年版，第66页。

⑤ 〔德〕胡塞尔：《纯粹现象学通论》，李幼蒸译，商务印书馆1992年版，第95页。

改造了“存疑”这一概念。他将“存疑”转化为现象学的“悬置”。他说：“我们现在可以让普遍的悬置概念在我们明确、新颖的意义上，取代笛卡尔的普遍怀疑设想。”[①] 胡塞尔将“存疑”引申为现象学的思维方法，形成现象学的“悬置”或“加括号”，主张将所有以往的思想观念予以悬搁，采用存而不论的方式，这就是所谓“悬置判断”，并凭借这种现象学的方法，“面向事物本身”，面向纯粹意识中所呈现的现象界，达到认识的本质还原、先验还原，从而建立一门理性主义的明确性的“本质科学”。

与西方哲学的“存疑”这一思维方法相同，中国古代思想史也包含丰富的怀疑主义精神。先秦时代有两个怀疑主义代表人物，一位为具有哲人内蕴的浪漫诗人，另一位可称为诗人哲学家。一是屈原，他的《天问》即是哲学化的诗，全诗共提出一百七十多个问题，包含着对自然现象、历史事件、现实生存、神话传说、精神文化等方面的怀疑与沉思；二是庄子，《庄子》一书可称为诗化的哲学。

与西方思想界的“存疑”传统相异，庄子的“存疑”很少围绕知识论与认识论这样的逻辑思维的轴心而运动，而是关注从智慧论与生存论层面上，凭借诗性思维和富有想象力的哲学悟性，一方面对实存世界存疑，怀疑所有客观事物的真实性和合理性；另一方面对社会历史存疑，怀疑迄今为止的社会历史的意义与价值；再一方面对精神存在存疑，包含对知识形式、理性认识存疑。怀疑论美学由此规定，庄子的“存疑”更趋向对精神自我的存疑，更关注对存在者的自我提问。在庄子的哲学逻辑里，整个现象界只不过呈现为精神自我的幻象，与其对整个现象界予以存疑与提问，倒不如对自我意识进行存疑与提问，后者显然更有形而上的哲学意义。精神现

① 〔德〕胡塞尔：《纯粹现象学通论》，李幼蒸译，商务印书馆 1992 年版，第 97 页。

象学的最高提问和最终存疑均归返为对存在者的提问与存疑。庄子的“存疑”，用他的诗性语言来表达就是“县解”。“且夫得者，时也；失者，顺也；安时而处顺，哀乐不能入也，此古之所谓‘县解’也。”[①]“适来，夫子时也；适去，夫子顺也。安时而处顺，哀乐不能入也，古之谓是帝之县解。”[②]庄子的“县解”，与西方哲学的“存疑”、“悬置”的概念有相同之处，均倾向对现象界采取判断中止、存而不论的态度，对知识命题、逻辑形式持有怀疑论的眼光。但是，庄子的“县解”更隐喻着生存论的人生智慧，强调的是对于现实世界的存疑与暂忘。庄子甚至主张对自我的情感存在、生命存在、思维存在存疑与暂忘。他推崇“吾丧我”的精神境界，实际上就是凭借自我存疑的思维方式来达到对整个现象界的悬搁、存疑、拷问。庄子的哲学，无疑表征着中国古典怀疑论的至高境界。

当代美学的根基性缺陷之一即在于：在方法论层面上丧失了开启新思维之门的怀疑主义，在逻辑层面上遗忘了具有意识发现功能的否定。当代美学寻找自我话语的努力途径之一，是应该延请怀疑论哲学，寻回遗忘久远的对于知识价值的否定精神，从而诞生自我意识的新型存在形式。

遵循怀疑论的思维规定性，当今美学应该采用“悬置判断”的方式。美学的“悬置判断”，应指向唯物主义和唯心主义这种传统思维派别的逻辑划分。因为这种划分源自片面的和虚假的理论信仰，属于无意义的主观逻辑的假定。美学应当超越唯心论和唯物论的理论界限，对美学的探究和对美的领悟，如果陷入“唯心”与“唯物”的二元相分的思维沼泽，必然丧失自身存在的意义与价值。只有悬置这两

① 《庄子·大宗师》。

② 《庄子·养生主》。

种对立的思维派别的判断方式，美学才能走出传统的迷津而达到自身的澄明。美学应当悬置对于美与美感、审美对象与审美经验的传统二元划分原则的判断。这种二元论的逻辑原则是对传统形而上学的主客分离、现象与本质对立的思维规定性的遵从，它将美这一精神无限可能性的虚无化存在和诗性存在割裂为对立相分的存在，由此导致使一个富有思维灵性和智慧内质的精神存在，解构为机械逻辑和知识内容的矛盾体，这种判断损害了美学探究的意义与价值。

与哲学的“存疑”方式相关，怀疑论美学选择“存疑”作为自我的思考方式必然获得一定的理论意义。如果说传统哲学的“存疑”隐含着“悬置判断”和采用“无言”、“不动心”的中止思考的方式，以求得理性的宁静和内心的和谐，那么，怀疑论美学应该对这种消极的心智游戏有所扬弃，选择有“怀疑”地思与言、诗性与智慧地思与言这样的方式，将怀疑论思维晶核呈现出来。首先，怀疑论美学必须对众多现存的美学命题与概念予以存疑，以怀疑论的眼光和重新提问的方式进行全面深入的清理与反思，对迄今为止所信奉不移的理论原则及其判断标准予以否定逻辑的阐释。在本体论层面上：1. 怀疑论美学存疑美与美感的二元论，否定美的客观实在性，走向精神无限可能性的纯粹意识的自我直觉，为美找到诗意的虚无化存在。2. 存疑现象与本质的二元论，消解传统形而上学的主观的对立逻辑，认为现象即本质，任何现象均呈现在主体的纯粹意识之中，美必然是精神界的纯粹意识的直觉现象。3. 存疑审美活动的因果逻辑，否定知识形式和真理形式在审美活动中的逻辑前提作用，认为它们和美之间没有必然联系，甚至连中介作用也不具备。在生存论层面上：1. 怀疑论美学对现实性命题予以怀疑，否定美的现实性的存在意义，拒绝讨论“审美现实”这样的伪命题。2. 怀疑论美学对实践性命题予以怀疑。由于“实践”概念蕴藏实用理性的工具性与目的性，包含一定的感性欲望和经济功利观念，它必须借助于知识形式和语言工具获得现实性，因此必然与美这一人类精神的诗意生存保持一定的距离。3. 怀疑论美学有必要对传统美学的“历史性”概念予以怀疑，否定历史理性、历史意志等历史性存在和美之间的逻辑联系，否定生存论意义上美是历史过程产物的形而上的阐释。除此之外，怀疑论美学应该从各个理论层面对传统美学命题予以存疑和重新提问，以求诞生新的理论话语。

怀疑论美学必须对众多现存的美学方法和思维路径予以存疑，以怀疑的方式进行重新审视和拷问。一方面，必须对历史主义方法予以存疑。传统美学设置了一个巨大的思维阴影，即：美之存在与历史存在的等同。在这一思维阴影里，人们企图以历史主义方法，凭借对社会史、物质史、经济史的历时性的动态描述，从中寻求美学概念和审美经验的生成与解答。在怀疑论美学的视野，美具有超历史的精神特权，因为它属于人类精神共时性的自我直觉与自我否定，是纯粹意识以无限可能性的诗性智慧进行超历史的自我提问与自我独白。它不能被限定在社会历史中寻求一个简单的历史唯物主义的解释。另一方面，必须对逻辑思辨方法予以存疑。这一方法主要建立在理性主义和知识信念的基础上，试图用逻辑工具和知识形式来解答包含丰富精神内容的审美活动的艺术活动，这些活动远远超越了形式逻辑、抽象思辨的界限而蕴含着人类精神的直觉、体验、想象等心理因素。美更多的是精神的诗性生存和智慧生存，传统美学对逻辑思辨方法的信奉是其方法论的局限之一。再一方面，怀疑论美学必须对经验归纳方法予以存疑。传统美学将美理解为主体的心理经验，借助于对这种经验的重复性归纳而达到某种理论的确立。

美属于人类精神无限可能性的虚无化存在，它是不可重复的自我精神的不间断地提问活动和否定活动，经验归纳方法对于审美活动是无助的和不具有意义的。最后，怀疑论美学必须对心理内省、精神分析方法予以存疑。美既然是人类的纯粹意识的诗性直觉的思，属于人类精神的自我想象、自我顿悟与自我独白，是超越日常知识活动、心理活动的智慧活动。那么，心理主义方法只能涉及审美活动的表层或边缘，而无法窥探其内在的心灵面目。除此之外，对于其他美学研究方法，怀疑论美学均可予以不同程度的存疑与重新设问，由此开启美学探索的新思维之门。

二、否定

现代美学之所以存在“失语症”，是因为它缺失“否定”精神，沉醉在模仿与描述东西方各种理论话语之中，而失落自我精神的可能性，无法倾听我心灵的回声和筹划对现象界进行新视界的言说。对于“否定”的遗忘就造成现代美学的悟性的想象力的丢弃，并相应带来理论创造力匮乏的悲剧结果。

“否定”作为一个传统的哲学范畴是毫无疑义的。黑格尔对于它作过较多阐释。他将“否定”作为构造庞大的哲学体系的思维工具，认为精神存在的自我发展取决于理念内在的矛盾运动，而这种矛运动又取决于理念自身的否定性。正题被反题所否定，反题又被正题所否定，循环往复，正是由于理念（绝对精神）自身的不断否定或异化，构成一个精神上升发展的圆圈并最终导致一个理论体系的诞生。而他的精神哲学或精神现象学即是这个“圆圈”最合理最完善的象征与终极。马克思和恩格斯则推崇“辩证的否定观”，认为在否定过程包括肯定，在肯定过程包含否定，只有凭借“否定之否定”的规律，主体存在才能洞悉事物的本质和窥见真理的光辉。在西方现代哲学家中，萨特对否定概念给予了一定程度的眷注。他将否定视作哲学一种重要的思考手段，一种超越性的不断使自我和世界获得新的价值与意义的精神境界和生存方式。萨特认为，自在的存在是未经知识所观照、体验的存在，未为意识赋予意向性和目的性，因此既无时间性也无逻辑性，是异化或荒谬的存在。与此相异，自为的存在是自在的虚无化存在，是意识自在存在的一个否定的结果，意识之于自在的存在的显现就属于是虚无化的否定过程。由于意识自身的存在必然是虚无化的，因此它能够超越自身，使自在得以“出场”转化为自为的存在。意识的这种虚无化、否定性、超越性永无止境，所以主体存在总处于一个不断否定的精神过程。萨特将这种主体意识的由自在存在至自为存在的逻辑运动称之为“否定的辩证法”。他说：“人的实在只有从根本上挣脱了他自身，才能通过提问题、方法论的怀疑，怀疑论的怀疑，悬搁等等来挣脱世界。”[①] 与萨特相似，法兰克福学派的阿多尔诺也标榜“否定的辩证法”。他认为传统的辩证法是“形而上学的西洋镜”[②]，均在同一性的逻辑原则里生存，总是逃逸不出单向度的肯定逻辑的制约，而否定的辩证法是消解同一性思维模式的哲学认识方法，它强调“否定”，而拒绝“肯定”，是一种主观的辩证法。阿多尔诺否定存在一种客观的辩证法或自然辩证法，他认为只有具有不间断的否定势能的辩证法才是合理存在的辩证法，这种“否定的辩证法”，采用“矛盾地思考矛盾”的“瓦解的逻辑”方式来达到对历史与现实、存在与意识的深入解析。毫无疑问，上述哲学家均将“否定”提升为一种理论工具，一种思维方式和逻辑手段。“否定”被赋予了具有意识发

① 〔法〕萨特:《存在与虚无》，陈宣良等译，生活·读书·新知三联书店 1987 年版，第 56 页。

② 〔德〕阿多尔诺:《否定的辩证法》，张峰译，重庆出版社 1993 年版，第 135 页。

现和精神领悟的意义与价值，作为一种具有探究、创造的逻辑功能而被彰明。

以“否定”作为精神存在的自我烛照，中国现代美学恰恰患上了对于“否定”的遗忘症，而这种对于否定的遗忘主要指向这两个互为因果的层面。一方面，现代美学遗忘了对“他在”的东西方现有美学理论的否定，缺乏对现存的各式各样的美学话语的否定性阐释和解构性重建，只是沉迷在众多的理论话语和思维逻辑之中，充当了话语重复和概念模仿的学术鹦鹉，使自我存在的领悟力和创造力窒息在对他人观念、方法、逻辑的惰性的描述过程，由此则必然规定现代美学面临一个理论失语的境地，当然就合乎逻辑地造成这样的悲剧结果：现代美学遗忘了对他人存在的“否定”；另一方面，现代美学也遗忘了对“己在”（自我）的否定，只眷注以单向度的肯定逻辑去回答或描述问题，而忽略了以多向度的否定逻辑去提出问题或存疑问题。于是美学的思维总是精神自恋式的悲剧化地守望自我存在的理论孤岛，沉醉在假设了一个提问的存在和被提问的存在的虚假逻辑之中。因此，美学只有“回答”，没有“提问”；只有“描述”，没有“意见”。在充盈归纳逻辑、思辨逻辑的理论魔圈里丧失主体存在的想象力和诗性精神。于是，在这种既重复“他在”又重复“己在”的理论道路上，美学既不能否定“他在”又不能否定“己在”，对于“己在”的不否定又必然转向对“他在”的无法否定。美学对“否定”的无意识的放逐，也就意味着对自我存在价值的潜在侵蚀，也就放弃了对于美与艺术、生命与自由、诗性与智慧等无限可能性的精神意义的寻找。所以，当今美学必然面临上述两个层面“否定”的需要，这构成整个美学的必然性的逻辑选择。

当今美学对于“他在”的理论话语的否定，必须合乎“否定的辩证法”的逻辑原则，它既不是“肯定的否定”，也不是“否定的肯定”，甚至不是“否定之否定”，而是只眷注“否定”，放弃“肯定”，采纳一种拒绝“肯定”参与的“否定”。因此，对于东西方现存的美学体系，怀疑论美学只有采取否定逻辑予以梳理和评价，以求在这种否定性阐释中能够诞生自我新话语和新理论。怀疑论美学对于以往的美学理论的否定必须属于一种逻辑否定和理论否定，而不是一种心理形态的价值否定和意义否定，它必须与日常意义的否定形式存在区别。因为怀疑论美学的否定更眷注自我话语的确立和新思维的诞生，而对以往的理论存在的意义与价值则采取悬搁判断的方式。对现存美学理论的否定必须既指向本体论层面又指向方法论层面。迄今为止，传统美学只是将“否定”理解为工具性质的存在，仅仅视为某种思维方式和逻辑手段，而未提升到富有普遍意义或根基作用的本体论地位，更没有就“否定”与人之存在本质、存在者的可能性以及历史意志的最终结果联系起来，将“否定”视为存在的终极意义与价值并呈现在精神现象和文化创造活动中。当今美学的否定应该具有本体论的理论内涵及概念规定性，将传统哲学只作为思维工具的“否定”转换为与人之存在本质、历史的过程与结果、人文精神的终极价值、理论思维的动因与张力等概念密切关联的哲学、美学的一个中心范畴。同时，将“否定”视为根本性的或先导性的美学方法论，以此作为所有美学思维的逻辑起点和作为众多美学思想方法根基存在。这样就在本体论和方法论相统一的形态上获得“否定”的存在价值及现实性。

与此相关，当今美学之于“己在”的否定尤为关键。因为对自我的否定远比对他人的否定要承担更大的理性困难，更需要领悟力和反思判断力。理论思维作为精神存在的高级形式，只有凭借不间断的自我否定活动，才能获得富有生命力的新的存在与意义。当今美学的自我否定也必须指向多向度和多层面。首先，美学必须对自我确立的所有“命题”进行否定。对“美学”这个根基性命题予以一个先决性的否定，转换以往研究对象和范围的偏狭性和局限性，使美学不再拘泥于一般的知识形式和经验积累，只满足于对一般审美对象和艺术现象作理性或感性的描述。而是将“美学”改变为对自我存在的纯粹意识的关注和对精神活动的诗性体验的探究，以智慧的眼光和悟性的直觉进入理论运思的境域，不再满足于充当一般形式逻辑工具和承载经验的描述。由此，美学也就不再局限于诸如美的本质、审美对象、美感、审美经验、自然美、社会美、艺术美、崇高、优美、壮美、丑、心灵美、语言美、行为美、审美教育、审美意义、审美价值、审美规律、审美标准等缺乏智慧和想象力的问题。总之，美学沉思的所有的命题都需要进行逻辑的否定或否定性的理解与阐释。其次，美学必须对以往思维方式进行否定。迄今为止，绝大多数美学家均是采用知识形式和逻辑工具进行思考与探究，视美学为一门实证科学或规范科学，偏重于进行纯概念的逻辑推导或者满足于进行感性的现象描述、历时性的经验描述、心理感觉的内省记录，而遗忘了美学应该漫步于超越知识形式的秉具诗性智慧的活动空间，结果导致超越形式逻辑与思辨逻辑的直觉体验和生命悟性、想象力和心灵智慧等精神存在被缺席和被遮蔽。所以，美学思维方法需要智慧和想象力，需要以否定为前导的精神张力。最后，当今美学在理论存在方式上，必须更倾向“提问”，对以往只关注“回答”的方式给予否定。美学只有把延续至今的“回答”问题的存在方式否定为“提出”问题的存在方式，才能获得自我澄明的新意义。譬如美学应该否定“美是什么”、“美学是什么”、“美的价值是什么”、“审美标准是什么”、“艺术是什么”等问题，而应当设问：

美如何可能？美学如何可能？艺术如何可能？等等。美学需要不间断地否定已解答的问题，而同时又不间断地提出新的问题，这样才能行走在一条不断思维创新和生命常绿的路径上。

怀疑论美学从“否定”视界对传统美学的一些概念进行简要清理批判：

1. 否定传统美学的美与美感、审美对象与审美经验二元划分原则，也拒绝承认超逸主体境域之外的绝对美的本质。

2. 否定美与现实性存在的逻辑联系，拒绝承认美依存于现实境域的理性目的和物质欲望等因素，因为现实性概念所奉行的必然逻辑与实用原则和自己的“精神的无限可能性”的理论基石存在不可调和的差异。

3. 否定美与实践的因果联系，拒绝承认美是社会实践或历史过程的直接结果这样的逻辑推论。

4. 否定美与意义的逻辑联系，认为任何一种意义均来源于主体对现实世界的有目的性的概念设定，是更多接近实践行为的主观逻辑判断，它必然地包含价值与功利的内容。

5. 否定美是情感的产物这一传统思维，认为美不属于世俗生存意义上的诸种情感和意志的“分泌”，美在一定程度上拒绝情感意志。

6. 否定美与价值的联系，认为“审美价值”是在日常语言意义上的伪命题，而不是一个具有严格规定性的美学概念。

7. 在规范理论的具体形态上，还必须否定一些司空见惯的概念，诸如美的规律、美的历史性、美的社会性、美的实践性、审美价值、审美经验。总之，只有在对传统概念的否定活动中，怀疑论美学才能获得自我理论的言说权力。

怀疑论美学从“存疑”与“否定”两个互为联系的环节，提出美学建设的新思路，提出一些对传统美学概念的否定性构想。这表征着美学的转向和重建的期待，这种期待不是无意义的独白，而能够获得应有的精神回声。

第四章　怀疑论美学的解构性

第一节　意义——现实性的消解

传统美学似乎在理论思维方式上持有一个不辩自明的逻辑结果：美的存在指向有意义的存在，无论这种意义是属于一种共通性的客观存在还是属于一种有限性的主观体验。美一方面先验地隐含着意义的形式，凸现精神界的抽象规定性；另一方面后验地生成着意义的内容，体现现象界的具体规定性；再一方面美将自我存在与现象界实行“实践性”的主客体的必然联结。于是，就合乎逻辑地诞生了新的审美意义。毫无疑问，传统美学在众多的理论命题中就包含着如此的思想内核，赋予意义在美的存在的本体论地位和审美活动过程中的生存论价值，将美与意义规定为任何主观逻辑都无法分离的辩证统一的存在对象。以否定传统美学的虚假命题和理论信仰为己任的怀疑论美学，也以对传统美学的“美是意义”这一核心概念的否定为运思之路，认为“意义论”构成传统美学的一个思维障碍，它是主观的虚假命题和可疑的理论信仰。所以，怀疑论美学寻找美与意义的差异性理解，提出美的非意义性质的理论阐释，它从怀疑论视界言说：美是非意义的精神无限可能性的存在方式，它是超越任何意义的人类精神的最高悬浮状态，它既自身斥拒意义，又放弃向现象界赋予意义。美属于人类心灵无限自由的想象性存在，是心灵不中断地对现象界的存疑与否定，也是精神界永无终结地对自我的提问与回答，因此，美是拒绝任何意义的自为自律的存在。

一、意义之描述

“意义”（Sense, Sinn）也许是人类心灵所孕化的最复杂的语言迷宫之一，也是精神哲学以语言为工具在思辨丛林中踽踽前行的心迹，对于“意义”的关注成为现代哲学思潮的一个重要走向。众所周知，现代哲学的一个显著特征是对语言问题的瞩目，西方哲学界在20世纪初开始了所谓“语言的转向”（Linguistic turn）这一文化思潮，随着这个思潮而诞生的直接结果被称之为语言哲学。语言哲学所经历的精神路标，是将笛卡儿时代以来的哲学研究的认识论问题置换为语言论问题，语言之探究成为哲学沉思的重要对象。语言哲学认为，哲学家应放弃对“世界为何”、“何为世界”等一些无意义的本体论命题的关注，降低对于知识如何可能、认识如何可能等课题的探究力度，而应转向于语言及其意义的研究。“认识自我乃是哲学探究的最高目标。”[①] 它已被证明还将被证明是一切哲学的阿基米德点和终极目标。既然人的问题构成哲学的根基性问题，那么，作为人类存在的家园——语言也就合乎逻辑地构成哲学探讨的根本问题。探索人凭借语言这座心灵桥梁而如何进行思想的交流与理解，如何传递与接受某种意义与价值，“就成了懂得人的理性或思想的前提，意义问题成为哲学研究的基础和核心，自然是题中应有之义”[②]。在石里克（Moritz Schlick，1882—1936）看来，意义问题成为哲学转向之后的中心问题：“我们现在认识到哲学不是一种知识的体系，而是一种活

---

① 〔德〕卡西尔：《人论》，甘阳译，上海译文出版社1985年版，第3页。

② 徐有渔等：《语言与哲学》，生活·读书·新知三联书店1996年版，第38页。

动的体系，这一点积极表现了当代的伟大转变的特征；哲学就是那种确定或发现命题意义的活动。哲学使命题得到澄清，科学使命题得到证实。科学研究的是命题的真理性，哲学研究的是命题的真正意义。”①

1. 指示论。语词的意义和所指对象形成不可分割的逻辑联系，不能脱离所指对象来讨论抽象的意义。罗素认为：“所有的词语作为代表自身以外的某种东西的符号，在这种简单的含义上它们是有意义的。”② 早期的维特根斯坦也认为：“名字表示客体。客体是它的意义。（“A” 像 “A” 一样是同一个记号。）”③ 这种将语词的意义等同于事物的观点显然具有不合理性。

2. 证实论。任何意义只有获得经验的证实才得以可能，意义只有被经验证实才具有命题的意义，因此，意义和证实主义的方法在逻辑上是等同的。石里克说：“陈述一个句子的意义，就等于陈述使用这个句子的规则，这也就是陈述证实（或否证）这个句子的方式。一个命题的意义，就是证实它的方法。”④ 这个观点的偏颇之处在于，有些意义或者有意义的命题是无法依赖经验去证实的，某些个体经验的积累和重复，无法获得对某些普遍性意义或命题的证实。

3. 使用论。这一主张主要以后期的维特根斯坦为代表。他认为：“在大多数使用了‘意义’一词的情况下——尽管不是全部——我们可以这样解释：一个字词的意义是它在语言中的用法。而一个名称的意义有时是由指向它的拥有者来解释的。”⑤ 维特根斯坦将语言的意

① 洪谦主编：《逻辑经验主义》上卷，商务印书馆 1982 年版，第 9 页。

② Russell, *The principles of Mathematics*, Cambridge: Cambridge University Press, 1903, p. 47.

③ 〔奥〕维特根斯坦：《逻辑哲学论》，郭英译，商务印书馆 1962 年版，第 30 页。

④ 洪谦主编：《逻辑经验主义》上卷，商务印书馆 1982 年版，第 39 页。

⑤ 〔奥〕维特根斯坦：《哲学研究》，杨潮、范光棣译，生活 · 读书 · 新知三联书店 1992 年版，第 31 页。

义与用法结合考查，认为只有具体分析语言的丰富复杂的实际使用，才能确切把握语言的意义。

4. 意向论。塞尔（J.R.Searle，1932—　）认为不能离开意向孤立地谈论意义，只有在意向和外部世界的联结点才能看出语言的意义，语言使用者的主观意图在一定程度上隐喻着语言的意义。尽管塞尔竭力否定，但意向论的观点难免有归返心理主义的嫌疑，同时，他对于意向的阐述存在循环论的缺陷，他的意向概念实际上潜在包含着“意义”的规定性。

5. 真理论。塔尔斯基（Alfred Tarski，1902—1983）和戴维森（Donald Davidson，1917—2003）曾尝试在真理概念和意义概念的交叉点上寻求到意义理论的新话语，后者在《对真理与解释的探究》中较深入探讨了真理与意义的逻辑联系，认为真理必然是包含着某种意义的推断，而意义的推断则必然围绕着真理而展开，这是一个互为因果的动态逻辑过程。“知道一种语言的关于真理的语义学概念，便是知道一个语句（任何一个语句）为真是怎么一回事，而这就等于理解了这种语言（在我们能赋予这段话的一种可靠的含义上）。”[①] 这种看法仍有理论的局限性，意义的存在并非意味着真理的存在，语句的真值条件也并非完全决定语句的意义。

6. 整体论。德国哲学家弗雷格（Gottlob Frege，1848—1925）提出语言哲学的三原则：a. 始终把心理的东西和客观的东西严格区别开来。b. 决不孤立地寻问一个词的意义，而只在命题的语境寻问它的意义。c. 决不忘记概念和对象的区别。他的第二条原则提出意义的整体论观点，认为不能脱离语境孤立地考释词义，语言的意义取决于受具体语境规定的整体结构。索绪尔（Saussure，1857—1913）也指

① 涂纪亮主编：《语言哲学名著选辑》（英美部分），生活·读书·新知三联书店 1988 年版，第 306 页。

出:“语言既是一个系统，它的各项要素都有连带关系，而且其中每项要素的价值都只是因为有其他各项要素同时存在的结果。”“价值，从它的概念方面看，无疑是意义的一个要素。”[①] 语言的意义（价值）取决于各项要素的连带关系，取决于整体结构的对立关系。

值得关注的意义理论当推胡塞尔的现象学。意义问题是现象学的核心命题之一。与语言哲学有所差异，现象学对意义的解释是从意向性这一概念切入的。毋庸讳言，语言哲学关于意义的探究只满足于停留在语言分析层面，而未能深入到意识层面进行根基性的考问，从而提出对意义的本体论看法，并凸现意义生成的根本动因和内在机制。胡塞尔说:“我们把‘意义’（Sinn）理解作内容，关于意义我们说，意识在意义内或通过意义相关于某种作为‘意识的’对象的对象物。可以说，我们将以下命题当作我们讨论的标题和目的：每一意向对象都有一个‘内容’，即它的‘意义’，并通过意义相关于‘它的’对象。”[②] “现象学的基本观念是，意义使意识成为对某物的意识。本质意义以某种方式确认某物或将某物解释为具有某种属性。”[③] 显而易见，胡塞尔的现象学将纯粹意识的意向性概念引入意义阐释的思维活动，赋予意义以一种本体论与认识论相统一的哲学理解，避免语言哲学仅从语言分析这一单向性来阐释意义的局限性。现象学认为，意义与意识的意向行为密切关联，尽管语言本身不产生意义，但它承载着意识的意向性和所指对象之间而构成的意义，这就意味着，意义的存在不在语言的表达之中实现，但又离不开语言表达的过程而实现，就如同剩余价值不在流通中产生却又

① 〔瑞士〕索绪尔:《普通语言学教程》，高名凯译，商务印书馆 1982 年版，第 160 页。

② 〔德〕胡塞尔:《纯粹现象学通论》，李幼蒸译，商务印书馆 1995 版，第 313 页。

③ 《中国现象学与哲学评论》（第 1 辑），上海译文出版社 1995 版，第 124 页。

离不开流通而产生一样。所以，胡塞尔认为，意向性是意识的根本属性，意识在本质上是意向体验，而正是这种意识的根本属性——意向性，确定了意义的基本存在并规定了精神主体对它进行本质直观的路径、方法。胡塞尔的意向性尽管内涵复杂、解释不一，但主要规定为：一方面，是指纯粹意识以不同的方式与被设想的对象的联系，它与现象界形成意指关系；另一方面，它包含的是纯粹的“思”，而这纯粹的“思”总是会指向具体的“所思”，凭借主体的种种精神可能性“意识地拥有某物”。由此可见，胡塞尔的现象学试图凭借意识的意向性寻找一条通向意义大门的思维路径，“意识意向地‘拥有’的那个对象既是抽象形式，又是理想内容，它实际上就是意义，而所谓意向地‘拥有’某物也就是通过意向性功能‘先验地建构’意义”[①]。

对“意义”的简略描述与批判，有助于对它的元理论形态的把握。现在，进一步探究意义的规范理论，以期寻求更具体的理解，并通过这两方面互为联系的考察，从而言说“意义”与“美”的差异性和解答美的非意义性的本质存在。

二、意义之探究

所谓意义，即是精神界对现实世界明晰性的理解和价值判定，也是纯粹意识对于现象界、精神自我的理解方式和提问方式；任何一种意义均来自于主体对现实世界的有目的性的概念设定，它必然地包含价值与功利的内容。从规范理论的视界，可以揭示意义生成的具体方式及其相关联的对象，有助于凸现它的具体性存在。

1. 意义与对象。意义总是指向某种存在对象，无论这种对象以

---

① 徐有渔等著:《语言与哲学》，生活·读书·新知三联书店 1996 年版，第 142 页。

精神界或物质界方式呈现。在狭义的语言学意义上，名称只要指向某个对象，该对象就内在构成了它的意义。所以，在哲学的本体论意义上，无法脱离对象去抽象空洞地言说意义，同时，语言学也提供了这一具体的依据。意义的对象性，依照传统形而上学的思维模式，可以具体地规范为两个存在方面，即主体对象和客体对象。主体对象即是以精神活动为目的地，以主体存在的无限可能性作为意义诞生的机缘和意义转换的动因。因此，意义围绕精神的无限可能性这一轴心展开运动，意义在某一局部某一阶段有开端也有终结，但由于心灵活动的无限可能性就必然规定意义的多样性和无限性。所以从总体上看，意义永远不会终结或消失，一个确定的对象总会在精神活动的作用下不断诞生、转换出新的意义。就客体对象而言，它不是纯然自为的存在，而是必然要呈现在主体意识的现象界之中的存在对象，它总是意识的意向性的对象，所以它的意义呈现在主客体相联结的结构之中，体现在主体对象与客体对象的意向性的关系上。合而言之，无论是主体对象还是客体对象，均属于精神本体的认识对象和知识对象。意义就建立在纯粹意识的意向性对于认识对象和知识对象的直接把握过程，所以意义离不开存在对象又不单纯地存在于对象之中，它体现了主体对象与客体对象的辩证统一。

2. 意义与目的。语言哲学对于意义的理解只沉迷于语言层面上技术性或结构性的考察，而放弃了从目的论层面对意义进行具体的规范性探究，后一种方法也许容易接近意义存在的门户。从发生认识论来说，任何意义均来源于主体对现实世界有目的性的概念设定，它必然地包含价值与功利的内容。一方面，意义生成于目的性是指向知识形式和认识对象的，所以它必然以理性思维的逻辑方式展现出来，意义的出场在一定程度上是携带某种概念、思维规定性、意向性的理解活动，是精神界对现象界的提问活动。另一方面，意义生成于目的性是指向价值选择与功利欲求，因此它蕴含着理性判断和感性需要的双重结构，这就标明在具体的境域，意义不是单纯的和澄明的，很难寻找到所谓单向性的和孤立的意义。在生存论视界上，意义总是和价值观及世俗生活的功利观念纠连在一起而难以剥离。再一方面，意义生成于目的性是指向文化背景、历史境域、意识形态等因素，"意义"在历史主义、文化哲学的意义上不属于意识的纯粹抽象结果，而属于具体的历史文化语境的产物，它伴随着"效果历史"的流动而变化发展，随着历史目的、历史意志的变化而变化，同时这种意义的存在也是被变化的历史目的、历史意志所阐释。所以，意义总在阐释中循环、发展。最后，意义生成于目的性指向情感内容。弗雷格、胡塞尔等哲学家坚守意义的客观和科学的原则，否定意义与主观心理的潜在联系，认为意义是固定不变的"理想统一体"，所以要划清意义与心理体验、情感的界限。这一做法的合理内核在于，为我们寻找意义的客观性、确定性、约定性开辟了道路，也为意义的原初存在确立了一个科学的规范的前提；而这一做法的片面性在于，在对意义进行科学的普遍有效性的界定同时，虽然区别了心理的东西和逻辑的东西、主观的东西和客观的东西，但将意义还原为一种孤立的抽象的存在，否定了意义与精神的心理内容的联系，缺乏辩证联系的眼光。实际上，任何意义都不是精神的绝对抽象，也不是纯粹的客观存在，在很多具体的境域，意义和情感内容密切联系，情感无疑是构成意义生成的因素之一。我们所信奉追求的意义由情感的需要或情绪的选择所规定，意义在许多场合被情感所规范，心理主义所强调的意义与主体体验的联系是难以否定的客观事实之一。

3. 意义与价值。从主体的存在论视界出发，意义不能离开生存世界的价值规范，在具体境域，意义往往围绕着价值事实或价值观念而波动。在生存境域，日常语言所指称的意义实际上是对事物的价值估衡，当对象与主体构成某种价值关系时，也无论这种关系属于使用价值形态、交换价值形态、认知价值形态等，主体判断对象都是蕴涵意义的。如果进一步考察“价值”的概念规定性，就会发现，价值是以主体精神为主导性的客观对象合目的性的统一性，价值评价体现了认识性和情感性的辩证统一，价值又交融了历史性和现实性的双重意向。由于价值的内在规定性，也就相应规定了意义必然呈现为以主体目的性为主导的主客统一性，以及认识与情感、历史意识与现实需要的统一性。从价值论层面上，标画意义的价值内涵使我们理解：客观的纯净的“意义”以及超越生存境域的抽象意义、理想的统一性的“意义”是一种虚假的或理想性的主观逻辑的界定，它不符合意义存在的事实。在生存论视界，意义总是联结着具体生存境域的价值关系，它被规范为某种价值概念、价值判断、价值选择的具体存在性，意义无法抛弃价值观念和价值事实而超然自律。意义是被规定的“价值意义”，甚至在世俗生活中被某种功利观念直接与经济利益做逻辑等同，当然这是对意义的一种过于片面的悲剧化理解，但也说明意义所无法摈弃的价值色彩。

4. 意义与真理。怀疑论美学对所谓“真理”以及它如何可能的问题持有存疑的态度，它至少怀疑人文学科或精神哲学领域存有真理的可能性，人们在许多境域所言说的“真理”实际上是表明一种意识的意向性和对象之间构成的“意义”，与其说发现了某种“真理”倒不如说阐释或生成了“意义”更合适。对于意义的“真理性”分析只限定在实证性和科学性的某些范围，因为超出这个范围就连意义也许是不可靠或虚假的。与戴维森的“意义的真理论”（Truth of theory meaning）不同，我们不认为意义是由语句的真值条件赋予，这只是狭隘的语言逻辑意义的眼光，实际上，不符合语言逻辑或有违语法结构的非真值条件的语句也可能是具有意义的，甚至它的意义是更复杂更含蓄的。意义的真理性在于，在实证性和科学性的领域，对象被主体的纯粹意识在现象界得以本质的反映或还原的直观，或者说对象被精神界得以某种正确的认识或目的性的认识，这就意味着某种意义的呈现，也就标明着意义在真理性的“在场”的情境下得以筹划和澄明，这也就暗示真理与意义在“科学”境域的必然是共同到场而无法单独缺席。

5. 意义与逻辑。意义一般遵守逻辑原则，无论是形式逻辑、数理逻辑、辩证逻辑等逻辑形式均包含着意义的推导和诞生，逻辑一方面是意义生成的工具，它为意义的产生提供了基础和前提；另一方面，逻辑本身就是意义的存在的本体，它自己构成意义存在的内核和结果。逻辑的命题、前提、推理、结论无不包含着主客观相统一的意义，只是这种意义更具有客观的规定性和更严格的逻辑形式。意义的逻辑性还在于，它符合因果律、必然律、同一律、矛盾律、排中律的规定性，它必须遵守各种逻辑的共同约定性，在实证主义、科学主义的原则里，否定非逻辑性的意义存在。意义总是符合逻辑的思维结果，违背逻辑的意义是不存在的或虚假的，意义只有在逻辑的规定中才获得自我存在的可能性。问题的复杂性在于：意义在非科学性、非实证性的境域，可以超越逻辑性的制约，如在神话思维、前逻辑思维、原始思维中，某种非逻辑的思维结果可能具有较复杂的意义。同样，在艺术领域，一首诗、一幅画可能不符合逻辑，但是它却隐喻着某种意义，而这种意义却包含着艺术价值，透视出意义在逻辑层面上的二律背反。

6. 意义与语言。最后，回溯到语言哲学对于意义的探究的道路上。语言哲学持有一个坚定的思维准则，确信意义存在于语言的句法存在及其结构之中，语言构成意义存在的家园。尽管语言哲学家们对于语言持有不同的阐释，从不同的理论视界解释语言与意义的关系，相应说明了意义的部分本质、特征，但都毫不怀疑地相信：只有语言工具才构成这个世界的所有意义，甚至是意义得以诞生的母体。语言对于意义来说是一种本体论性质的存在，它具有决定论的先决存在的意义。“语言破碎处，万物不复在。”这句富有诗意的格言颇有意味地说明了语言哲学对于意义源于语言这一原则的信奉。值得辨析的情况是，一方面意义的确与语言存在联系，意义存在于语言之中，意义凭借语言之桥而得以行走、通达；另一方面，意义也可能在语言之外，现象学认为，语言本身不产生意义，意义来源于意向性对于现象界的赋予。意义不在语言中产生但又不能离开语言而产生，语言只是意义传递的媒介而不是意义产生的本源。从中国古典哲学的“言意之辨”的命题来看，它在一定程度上窥视到语言的遮蔽性和局限性，认为语言存在着某种思维的蔽惑、心灵顿悟的阻断，语言之外存在着精神的无限可能性和隐含着玄奥的意义。“道可道，非常道”，包含着古代先哲们所领悟的语言无法言说宇宙终极意义和生命终极意义这一思想内核。既然语言之外还存有意义或者说某些意义是语言所无法言说的，那么，就不能像语言哲学那样将意义完全置放在语言的魔圈里。

三、美的非意义性质

之于意义的探究也许使我们走入一个思维的迷宫，而引导走出这座迷宫的阿里阿德涅彩线似乎很难找寻，很可能人类精神只有置身在意义的迷宫中才能不断追询出新的无限的意义。对意义与美的差异性的理解活动中，有助于我们对意义与美做出一点有“意义”的阐释。

怀疑论美学在本体论上解答：美即虚无。虚无敞开精神的无限可能性，它具有对现实世界的否定性质，作为涵盖于现实性之上的虚无（美），它是纯粹精神的自律和自足，既不自身呈现意义，也不给予现象界意义，当然也就拒绝了对现象界作某种价值评价。美即虚无这一概念即满足了美的非意义非价值的理论要求。美（虚无）不是意义和价值的现实性肯定，它在逻辑上是否定任何意义与价值的。以下，从这两个层面标画美与意义差异。

1. 怀疑、否定意义——美之存在的无意义性。在本体论意义上，怀疑论美学将美解答为精神敞开的无限可能性和隐喻主体的自由本质，美被规定为先于一切本质的精神本质性和先于一切存在的精神存在性。美属于精神界最本己的自我想象和诗性直觉，是心灵界对自我的、摈弃知识、功利、欲念、种种因素的不间断的提问与回答，也是精神存在对于现象界的怀疑与否定。在生存论视界，怀疑论美学将美解答为精神的诗意生存方式，是凭借自由心灵对整个现象界的否定情感的比喻和象征，这种比喻和象征内在地构成精神的自我体验，它向现实世界展开自我的无限可能性；同时，怀疑论美学还将美解答为精神的智慧生存方式，它凸现超语言、非知识、不可重复、追求过程、关注提问等特性。沿寻着怀疑论美学的上述理论规定性，也就合乎逻辑地推导出美对于自我存在的“意义”必然是怀疑的和否定的这样的结论。美之存在的无意义性质，主要从意义的元理论方面展开比较性阐明，借此进一步存疑和否定美之存在的意义性。

纵览语言哲学为主流的意义的元理论的种种思维规定性，它无疑与美的存在性存有一个精神的鸿沟。依照语言哲学的精神信念，意义只能活动于语言的场所，没有语言的场所也就自然消解了意义。然而，这个理论原则还不足以提供美之存在的非意义的思维基石。怀疑论美学认为，意义可以超越语言，美可以超越语言，但是美又是可以超越意义并且是拒绝意义的。语言哲学信奉的种种观念，诸如，意义取决于语词在语言中的使用，意义取决于对对象的指称和经验的证实，取决于语句的真值条件和说话者的意向性，以及意义存在于语言系统的整体结构。这些说法的合理性和局限性姑且悬置不论，我们所寻求的只是对于美与意义的差异性理解。

美是精神无限可能性对现实世界的否定判断，因此它不属于凭借语言工具对于对象的简单指称，而这种指称一般采取逻辑的肯定方式；美的不可重复性则标明自己与语言经验划清了界限，不可重复性也意味着蕴含了自身的无法证实性；美拒绝任何使用价值，当然也包括语言的使用，因此美不在语言的使用之中；美超然于真伪判断之外，真伪逻辑以及语言的真伪和美之间没有必然联系；美属于精神界的最本己最自由的自我想象，是心灵界无目的的诗性漫游，它不体现任何目的性，因此它与言说者的意向无关；美属于人类心灵的智慧性存在，它往往呈现出超语言色彩，逃逸于语言结构之外。凭借上述简要的比较不难发现，美之存在既是对意义的存疑也是对意义的否定。一方面它自身悬置了意义，使意义缺席、不在场，从而为精神脱离语言之累，清除现实世界的种种观念、目的性的对心灵界的障碍提供了保证，也为自我存在获得无限可能性的自由；另一方面它自身拒绝意义，严格清洗意义并维护自身存在的纯洁性，因为美一旦沾染上意义的尘埃，就会使自身陷入功利、欲望、概念、道德、价值观等社会意识的思维泥潭，从而丧失自我的超越性和自由性，由此毁灭自我的存在性。从上述意义来说，美之存在必然是非意义性质的。

2. 放弃、赋予意义——美之存在不赋予现实世界以意义。美自身没有意义，也放弃对现实世界赋予任何意义，这是怀疑论美学与其他美学的另一个重要的思想差异。对于美的存在不赋予现实世界意义这一具体论题，在此从意义的规范理论方面展开阐释。

意义的规范理论，从生存论视界上来探究意义的具体规定性和主体的存在境域去考释意义与各种存在对象的逻辑联系，试图解说思想者的诸种意义存在取决于主体意向性、目的性的赋予与呈现。怀疑论美学也从生存论视界阐释美的存在性，但它既否定了美自身存在意义，又否定美向现实世界赋予意义。因此认为，关于美这一人类精神现象的最高命题是没有具体形态的规范理论的，美之存在是一种精神无限可能性的自为自律的生存，是精神绝对自由的诗性生存和智慧生存。所以，它具有超现实性、超历史境域、超文化模式、超知识限定、超逻辑形式、超价值观念的特质，这就决定了它不能被具体的实践意志所规范。美是精神的虚无化存在和精神的最高悬浮状态，它以精神自我作为设问的对象，所以它只关注主体对象而悬置客体对象，而意义则既关注主体对象又关注客体对象。美放弃对现实世界赋予任何意义，属于精神绝对自由的诗性生存，排斥了目的性存在，而意义总是被限定目的论的理性魔圈之中，它指向具体生存境域所规定的生存目的性。美不需要向任何生存境域赋予目的性，当然也就舍弃向任何生存境域赋予意义。美是精神可能性的诗性生存方式，因此就是一种非价值形态的心灵存在，而意义总是联结着具体生存境域的价值关系。由于美斥拒了自我与现实世界的价值联系，所以它也顺理成章地放弃向现实世界抛掷价值判断或赋予价值的含义。美既然是精神的虚无化存在，那么真伪判断对它是无效的、不具“意义”的。

由于美与科学性、实证性不存在逻辑关联，因此也否定建立在它们之上的知识与认识存在，当然也与真理存在一定的差异。美既然不是真理形态或真值形态，当然就无法给现实世界以确定的意义。美是精神自我的否定性想象存在，是无限自由的诗性智慧，所以它不遵守任何逻辑原则，而意义则遵守各种逻辑形式的概念约定，它不能超越逻辑的限定。正由于美的非逻辑性存在，它不能够对现实世界给予意义，因为违背逻辑的“意义”是不具意义的。美是精神的纯粹性存在，存在语言之外，自身不受语言之累但被语言所蔽，语言对于美的言说常常是对美的歪曲和遮蔽，因为语言使美蒙上知性的尘埃。美不存在于语言之中，但由于语言无法放弃对美言说的固执信念，美可能有限性地被遮蔽在语言的阴影之中。意义尽管也可以超越语言层面而相对独立，但意义却无法脱离语言去展开自己的现实性。意义必然要凭借它与对象建立联系，意义无法全然离开语言而生成。所以，美与意义相比较，它与语言的关系更疏远和间接。在许多生存境域，美可以放弃语言，而在任何生存境域，意义却不能放弃语言。怀疑论美学由此规定，美的超语言性使它不承担赋予现实世界意义的使命，美对于现实世界的诸种意义是存而不论、悬搁判断的。所以，美可以超越意义，它是精神无限可能性的诗性呈现，它永无确定的意义。这也许构成了美之存在的“意义”。

第二节　价值——逻各斯中心主义

传统美学怀有一个坚定的信仰：即是之于“价值”崇拜与沉迷。

它们确信在审美活动过程存在一种起决定性作用的先验因素，这即“审美价值”。审美价值一方面作为隶属于客体对象的物质存在形式，在审美活动中起先导性作用；另一方面，又作为精神主体的文化心理的设定结构，形成审美者的近乎无意识的审美冲动；再一方面，审美价值又导致存在者以功利目的为前提的情感选择，任由现象世界的客观性给予主观意志去评价。合而言之，审美价值是传统美学基于对主客两分的形而上学思路的遵循，属于对价值概念的实践意志的片面把握。既忽略了价值的元理论的基本内涵，又忽略了价值的规范理论的多向外延。因此，传统美学是在日常语言意义上误解了审美活动和审美存在的逻辑关系，误把价值与审美做了逻辑等同。遵循怀疑论美学的一般原则，我们进一步对传统美学的核心概念——“审美价值”予以存疑，否定美与价值的必然联系，认为审美价值是在日常语言意义上的伪命题，而不是一个具有严格规定性的美学概念。“审美价值”这一话语遗忘了“不在场”的存在者的无限可能性，无视主体存在的自我想象与自我直觉，排斥了精神存在的诗意生存与智慧生存，而这些恰恰是开启审美门扉的心灵工具。有鉴于此，怀疑论美学尝试清除传统形而上学笼罩于美学的思维迷雾，还审美活动以一个诗意的本真存在。

一、价值之探究

自 19 世纪逐渐成熟的价值理论或价值论，将价值提升到本体论位置来进行了描述、研究，试想提出价值是什么的“元理论”和如何对事物进行价值判断、价值估量的“规范理论”不断萌生，几乎涉及人文科学的任何一个领域。

现代价值论已超出狭义经济学规定，推衍到人类思想领域和文化对象的各个方面，成为一个具有丰富规定性和多种内涵的概念、范畴。罗素认为:“当我们断言这个或那个具有‘价值’时，我们是在表达我们自己的感情，而不是在表达一个即使我们个人的感情各不相同但却仍然是可靠的事实。”[①]他又说“科学不‘讲’价值”[②]，关于价值的问题完全在知识的范围之外。在罗素看来，价值依存于主观的情感经验。R.B. 培里提出“兴趣价值论”，他认为:“当一件事物（或任何事物）是某种兴趣（任何兴趣）的对象时，这件事物在原初的和一般的意义上便具有价值，或者是有价值的。或者说，是兴趣对象的任何东西事实上都是有价值的。”[③]这无疑是从主体方面为价值寻找一个理想的基石。文德尔班认为，价值概念对于哲学具有极为重要的意义，甚至可以把哲学归结为价值论，哲学绝不能脱离价值的观念，它总是强烈地、明显地受到价值观念的影响，哲学就是一般的价值理论。[④]他又认为，真、善、美就属于一种超验的价值规范，一种先定的精神结构、形式、秩序，规定了事物的意义。李凯尔特指出“超验价值”概念，认为价值是包括主体客体在内的“现实世界”以外的另一个王国，只有存在和价值的总和，才构成世界。在他们看来，价值是非经验形态的先定范畴，是构成世界意义、生存意义、知识意义的先定基础，属于普遍有效的力量，类似康德的“绝对命令”。梯利评价说:“思维旨在实现求真的目的，意志旨在实现为善的目的，感情旨在实现理解美的目的。”[⑤]以上种种看法未免有偏颇成分，然而陈述了这样一个理论事实：如果弄不清价值论这一中心线索，人们就可能陷入对精神现象和文化现象的一片困惑中，

---

① 〔英〕罗素:《宗教与科学》，徐奕春、林国夫译，商务印书馆 1982 年版，第 123 页。

② 同上书，第 119 页。

③ 〔英〕R.B. 培里:《价值与评价》，刘继编选，中国人民大学出版社 1989 年版，第 44 页。

④ 全增嘏主编:《西方哲学史》下卷，上海人民出版社 1980 年版，第 489 页。

⑤ 〔美〕梯利:《西方哲学史》，葛力译，商务印书馆 1995 年版，第 546 页。

在实践意志上可能导致自我存在的迷失。因为“价值”已广泛成为现代心灵认识事物和判断选择实践方式、意志行为的主要标尺和参照系。然而，当我们试图对“价值”这一概念寻求确定性的阐释和规范时，又面临一种知性的选择和困惑。日本价值学家高畑元远曾在《马克思的经济学》一书中提出理解价值概念的困难，A.J.艾耶尔、罗素等哲学家起初趋向认为价值内涵的主观或然性和直觉、情感、意志等心理因素的规定性，直至滑到价值论的相对主义和取消主义。

1.价值论的基本内涵。依照传统哲学的“二元对立”思维模式，价值具有一定的辩证特征，综合了主客体的双重因素。无论单纯地从客体或主体来进行界定都是不正确的或片面的。价值包含主体和客体的相互作用，存在于互为依赖的动态运动结构中，并贯穿于主体的价值评价过程。价值具有客观性，它构成对象存在的核心内容，在一定程度上作为事物的质与量的统一性，而规定事物存在的意义和用途；另一方面，价值又具有主观性，它包含着主体对客体一种正确的认识与反映，又包含主体所先行持有的以价值尺度为标准的价值评价。价值的主观性一方面可以包含正确的认识因素，另一方面又可包含非正确的意志、信念、信仰等精神因素，这是价值不同于其他评价的特殊性。必须承认价值评价过程中某些不合真理性或正确性的特殊性，但又不能将之推到极端。价值评价必须与认识的真实性与合理性保持基本的和原则上的一致。从价值本体的主客观关系来看，在一定意义上，价值体现了主客体的辩证统一，但必须强调的是，价值更大程度上包含主体能动性。所以，价值是以主体精神为主导性的客观对象合目的的统一性。价值的尺度更多因素在于主体精神和心理结构，任何事物与主体构不成关系，其价值只能是内含的或不全面的，客观对象只有符合主体的某种价值目的才构成两者的统一性，并形成主观认同的价值，只有当主观与客观形成互为依赖的辩证关系时，价值与评价才得以可能。

2. 价值的认识性和情感性。价值是主观性较强的存在，价值既有与真理观、认识论相一致的地方，又有相对独立性，不否认某些价值包含真理性因素，但有些价值观与真理性存在一定距离。日本价值哲学家牧口常三郎认为“价值不是真理”，池田大作推崇这一论断的精辟性。真理与价值不是同质概念和包含概念，而是异质概念和交叉概念。真理与价值既有相似又有不同点，价值与评价既依赖认识又不等同于认识。价值和评价不排除理性认识、真理观、逻辑判断。但它在很大程度上包含一定的情感经验，甚至在某种情况下具有直觉、无意识的非逻辑选择特征。价值评价体现了认识性和情感性的辩证统一。

3. 价值的历史性。超验的价值观是虚假意识的产物，没有一种绝对超越历史、超越现实的价值观和抽象价值。价值必然是具体的和历史的，价值处在一个不断运动、发展的历史过程。因此它是一个不断运动、发展的历史性概念。从价值的历史性来看，价值总是相对的存在而非绝对的存在，价值的构成是随着历史境遇的改变而不断调整和扬弃的。从时间观念来看，价值具有历史的继承性和延续性，它保留历史链条所遗留的价值尺度，无疑具有相对稳定性，它又具有随现实变化而调整的变异性，总是要在新的历史条件下更新自我的构成。因此，价值体现了历史性和现实性的辩证统一。

从价值的元理论出发，传统美学本着传统哲学的二元对立的思路，以及传统形而上学的逻辑思辨，对价值命题进行描述。应该说，传统美学是因循这样的思维方法来界定和规范审美价值的，只不过倾向于价值的客观性、实践性、现实性和效用性，倾向于理性目的和因果逻辑。怀疑论美学遵循现象即本质的一体化思维原则，对主客观对立的“二元存在”予以悬置，认为所有现象界只不过是纯粹意识的本质直观。在“可能性高于现实性”的现象学的意义上，怀疑论美学对于美的追问就面向美之本身，面向美之存在的可能性。

传统形而上学的思辨方法之于美的提问和回答都是假设了一个提问的存在和被提问的存在，均是以先验逻辑的肯定方式抛弃了主体无限展开的可能性。传统美学在现实性的意义上去规范美的存在，用理性的原则赋予美明确的概念和意义，遵循的是因果逻辑和必然性原则，将辩证法内在地转换为调和主义和折衷主义。怀疑论美学强调这样一个思维转向：美没有明确意义，是感性主体对现实性的否定，是精神存在者之于实践性、功用性为前导的价值评价的否定。美拒绝因果逻辑和理性目的，同时也拒绝价值、真理、知识形式、历史语境。因此，美不在客观的现象界之中，而存在于精神存在的无限可能性之中，存在于人的敞开的诗性存在之中；精神的无限可能性与诗性存在最根基的生存方式是虚无。简言之：美即虚无。怀疑论美学即是行走在对美的虚无性的一种超历史的不断解释的思维轨迹。在生存论意义上，美即被理解为精神的诗意生存方式和精神的智慧生存方式，是存在主体之于自我的否定性想象和体验，也是存在者对自我存在的提问与回答。在上述的理论规定下，获得了“价值”与“美”的根本性差异的规定性。在这个规定性之下，我们获得了美学的新话语的某些权力。至少可以对“审美价值”这一命题予以存疑，并可以说，美是非价值形态的诗性存在和智慧存在。

基于价值的元理论意义，怀疑论美学诠释价值与美的根基性的差异在于：如果说价值是以主体精神为主导的客观对象合目的性的统一性，那么，美则是精神存在的纯粹自律，是存在者之于自我的想象与体验而对现实世界的悬搁与暂忘、怀疑与否定，美是不凭借任何理性目的的诗性漫游和智慧独守。价值遵循的是二元对立世界的哲学思维。怀疑论美学遵循现象学的纯粹意识的本质直观的一体化思维，认为美只符合现象即本质的现象学本体论。价值信仰一个主客观相符合的真理终极，美否定真理的实在性并对此存疑，认为整个现象界均是可能世界，因此没有一个主客观相符合的终极存在。正是源于这种思维方式的根基性差异，对于价值与美的阐释，必然存在着认识与意义层面上的差异。如果说认识与“真理”存在直接联系和必然联系，认识、“真理”和价值存在间接联系、或然联系，怀疑论美学则认为：认识与美之间没有任何逻辑联系，美在逻辑层面上否定认识意义和作用。如果说价值在一定程度上是依赖知识形式而存在的，知识形式则属于认识活动的直接结果和必然产物，而认识活动主要凭借种种理论逻辑手段，那么，美是独立于知识形式之外的无限可能世界，它不是认识活动所能把握的真实世界，而认识活动所凭借的逻辑工具对它是无能为力的。如果说以认识为前提的知识，其根本性的存在是积累和重复，而美则否定积累，也拒绝重复。因为美属于一种心灵直觉的智慧性存在，而智慧是在无止境的怀疑与否定、直觉与提问的过程中获得生存性的，智慧一旦积累自我和重复自我，就意味着它只守住过去时的结果而遗忘现在时的创造。与认识、知识相联系的价值也必然是积累与重复的，它在积累和重复的过程中确定了自我“价值”，而美一旦被重复则意味着自身存在性的消解，美是在精神无限可能性的不重复的诗意生存过程中寻求不断更新的自我话语。

如果说价值是指向某些确定的“意义”，怀疑论美学则否定美具有任何确定“意义”。它在“可能性”原则下阐释美的无意义的虚无性存在。所谓意义，即精神界对现实世界的一种明晰性的理解和价值判定。任何一种意义，均来源于主体对现实世界有目的的概念设定，它必然包含使用价值和物质功利的内容。作为超越于现实之外的美的存在，它是纯粹精神的自律与自足，既不自身呈现意义，也不给予现象界意义，当然也就拒绝对现象界做出价值判断，怀疑论美学所标举的“美即虚无”这一限定就满足了美的非意义和非价值的理论要求。

与主体的存在相关，价值与美的另一个重要差异在于情感性。价值往往指向非确定的情感内容，个体心理的情感张力成为价值评价的主要参照。诚如罗素所言，我们所信奉不移的那个“价值”，在一定意义上是靠主体情感所维系的。怀疑论美学则否定美之存在的情感性，认为在纯粹的审美状态，精神主体可以排斥情感之侵扰而追求绝对的心灵超越与自由，达到类似与庄子哲学所崇尚的“神游”与“心游”的境界，任何一种情感均是对这种绝对自由的阻碍和束缚。情感作为价值的主导性构成因素之一，它更多倾向于物质功利、道德观念、感官欲望、社会意识等摈弃主体诗性存在的现实性，正是由于情感的种种现实性局限，使自身难以抵达无限可能性的诗意存在，也无法获得精神的极大自由，因此与美必然存在一定的心灵距离。正如中国古代怀疑论哲学宗师庄子所运思的那样，情感属于精神之伪，是存在者的虚假形式，因此它属于生命之累，自由之障碍和想象力之束缚，阻滞了存在者对于绝对自由和诗意生存的接近及其生活智慧的把握，所以情感也为美之累，是对美的遮蔽①，导致主体存在对美的扭曲变形的理解。

从存在方式来看，价值与美存在一种“历史性”的差异。如果

① 有关此类见解，见于《庄子》“大宗师”、“德充符”、“人间世”、“养生主”诸篇。

说价值是依据历史文化语境生存的，历史境域决定了价值本身的生存意义，价值必然是具体的和历史的，它不能超越历史的现实性和客观过程，具有一定的历史继承性和延续性，绝不存在一种超历史的抽象价值；那么，美则呈现非历史的特质。美属于精神的诗意生存和智慧生存，它只存在于精神的最高悬浮状态，甚至具有超文化的特权。文化和知识均是历史的限定品，也只有历史才使文化和知识得以可能。文化和知识都属于现实性的历史存在物，历史的重要特征在于它的现实性和实践性以及重复性。后者的重复性又导致某种因果律和必然性并构成内在的"历史规律"。美则在现象学意义上被规定为无限可能性，是非现实性的诗意生存方式，它不依赖实践活动去确定自我的存在，因为自身存在的无限可能性，美是不可重复和否定"规律"的。所以，价值往往是历史文化的产物和象征品，而美具有超越历史文化的特权，在怀疑论意义上，美是对现实性历史存在的否定和拒绝。

二、价值论的规范理论

价值论的规范理论与元理论相比则是在普遍逻辑下的具体展开，属于一般规定性的实际运用。规范理论只讨论相关的实用价值、道德价值、情感价值、理性价值这几个层面，从这几个具体层面切入，怀疑论美学寻求对于价值与美的差异性阐释。

1. 价值论的规范理论指向实用价值层面。价值（Value）的词源学意义来自经济学范畴，它的原初意义是指向物质存在的使用价值而非超越物质使用属性之外的一般抽象价值，因此禀赋较强的功利观念和实用目的。而作为更为具体形态的使用价值，凸现主体按照生存需要的种种感性欲望和理性目的，去利用物质存在的使用价值这一特征，也表征主体的功用目的、标准对事物进行的价值估量。

所以，实用价值只局限在现实性领域而不属于一个超越性概念，只显明以功利欲望为先导的主体存在对于客观事物的利益榨取，而排斥了精神对于物质存在的非功利的诗意观照，这也是遗忘了“不在场”的诗性生存。它在放弃对于物质属性之外的想象和期待的同时，也意味着缺失了自我的审美权力。

实用价值牵涉知识形式，知识是构成实用价值的先导因素，实用价值凭借知识存在谋求自身存在的意义和功能。正是因为实用价值受约于知识的限定性，我们一方面看到了主体对于感性经验的积累性需要，另一方面看到了主体对于逻辑认知的重复性依赖，这种知识形式的传达和互换是凭借语言媒介的。因为重复是语言不可改悔的惰性，积累是知识赖以生存的本能。所以，我们可以积累和重复这样的规定性来把握知识和语言的共同性缺陷。基于这种共同性缺陷，怀疑论美学设定美是超语言形式的智慧性存在，美必然拒绝重复和积累。因此，美符合否定知识形式的自我内在逻辑。在知识形态上，美与实用价值存在根本性差异。

因为实用价值牵涉到知识形式的限定，它必然依赖技术工具作为自己的实践性保证。如果说知识形式是实用价值的先行条件，那么，技术工具则是实用价值的必要手段。技术工具作为人的存在的机械性延伸，它有着双刃剑特性。它一方面以实践性展开一部分潜在的人的自由本质，为存在者赢得时空中的有限的物质自由，满足物质享乐的本能；另一方面，技术工具相对限制存在者的可能性的精神自由，阻滞超越现实性的想象和激情，将存在者纳入对技术成果的感性沉迷的陷阱而令其丧失丰富的生命感性冲动并遗忘自身的存在本质。现代的技术社会就体现了马尔库塞所称的“压抑性原则”，使人的存在趋向单面化或平面化，导致审美和自由的双重沉落，逼迫想象力和生命激情、诗意精神和哲学精神的多重萎缩。正是局限于实践性的技术工具以实用价值的实现作为存在的最高与最终的目的，才造成与美之存在的本质性差异，造成对心灵自由的一定程度的锁闭。公允地说，技术工具为人类谋取巨大无限的物质功利，延展了人类的物质存在的空间自由，但这以牺牲生命存在的审美激情为代价，甚至也让我们支付了艺术的灵感和精神的自由。

使用价值最终服从主体的物质需求的目的，它必然屈从于世俗生活。在“后现代”的历史文化语境中，物质需求就被简化为对商品渴望与货币拜物教这两种最普遍最权威的大众心理，成为一种无法抗衡的绝对力量和“话语霸权”。物质需求转换为对商品的直接渴望，对商品的直接渴望又不得不借助“货币”这一最具魔力和权力的媒介来实现。于是，这就非常符合逻辑地规定了：普遍民众对于实用价值的谋求就转向货币价值的谋求，以货币的符号量去衡量实用价值的获得程度。顺理成章，现代心灵大量抛售非实用的审美生存去兑换使用价值，以货币符号的数字大小去估价一般形态的生命质量。所有的审美形态和审美方式均极其可悲又极其自豪地与知识形式、技术工具、物质需要乃至货币符号进行密切关联。所以说，现代心灵只关注美之存在的物质“在场”而遗忘了美之存在“不在场”的东西，而后者才是美之为美的本真存在。

2. 价值论的规范理论指向道德价值层面。传统形而上学和美学所讲的“价值”基本上陈述的是道德意识所支配的评判。所以说，价值这一概念和伦理学范畴存在潜在的联系，价值判断在很大程度上是有意识或无意识依据道德标准得以可能的。克罗齐从他直觉主义的表现美学出发，深刻揭示了美、艺术和道德的根本性差异，力辩美与艺术的非道德性质，否定了美与艺术的道德价值。怀疑论美学承继了克氏美学的这一逻辑起点，进而在更具体的层面上揭示道德价值与美之存在的原则差异，进一步否定价值与美的联系。

道德价值总是一个现实性概念，因为道德总是具体的现实世界的社会意识的呈现，没有超然于现实之上的纯然道德观念。康德所言的超历史的普遍有效的道德律令（绝对命令）是人类神话信仰的虚假规定，它只呈现人类精神超越现实的理想期待而不是言说一个必然的理性结果。道德价值则是寻求一个在现实世界有对应的具体的理性结果，即现存的被普遍接受的道德观念或伦理标准。囿于道德价值的现实性之肯定，它必然否定对可能世界的向往和对超越世界的接近，守住现实性的种种约定和戒律，顺从外在的或群体的种种心理的和行为的日常禁忌，自然地放弃对无限可能性的诗性世界的追询和沉迷，忘却审美的感性冲动和浪漫情怀，存在者接受的是外来精神的具体结果而缺失了自我精神的提问过程。

因为道德意识总是承继了历史链条所遗留的肯定性构成，道德价值必然是负载一定历史意识的历时性存在，所以它只属于相对的时间概念和流动概念。美之存在却是共时性精神张力的直接结果，也是一个超越时间限定的永恒的精神过程，它拒绝走入具体的历史语境。因为美一旦步入历史的魔圈，就消解了自身的无限可能性而让渡给具体的现实性，将自己的无限自由交付给了道德的约束力量，成为伦理原则的奴仆或牺牲品。所以美对于道德价值而言，它只是一个非历史性质的否定性构成，是矛盾的对立面，并且不能够达到传统形而上学的辩证和解。

道德评价密切联系于文化模式、文化背景、文化圈，乃至文化心理、文化结丛等更为细微复杂的因素，道德观念在某种程度上是地域文化、民族精神、宗教信仰、风俗习惯等文化结构、文化制度的曲折反映。因此，道德价值无法逃逸具体的文化语境。又因为进行道德评价的主体也是具体文化语境的派生者和承担者，他对于道德价值的估衡要依据所处的文化语境来进行。美具有超文化的特权，因为文化总是精神存在的现实性结果，为心灵可能性的终结和完型，而美却永远守住自己的可能性而不步入现实性结果。所以美之存在悬浮于文化语境之外，步入文化的只是美的物质性外壳或符号化存在，美永存在于精神的无限可能性的自我设问过程。

道德概念也并非属于纯粹的伦理学范畴，它渗入一定的阶级意识、党派观念、国家意识、宗教观念等社会意识形态。所以，道德价值难以具有人类精神的形而上的超越性，它必然构成对于心灵活动的限制，一定程度上剥夺了自由想象和诗意生存的权利，它与美的存在必然存有差异。

3. 价值论的规范理论指向情感价值层面。价值概念在一定意义上依赖主观的情感经验得以形成，价值更多受主体的情感倾向所影响，价值评价在特定境域是情感评价。价值在一定程度由情感来限定，也是一个与心理学范畴相关的包容性概念。

个体的原欲或本能冲动追求快乐原则，它决定情感的无意识或潜意识的心理动向，这就相应决定它与美之存在的分离；另一方面，在无意识阈限之上，情感有意识或合目的的选择在许多情况下仍然摆脱不了潜在的生理或心理的感性欲望。如果说，“物欲”属于情感评价尚能自律而少受干扰的因素，那么“爱欲”或“情欲”即是情感实行价值评价的难以挣脱的绳索，更何况人之生存的欲望是多元的和错综复杂的。所以，无论在意识或无意识的层面上，感性欲望是抑制情感价值的重要因素，而这的确会导致对于审美活动的直接颠覆。

情感是现实目的的直接呈现，总是趋向在实践活动中获得直接的意志结果。毫无疑问，在较大程度上情感价值和主体在实践活动中攫取实际功利目的联系在一起。当然不排除一部分情感价值能够有限度地打破功利观念的束缚，但是，任何情感选择或情感评价均受到实践意志的调控，都追求某种现实意义的生成和实现，容易导致心灵悟性的遮蔽和自由想象的负累。因此，便在一定范围内损害精神存在向审美王国的行进。

诚如 R.B. 培里所言，当一件事物（或任何事物）是某种兴趣（任何兴趣）对象时，这件事物在原初和一般的意义上便具有价值，或者是有价值的。或者说，兴趣对象的任何东西事实上都是有价值的。情感价值追随生活兴趣去确认自我的现实性存在，兴趣引导着价值评价即显明情感在价值构成中的重要地位。生活中的情感价值实际于等同于兴趣价值，而这种兴趣不是追求超然形态的对于现实对象的否定，而是沉迷于对对象的享乐之中，或企盼对对象进行利益榨取。毫无疑问，这种情感价值也必定背离诗性的审美境界。因此，怀疑论美学对于美与情感的联系，必然持有存疑与否定态度。

4. 价值论的规范理论指向理性价值层面。价值概念是与社会学范畴、哲学范畴相渗透的交叉概念，它将理性引入价值评价，标明价值判断在较大范围内是依据种种理性原则来施行的。理性原则在一般形态上是符合逻辑原则的，因为逻辑原则是其他原则的存在前提与基础；在具体形态上，理性原则又受到诸如经济规则、政治规则、法律规则、伦理规则等方面的影响。所以，理性价值的评断必须契合上述一般形态和具体形态的种种规则。

在一般形态上，理性价值是对逻辑原则的恪守。理性（Ration）这个词在西文的语义学意义上即包含有推理、判断、逻辑、合理的意义。东西方的传统哲学均推崇理性，认为理性是人类的精神尺度和本质特征之一，构成了人之为人有别于动物界的重要特征。理性是人类的骄傲和财富，中西古代思想家无不崇尚理性，将之放置在至尊无上的地位，形成较强烈的理性崇拜意识。理性是人类认识世界、意志实践活动、观照自我、组织社会结构所需的重要因素。在某种意义上，主体所判定的价值对象只不过是理性的直接逻辑活动的确认标记。理性价值既讲形式逻辑原则又讲思辨逻辑原则，既遵循概念、判断、推理、因果律、必然性等形式逻辑原则，又奉行对立统一、否定之否定、辩证法、抽象到具体等思辨逻辑原则。实践主体依赖这些普遍的逻辑原则去实行价值评价，而这些逻辑原则即被景仰为“理”或“合理”之存在。怀疑论美学则认为，美恰恰否定任何逻辑原则，也不被某种理性信仰的“理”、“合理”等规则所约束。所以美否定理性价值，至少它自身的存在与理性价值划有不可弥合的精神鸿沟。美拒绝驻足在理性的魔圈而丧失诗性的无限可能，也不愿沉迷在感性的陷阱而遗忘自由的先验本质，因此美徘徊于理性与感情的大门之外，它行走一条自我孤独漫游的自我设问与自我想象的智慧之路。

在具体形态上，理性价值又是对经济、政治、道德、法律、宗教等具体规则的遵循。经济、政治、法律、宗教等活动，均是人类以理性目的为旨归的实践性活动，即使像宗教活动隐含了一定的情感信仰和非理性的盲目冲动，但仍然受理性所支配、引导。因此，说人类所有的实践性活动均可认为是理性目的的直接实现，或者说所有的实践活动都属于理性活动在逻辑上是可行的。由于实践活动的理性目的不同，也相应决定活动方式和活动规则的差异，由此决定诸种活动的独立性。理性价值既可以说是对诸种活动的各自独立性的尊重，以遵守各自的具体规则从而判断其价值含量，又可以说诸种活动方式的具体规则必须受到理性价值的鉴别、调控，以确立一种合普遍之"理"的价值。然而，无论从哪个方面来说，理性价值均是合目的合规则的实践活动的存在形态，均隐含着功利色彩和逻辑行为，所以，它也必然与美的存在存有差异。因此，美之存在既不形之于理性方式，又不合功利目的，也不属逻辑行为。美，只能作为人类精神无限可能性的诗意生存和智慧生存，是对精神自我的想象与体验、提问与回答。美属于精神的最高虚无状态，是自我存在对整个现象界的怀疑与否定。美是难以言说的非价值的心灵的孤独存在和诗性家园，它可能属于彼岸世界，而彼岸世界是不讲价值的。

第三节　神话与幻觉——真理批判

"真理"（Truth）环绕着众多神圣而威严的哲学、神学、美学乃至政治的光环，它构筑起一个令无数存在者虔诚朝拜的宏丽而辉煌的教堂。在社会革命和历史实践的暴力活动中，在非理性的毁灭性的生命冲动的舞台上，它常常扮演着召唤者和蛊惑者的角色，或者作为潜在的不出场的冥冥力量在发挥强大的精神势能，无数的生命个体为之奉献自我存在的灵与肉，在历史的黑暗帷幕里，"真理"往往沦落为政治家实现个人野心和谋求权力的工具。与之对应的是，在以理性和逻辑所构筑的形而上学的精神殿堂里，"真理"扮演为超越在场的偶像，成为统摄所有思想的异化物，似乎它存在于精神河流的彼岸，是任何思想之舟所竭力抵达而永远不能抵挡的痛苦而美丽的异邦。在宗教意义上，"真理"则潜在地担当上帝的职能，或者确切地说，它本来就作为上帝的同一体或化身、代言人，给每一个朝圣者施舍着自我的光辉，使之滋生崇拜和仰慕的情感。“真理”是一个具有乌托邦色彩的语汇，它构成人类精神的另一个图腾和崇拜。在西方传统形而上学的美学和艺术理论的语境里，艺术被认为充当“真理”的言说者和隐喻体，或者说艺术品在一定程度上作为“真理”的感性载体和符号象征。如此一来，“真理”就结构性地导致了知识、权力、话语、信仰的多重的精神悲剧。怀疑论美学竭力颠覆传统形而上学的真理观，解构其虚假意识所编织出的“皇帝的新衣”，认为“真理”只不过是人类精神的自我异化的逻辑结果，是由历代相传的心灵原型所制造的神话意象和英雄偶像，它与柏拉图的“洞穴幻影”属于同一性质的精神产品。怀疑论美学尝试还原“真理”的真实面目，并且标画出“真理”和审美活动、艺术活动之间的逻辑关联和本质差异。

一、真理观之追溯

传统哲学均为真理设定了一块不可缺少的地盘，把它放置在思想舞台的中心位置，认为哲学的首要动机就在于求知，而求知的最高目标又在于把握真理。所以，“真理”必然地充当为逻各斯中心主义的逻辑基石，变换为哲学家行使话语权力的魔杖和杠杆。这里，怀疑论美学通过尝试对传统真理观的批判性追溯以澄明其“偶像的黄昏”之来临。

1. 古典哲学的真理观。“在古希腊，真理这一术语是指公开展现在人的理智之前的东西，具有确实、符合事实的意思。”[①] 其实，这是一个不够确切的表述。海德格尔在《艺术作品的本源》一文中辨析

① 《中国大百科全书·哲学卷》第 2 册，中国大百科全书出版社 1987 年版，第 1155 页。

道："古希腊人称存在者的显露为 Aletheia。我们称为'真理'，但在使用这一字眼时几乎不假思索。"[1] 海德格尔对古希腊时期的真理观表示自己的独特领悟：

> 真理意味着真实的本性。我们通过追忆古希腊的词语 Aletheia（即存在物的显露）来思考这种本性。但是这能完全规定真理的本性吗？我们进行到最后不是一种语词用法的交换（以显露代替真理）作为事实的规定？当然，我们不会越过名字的交换，只要我们不知道究竟要发生什么才能迫使真理的本性在"显露"一词中说话。
>
> 这需要更新古希腊哲学吗？毫不需要。更新，即使这种不可能性是可能的，也对我们毫无帮助。因为古希腊哲学隐藏的历史自其开端以来，就没有保持和 Aletheia 一词中闪现出的真理的本性一致，并且误导其认识，同时，其关于真理本性的言说越来越进入了真理派生本性的讨论。真理的本性作为 Aletheia 决非在古希腊的思考中得到仔细思考，也非在此后的，更非在追随的哲学中得到思考。作为思想，显露是在古希腊存在中最遮蔽的事物，尽管从很早的时候始它决定了万物现身的存在。[2]

海德格尔在此保留他一贯的哲学词源学的癖好，试图从语言的本源处寻觅出真理所在。他继而认为："真理的批判概念，自从笛卡尔以真理作为确定性开始，只不过是真理作为正确性的定义的变形。""我们认为真理是显露，我们并非仅仅是在古希腊语词更准确

---

① 〔德〕海德格尔：《诗·语言·思》，彭富春译，文化艺术出版社 1991 年版，第 37 页。

② 同上书，第 50 页。

的翻译中寻找避难所。我们在思索真理本质的基础是何，这种真理的本质对我们是如此流行以致其意义已经耗尽，它作为一种正确性是无法把握和思考的。”[①] 像黑格尔一样，海德格尔秉具强烈的“希腊情结”，他从古希腊哲学的起始处确立自我的真理观的探索路径。然而，在此处他表达出对真理的悬置态度和意犹未尽的情绪。而《论真理的本质》和《柏拉图的真理学说》这两篇存在密切的逻辑关联的杰作，则深入地阐释了真理的问题。

柏拉图的真理观代表着古希腊哲学的最高智慧。他在《理想国》里借助苏格拉底和格劳孔的对话，以富有想象力的生命洞见揭示了真理的存在本质。所谓“真理”被隐喻为一种“洞穴假象”或“洞穴幻影”，与其说发现了外在的“真理”，还不如说发现自我的存在。所谓“真理”可以被理解为个体“理念”的间接转移和审美性质的异化。海德格尔对此有精湛的分析：

> 柏拉图洞穴比喻中所叙述的故事描绘出现在和将来依然在由西方所烙印的人类历史中真正发生的事件的景象：人在作为表象之正确性的真理之本质意义上根据“理念”来思考一切存在者，并且根据“价值”来估价一切现实。唯一的和首要的决定性事情，并非何种理念和何种价值被设定了，而是人们根本上是根据“理念”来解释现实，根本上是根据“价值”来衡量“世界”。[②]

在海德格尔对柏拉图的真理观的阐释视界里，“真理”成为“理

① 〔德〕海德格尔：《诗·语言·思》，彭富春译，文化艺术出版社 1991 年版，第 50—51 页。

② 〔德〕海德格尔：《路标》，孙周兴译，商务印书馆 2000 年版，第 273 页。

念”的逻辑异化，或者作为“价值”的潜在象征品。然而，是否像海德格尔所论述的这样，柏拉图将真理比喻为“理念”并引申为“价值”的依凭，这仍然是值得追问的问题。因为从柏拉图的原文体察，在表面的语义上，真理被隐喻为洞穴的幻影或精神的假象，而在深层的哲学意义上，真理被理解为存在者对自我精神的提问和解答、反思和判断。因此，柏拉图放弃在意识之外考虑真理的存在，也没有将其视为一种神圣化的超然力量和道德化的绝对命令。

中国古典哲学家庄子提出“真知”的概念：“知天之所为，知人之所为者，至矣。知天之所为者，天而生也；知人之所为者，以其知之所知，以养其知之所不知，终其天年而不中道夭者，是知之盛也。虽然，有患：夫知有所待而后当，其所待者特未定也。庸讵知吾所谓天之非人乎？所谓人之非天乎？且有真人而后有真知。”[①] 依照当今的思维惯性和学术视野，庄子的“真知”可以比附为是接近西方哲学话语的“真理”的范畴，然而，庄子的“真知”，包含主体认识和实体世界、精神世界相符合的内涵，更玄奥的意义在于，它否定存在一种超越自我存在的外在“真理”，甚至悬搁了真理的经验性和后天意义。庄子认为主体精神达到舍弃物象和工具的“无待”状态，才可能抵达“真知”的彼岸。“且有真人而后有真知”，“真理”属于虚拟意识中或者神话思维里的“真人”才能获得的有限的“金枝”，它实际上属于主体的幻觉性的心灵果实。

亚里士多德以一种知识论哲学和逻辑实证主义的眼光去诠释真理，他提出“符合论”，认为“真理是思想和物的符合”，奠定了西方旧形而上学的真理观的基石，从此将“真理”幽闭在由知识和经验所编织的逻辑之网里。希腊化时期的伊壁鸠鲁（Epikouros，前

① 《庄子·大宗师》。

341—前 270)、卢克莱修(Titus Lucretius Carus,约前 99—约前 55)基本上承袭了亚里士多德的“符合论”。西方中世纪的经院哲学赋予真理以至上性的权威,把真理异化为超越现实性存在的全知全能的上帝,使真理诞生被崇拜的精神偶像的神秘性,给真理穿上信仰的外衣。由此将真理引导到一个被遮蔽的精神丛林。

中世纪之后的真理观表现出浓厚的主体性色彩,笛卡儿、莱布尼茨认为真理属于先验性质的精神存在,休谟认为真理是观念和主体感觉的符合,康德则标举“真理设成立在知识与对象之一致中,则此对象必因而与其他对象有别;盖若知识不与其相关之对象相一致,即令其包含有对于其他对象适用有效之点,此知识亦为虚伪。顾真理之普泛标准,则必须为对于知识之一切事例皆能适用有效者,固不问其对象之差别何如。”[①] 康德遵循亚里士多德的知识论和符合论的真理观路径,黑格尔似乎在真理和理念之间画上等号,但是却倾向于将理念凌驾于真理之上。只不过他赋予了真理的过程论和辩证发展的内容,显明出真理的具体性和历史性。在其《小逻辑》他甚至认为“真理内在于人心,人心可以把握真理”[②]。黑格尔的哲学视角的转移标志着对传统真理观的扬弃,真理不必去符合客观的现象世界或者知识形式。然而在黑格尔的语境里,真理必须要确认理念的绝对命令,或者说理念是真理的雇佣者。

2. 诗性的真理观。西方现代的真理观呈现出科学主义和人本主义的思维分野,一方面逻辑实证主义和语言哲学等流派试图从科学

---

① 〔德〕康德:《纯粹理性批判》,蓝公武译,商务印书馆 1960 年版,第 74 页。

② 〔德〕黑格尔:《小逻辑》,贺麟译,商务印书馆 1980 年版,第 157 页。必须说明的是,王路撰文认为,此译文与黑格尔原文存在一定的语义距离(参见《中国社会科学》1996 年第 6 期《论“真”与“真理”》一文)。我以为,贺麟先生的译文体现出阐释学意识,况且没有“过度诠释”的弊端,不失为对黑格尔真理观的有价值的领悟。

命题和个人主体的感觉经验相符合来解释真理的普遍意义，热衷于从对具体的语言结构的逻辑分析入手，以确立真理的规范性和合法性；另一方面人本主义哲学的众多流派则竭力解构传统的真理观并提出自己对真理问题的阐释，否定从逻辑、语言等技术化和工具化的层面确立真理意义的做法。当然，值得仰慕的是，还有像尼采这样凭借非理性的解构冲动，呈现自我的诗意的真理观的哲学心灵。他在1872年《论真理感》的笔记中，用诗的语言宣称：

真理！巨人之狂想！与人们何干！

赫拉克利特的所谓“真理”！

而今安在？因人类进入其他梦境而消散的一个梦境！它并不是第一个。

对于我们用“世界历史”、“真理”、“名声”等大言不惭的隐喻称谓的一切，一个没有感情的精灵也许只会这样说：

“在那散布着无数闪闪发光的太阳系的茫茫宇宙的某个偏僻角落，曾经有过一个星球，它上面的聪明的动物发明了认识。这是世界历史的最妄自尊大和矫揉造作的一刻，但也仅仅是一刻而已。在自然作了几次呼吸之后，星球开始冷却冻结，聪明的动物只好死去。虽然他们自以为无所不知，但是他们最后还是无可奈何地发现，他们所知道的一切都是假的。他们死了，在临死时他们诅咒真理。那些发明认识的动物的命运就是如此。”

如果人仅仅是一个认识动物，那么这就是人的命运。真理——他永远逃不出非真理这一真理——将把他推上绝路。但是，人只会相信那些可取的真理和那些投他所好、让他充满信心的幻想。他难道不是生活在一个持续不断的欺骗过程中吗？

自然难道不是在他面前藏起了大部分事情，甚至是最切近的事情，例如他的身体，使他对其只具有一种虚假的意识吗？他被关在这种意识中出不去，而自然永远地扔掉了钥匙。只有哲学家才在他那致命的好奇心的驱使下，一度想要通过这间意识禁闭室的缝隙打量外面的世界。也许他这时隐约瞥见，在人们对其无知心安理得的背后，隐藏的全是些贪得无厌、冷酷无情和令人反感的东西，人仿佛是骑在老虎背上做梦。

“不要管他！”艺术叫道；“叫醒他！”满怀真理感的哲学家叫道，然而就是当他相信自己是在唤醒沉睡者时，哲学家本人却在沉入更深的奇异睡眠。也许他此时梦到了不朽或“理念”。艺术比知识更有力量，因为它渴望生活，而知识却只是惦记它的最后目标——剿灭。[①]

尼采认为纯粹知识的最终目标具有毁灭一切精神存在的危险性，他在以后的《道德的谱系》里强化了这一思想。尼采对西方传统形而上学里将真理归纳为纯粹知识形式的理路表示出极度的忧虑。所以，他以诗人的激情呐喊去唤醒沉睡在知识逻辑上中的人们。如果说“上帝死了”表征着尼采对旧形而上学的认识论、对传统的价值准则或道德谱系的情感否定，那么，此处关涉于“真理”的诗性隐喻，则揭示出他和传统真理观的彻底决裂。首先，尼采认为传统哲学意义上的“真理”属于“巨人之狂想”，只不过是人类以逻各斯中心主义所设定的虚假偶像，它仅仅是人类精神的自恋情结的梦幻结果。其次，尼采认为以“发明认识”为宗旨的“真理”具有悲剧化的有限性，它必然表现了有限的自由和有限的美感，因为生命时间

① 〔德〕尼采：《哲学与真理》，田立年译，上海社会科学院出版社1993年版，第5—6页。

的有限性，必然使知识者承载痛苦与死亡的结局。再次，尼采认为哲学不能承担把握真理的神圣责任，而只有艺术或审美活动能够寻觅到“纯粹知识”之外的“真理”。最后，他坚信知识必将剿灭世界，而只有艺术和美能够拯救世界的沉沦，而后者则是更高形态的超验“真理”。尼采以对“真理”的虚无主义和解构主义的双重举动来否定它的存在，然而他又以诗意的思，重新“虚构”了他所信仰的“真理”。尼采的“真理”充盈着诗意的和审美的内涵，尽管也不乏虚假意识的因素，然而它却是具有现代的人文精神和美学的意义。

3. 分析哲学的真理观。和尼采的诗性真理观不同，罗素以他冷峻的逻辑分析确立真理的规定性。他在《哲学问题》中写道：

> 倘使我们想要发现真理的性质，便有三点应当注意，任何理论都应当满足这三个必要条件。
>
> （1）我们的真理理论必须是那种承认有它的反面（即虚妄）的理论。许多哲学家都未能很好地满足这个条件：他们都是根据我们在思想上认为应是真确的东西来构造起理论，于是就极难为虚妄找到一个位置。……
>
> （2）就真理和虚妄的相互关联而言，倘使没有信念，便不可能有虚妄，因而便也不可能有真理；这是显而易见的。……事实上，真理和虚妄是属于信念和陈述的性质：因此，一个纯粹物质的世界就既不包括信念又不包括陈述，所以也就不会包括有真理或虚妄。
>
> （3）但是，正和刚才我们上面所说的相反，应该注意：一种信念是真理还是虚妄，永远有赖于信念本身之外的某种东西而定。
>
> ……

上述的第三个必要条件，引导我们采取了这种见解，即认为真理存在于信念和事实相符的形式之中。

……

根据我们的三个必要条件而论，我们就必须找出一种真理的理论来，（1）它许可真理有一个反面，即虚妄，（2）把真理作为是信念的一个性质，但（3）使真理的性质完全有赖于信念对于外界事物的关系。[①]

罗素的真理观富有思想价值的内容在于，首先为真理设定了一个对立存在物——“虚妄”，从而为真理的有效确立和正式出场，奠定一个可供否定的逻辑对象，并且由于“虚妄”的出场而获得对真理的辩证法的说明。其次，引入“信念”的概念以丰富真理的规定性和内涵。“信念”在一定意义上澄明了真理曾经被遮蔽的某种东西，或者说，罗素将“信念”看成为构成“真理”的重要因素，以填补传统真理观的思维空缺。最后，罗素注重从信念对外界事物的“关系”方面来诠释真理，拓展出具有整体意识的真理概念。然而，由于这位分析哲学家在思维方式上必然遵循知识逻辑的准则，他确信“心灵并不创造真理，也不创造虚妄。它们创造信念，但是信念一经创造出来，心灵便不能使它们成为真实的或成为虚妄的了，除非在特殊的情况中，它们涉及的未来事物不超出人的信念能力的范围。”[②] 看来这位逻辑哲学家仍然对心灵保持有限的信赖，怀疑它禀赋着一种把握真理和使真理出场的能力。

4. 现象学的真理观。以胡塞尔为代表的现象学试图恢复传统真

① 〔英〕罗素:《哲学问题》，何兆武译，商务印书馆 1999 年版，第 100—103 页。

② 同上书，第 108 页。

理观的理性主义的尊严，并且将它涂染上了思辨哲学的纯粹意识的色彩。在《纯粹现象学通论》中他把真理归纳在理性意识的名下，并且将它划分为理论真理、价值真理和实践真理三类。[①]胡塞尔认为：

> 真理显然是原信念的、信念确定性的完全的理性特征的相关项。"原信念的命题，例如陈述命题，是真的"，以及"完全的理性特性适合于相应的信念、判断"这两句话是等价的相关项。自然，在这里问题并不是关于一个体验和判断者这类事实，虽然本质上毫无疑问的是，真理只能在一实显的明证意识中被实显地给予；而且因此这也适用于这种自明性本身的真理，刚才谈到的等价性真理等等。……"理论的"或"信念的真理"，或者明证，在"价值论的和实践的真理或明证"中有其平行物，因此后一"真理"在信念学的（Doxologischen）真理内，即在特殊逻辑的（命题逻辑的）真理内被表达和被认识。……正是因此之故，人们可以从根本上理解为什么信念确定性以及与其相应的真理，在一切理性中起着如此主导性的作用；这种作用同时也阐明，信念范围内的理性问题在其解决上必定是先于价值的和实践的理性的问题。[②]

现象学的真理观显然比语言哲学的真理观，显露出更精湛和深邃的思辨眼光。胡塞尔的真理观代表一种思维转向，试图在纯粹意识之中确立真理在新的历史语境中的权威，然而又没有简单地回归到旧形而上学的"符合论"的逻辑起点上，而是建立一种新颖的理

① 〔德〕胡塞尔：《纯粹现象学通论》，李幼蒸译，商务印书馆1992年版，第335页。

② 同上书，第336—337页。

性主义的真理观。胡塞尔真理观的意义在于，从元范畴或元概念出发，为“真理”存在的合法性和合理性奠定了一个现象学的理想的逻辑起点，那就是“明证意识”，胡塞尔的“明证意识”在现象学的意义上密切地沟通于他的“意向性”和“纯粹意识”等核心概念，而现象学的“明证意识”区别于柏拉图的先验而神秘的“理式”和黑格尔的派生一切现象与历史的全知全能的“理念”。因为“明证意识”、“意向性”和“纯粹意识”，属于自我之活动，而这种活动过程中的超越性存在（现象）是主体的活动功能之精神结果，而柏拉图的“理式”和黑格尔的“理念”则更多具有外在的客观因素。所以说胡塞尔试图从自我的理性存在的纯粹意识的意向性活动过程中使真理悄然地符合精神逻辑而不是仅仅符合自然逻辑的登场。

胡塞尔的“原信念”概念也不同于罗素的“信念”，后者主要指主体存在者依赖经验形态或日常形态的逻辑结果所遵循的科学事实，而前者的“原信念”则包含着我思结构（Struktur d. Cogito），他把“原信念”转换为内在意识体验，它属于纯粹内在的所与性，将整个现象界当作我思的对象，纯粹的被意识还原的“现象”也就是自我意识的所思果实，它们为“真理”的出席开辟了一条理性主义的道路。

胡塞尔认为“真理”必然地先于价值和实践，因为“真理”属于一种“原信念”，它既不能被实践所“验证”，也不能进入到价值领域，因为“真理”在时间上必然要先于价值准则和价值判断，而“真理”的缺席就必然决定价值准则和价值判断的不可能性。

胡塞尔的真理观为精神的理性存在寻找到了一个坚定而合理的逻辑基石，那就是对纯粹意识的“信念”，这个“信念”不是依照知识经验和语言逻辑来给定的，而是眷注于人类精神对于自我存在的坚定的哲学信仰，它依照对历史主义的生命体验来确立的，那就是对迄今为止的理性精神的发展流程的顽强守望。这也呈现出胡塞尔对自我哲学的不懈期许之一，而在胡塞尔的深邃的哲学视野里，现象学无疑具备了“真理”看护者和言说人的资格，而他自己则以敏感的哲学之手触摸到了“真理”的脉搏跳动。

4. 诠释学的真理观。伽达默尔从诠释学（Hermeneutik）的视角，在《真理与方法》中着重论述了“艺术经验里的真理问题”。他消解了传统形而上学的逻各斯中心主义，不承认真理的唯一性、客观性、确定性的权威力量，也拒绝信奉文本中的“真理”的不变性和固定性的传统理念。伽达默尔从对文本的“语境”思考入手，展开对艺术经验里的“真理”的阐释活动，认为文本中所呈现的“艺术真理”不应该仅仅局限于单一的结构，而必须经过阐释者的理解活动的递增使其具有不断的意义生成。阐释者对于艺术文本中的真理的探究不仅仅依赖于逻辑分析，更主要在于凭借“效果历史”所确定的具体语境所敞开的体验活动和领悟活动，进行真理的把握和创造。应该说，伽达默尔所理解的“真理”和传统认识论所眷注的“真理”存在一定的思维差异，他以自我对文本的理解活动证明了真理的丰富性和多样性，由此拓展了真理的范畴，并发现了探究真理的新的方法和策略。

5. 艺术理论的真理观。与哲学家对“真理”的理解方式不同，艺术家和艺术理论家也试图发表自己对“艺术”与“真理”的关系的理解。科林伍德在《艺术原理》中说：“艺术对真理并不是漠不关心的，它实质上是对于真理的追求。但是，它所追求的真理并不是关于关系的真理而是关于个别事实的真理。艺术所发现的真理是那些单一的而且自足的个体存在，从理性观点看来，它们都成为

‘项’，理智的任务就是确定或理解这些‘项’之间的关系。”[①]科林伍德所论说的“真理”显然不同于传统哲学所讨论的“真理”，它更多牵涉到艺术作品中的“意义”问题，而且它往往属于“单一的而且自足的个体存在”，因此不具有普遍性质。与其说他在讨论“真理”问题，倒不如说是在探究文本的“意义”。英国当代艺术理论家安妮·谢泼德（Anne Sheppard）着重思考文学作品中的“意义”与“真理”的问题，认为“真理”要比“意义”有限得多，艺术方面的真理与语言方面的真理很可能并不是同一种真理，“艺术方面的真理与语言方面的真理毫无关系”[②]，这一否定性的解答显然包含着武断性的危机，因为艺术方面的“真理”往往潜藏着和语言方面的“真理”的沟通可能。美国文艺理论家布洛克就艺术的“意义”追问，而在他看来，“意义”就包含着文本的“真理”内涵：

> 很明显，围绕艺术意义，尚有大量的问题需要作出回答。首先，意义在艺术品中从来都不是直接陈说的，在这种情况下，我们怎样才能断定对它的某种特定的意义解释是正确的呢？它难道不会是批评家个人的想象力所臆造出来的吗？即便我们同意，在其表层之下隐藏着深层的意义，“外露的内容”和“潜在的内容”之间的关系也是很难把握的。最后一个问题是，这种认为存在着某种“深层或潜藏意义”的说法同“内在性自治原则”是否矛盾呢？换言之，这种潜藏的意义会不会存在于诗之外？[③]

---

① 〔英〕罗宾·乔治·科林伍德：《艺术原理》，王至元、陈华中译，中国社会科学出版社1985年版，第295页。

② 〔英〕安妮·谢泼德：《美学——艺术哲学引论》，艾彦译，辽宁教育出版社、牛津大学出版社1998年版，第175页。

③ 〔美〕H.G. 布洛克：《美学新解》，滕守尧译，辽宁人民出版社1987年版，第317页。

布洛克以怀疑论式的“提问”呈现出问题，而放弃作出直接“回答”，由此勾画出艺术的“意义”和艺术的“真理”的微妙联系。在阐释学视界上，声称发现了文本的“意义”和获得“真理”的领悟并没有什么本质的差异。就艺术品而言，它潜在的“意义”相对地隐藏着“真理”。艺术家对于艺术与真理的关系之理解似乎更有美学的趣味，这方面以毕加索为代表。这位20世纪的先锋艺术家说：“我们都知道，艺术不是真理。艺术是一种能使我们认识真理的虚构——至少是给予我们去理解的真理。艺术家必须有办法去说服他人相信其虚构的真实性。如果他的艺术只能表明他已探索了或调查研究了说服别人接受他的虚构的最好手段，那他就一无所成。”① 虽然毕加索明确地区别了艺术和真理的质的差异，然而他在艺术与真理之间并没有设置一个无法逾越的栏栅，因为他承认这样的美学事实：艺术可以“虚构”一种超越现实的“真理”。诚如当今德国哲学家比梅尔在《当代艺术的哲学分析》中所论：“毕加索的这句名言绝不是说艺术与真理毫不相干，相反地，它倒是指示出艺术与真理之间的一种紧密联系。艺术让我们理解真理。于是，艺术其实是为真理效力的。但如何能把某种为真理效力的东西称为一种谎言呢？在这里，真理说的是什么呢？毕加索理解的真理，无疑就是存在者，一如我们通常总是已经与之照面的那种存在者。”② 比梅尔似乎在应用现象学或存在主义的哲学观去理解毕加索的美学观。其实，毕加索也许并不像哲学家想象的那样沉湎于抽象的思辨，他从自我的艺术灵性和审美直觉出发，分辨艺术与真理的明显差异和潜在联系。

---

① 〔英〕赫伯特·里德：《现代艺术哲学》，朱伯雄、曹剑译，百花文艺出版社1999年版，第156页。

② 〔德〕瓦尔特·比梅尔：《当代艺术的哲学分析》，孙周兴、李媛译，商务印书馆1999年版，第275—276页。

二、真理之批判

“真理”一词被流俗地应用于日常生活之中，其原初语意已经被不断地“涂抹”和“修改”。一方面，哲学、美学、神学、社会学、政治学、伦理学等不同学科在不同的理论意义上使用它，使它禀赋内涵的多样性，而由于文化背景、宗教信仰、历史语境的差异，“真理”存在着随“效果历史”和“诠释视域”的变化而不断改变自我。另一方面，“真理”构成了人类的崇拜偶像和理性图腾，在思想史上一直扮演着辉煌的主角，它甚至成为精神活动的神圣的“禁忌”，成为不能被冒犯的精神象征品。其实，通过上述对于“真理”的一般性考察，我们已经初步窥视到其本来的面目。怀疑论美学试图通过进一步的批判性理解，解构其内在的结构，还其一个本真的存在。

1.“真理”的本体论诠释。传统哲学所言谈的“真理”之舟，仅仅在知识论的范畴的河流里漂浮，它更多是西方旧形而上学的逻各斯中心主义的逻辑化产物，真理被视为主体认识和客观事物的“符合”，或者被设定为抽象的不变“理念”，诚如阿多尔诺所批判的那样：“真理的不变性是第一哲学的幻想。”[①] 而现代语言哲学或分析哲学所讨论的“真理”，又局限于对语义分析的具体技术环节方面，这一思考所派生的“真理”只能被视为语境的某种“意义”的呈现或揭示，它和本体论意义上的“真理”内涵相差甚远。现象学和存在主义的真理观尽管具有思维的敞开性和发现意义，然而它包含一种危险的主体意识，那就是极其易于将“真理”转变为一种拥有话语权的个人极权的思想果实，“真理”沉沦为个人的出场，也可能使平淡的“真理”被打扮为浪漫的话语伪装。阐释学在揭示“真理”的

① 〔德〕阿多尔诺：《否定的辩证法》，张峰译，重庆出版社 1993 年版，第 39 页。

相对性和流变性的语境特征的同时，又将“真理”置入到语言游戏的危险旋涡之中，并且有可能使其艺术文本中的“真理”走到过度诠释的境地，从而导致对文本意义的任意消解。

对于“真理”的追溯有助于我们对其进行本体论的探究，以还原其本真的面目。由于东西方的文化语境的差异，我们所言谈的“真理”和西方传统形而上学所探究的“真理”存在一定的差异，即使在西方的文化语境里，由于思想背景、哲学方法、宗教信仰等意识形态的不同，也存在着对“真理”理解的多样性。依照海德格尔的词源学的考证，在古希腊的词语里，“真理”即是存在物的显露或澄明。而在现代语言哲学或分析哲学的视野里，“真理”就是“真”的逻辑判断，它的意义只存在于具体语境的结构之中。因此，语言哲学的“真理”定义和传统哲学对“真理”的理解有着根本性质的差异。而中国古典哲学的“真理”理解，则呈现自己的独特性。《庄子·大宗师》所说的“真知”，可以被理解为接近现代语境的“真理”概念。然而，庄子的“真知”前提恰恰是“真人”的存在，“且先有真人而后有真知”[①]。问题在于，《庄子》这部诗性哲学里的“真人”，作为虚拟意义的美学偶像而存在，它属于艺术性的审美对象，而不能作为现实性的存在被把握。由于前提的虚设性，就必然导致结论的不可能性。庄子思想的精妙处就在于，凭借对真理的美学化的“虚拟”，否定真理的客观性和现实性，以绝对的相对主义的认识论，否定真理标准的客观性和绝对性，甚至由消解知识的意义与价值来达到对真理的最终解构。至于南朝梁代郄超所谈的“真理”，它所包含的语义单纯地指向佛教教义，同样属于虚假意识的思维果实。和《庄子》的思考相比，只不过后者以一种情感信仰去“确信”它

① 《庄子·大宗师》。

的存在，而前者则清醒地意识到它的虚幻性质。

日常语言所言谈的“真理”往往是虚假意识的产物，或者是人类精神的自我幻象。它作为人类心灵存在的“镜像”而被保留在历史的记忆里。从“真理”的具体形态来考察，可以将之归纳为哲学真理、宗教真理、道德真理、艺术真理、历史真理等，它们在不同的学科语境之中，扮演不同的角色和承载不同的语义。作为最普遍性的“真理”，无疑属于人类的理性设定的虚假存在。尤其是作为宗教意义、历史意义或政治意义的“真理”而言，它们更是涂抹了乌托邦色彩的精神偶像，它们在绝对的情感信仰和自欺的心理信念之中而获得存在的合理性，因此更具悲剧的殉道性和神圣性，也相应地包含了毁灭生命的历史宿命性和恐怖意象。正是这种“真理”天然包含的欺骗性，使历史的或政治的悲剧不断地上演，导致无数的生命存在沉沦为它的受难者和牺牲者。只有剥离真理的虚假的面具，走出真理这个欺骗历史还必将欺骗未来的精神乌托邦的世界，才有可能认识它的“真实”的虚假面目。

怀疑论美学对于“真理”的无情解构，并非简单地消解真理的所有存在意义和价值。恰恰相反，怀疑论美学还原真理到它的原初状态，在剥离它的虚假的面具之后，就像承认“上帝”有其存在的合理性一样，承认真理存在的合理性。尽管真理像上帝一样，在本质上属于人类虚假意识的产品，为精神异化或幻象式的自我存在，然而其意义在于，它给人类精神提供了一种终极的价值依凭和情感关怀，为精神的无限可能性而确立一个明确的唯一性目标，而这个唯一性目标构成了人类精神的永恒的意义世界，并且获得一种超越历史语境的共时性的信仰支撑，然而它必须获得一种人道主义的坚实保证，那就是这种真理不能以违背人性和生命原则为代价，让存在者的生存原则作为自己的牺牲品。任何“真理”只能是存在者存在的敞开和澄明，首先符合美学的原则和诗意的原则，其次是符合知识的规则和道德规则，不能降低为政治与宗教的利益工具，或者沉沦为某个历史语境的意识形态的煽动性口号。怀疑论美学在本体论意义上认为，“真理”，就是存在者对自我存在的提问与解答。所有的具体形态的真理问题都可以归结为这个本体论的问题，它普遍地解答了对真理的质问。任何真理都是存在者的存在问题，因此无论在时间意义上还是在逻辑意义上，均可以认为先有存在者的存在，才有真理。犹如庄子所言，“且有真人而后有真知”。

2. 对真理的否定性理解。怀疑论美学本着“否定”的方法对真理给予具体诠释，进一步解构传统形而上学对于真理的误解。怀疑论美学认为真理具有“不可验证性”。传统哲学认为“真理”可以被检验，但是，它所讨论的“真理”主要局限于知识论和认识论的狭隘范畴，不是最普遍意义上的“真理”，当然更不是美学意义和诗学意义的“真理”。作为形而上学意义上的最普遍的真理，或者作为美学意义和诗学意义的真理，它们无法被验证，因为它们来自存在者的心灵体验和生命直觉，客观世界无法提供验证的方法和工具与标准。

由上述逻辑规定，既然真理无法被验证，那么，真理就必然拒绝于验证它的客观“标准”，倘若我们固执地和强权地为“真理”设定一个标准的话，这个标准也只能是主观的和相对的。所以，怀疑论美学否定客观的真理标准，仅仅有限地信奉一种相对主义的真理标准。

“命题不是真理”，维特根斯坦认为，在哲学上“只有命题才有意思；只有在命题的前后关系中，名字才有意义。”[①] 这意味着，只有

---

① 〔奥〕维特根斯坦：《逻辑哲学论》，郭英译，商务印书馆1962年版，第32页。

“命题”才具备了构成“真理”的可能性。命题是由语言符号在符合语法结构的前提下展开的陈述所构成的逻辑判断，这种逻辑判断可能是一种知识判断或认识判断所组成，也可能是一种语言的游戏活动的呈现，但未必属于真理的范畴。

与此相关，怀疑论美学否定“真理必然属于语言形态的结果”这样的流行观念。的确，真理离不开语言的“言说”，就像剩余价值不在流通产生却又离不开流通而产生一样，真理不在语言之中产生却依赖于语言的言说。然而，真理可以有限度地超越语言而获得自我的独立品格。中国的古典哲学，如道家哲学和佛教哲学，蕴含着“道可道，非常道”和“言不尽意”的思想，认为“真理”可以脱离语言而超然存在，甚至认为语言反而构成对真理的遮蔽和障碍，它们会歪曲真理的本真面目。怀疑论美学认为，真理只能有限地依赖语言，而语言也只能充当真理出场与澄明的有限工具。

怀疑论美学认为，真理不是话语拥有者的个人极权。海德格尔的存在论真理观，将真理视为存在者的去蔽和敞开，无疑具有重要的新思维意义。然而，海德格尔所讲的“去蔽”和“敞开”，瞩目于语言本体论的视角，“语言是存在之家”这句流行的存在主义名言一定程度上揭示了“存在”与“语言”的密切关联，它隐喻了“存在”与“语言”的同一性的哲学内涵。这位德国浪漫派哲学与美学的代表人物，对“语言乌托邦”表现出本能的迷恋，对于语言的狂热崇拜必然导致将真理交付给语言去守护这样一个思维逻辑。将真理完全地托付于语言就必然带来一种哲学的危险：真理被垄断话语权力的个人所垄断。而这一危险的局面又必然导致真理成为个人的极权，真理的虚假性和欺骗性必然引发历史的悲剧诞生。正如阿多尔诺对海德格尔的尖锐批判的那样：“与海德格尔把存在神化为‘神赐’的领域相适应的是海德格尔的神话的傲慢，他断定主体的法令是至上权威者的一个计划，是伪装的存在本身的腔调。任何不顺从存在的意识都被当作‘忘却存在性’（Seinsvergessenheit）而取消资格。”[①] 海德格尔正是在如此的话语独断论和存在独断论的思维阴影中展开对于真理的运思。德国浪漫派对于语言与真理的同一性的信念，是否构成后来德国的历史悲剧的一个思想动因，暂且不下断论。然而，纳粹分子借用话语权力所杜撰的“真理”，不正是语言乌托邦的一个现实情景吗？真理绝不能被认为是话语权力的果实，怀疑论美学的这一否定性理解，包含着对真理极权主义的历史性憎恨。

3. 真理的肯定性理解。在解构和批判了传统形而上学的真理观之后，怀疑论美学提出和澄明自己的真理观。

怀疑论美学认为真理是人类精神的“虚无化”的存在。在本体论意义上，设定真理就是存在者对自我存在的提问与解答。我们由此拓展对真理的探究空间，进而认为：真理是人类精神的“虚无化”的存在，它表现为先于存在者而存在，是先于存在者的存在本质。因为它的先验的存在，存在者的存在才具有存在的合理性和合法性。因为它的出场，存在者才获得自我精神的无限可能性的澄明。正因为真理的“虚无化”规定，它必然合乎逻辑地符合于人的存在本质。换言之，真理的本质转换为人的本质，人的先验存在的本质在精神世界置入到真理的本质之中。

真理是人类神话思维或神话意识的结果，表现为人类理性世界之中最后一个没有被颠覆的“神话”结构。之所以将真理和神话思维联系起来，其中一个重要原因在于，远古神话常常凭借情感的信仰，设定一个恒定不变的终极世界，这个世界既可能是价值观念所

---

① 〔德〕阿多尔诺：《否定的辩证法》，张峰译，重庆出版社 1993 年版，第 85 页。

建造，也可能是生命本能所构成。诚如现代神话学家约瑟夫·坎贝尔所论："神话是形而上学的图画语言。"[①] 马克·肖勒则认为："神话是一种巨大的控制性形象，它予日常生活的种种事实以哲学意义。"[②] 理查德·蔡斯在《神话研究概说》一文提出这样的看法："神话之所以是一种认识方式，一种思想体系，一种生活方式，仅仅因为艺术也正是如此。"[③] 列维–布留尔、列维–斯特劳斯、卡西尔等文化哲学家都不同程度认为，神话思维也是一种认识方式，一种世界观和方法论，卡西尔说："神话仿佛具有一副双重面目。一方面它向我们展示一个概念的结构，另一方面则又展示一个感性的结构。"[④] 但无论它展示那一种结构，都表达了一种世界观或意识形态。美国学者戴维·利明和埃德温·贝尔德在《神话学》一书中提出"当代神话"的概念，并且认为：

> 神话对当代文化的影响的另一个例证是国家主义。这是由19世纪欧洲浪漫主义发展而来的一种结果，它像任何其他神话力量一样，令千百万人付出了自己的忠诚和生命。……因为人们把绝对真理仅仅归之于自己的文化的神话形态，从而否定了"道"本身（"道"的诸多面具之根源）。人们往往如此，其结果就好的方面说，充其量不过是宗派主义，就坏的方面说，就可能把文化面具变成杀伤人，并无视人类生活价值的实在的恶魔一样的怪物。例如，民族神话的形式在被投机家或疯子滥用并导致十分狭隘的目的时，结果会产生某种虚假的神话，在第二次世界大战前和大战中的德国就曾兴起这种虚构的

---

① 〔美〕约翰·维克雷编：《神话与文学》，潘国庆等译，上海文艺出版社1995年版，第66页。

② 同上书，第13页。

③ 同上。

④ 〔德〕卡西尔：《人论》，甘阳译，上海译文出版社1985年版，第97页。

> 神话。……自 17 世纪以来，西方世界观的一个重要方面就是相信有可能存在一种无意识的、起支配作用的力量。[①]

传统形而上学对于“真理”的设定，就是依赖于神话思维这种概念和感性相交融的心理特征，将理性化的“真理”概念渗透了感性化的内容，将之规定为一种终极和永恒的精神对象，由此结构了类似于神话崇拜和宗教图腾一样的心灵偶像，并且以坚定的情感信仰去守护它的存在。真理的“逻各斯”秘密就在此。它以古典神话和现代神话的方式制造的心灵偶像被看守为“真理”，并膜拜为神圣的和神秘的力量。所以，怀疑论美学认为，传统形而上学所讨论的“真理”和现代语境里的许多“真理”没有什么本质的区别，都是神话思维或者神话意识的产物。前者侧重于以概念的形式、后者侧重于以感性的形式来分别确立它的存在。由此推断，所谓真理，只不过是理性的语言所设定的虚假观念，它表现为一种控制性的神秘力量，比古典神话中的控制性形象更具有压抑性势能，更容易危害人类的心灵。所谓艺术中的真理，就是以语言或符号的乌托邦制造一个虚假的意识形态，达到某种意义与目的的表达。在怀疑论美学看来，所有真理的隐秘都是神话的隐秘，所有的真理必然是神话的真理或者真理的神话。

怀疑论美学认为真理是人类精神的自我幻象。拉康（Lacan，1901—1981）的“镜像理论”认为，主体的意识诞生于某个瞬间，他将这一瞬间称之为“镜子阶段”。幼儿就是从镜子中的形象和自我的同一性联系从而确立自我的存在，进而转移到“象征性秩序”的社会结构之中。其实，人类所谓对真理的发现或阐释，就如同拉康“镜像理论”所论证的幼儿照镜子的活动一样，与其说发现了一个外

① 〔美〕戴维·利明、埃德温·贝尔德：《神话学》，李培荣等译，上海人民出版社 1990 年版，第 147、149、150 页。

在的“现实”对象，还不如说发现了自我的幻象更确切。这和柏拉图的“洞穴幻影”的隐喻有着思维的一致性。这里借用拉康的“镜像理论”比喻性地说明，人类精神所期许的“真理”其实不过就是自我的“幻象”而已，换言之，它是主体意识的自欺和自恋的结果，甚至属于人类精神的理性化的幻觉活动的沉积物。表面上看起来，真理是理性思维的逻辑成果，而在其存在的深层，它实在由感性化的心理因素所组成。

怀疑论美学认为审美活动、艺术活动和“真理”不存在必然的逻辑联系，仅存在偶然性的关联。因为美不是“真理”，“真理”也不一定分享到审美的特权。传统文艺理论所设定的“艺术真理”的概念，其实不过是指艺术文本所隐含的“意义”而已，而这些文本的潜在意义未必就上升到审美的境界。伽达默尔的诠释学所声称的在对文本的理解活动之中能够发现“艺术真理”的承诺，依然是第一哲学的对“真理”先验设定的思维惯性的产物。审美活动和艺术活动的确是主体走入真理或澄明真理的重要方式之一，然而，“真理”并非是设定的外在存在，它应该是素朴的心灵所自我领悟的智慧果实，真理只存在于人类精神对自我的提问和解答的过程中，在于存在者对自我的想象和直觉的精神河流之中。比起艺术活动来，审美活动具有澄明真理的更宽阔的精神空间。审美也许是主体最易于敞开自我和澄明的自由活动，更容易获得精神的虚无性和无限可能性，它必然地构成了存在者对“真理”内在获得。

第四节　历史与文化——集体无意识的偶像

在传统美学的思想背景里，“历史”与“文化”成为两个互相角逐的图腾，常常变幻为集体无意识的偶像，给美学以强大的精神压抑。众多的美学理论信奉这样的先验逻辑：美是历史的产品，属于人类文化活动或符号化活动的结果。怀疑论美学认为，这恰恰呈现为因果逻辑的颠倒。历史与文化不是美的前提，美这个灵性的自由鸟也不会沉默于历史与文化的樊笼之中。美学必须转换的思维是，美必须恢复为历史与文化的逻辑前提，它必须成为后者生成的原因，而不应该沦落为受制于后者的悲剧角色。于是，顺理成章地，怀疑论美学否定“美的规律”的命题，因为传统形而上学对“历史规律”的主观设定，相应地决定了“美的规律”的逻辑结果，同时又将美让渡给文化的物质事实。这样，历史与文化就被迫充当了美的监护人和代理商，有时还扮演为经纪人的角色。这正是传统美学无法使美获得真正的自由权和诗性智慧的原因之一。怀疑论美学力图将美从“历史”与“文化”的阴影里拯救出来，令其得以澄明和出场，恢复其天然的自由和灵性。

一、走出“历史”的魔圈

人们对于历史的图腾和崇拜，构成了一个近乎集体无意识的魔圈，历史成为主体存在的异己化对象，主宰了人的一切生命活动。于是，主体的诗意存在和审美智慧全部被历史的阴影所遮挡，传统哲学的思维迷津之一，就是制造了一个历史的神话，让人在历史之中丧失自我的历史创造的激情和勇气。怀疑论美学呼吁对历史主义保持理智的警惕，劝导自我必须时时拥有走出历史魔圈的生命冲动。

1. 历史理性。任何生命个体都存在于特定的历史背景和文化语境之中，他无法超越这个既定的魔圈。这客观地构成一种常识性的思维。然而，正是这种思维派生出“历史理性”的概念，认为理性统治了世界历史，所以世界历史呈现为必然性的、合乎规律的过程。

于是黑格尔为历史预设了一个逻辑前提，那就是无论是精神史还是社会史都表现为理念的发展过程，他正是凭借对理念完整而精致的逻辑推导而构造了一个庞大的客观唯心主义的哲学体系，同时也确立了自己对历史的理性主义的理解。那就是历史理性具有一种超越主体力量的宿命论的决定论，由此历史也表现为“神本主义”，它显现上帝的意志或神的力量。这样，存在者的存在就被“历史”所湮没，他所承载的精神的无限可能性就被窒息在外在的“历史”重轭之中。于是，“历史”成为精神存在的“异化”对象，变为压抑主体创造性和审美冲动的负面力量。传统形而上学甚至将“历史”视为一种具有图腾作用和崇拜功能的神秘对象，从而消解了主体存在对于精神文化活动的主导性地位。威廉·德雷批判黑格尔的历史哲学是“作者先验想象的产物，即把‘理性统治世界’的所谓思辨认识引入历史研究，这就形成一个不合逻辑的理性主义假设：事件的实际过程应该和哲学家的推理相符合。”[①] 无疑这种针对先验的虚假意识的“历史理性”的批判呈现出一定的合理内核。在传统哲学的视野里，历史成为“逻各斯”的产物，而人又沦落为历史棋盘上的一粒仅仅按照游戏规则进行游戏活动的棋子，他的主体势能的想象力和创造灵感以及诗意情怀都被“历史”这个黑色的帷幕所笼罩遮蔽。也许，正是这种“历史”或“历史理性”导致了遮蔽存在者的悲剧，而这一悲剧又符合逻辑地构成了知识与历史的双重悲剧。

2. 历史规律。传统哲学先将历史以一种理性主义的主观逻辑确立下来，接着又将之规定为超越主体精神之外的客观力量，这种力量被称之为“历史规律”。这种“历史规律”上升为决定存在者的意义与价值的超越一切的神秘势能，任何主体只能盲目地听命于历

---

① 〔美〕威廉·德雷:《历史哲学》，王炜等译，生活·读书·新知三联书店 1988 年版，第 152 页。

史规律，作为它忠实的仆役而行事，尽管每一个主体的意志对“历史合力”有所贡献，然而也不可能超越历史规律的管束。恩格斯在1890年9月21日—22日致约瑟夫·布洛赫的信里说：

> 历史是这样创造的：最终的结果总是从许多单个的意志的相互冲突中产生出来的，而其中每一个意志，又是由于许多特殊的生活条件，才成为它所成为的那样。这样就有无数互相交错的力量，有无数个力的平行四边形，由此就产生出一个合力，即历史结果，而这个结果又可以看作一个作为整体的、不自觉地和不自主地起着作用的力量的产物。因为任何一个人的愿望都会受到任何另一个人的妨碍，而最后出现的结果就是谁都没有希望过的事物。所以到目前为止的历史总是像一种自然过程一样地进行，而且实质上也是服从于同一运动规律的。[①]

恩格斯对于历史唯物主义进行必要的理论修补和丰富，提出了“历史合力论”的思想。这一思想尽管与黑格尔的“历史理性”存在着逻辑的渊源，但是它毕竟赋予历史过程以一种主体存在的权力，个人意志不再被历史完全地被动排斥和面临历史在场的主动缺席，从而确认了主体精神对于历史发展的必要功能。然而，“历史规律”依然作为笼罩于主体存在之上的超然力量，人依然要遵循它客观冰冷的绝对力量而无法逃离它具有神秘的控制势能的魔圈。在知识论哲学看来，“历史”似乎变成了一条神秘的不可破译的咒语，它对每一个生活具体历史时间的存在者发施号令，使其服从自己的意志。而常识也使我们确信，人总是历史的产儿，他在历史中的命运

---

① 〔德〕《马克思恩格斯选集》第4卷，人民出版社1995年版，第697页。

只能是如此，只配被历史规律作为工具或筹码来使用，而不可能充当历史规律的主宰者，他在历史中的作用仅仅限于为历史规律寻找到对其存在的多样化的证明材料而已。"历史规律"成为一种意识形态的新神话，它一方面以逻辑模式筹划出一个"合理"的历史发展轨迹，以必然性和目的性将历史事件串联在一个理性化的结构之中；另一方面，"历史规律"在主体与历史之间设置了一个无法逾越的障碍，使人的充盈生命意志的能动性和创造激情被束缚在不可抗衡的历史法则之中。其实，历史的合理性和合目的性只能是虚假意识的一厢情愿，或者是"历史理性"信奉者的单相思与自恋情结的宣泄。因为历史更多呈现为本能欲望和黑色狂想的悲剧，反映出类似戏剧的偶然性突转和瞬间变化，非理性和不确定性往往更能代表历史的精髓和特征。任何一个作为智慧和道德都极其有限的生命个体，既不可能为消逝的历史勾画出合乎逻辑的理性轨迹，更不可能为未来的历史走向预测一个理想和合理的模式。我们只能在历史的流程中凭借心理体验，去描述和阐释历史而不可能以完善的逻辑结构，去勾画历史的真实的理性图景。所谓"历史规律"仍然是传统形而上学或"第一哲学"对于真理不变性的主观幻想，依然属于传统认识论的乌托邦式的概念。

"历史规律"这一理性乌托邦还派生出美学上的"美的规律"的概念。在中国20世纪80年代的美学话语中，普遍流行的一个中心词汇就是"美的规律"。而这一词汇来源于马克思的《1844年经济学哲学手稿》(巴黎手稿)。马克思在讨论异化劳动的第三个规定性时，以动物与人进行比较以证明"人是有意识的类的存在物"，他写道：

> 动物的生产是片面的，而人的生产是全面的；动物只是在

直接的肉体需要的支配下生产，而人甚至不受肉体需要的影响也进行生产，并且只有不受这种需要的影响才进行真正的生产；动物只生产自身，而人再生产整个自然界；动物的产品直接属于它的肉体，而人则自由地面对自己的产品。动物只是按照它所属的那个种的尺度和需要来构造，而人懂得按照任何一个种的尺度来进行生产，并且懂得怎样处处都把内在的尺度运用于对象；因此，人也按照美的规律来构造。①

从整个“巴黎手稿”及这段话来考察，马克思是在探讨经济学的“异化劳动”和人的类本质的生产问题而不是什么美学问题，只有最后一句话“人也按照美的规律来建造”似乎和美学产生了潜在联系。然而，在手稿的语境里，马克思仅仅在经济学意义上使用了“美的规律”的话语，并非意味着马克思在美学意义上确立了所谓“美的规律”的概念。而问题的关键是，由于东西方之间语言与思维的差异，我国学者在翻译和理解“规律”（Law，Gesetzen）时，仅仅从狭隘的语义对应和机械唯物主义出发，将之视为超越主观存在的一种事物发展变化过程中的本质联系和必然趋势，而摈弃了主体的出场。由此的逻辑结果是，中国20世纪80年代的美学思维完全被“美的规律”所“对象化”了，几乎所有的美学思考都未能逃逸出悲剧化的“异化劳动”。所以，仅从这一点来看，中国20世纪80年代的美学必然是想象力和创造激情的双重匮乏。如果说美学在当时的历史语境里产生显赫的影响，只不过因为它更多地和意识形态纠缠而导致非学术性的虚假繁荣。回到原先讨论的“美的规律”题目上，朱立元教授通过“规律”一词的语义学探讨，以及对“美的规

① 〔德〕马克思：《1844年经济学哲学手稿》，人民出版社2000年版，第58页。

律”在特定语境中的考察，提出一个合乎逻辑的建议，“将《巴黎手稿》中的‘美的规律’改为‘美的规则’。”[①] 这个建议无疑具有一定的思维变革的意义。然而，问题在于，“美的规律”似乎已经成为一种普遍流行的美学范畴而被许多人看护与使用，正像马尔库塞指出的那样：

> 多少世纪以来，对审美之维的分析，都集中在“美”的观念上，这个观念是否表现着、提供着审美的和政治的一般指示器的“美的规律”？
>
> ……
>
> 古典的美学在强调感性、想象力、理性在美中的和谐统一时，同样执着于美的客观（本体的）性质，这些本体的性质作为人和自然在其中安身立命的“形式”，而这些形式就是完满。康德曾问道：“难道在美和完善之间没有内在隐秘的联系吗？”尼采指出：“美的东西是逻辑的东西的镜子，也就是说，逻辑的规律是美的规律的对象。”[②]

西方美学的“美的规律”的理论信念根深蒂固，也一定程度地影响到当今的美学思维。倒是马尔库塞放弃了这种信念，以他精神分析和社会批判相交融的视界看：“美作为一个可欲的对象，它原初的本能相关，即同爱欲和死欲相关的领域。这两个对立的东西，在神话中，通过快慰与恐惧的表现而连接在一起。”[③] 我们无意去评价

---

① 朱立元：《对马克思关于“美的规律”论述的再思考》，《学术月刊》，2000 年第 3 期。

②〔德〕马尔库塞：《审美之维》，李小兵译，生活·读书·新知三联书店 1989 年版，第 109—110 页。

③ 同上书，第 109 页。

马尔库塞关于“美”的看法的合理性如何，只需指出这一看法对于“美的规律”这一概念的怀疑和排斥的态度就足够了。在怀疑论美学看来，美作为人类精神的最高悬浮的存在状态，作为心灵的无限可能性的虚无存在，它象征着主体的诗性的澄明和智慧，在生存论意义上，美必然拒绝任何客观规律对自我的压抑性势能，这样它可能获得自我存在的纯粹的自由和幻想。美的可爱之处，正是在于对“规律”或“规则”的超越与否定，使其不间断地诞生新的生命存在方式。由此也决定了艺术活动必然体现为对现成的“规律”或“规则”的超越与否定，并使艺术文本不间断地获得新的生命形式。怀疑论美学由此认为，“美的规律”这一概念，构成了对美学、审美活动的理性主义与物质主义的双重束缚，它实质上也是一种逻辑假象，是人为设计的精神枷锁，却又以客观的物质的势能呈现出来。

3. 告别历史。怀疑论美学一方面保持对历史的有限尊敬和对历史理性的有限景仰，承认历史对于主体存在者的客观制约，接受人难以超越历史的常识；另一方面，怀疑论美学顽强地斥拒“历史理性”和“历史规律”这样的意识形态对于主体的压抑性力量，它接纳精神的无限可能性作为历史的先行保证，认为不是由于历史或历史规律决定了存在者的存在，而是存在者的精神的虚无化和无限可能性导致了历史的诞生和发展。并由此推论：不是历史创造了美，而是美为历史的多样性和丰富性奠定了基础。美赋予历史一种诗性活力和生命智慧，因为美作为人类精神的最高的虚无状态，它属于最自由化的心灵活动，并最大限度地保障了想象力的释放。所以，历史应该被倒置为美的附庸，没有“美”这个精神的无限可能性的出场，历史只能作为潜在的历史而被湮没在纯粹的物理时间之中。

人类精神的无限可能性不应当在历史背景中被湮灭，它必须保持在历史流程中的主导性地位。历史也不应当被崇拜为近乎逻各斯的理性偶像，或者被提升为凌驾于主体之上的神圣上帝。其实，我们对日常谈论的“历史”的内在形式究竟有多少深刻的知识尚是值得疑问的，正如斯宾格勒在《西方的没落》一书中所论：

> 每一个人如果被问到，当然会说，他很清晰地、确切地看到了历史的内在形式。这种幻觉之所以能存在，是因为没有一个人严肃地深思过它，更少有人怀疑过自己的知识，因为谁也丝毫没有想到可疑的范围有多么广阔。事实上，世界历史的布局是一种没有得到证实的、主观的、世代相传的（不仅是外行的，而且是历史专家的）想法，它迫切地需要一点点怀疑精神，那种怀疑精神自从伽利略以来就在调节和加深我们关于自然的天生观念。①

这也足够提醒对历史持有逻各斯信念的人们，重新反思自己对“历史”的确定性知识是否可靠。其实，历史就是历史，或者是文化的历史，而文化必然有其精神的象征形式，所以，无论是历史还是文化，它们只能作为精神活动的“被动式”而存在。卡西尔说：“历史学与诗歌乃是我们认识自我的一种研究方法，是建筑我们人类世界的一个必不可少的工具。”② 遗憾的是，我们常常把工具误解为“本体”，把手段当作了目的，就如同将历史误解为统摄存在者的外在力量一样。其实，历史不能创造美，而人类的审美精神和审美活动却创造了历史。历史只不过是存在者的生命意志和生命智慧的双重冲

---

① 〔德〕斯宾格勒：《西方的没落——世界历史的透视》上册，齐世荣等译，商务印书馆1963年版，第31页。

② 〔德〕卡西尔：《人论》，甘阳译，上海译文出版社1985年版，第262页。

动的客观化或对象化的作品，美的确生存于历史之中，然而美却参与了历史甚至参与了历史事实的写作。如果说，传统美学遗忘了审美精神或者审美活动在历史中的应有地位，那么，怀疑论美学负有“历史”责任地将缺席迄今的“美”迎娶到历史存在的辉煌宫殿，为它赢得一个合法化的位置。

二、瓦解“文化膜拜”主义

承接对历史的集体无意识的图腾和崇拜，传统意识形态又构造了另一个膜拜偶像，它称之为——“文化”（Culture）。斯宾格勒就坚信，世界历史不过是各个不同文化的见证，所谓全人类的历史只是虚假的历史面具。所以，研究世界历史就是研究各个文化的历史。他认为：“伟大的文化是起源于性灵的最深基础上的原始实体；在一种文化的影响下诸民族的内在形式和整个表现是相似的，是文化的产物而不是它的创造者。”[①] 于是，由对历史的膜拜就必然地转移到对文化的膜拜，因为在斯宾格勒看来，历史不过是文化的逻辑结果，文化则作为历史生成的必要前提。声称“西方的没落”的斯宾格勒和后来以破除“欧洲中心论”为圭臬的汤因比，这两位存在着思想渊源的历史学家，恰恰又是无意识或有意识地守护着他们虚假地进行解构的精神存在。在他们的潜意识深处，都守望着自己所试图解构和颠覆的历史与文化。

1. 文化偶像。19 世纪中叶之后，“文化”概念进入了学术视野。英国的泰勒在《原始文化》中提出了著名的文化定义：“所谓文化或文明乃是包括知识、信仰、艺术、道德、法律、习俗以及包括作为社会成员的个人而获得的其他任何能力、习惯在内的一种综合体。”[②]

---

① 〔德〕斯宾格勒：《西方的没落——世界历史的透视》上册，齐世荣等译，商务印书馆 1963 年版，第 306 页。

② 覃光广等主编：《文化学辞典》，中央民族学院出版社 1988 年版，第 109 页。

马林诺夫斯基从文化功能学派的立场认为:“文化是包括一套工具及一套风俗——人体的或心灵的习惯,它们都是直接地或间接地满足人类的需要。一切文化要素,若是我们的看法是对的,一定都是在活动着,发生作用,而且是有效的。文化要素的动态性质指示了人类学的重要工作就在研究文化的功能。”[①] 美国文化学家A. 克罗伯和C. 克拉克洪曾经分析了一百六十多个不同学科的文化定义,将其划分为六大类:第一,列举描述性的。第二,历史性的。第三,规范性的。第四,心理性的。第五,结构性的。第六,遗传性的。A. 克罗伯进一步提出一个自己综合前人思想的现代文化概念,认为文化应该包含五种含义:“(1)文化包括行为的模式和指导行为的模式。(2)模式不论外观或内含,皆由后天学习而得,学习的方式是通过人工构造的‘符号’系统。(3)行为模式和指导行为的模式,物化体现于人工制品中,因而这些制品也属于文化。(4)历史上形成的价值观念是文化的核心。不同质的文化,可依据价值观念的不同进行区别。(5)文化系统既是限制人类活动方式的原因,又是人类活动的产物和结果。”[②] 文化学家对于“文化”的深入探查并没有为我们指点走出“文化膜拜”的迷津,相反倒使我们油然地滋生了被“文化”所异化所征服的无奈感慨。其实,像传统形而上学制造“真理”或“历史”的理性偶像一样,文化学家也制造了一个称之为“文化”的偶像。他们均是凭借自我所掌管的话语权力和精通的修辞技术,给芸芸众生制造一个专制者,使存在者的精神的无限可能性服从于外在的物质性的或者精神性的异己对象。怀疑论美学试图通过对“文化”偶像的瓦解,宣告一个偶像黄昏的来临和美学黎明的登

---

① 〔英〕马林诺夫斯基:《文化论》,费孝通等译,中国民间文艺出版社1987年版,第14页。

② 覃光广等主编:《文化学辞典》,中央民族学院出版社 1988 年版,第 110 页。

台。所谓的"文化"的各种概念的设定都是传统逻各斯中心主义的思维泡沫，它们尽管不乏具有理论的合理性和洞见性，然而均难以逃出以"文化"遮蔽精神存在的思想渊薮，人的存在服从于文化的神秘性支配，文化模式和风俗习惯完全成为塑造人的本质的强大势能，而个体的生命激情、诗意幻想、审美智慧等深层的存在都无非属于"文化"的逻辑结果而已。这无疑描述了一幅在"文化"专制或"文化"极权背景下的灰暗画面，由文化学家所虚构的"文化图景"无疑涂抹上了存在者的悲剧色彩。而在怀疑论美学的视野里，任何文化都不过是存在者的生命敞开和其审美冲动的必然作品。主体可以尊重"文化"的事实，但是绝对不会使自我的存在被文化模式所奴役，美可以存在于文化之中，但是绝不是文化的附庸，因为只有"美"才具备了诞生文化的特权，而文化则能充当美的仆人。所以，怀疑论美学在自己的理论视界里拒绝接纳"审美文化"这个虚构的自相矛盾的美学概念。

2. 文化偏见。文化貌似开放性和兼容性，其实"文化"这个精神性和物质性相交融的存在，最具有虚伪的外表和天然的惰性。一方面，任何一种文化都本能化地带有地域偏见、种族偏见、宗教偏见等意识形态的许多偏见，文化就是精神偏见在历史上的抛撒物。另一方面，文化天然地保持着自己的惰性，所谓的文化选择在某种意义上就是某一文化圈里的大众对自己文化的选择和对外来文化的不选择，文化表现为物质器具和意识形态的双重保守性。再一方面，文化判断依赖于价值判断，而文化上价值判断恰恰不存在合理性。因此，文化判断更多属于情感判断，它不是理智的产物而是信仰的驱使。在上述的规定下，任何一个文化圈里的文化承载者，都必然悲剧化地信仰自己文化的优越性，即使是鼓吹不同文化具有同等价值的文化平等主义者，在其潜意识的深处依然相信自己母语文化的优越性（当然那些少数的母语文化的反叛者不在我们关注的视野里）。这样，也就可以理解和宽容为什么德意志民族的众多思想家对自己文化的狂热崇拜的情结。我们冷静地原谅黑格尔对于中国哲学、印度哲学等东方文化的傲慢与偏见甚至无知的狂妄，也清醒地理解康德、谢林、尼采、斯宾格勒、海德格尔等德国的思想大师，对于所有自己的民族文化的不假思索的价值认同和非理性化的迷恋。这就是对于自我的文化“崇拜情结”，它同样构成了一个虚假的“洞穴幻影”。美国当代文化学家本尼迪克特在《文化模式》里说道：

> 现代生活已把多种文明置于密切的关联之中，而与此同时对这一境况的绝大多数反应却是民族主义的和带有种族上的好恶的。因而，文明从未像现在这样迫切地需要一批这样的个体，它们具有真正的文化意识，从而能够客观地，毫不畏惧地，从不以反唇相讥的态度来看待别的部落之受社会调节与制约的行为。①

她认为“种族纯粹主义者是一种神话的牺牲品”。本尼迪克特作为文化的平等论和相对论的思想家，无疑值得给予尊敬。然而，像她这样的西方思想家极其稀少。即便是她的文化平等论和相对论，也不能完全解决文化的偏见问题。就美学而言，文化偏见必然会给价值判断带来负面影响，继而妨碍对艺术作品的评价。然而，文化偏见不可能颠覆人类精神的最高悬浮状态的美，因为美具有超越文化的精神特权使其可以摆脱“文化偏见”而走到一个绝对自由的澄明境界，因此诗性的审美活动可以挣脱文化偏见的

---

① 〔美〕露丝·本尼迪克特:《文化模式》，王炜等译，生活·读书·新知三联书店 1988 年版，第 13 页。

枷锁而获得自主性。

3. 文化冲突。亨廷顿的《文明的冲突》揭示了人类历史上一个客观而冰冷的事实，那就是世界上不同的文明或文化必然导致社会矛盾，最终造成历史的悲剧结局。在他看来，不同文化的存在是世界历史的不幸根源。在东西方知识界均有不少人抱有如此的乌托邦信念：西方的文化殖民活动是消解这种文化差异，从而成为实现文化同一性并达到消除文化冲突的有效途径。一直被不适当地粉墨的“五四”新文化运动也曾经信奉“全盘西化”的梦呓，天真地相信随着文化的“大同”必然带来人类精神的理想化同一。倒是“后殖民理论”的代表人物赛义德对于东西方的文化冲突，以及东方文化的边缘角色有着更深刻的理解：

> 东方是一个舞台，整个东方都被限制在这个舞台之上。这个舞台上出现的人物都扮演着代表更大整体的角色。东方看起来已不是人们熟悉的欧洲以外的那片无限大的土地，而是一块封闭的地域，是附属于欧洲的一个舞台。东方学者只是某一门具体知识的专家，而对这门知识做出裁决的则是整个欧洲，这就如同一群观众要对剧作家根据戏剧的专门要求拼凑起来的剧本做出历史和文化上的判断（和反应）一样。[①]

如果说所谓文化的“中心”与“边缘”不过是文化上的霸权意识的设定，也是一个虚假的神话；那么，我们有理由去砍伐历史上凭借霸权意识所设置的精神荆棘。其实，葛兰西的“文化霸权”理

---

① 〔美〕赛义德：《想像的地理及其表述形式：东方化东方》，引自张京媛主编：《后殖民理论与文化批评》，北京大学出版社 1999 年版，第 37 页。

论基本上揭穿了文化领域的虚假意识和空洞神话。所谓文明冲突或文化冲突只不过属于“文化霸权”的悲剧结果，倘若以平等的文化意识和兼容的文化选择来看待文化事实，就可以避免文化上的众多悲剧和悖论，也就轻易地消解了文明冲突或文化冲突的历史和现状。然而，我们仍然面临这种文化冲突的悲剧和悖论，那就是西方中心主义的阴影仍然遮蔽着当今的世界，西方的“文化霸权”意识仍然没有淡化，甚至随着后现代的历史文化语境而有所膨胀和强化。在这种历史文化的语境里，瞻望文化的平等对话是一个不现实的幻想，而蓦然回首“全盘西化”的历史狂想，更令我们油然地“沉默”无声。“文化”象征着人类精神的一个黑色陷阱，它包含着人类存在的深刻危机和悲剧宿命。而救赎“文化”令其摆脱危机的唯一精神工具就是美及审美超越的诗性活动和智慧活动。因为只有“美”具有超越所有文化差异的特权，如果说文化总是人类精神的具体的符号化结果，它必然体现为形而下的特征；那么，美则属于人类精神的普遍意义的悬浮活动，它呈现为形而上的抽象特征。唯有它能够填平文化的鸿沟而得以避免文化的冲突，美作为人类精神的超越功利、道德、政治等意识形态的非价值形态，具备了一种和解文化矛盾的资格，而作为美的直接结果的存在者的诗性活动和智慧活动，也为消解文化的差异奠定了一个自由想象力的基础，在这个基础上，不同文化可以寻找到互相沟通和尊重的方法和途径。因此，传统美学面对文化现象的思维上的捉襟见肘在怀疑论美学看来就是因为传统的文化观念窒息了美学的灵性，使文化成为美的主人，事实上应该由美执掌对文化的统治权。怀疑论美学正是通过领取美对文化的统治权而达到对文化冲突之解构的理论目标。

第五章　美即虚无

第一节　敞开精神之可能性

我们从现象学和怀疑论的视界，对美的存在本质进行形而上的新话语和新思维的追问与回答，从而诞生“美即虚无”这一异于传统美学的本体论，并对虚无这一概念进行深入全面的阐释并赋予它崭新而丰富的规定性。

一、虚无之思

精神的最大负重不是在于对外在现象界一种理性的把握和逻辑的规范，而在于对自我存在的迷失及无限可能性的遗忘，这就意味着主体对外在世界的追问应该转换为对自我存在的设问。因此，对人类自我精神的提问和回答，理应构成一切知识和“真理”的最高存在和现象界的阿基米德点。传统美学的一个根本性的失误，就在于单向度地以理性思辨的方式，去先验地设定美是一种必然性或现实性的存在，而恰恰遗忘精神主体这个含蕴无限可能性的感性存在和美的潜在统一性，于是，就逻辑地把美界定为与客观现象、知识形式、真理内容、道德范畴、价值标准等相关联的存在。与此相关，美的丰富开展的可能性和精神主体的存在性被遮蔽在外在的现象界，整个美学的沉思变成对外在现象的单一提问，精神的无限展开的可能性被舍弃了。而正是这种“可能性”，有可能是开启神秘的美之门扉的思维工具。

1. 可能性。"'现象学'这个名称表达出一条原理；这条原理可以表述为：走向事情本身'！"[①]"对现象学的先行概念的解说表明：在现象学中，本质的东西不在于它作为一种哲学的'流派'才是现实的。可能性高于现实性。现象学的领悟唯在于把现象学当作可能性来加以掌握。"[②]在海德格尔这一现象学视界的启发下，对于美的追问就面向美之本身，面向美之存在的可能性。不是去追问：美是什么，或什么是美？而是考问：美能否成为可能？精神主体的可能性能否作为美之存在的可能性？在这种现象学的理论意义上，也就舍弃追问美是主观、美是客观、美是主客观统一、美是典型等这样一些遗忘精神存在的无限可能性的无关旨要的问题。因为，在现象学看来，它们都是虚假意识的产品，形成了人类精神的洞穴假象。所以，东西方传统美学的众多问题，尚不具备"命题"的资格和合法性。在维特根斯坦看来，只有"命题"才有"意义"。因此，以往美学的上述思考，属于没有"意义"的伪问题。同时，在怀疑论的视界上，对以往美学之于美的解释持有"意义"的怀疑和悬搁，认为传统美学的思维方法之于美的提问和回答都是假设了一个提问的存在和被提问的存在，均是以先验逻辑的肯定方式抛弃了主体无限展开的可能性，在现实性的意义上去规范美的存在，用理性的原则赋予美以明确的概念和意义。怀疑论产生这样一个思维转向：美没有明确意义，美是感性主体对现实性的存疑与否定的心灵结果。因此，美不在客观的现象界之中，而存于精神存在的可能性之中，在于人的无限敞开的存在性和想象性之中。而精神的可能性与存在性最根

---

① 〔德〕海德格尔：《存在与时间》，陈嘉映、王庆节译，生活·读书·新知三联书店 1987 年版，第 35 页。

② 同上书，第 48 页。

基的生存方式是虚无。简言之：美即虚无。怀疑论美学行走在对美的虚无性的一种超历史的不断解释的思维轨迹之中。

2. 虚无之界定。虚无概念的规定性具有一定的自由度和丰富性。首先，它与一般语义学的意义存有区别。语义学的意义是指向客观现象界，而作为美学的概念却指向主体存在本身；其次，虚无在逻辑意义上不属于肯定性判断，不是对现象界的肯定，而是属于主体可能性对现实的情感否定，它具有超越性质；再次，虚无拒绝为主体设定现实目的和意义，虚无指向一个超现实性的精神自律的纯粹存在，这个存在只说明自我的可能性和敞开性；最后，这个美学层面上的“虚无”，它和存在哲学的“虚无”也有所不同。萨特的“虚无”，被设定为“后于存在的存在”，后于本质的本质，它是与“存在”形成辩证联系的对立面。萨特在《存在与虚无》中认为：

> 虚无如果不被存在所支持，就会作为虚无而消逝，而我们就会重新陷入存在。虚无只有在存在的基质中才可能虚无化。
>
> ……
>
> 因为，无论如何，为了自我虚无化，就必须存在。然而，虚无不存在。我们之所以能谈论虚无，是因为它仅仅有一种存在的显象，有一种借来的存在，这一点我们在前面已经注意到了。虚无不存在，虚无“被存在”（Estété）；虚无不自我虚无化，虚无“被虚无化”（Est néantisé）。因此无论如何应该有一种存在（它不可能是“自在”），它具有一种性质，能使虚无虚无化、能以其存在承担虚无，并以它的生存不断地支撑着虚无，通过这种存在，虚无来到事物中。[①]

① 〔法〕萨特:《存在与虚无》，陈宣良等译，生活·读书·新知三联书店1987年版，第51—53页。

怀疑论美学的“虚无”，则被规定为先于存在的存在、先于本质的本质，作为精神存在的先验状态。虚无既在存在之先，也在存在之中，是涵盖存在的存在。因此，它拒绝逻辑的因果律和必然律。虚无既是精神本质，也是精神存在，它把精神意识到的自我存在和现象界纳入到一个统一结构。萨特的“虚无”是作为“存在”的映衬品而存在，而怀疑论美学的虚无则作为存在者的最高存在而存在，它象征着精神的无限可能性，因为有了它，才保障了人之存在的可能性和价值所在，也为事物存在的合理性和合法性奠定了基础。因此，虚无不需要存在来承担自己和为自己开辟道路，它为存在开辟了道路并提供了一个逻辑前提。虚无尽管也许只是形而上学的抽象和假定，然而具有存在的思想意义和精神价值，因为它规定主体存在的本源和现象界的合理性和合法性，使事物的存在得以确立。需要指出的是，怀疑论美学的虚无和尼采哲学意义上的虚无主义也有所区别。加缪曾经这样评价尼采：

> 尼采从来只按照即将来临的世界末日去思考，他不美化世界末日，因为他想象得出世界末日会是一番什么样卑劣的，费尽心机的景象，他正是要避免它的到来，并把它改变成为再生。他承认虚无主义，并把它作为一个临床症状去研究。他自称是欧洲第一位彻底的虚无主义者。但这并不是出自对虚无主义的偏爱，而是现状决定的。因为他太伟大了，他不能拒绝时代给他的遗产。[①]

怀疑论美学意义上的虚无和尼采哲学的虚无主义划清了界线。

---

① 〔法〕加缪:《尼采和虚无主义》,《文艺理论译丛》第3辑，中国文联出版公司1985年版，第420页。

尼采哲学的虚无主义，就是价值信仰的丧失和生命目的的退却，存在者面临悲观无奈的境地。怀疑论美学的虚无，放弃价值判断而采取纯粹意识的价值中立，和道德问题不产生逻辑关联，因此它不担负道德批判和价值重估的责任，也剔除了心理和情感的因素而仅仅笃守于自我精神的提问和回答，只关注于对现象界的本质直观而不涉及生命存在的感性问题。美国存在主义学者威廉·巴雷特（William Barrett，1913—1992）的《非理性的人》也涉及“虚无”的问题：

> 中国道教徒认为空无是宁静的、和平的，甚至是快乐的。对于印度的佛教徒来说，虚无观念对在根本无根的一种存在中受苦受难的所有生灵，唤起了普遍的怜悯之心。在日本传统文化里，虚无观念贯穿在绘画、建筑，甚至日常生活礼仪中所表现的唯美感情的优雅方式之中。但对深陷于万物和一切客体之中并孜孜以求驾驭它们的西方人来说，他们对于任何可能遇到的虚无都畏缩躲避，并认为加以讨论是“消极”的，也就是说：在道义上应受指责的。因此，很显然，人们对于这种虚无所反应出的情绪随时间、地点及人们的文化修养而发生变化；但这里待讨论的并不是人们面对这样一种存在所应有的情绪，而是这种存在本身的实在性。[①]

显然巴雷特所论述的“虚无”还未上升到纯粹的哲学高度，仅仅局限于存在个体在日常生活中面临“虚无”的实践态度，而不是将它作为一个本体论的概念或范畴提出来探究。虚无单纯地作为一种生命存在的“情绪”，尚且不能揭示它内在的精神本质。

---

① 〔美〕威廉·巴雷特:《非理性的人》，杨照明、艾平译，商务印书馆1995年版，第278页。

3. 虚无之引渡。现在，将虚无引渡到传统思想文化的语境中进行阐释。中国传统哲学存在“贵无”和“崇有”的争论，王弼与裴頠分别作为这两个思想派别的代表。“崇有”与本命题无关，故悬搁不论。此处只涉及“贵无”论。作为魏晋玄学的创始者之一，王弼以注解《老子》《庄子》《周易》等典籍来阐发自己的思想。他认为“天地万物皆以无为本”，在《老子指略》中说：“夫物之所以生，功之所以成，必生乎无形，由乎无名。无形无名者，万物之宗也。”而“道”就合乎“无形无名”的规定。怀疑论美学的“虚无”在某种意义上也承接了传统哲学的“无”的思想血脉。然而，怀疑论美学的“虚无”和王弼的“无”所存在的差别在于，前者没有抛弃主体的无限可能性，始终恪守住纯粹意识统辖万物的原则，而后者则消解了精神存在的合法性，将主体性忽略和遗忘，从而使美不能诞生。玄学的另一个人物郭象也阐释“无”的概念，他说：“非唯无不得化而为有也，有亦不得化而为无矣。是以有之为物，虽千变万化，而不得一为无也。不得一为无，故自古无未有之时而常存也。”[①]“无”并非仅仅作为“有”的对立面而存在，它是自生的超越“有”的先验性存在。他进一步追问：“无既无矣，则不能生有；有之未生，又不能为生。然则生生者谁哉？块然而自生耳。”[②]“无”也不是作为“有”的本源和逻辑前提，“有”也不能作为“有”的造物主，那么，万物来自何处？郭象提出“独化”的概念，即是“造物者无主，而物各自造”[③]。“无”既不派生“有”，“有”也不能制造“有”。万物均是“自生”。郭象的“无”作为一种神秘的非精神性的抽象品而排斥了

① 郭象：《庄子注·知北游》。
② 郭象：《庄子注·齐物论》。
③ 同上。

主体因素，而强调“自然”的神圣性则必然以贬损感性生命的意义为代价。怀疑论美学也推崇“无”的超验性和独立风韵，然而，和郭象的“无”不同，“虚无”笃守着精神的无限可能性，认为它是最高的“自然”，而且它可以在纯粹意识的意向性上把握“自然”和创造“自然”，尽管它自己也是“自然”的构成之一。禅宗对“无”表现出相当的生命智慧。慧能的《坛经》所言“自性真空”，就是崇尚心性的“虚无”，走向一种绝对澄明的顿悟境界。他提倡“无念为宗，无相为体，无住为本”[①]的人生境界，这种人生境界也就包含着智慧、审美、道德三位一体的哲学、美学、伦理学境界。王阳明认为“圣人之学以无我为本”[②]。“无我既是本体，也是境界，又是工夫。通过无我的工夫，达到无我的境界，以恢复心之无我的本然状态。”[③]王阳明的“无我”，就是虚无的精神的境界，也获得精神的无限可能性的方法或途径。怀疑论美学的“虚无”正是借鉴和扬弃了传统哲学的“无”的概念，以进一步推崇主体的无限可能性的本体性存在，并以此作为美的存在的本源。

二、虚无之特性

虚无的特性之一就是怀疑和否定的双重精神，主体性哲学所无法缺席的信念必然是怀疑和否定这两个逻辑相承的精神工具。怀疑是否定的前提和向导，没有怀疑势必导致否定的缺席或迷失。否定是怀疑的逻辑结果，没有否定则使怀疑丧失推动生命发展的势能。

1. 怀疑与否定。传统美学的思维惯性是追问美的实证性的存在而遗忘先于存在而存在的虚无，正是后者才使美挣脱外在的遮蔽而

① 慧能著，郭朋校释：《坛经校释》，中华书局 2012 年版，第 39 页。

② 王阳明：《阳明全书》（中华书局《四部务要》本），第 7 卷，第 124 页。

③ 陈来：《有无之境——王阳明哲学的精神》，人民出版社 1991 年版，第 243 页。

获得精神可能。怀疑论美学凭借虚无的无限可能性，使得传统美学使美拘役于某种单一的现实性这一危机境域得以转变，这是美学思维的一次变革。如果说康德在美的分析上的“哥白尼式的革命”在于提出美的非功利性和非概念性，那么，必须遗憾地指出，康德将美的判断依然限定在“不怀疑”和“肯定”这个思维范围，依然缺乏一种解构和想象的气度。美应该属于怀疑与否定的逻辑意义，虚无只有在怀疑与否定的逻辑前提下，才能获得“可能性”的解释。

肯定判断趋向一种确定的现实性，它限定了精神的丰富性和自由敞开性。正像我们所比方的：每一朵花的色彩都不是美，因为对它的判定均是一个单称肯定判断，这样就使美被现实性所制约。怀疑论美学则认为：每朵花的色彩都不是美，而美在于对每一朵花的色彩的存疑与否定之中；或者说：每一朵花的色彩的可能性的综合都是虚无的，正是基于虚无对每一种现实性的怀疑和否定，美才获得精神的敞开性和丰富性。所以，美的判断必然是对现实的具体事物的悬搁判断或否定判断，而这种判断是以可能性的方式来给定的。虚无承担了美学意义的否定性，它把否定的工具性提升为本体论，在对个别的现实性事物或现象界的否定过程中，精神界开辟了获得可能性的道路，由此将美从现象界的遮蔽中显露出来，达到澄明的境界。因此，在精神可能性的理论层面上，我们首先将虚无的怀疑与否定的逻辑性质标画出来。

2. 无意义性。接着，在“可能性”的原则下阐释虚无的无意义性质。所谓意义，即是精神界对现实界一种明晰性理解和价值判定。任何一种意义，均来源于主体对现实界的有目的性的概念设定，它必然地包含价值与功利的内容。作为涵盖于现实性之上的虚无，它是纯粹精神的自律与自足，既不自身呈现意义，也不给予现象界意义，当然也就拒绝了对现象界作某种价值判断。美即虚无这一限定就满足了美的非意义、非价值的理论要求。虚无不是意义和价值的现实性的肯定，它在逻辑上否定任何意义与价值。因为，严格地说，美是对于现实性的意义与价值的存疑和拒绝，只有借助于对意义与价值的超越性，才能使自我寻找到无限自由与欢愉的家园，也不至于被现实性的概念与目的所束缚。西方哲学的“意义”论往往粘带着语义学的内容，甚至将“意义”和语句的真值条件直接联系起来，认为语句的意义是由这些语句的真值条件确立的。也有人从名称和对象的关系确立所谓的“意义”。认为名称指向某个对象，就意味着这个对象具有了“意义”。这里所讲的“虚无”的无意义性，就是强调它对于语义的抛洒和离异的能力。美正是借助对于语言和语义的背离和超越，才获得自我存在的可能性，这种可能性的获得就在于对语言意义的否定性。

3. 先于存在。本着可能性原则来追询“虚无”的先于存在的存在性和先于本质的本质性。人们熟知萨特的“存在先于本质”、“自由先于本质”这样的哲学命题。他说：“人的自由先于人的本质并且使人的本质成为可能，人的存在的本质悬置在于人的自由之中。”[①]尽管在逻辑上萨特把虚无置于存在之后，但至少把虚无与存在并列起来加以解释。然而参照萨特之于自由与本质的关系理解，可以做出虚无先于存在，虚无先于本质的逻辑推导。在时间性上，虚无先于存在和先于本质；但是在逻辑性上，前者与后者不构成因果律关系，存在与本质并不因虚无的规定而存在，虚无只是存在与本质的先导性的存在方式。虚无先于存在的意义是指向现象学的，虚无在时间性上设定了存在的可能性，使存在在现实界得以可能。虚无以

① 〔法〕萨特:《存在与虚无》，陈宣良等译，生活·读书·新知三联书店 1987 年版，第 56 页。

可能性作为根基，没有虚无，尽管存在也得以存在，却是以抽象的现实性而存在；虚无先于本质的意义是指向怀疑论的，本质的有无，在怀疑论的视界还是一个有待说明或无法说明的问题，怀疑论至少对本质的确定性和共时性是存疑的。而虚无在怀疑论视界却具有先验的形而上的确定性质，因为怀疑论必然持有一个先行的确定逻辑：那就是对怀疑的不怀疑，或者说是对怀疑的确信。虚无无疑符合这种逻辑规定性：因为虚无是无不怀疑的怀疑，它内在地构成了怀疑的本质。“虚无即美”从而为精神界找到一块怀疑论的栖居地。虚无先于本质，也就意味本质的意义是怀疑性质的。因此它也是敞开着的活性的可能性。从这个理论意义出发，可以认为本质也不是现实性的，它没有必要以逻辑的必然性将自我禁锢在单向性和确定性的现象界，从而消解自我的丰富内涵。“现象即本质”这句现象学的格言也启示我们转换一下思维路径，去理解本质的悬浮性和可能性。虚无寻找到沟通现象与存在得以统一的前提，也提供一条寻求美之现象与本质相统一的路径。

现在，我们再借用中国古典哲学的“道”的概念进一步阐释虚无。王向峰在《老庄美学新论》中以敏锐的洞见指出：

> 庄子十分强调道的“虚无”特性，认为道的本体是绝对的虚无，正因为无才生成有，“天门者，无有也，万物出乎无有。有不能以有为有，必出乎无有，而无有一无有”（《庚桑楚》）。……庄子的道与唯物主义的物质相对应，虚与客观实在相对应，这个逻辑推演，就可以得到这样的结论：道的唯一特性就是虚，或仅言之，虚是道的根本特性。[①]

① 王向峰：《老庄美学新论》，人民教育出版社 1999 年版，第 269—270 页。

这一见解可谓澄明“道”的实质，它先于实在而“存在”，不能简单地以精神或物质的存在方式去界定它。王向峰肯定“道”和唯物主义相对应的精神价值，没有遵循以往的意识形态对其采取独断的否定态度，显然获得了对“道”的思维突破。金岳霖在《论道》中写道：

> 道无始，所谓无始就是说无论把任何有量时间以为道底始，总有在此时间之前的道；或者说从任何现在算起，把有量时间往上推，推得无论如何的久，总推不到最初有道的时候。可是，道既然无始，为甚么又有极呢？如果有极，那极岂不就是道底始！这极是极限的极，是达不到的极。它虽然是达不到的，然而如果我们用某种方法推上去，无量地推上去，它就是在理论上推无可再推的极限，道虽无有量的始，而有无量地推上去的极限。我们把这个极限叫作无极。[①]

金岳霖将“无极”界定为“道”的特性之一。“无极”也具有和“虚无”相近的特性。如果像金先生说的那样，“道无始”，虚无也没有开始；那么，道无极，虚无也无极。它们在时间和空间中都没有开始和终极。近乎无限和绝对，属于人类精神的一种抽象和假定。然而，虚无和无极的不同之处在于，虚无不是一种超越主体之上的神秘力量，而是精神无限可能性的规定，它隐藏于人类的本质之中。无极则是外在于主体的客观力量，它超越心灵的统辖范围，能够束缚主体的自由意志。虚无是“无极”，然而它始终限定在主体精神之内，或者说它为主体精神的无限可能性提供一个先行保障。

---

① 金岳霖：《论道》，商务印书馆1987年版，第193页。

第二节 主体的自由本质之隐喻

传统美学也讲美的自由本质，但把自由本质让渡给现实性的存在，没有讲主体的自由本质为美获得存在的可能性。虚无在哲学意义上属于精神主体一种确定的本质，只有这种主体的虚无化才使现象与存在的一体化得以可能，也只有虚无化才为精神主体寻找到一种本质性存在；虚无在美学意义上属于精神主体一种不确定的本质，因为依赖这种不确定性，美才得以诞生自己的丰富性和可能性。虚无在哲学意义和美学意义上，都是先于本质的自由，但在前者意义它趋于实践意义，后者意义它趋于精神内省，前者最终会转为一种现实性，后者则一直以可能留存在心灵界。虚无启开美的自由本质，这种自由本质植根于精神现象界，主体的精神自由和可能性为美的自由本质确立了逻辑前提。这必然显明为：离开虚无，主体的自由本质就会沉沦为空洞的抽象，美的自由本质就失去前提性的保证。

一、自由之思

“自由”像“真理”一样是构成人类精神的乌托邦世界的一部分。也如同“真理”一样，给哲学和美学既带来幸福也带来烦恼。传统哲学和美学对于自由的缤纷理解似乎并没有使它得以清晰和确切，而带它走到一个更为遮蔽的境地。怀疑论美学凭借对自由的阐释，获得对虚无的解答。

1. 生命之自由。人类最先直觉到的自由应该是物象的自由而非自我之自由，然而正是对于物象的自由的关注使主体唤醒生命存在的自由意识和自由冲动。也使主体意识到，自由构成生命的本质之一。生命哲学家柏格森将自我划分为“基本的自我”和“寄生的自我”。

处于前者的状态才可能获得自由的生活，居于后者的状态则意味着自由的丧失。柏格森说："当我们的动作出自我们的整个人格时，当动作把人格表现出来时，当动作与人格之间有着那种不可言状的相象，如同艺术家与其作品之间有时所有的那样时，我们就是自由的。"① 显然，柏格森在生命和人格相互和谐的语境里谈论自由的命题，然而生命和人格都不能完全地保障自由之实现。无论是生命本能的冲动还是人格行为的实践都属于低级形态的自由形式，它们都不能使精神的无限可能性得以诞生和澄明，更无法使生命深层的智慧和悟性得以可能。庄子在《逍遥游》中以神话意识描摹的"鲲鹏"，其极度的超越时间和空间的生命自由显现出深刻的美学关怀，然而庄子也借它们隐喻地说明超越时间和空间的生命自由，也不能摆脱物质性的限制，这种自由仅仅是有限的自由而不是理想的自由。更何况生命本能状态下的自由还附庸欲望和功利的因素，破坏自由应有的诗意和美感。所以，以生命的名义无法许诺给自由以美学的含义。

2. 意志之自由。康德认为存在着自由意志。他把自由理解为"就是指这种起因力，在不受本身以外任何其他力量的影响下而能独自发挥有效力量；所谓自然的必然性，就是指那些受本身以外的外在力量决定其行的一切非理性者的性质"②。自由意志成为传统形而上学的坚定的信仰之一，然而这种坚定的信仰却需要一个前提，这个前提就是对于"规律"的屈从。而现代非理性主义自由意志则显现出对于"规律"的蔑视。叔本华反对自由意志依赖于理性，他认为意志才是生命存在的本体，理性属于为意志服务的仆役，意志是绝

① 〔法〕柏格森:《时间与自由意志》，吴士栋译，商务印书馆 1958 年版，第 117 页。

② 北京大学哲学系外国哲学史教研室编译:《西方伦理学名著选辑》下卷，商务印书馆 1987 年版，第 375 页。

对自由的，可以超越必然性的规定。这样，传统哲学所遵循的自由对于“规律”的服从就被抛弃了。他说：“意志只是作为自在之物才能有真正的自由，而自由亦即独立于根据律之外。”[①]萨特把自由规定为“选择的自由”，他认为：“人的自由先于人的本质并且使人的本质成为可能，人的存在的本质悬置在人的自由之中。”[②]自由被设定为先于本质的存在，它是决定存在的逻辑前提。如果说生命自由论是将生命本能的冲动作为自由的合理性来看护，意志自由论则将理性与非理性的意志供奉为自由的合法承当者或监护人。两者都把自由交付给了目的性和功利性，从而窒息其美学性质的灵性，使自由的美感和诗意的内涵有所削弱。

3. 知识之自由。西方传统形而上学所讲的自由，绝大多数限定在知识论和认识论的范畴。诚如所言：“所谓自由是对必然的认识论，就是在理性的基础上，从自由与必然的辩证关系中，指出自由不是对必然的挣脱，自由也不是纯粹的偶然性，自由只能是对必然的认识。这种哲学上的自由理论，是资产阶级自由理论所能达到的最高成就。”[③]然而，这一自由理论的“最高成就”却存在着一定局限性。培根、洛克、斯宾诺莎等人都从认识与必然的关系方面阐述自由的内涵，把自由限定在知识或者人类的认识能力的范围进行考察。洛克就说：“我们如果受了必然性支配，来恒常地追求这种幸福，则这种必然性愈大，那我们便愈为自由。”[④]追求知识结构范围内的幸福，而对必然性的认识结果就是自由的获得。这样相辅相成的逻辑

① 〔德〕叔本华：《作为意志和表象的世界》，石冲白译，商务印书馆1982年版，第552页。

② 〔法〕萨特：《存在与虚无》，陈宣良等译，生活·读书·新知三联书店1987年版，第56页。

③ 邹铁军：《自由的历史建构》，人民出版社1994年版，第10页。

④ 〔英〕洛克：《人类理解论》上册，关文运译，商务印书馆1959年版，第236页。

关联造成了自由与必然的密切沟通。马克思主义也在这种思维背景中发展了自由的观念，恩格斯指出：

> 自由不在于幻想中摆脱自然规律而独立，而在于认识这些规律，从而能够有计划地使自然规律为一定的目的服务。这无论对外部自然界的规律，或对支配人本身的肉体存在和精神存在的规律来说，都是一样的。这两类规律，我们最多只能在观念中而不能在现实中把它们相互分开。①

马克思主义的自由理论依然属于目的论和知识论的范畴，从历史现实着眼强调自由和认识、自由与实践之间的关系，尤其是将自由赋予了社会实践的内容，昭示自由对于人类生存的客观意义和实用价值。然而，不得不遗憾地感到，上述自由理论都忽略了对于自由的审美精神的把握，仅仅将自由交付给了实用的知识和实践的活动，将自由所禀赋的诗意的想象力和浪漫情怀放逐殆尽。当哲学的知识论的自由被确立的同时，美学的想象论的自由却被迫缺席。中国古代的庄子深刻地明鉴这一点，他认为知识所能取得的自由极其有限，认识所带来的自由感觉仍然是低级的快乐。只有审美想象力所获得的自由才是真正意义上自由或绝对的自由，也是人的精神本质的最大可能的实现。认识和知识所谋求的自由仅仅提供超越有限的物质存在和时间空间的有限自由，由于认识和知识的局限性，必然使人类永远处于求知的苦闷之中，这反倒构成心灵的不自由。只有放弃对于知识和认识的承诺，人的精神才可能获得纯粹的自由。庄子的自由观是诗性的自由观和审美的自由观，它放弃从知识论和

---

① 《马克思恩格斯选集》第3卷，人民出版社1966年版，第153—154页。

认识论视角来阐释自由，不凭借逻辑和理性方式来界定自由的内涵。

4. 良知之自由。自由和道德也是传统哲学联系考察的两个环节。卢梭认为："取消了自己意志的一切自由，也就是取消了自己行为的一切道德性。"[①] 萨特认为自由的选择也必然属于符合道德的选择，人的自由和自己的社会责任不应该割裂而应密切联结。西方哲学所讲的道德和自由的关系就相当于中国传统所讲的良知与自由的关系。孟子说："人之所不学而能者，其良能也。所不虑而知者，其良知也。孩提之童无不爱其亲者，及其长也，无不知敬其兄也。"[②] 孟子认为存在着先验的道德意识，它就是"良知"，凭此依据人可以获得现世的生命自由。王阳明进一步阐发："心之良知是谓圣，圣人之学，惟是致此良知而已。自然而致之者，圣人也。勉强而致之者，贤人也。自蔽自昧而不肯致之者，愚不肖者也。愚不肖者虽其蔽昧之极，良知又未尝不存也。苟能致之，即与圣人无异矣。"[③] 王阳明提倡"致良知"，就是指出通往道德自律的生命境界的路径，而良知之获得就象征着人生的圆满和自由的实现。诚如陈来所论："消极意义的自由加上积极意义的自由，合起来就是康德自律原理的全部意义。事实上，整个理学都是向往这个道德的自由之境。"[④] 道德的持续提升就意味着生命境界的走向一个圆满的过程，而这一圆满的过程就是自由不断被获得被实现的明证。所以，良知之自由或道德意义上的自由实际上就是人生境界的内在自由，它抛弃对于物质世界的承诺而遵守神圣的人格信仰。

东西方传统的自由理论由于局限在知识论和认识论等层面上，

---

① 〔法〕卢梭：《社会契约论》，何兆武译，商务印书馆 1980 年版，第 16 页。

② 《孟子·尽心上》。

③ 王阳明：《阳明全书》（中华书局《四部备要》本）第 8 卷，第 142 页。

④ 陈来：《有无之境——王阳明哲学的精神》，人民出版社 1991 年版，第 187 页。

受到道德意识的制约，附庸着一定程度的目的性和本能欲望，所以处于被遮蔽的状态而未能呈现出美学的内涵和诗意的神韵。怀疑论美学提出自己的自由观，瞩目赋予其美学的规定性。如果萨特说自由首先是选择的自由，那么，怀疑论美学认为，自由就是中止选择和中止判断，因为在精神世界里的任何判断都是非自由的，与此相关，在物质世界里任何选择都是不自由的。依照理性的引导，凭借逻辑工具所获得的知识形式只能获得有限的自由，甚至将人带入更不自由的境地。世界包藏着认识能力所永远不能企及的隐秘，从这个意义上，人凭借认识能力所把握的自由是多么狭隘和渺小。自由是对必然的认识这一观念，实在是从狭隘的功利视角和征服者眼光发出的虚弱口号，所具有的意义很值得怀疑。传统形而上学无论将自由交付给理性、感性、道德还是交付给实践、意志、功用，都限入一个精神的误区而没有意识到自由就是虚无化的表现形式之一，自由应该属于诗性和智慧的存在，它可以超越理性与感性的界线，背弃实践与功用的目的而进入到一个纯粹的精神自我观瞻的境界，最高境界的自由不是知识与认识，也不是道德和本能，而是精神对自我的提问与回答，是精神凭借于想象力的诗意漫游和自我放逐，它属于审美的境界。所以，从这个意义来看，传统美学将美视为自由的投影，将自由设定为美的前提是对于自由和美的双重误解。怀疑论美学由此提出：自由是美的投影，美决定了自由的生成，而非自由产生了美。美作为自由诞生的前提和活动背景，它奠定了自由的本体论意义。

二、虚无的自由本质

将虚无界定为先于本质的自由，首先要从超越性这个意义来解释。在一般的哲学意义上，本质是现实性和确定性的，而且它属于具体现象的集合，而虚无则是可能性和不确定性的，它不属于任何单个的现象界，所以美作为虚无的存在方式也必然不归属于任何具体的现象界，或者不属于现实性的具体存在。这就规定美的自由性先于存在本质，规定了美的本体论的超越性特征。

1. 超越性。对于虚无的超越性的解释使我们自然联想到庄子哲学的“道”的范畴。因为庄子哲学在最高规定性上设定“道”的位置，使其和虚无的基质有所沟通。“道”在庄子的哲学话语里被升格到本体论和存在论的意义，“道”是最高的虚无所在，它先于存在与本质，是一切存在的始基和本质的前提。“道”，首先是混沌，是绝对虚空的精神存在，类同于古希腊哲学里的逻各斯，柏拉图的理式和康德的物自体，是非物质性的虚空存在，又是所有现象界的本质和本源。其次，它派生物质现象和现实世界，转化为可感的现象界并获得感性形式，最终它又要回归自身。由于心灵的直觉和认识功能均是有限的，“道”永远悬浮于物质世界之上甚至心灵之上，它永远是自律和虚空的。关于庄子哲学的“道”，在此不做具体的文献援引与逻辑展开，仅指出它与虚无的某种同一性。“道”是本体论意义的自由本质，它超越现象界所有的现实对象。而虚无是先于存在的自由本质，它隐喻主体精神的无限敞开性，使心灵不拘役于任何一个确定的对象。它把自己的自由当作存在之先的本质确定于自我之中，并且牢牢守护自己的家，这个家就是诗意化的存在。因此，在上述意义，虚无即类同于“道”，或者说“道”是最高的虚无。它们都因为对现象界的超越性而获得先于本质的自由。这是美得以可能的先行规定。

2. 想象性。虚无隐喻主体的自由本质的另一个层面即奠基于它的想象性。想象，在这里被界定为对现实性的精神悬浮状态和精神主体，凭借可能性对现实性的否定和存疑，是虚无对现象界的心理拒绝的主观功能。想象在这里与传统的哲学、美学观念做了一次思维变革的告别。在现象学本体论意义上，想象被设定为精神的可能性对现象界的悬浮，是追求非实在性、非现实性、超意义、超概念、超功利的心灵自由过程。这个自由不是去适应现象界，而是使现象界适应自己的可能性。其次，这种悬浮是自律自为的，不借助外在力量和受制于外在目的，甚至也排斥内在的功利目的，它可以被认为是对精神自我的纯粹反思，只设想自我的超越现实界的可能性。所以它服从一种纯粹的动机：即找到自己的超越性存在，找到精神可能性的存在，眷注于对自我的观照和发问：我是什么？我何为？我如何可能？这种精神不着现实界的悬浮，是人类直觉与认知自我存在最重要的反思方式：这就是想象。所以这种“心灵的生存方式”，绝不仅仅属于艺术与审美的范围，它属于人类所有精神活动方式共享的心理功能。

虚无是精神最本己的想象，想象由于虚无的性质规定，它必然是否定性的。所以，我们又将想象界定为对现象界的否定，只不过这种否定禀赋了诗意色彩。值得关注的是，虚无之悬浮性为想象寻找到逻辑前提，虚无的否定性为想象寻找到启动的张力。合而言之，正是由于虚无的悬浮性和否定性，想象才得以沿着可能性的自由本质漫游，才为主体建造一个有意义的家，这个家即是主体自由本质的隐喻，这个意义不归属于外界的存在而只附属于精神的自由目的。

想象，还可以用庄子哲学的“游”的概念进行补充性解释。“游”是最多可能性和最少现实性的想象，也是精神较高旨趣的悬浮状态。“游”是既向内又向外的两种冲动意志的证明。确切地说，它是属于虚无的一种积极的自由方式。如果说虚无的最稳定最根基的自由方式是“道”，“道”是虚无笃守的自我存在的可能性，那么，“游”则是虚无释放自己可能的手段或途径，它是心灵界的自由冲动。“游”，属于最本己的想象，是心灵积极的自我反思方式。首先，它是对自我的想象，是心灵内省，其次它才转向现象界。或者严格说，想象把自我意识也设定为一种现象界，同样作为自己眷注的对象。所以这种“游”，是一种心游、神游、意游，是精神对现实性最彻底的怀疑和否定的心灵活动，当然也是最具超越性与悬浮的想象，因此，它的自由度也最高最普遍。“游”，在上述哲学的阐明中，即被领会为虚无对自我的渴望和对自我的寻求、追问和解答，这种心灵的反思过程以想象为工具为方法，想象也为其本体为其结构，自由则是这种精神的自我考问的直接结果。

3. 直觉性。虚无隐喻主体的自由本质涉及直觉性的规定。虚无是最自由的直觉，它排斥逻辑概念和理性认识。认识必然是不自由的，因为它涉及现象界的现实性，可能性被限制与束缚。因为虚无不属于认识领域和知识形式，它展开无限的可能性使自我不成为知识和认识的可能，拒绝转换为认识的现实性和知识的确定性，所以它不可以进行逻辑分析。因为虚无只作为精神的存在方式（属于精神无限可能性的悬浮），所以它又不能作为思维工具和认识方式。这又决定了它是本体论意义的而又排斥认识论意义和方法论意义，它使人们窥视到传统哲学“三位一体”论在虚无面前的窘迫与无奈。

如此顺理成章，虚无又被规定为对认识的怀疑与拒绝，超越认识或不受认识之限的虚无也就是获得自由的另一个重要来源。直觉充当了虚无对自我观照和与现象沟通的仆役。直觉把虚无现象化了，把现象转换为直接的虚无，而自由则属于虚无与现象的统一性的构成力量。因此，直觉保证了心灵的最大自由和对现象界最有力最直接的征服，而这种征服无须以认识手段和知识为力量。直觉是对虚无最直接最自由的向往，它也是虚无获得自由的生存方式之一。

直觉在某种意义上还充当了一个二重性的角色：一方面，它负责虚无对自我的观照、考问，使精神主体进行自我与现象的设问。另一方面，它促使精神去遗忘现象界，摈弃种种知识、概念和逻辑，更重要的是，诱使精神也忘掉与现实功利，感官欲望等相联系的非实在，同时诱惑精神遗忘自我存在，走向纯粹的虚无，这样就获得纯粹的自由。这相似于庄子哲学的“坐忘”和“物我两忘”的境界。直觉把现象作为本质，视虚无为现象界和精神界的统一结构，所有的提问变成了非知识、非认识的心灵内省，直觉只负责提问而不承担回答的义务，它在本质上否定“回答”。因为任何一种回答都是知识与认识，都是不自由的。直觉只关注精神的自我想象，而这种想象又是对现实界的遗忘和否定，它可能属于精神“自恋”式的悬浮。正是这种“忘”，导致直觉对主客一体的最高存在的世界的沉醉，驱使它固守住“虚无”这个精神最原初的家园。

第三节　虚无作为精神的诗意生存方式

东西方传统美学均忽略从生存论视界来追问美，更少从精神的生存论来追问美。设定虚无即美这个概念，一个重要的视界在于把虚无理解为精神的最根基的生存方式之一。沿着这个思维脉络，怀疑论美学把虚无领会为精神的诗意的生存方式，凸现它精神生存的诗意特质，因为它构成美之存在的基质。

一、神话性

神话的本体性是精神现象对现实界一种虚假超越，或者是精神现象对现实性的一种情感的怀疑和否定。神话牵引精神走向无限可能性的虚无。

1. 虚无和神话性互渗。虚无本身就是一个神话的象征品，潜藏着一定的神话思维或神话意识。然而，虚无和神话却不是同质或同一性的存在。因为神话有时沉醉于追求现实性意义，而虚无则否定任何现实性意义，也拒绝生成某种实用意义。神话是一种思维方式、认识手段，或为一种世界观、方法论，可以构成确定的意义。虚无则是精神的悬浮状态，是精神展开的无限可能性，它不是思维方式、认识手段，也非世界观与方法论，它只是自律的存在，没有明确性意义。在另一方面，虚无向神话性渗透，虚无是呈现着不呈现意义的"神话"，或者说，神话只有在它洗净了"意义"的铅华之后，才能进入虚无的殿堂，而虚无则是生存论意义上的最高级的"神话"。虚无将神话性作为自己的生存方式之一，它只是剔除了神话的意义性、目的性和功利欲求的内容。在某种意义上，虚无又是体现神话性的非神话，因为其精神的诗意性，它才和神话产生了部分的关联，才把神话性纳入为自己的存在。

2. 否定现实。作为虚无构成之一的神话性，它过滤掉现实性的功利目的和具体意义，而提升到精神纯粹自由的诗意空间。神话是人类精神文化和心理结构的共时性的产品，它既是一种超现实的情感信仰，也是心灵之于现实性的情感否定。作为虚无的构成之一的神话性，它蒸发了现实性的功利目的和具体意义，走向一个纯粹审美的诗意空间。神话构筑在虚拟性的心灵想象之上，虚无是它展开自己可能的逻辑基石。将美规定为虚无并相应规定了虚无的神话性，即在于考虑到这种人类文化心理结构的前逻辑的神话基质，为美勾画了一个生存论的存在，这种存在极富想象性、情感性、超越性的诗意特征。虚无满足了含蕴丰富又空灵超脱的神话性要求，而神话性是人类心灵对现实性的情感否定，它为虚无的诗意存在谋求到宏阔的超越意义、目的、价值的纯粹自律的心灵空间。

在生存论视界上，虚无是最高的精神悬浮状态，这种精神悬浮状态不等同于宗教信仰，因为宗教信仰作为精神的生存方式仍然是追求一种目的、意义，必然受到现实原则限制。将虚无作为神话性来解释，就是强调它的不负载现实意志的诗意存在的特征。问题的另一面在于，一种较为纯粹的宗教信仰和宗教情感，由于它对于现实的较大超越性，就极可能上升到虚无的境界而具有神话性和诗意的色彩。这样，就在宗教与审美之间建立了逻辑联系，只有那些极纯粹的排斥了现实意志的宗教情感，才可能接近“虚无”这个诗意的存在。

3. 文化冲动。神话性是精神之于诗意生存的一种渴望形式，这种形式伴随着人类最原始的文化创造冲动而保留在心理结构中，它是人类作为“符号的动物”（Animal symbolicum）所施行的一种最基本最原初最恒久的心灵符号活动。这种符号活动，较大程度上消解了外在的现实性和确定的象征意义，它最本真的意向就是面向自我，面向主体内在的可能性。这种符号的虚无化活动，引导自己走向更为纯粹的诗意存在。所以，虚无即美又被赋予了一层文化哲学的含义。在某种意义上，美也来自人类共时性的文化冲动，但是，它又不受任何文化圈、文化语境的制约而具有自己的独立性，所以美具有超文化的特权，它更禀赋诗意的情致和风韵，使精神可能性最大限度地扩展，使自我生成为精神界的空灵的生存状态。美在这个意义上，是最少现实性的神话性和最深层、最稳固的文化冲动。

4. 纯粹的审美。神话体现多种的社会功能，它属于社会意识形态的象征形式。尽管神话会激发主体强烈的美感体验，然而审美并不是神话的主要功能和特性而仅仅作为其副产品。虚无则表现为纯粹的审美形态，而作为接近于虚无的神话性而言，它向纯粹的审美彼岸靠拢。因为它摈弃掉神话内容中的社会意识形态的结构，不再留恋功利和欲望的因素而醉心于纯粹的审美活动。虚无作为诗意的生存方式，其中主要的构成之一就是追求一般神话功能的之外的审美精神，这种审美精神驱逐现实性的本能欲望和理性目的，守护住自我的怀疑和否定的本质，并以想象力引导心灵不断攀登到新的自我反思的境界，由此保证不会沉沦于世俗世界的欢乐之中。诗意的生存就是纯粹的审美生存，它就是接近彼岸世界的神话性的呈现。

二、体验性

从体验性这个层面来解释虚无作为诗意的生存方式，也是沿着现象学的思维路径而行走的。体验是精神主体对于传统哲学与美学的主客两分问题的悬搁，它强调了“现象即本质”或“现象即存在”的一体化的思维原则。体验，是心灵对整个现象界的一种否定情感的比喻和象征，是精神以自我的内在的非逻辑的感性冲动对观象界的提问与回答、存疑与悬搁。体验，以精神为基点向现实界展开自己的可能性，不拘役于现象界的现实性规定而丧失自我的主导性。它信奉精神即是最本己最起始最基本的现象，外在的现实性只不过是内在可能性的一种最直接的、而并非完善与理想的证明，只有心灵的体验性才使现象界符合虚无化的存在标准，使之接近诗意的理想梯度。因此，体验是使现象达到理想性之可能的心灵方法，也是引导精神进入虚无化审美境界的手段或工具。狄尔泰认为对生命的理解不能依赖于理性而只能凭依于体验，唯有它可能穷尽生命意义，只有体验才能将人带入自我的生命之流中，领悟存在的本质和价值。然而，狄尔泰的体验毕竟笼罩着一层神秘主义的光环，缺乏胡塞尔现象学的“体验”的明晰性。

1. 比喻。体验最基本的功能是精神之于现象界的一种适己化的比喻。它以心灵的虚无化去征服现实性，整个世界即现象与存在的统一性都是它努力同化的对象。对象在体验的比喻里消解了物质的现实性和理性的逻辑及社会的法则，只是抽象为纯精神的自由存在。在这种比喻的过程，精神的诗意得以诞生，于是虚无敞开了美的可能性和存在性，心灵获得一种近乎“自恋”和“自娱”的生存方式，它的本体融入自我赋予的丰富性和自由性。现象与存在的一体化结构变得更为有机而富有灵性，精神借此摄取新的源泉与张力。传统意识将比喻仅仅理解为修辞方法而未能觉察到它作为重要的思维方式的功能，无疑是令我们有所遗憾。比喻应该属于人类最早也是最根基的思维形式之一，它是精神以自我的体验为中心对现象界的提问和回答，中国哲学的“天人合一”的境界就是比喻的思维果实。精神活动就是处于相互比喻的联系环节之中，在这个联系环节之中，不间断地诞生新的思想和诗意。

2. 孤独。精神在体验的过程中不需要意志力的帮助而直接触及虚无，体验也拒绝逻辑分析的帮助而只依赖自我的孤独直觉。所以体验的心理动力是单一的，它是孤独的自在自为。换言之，体验是一种孤独的心境，是虚无呈现为孤独的悬浮状态，它是心灵境界诗意的孤独。在体验和孤独之间建立了联系，正是为了在虚无和诗意之间构筑一座生存论的桥梁。虚无以体验作为自我生存方式，体验凭借孤独为自我寻求诗意的家园。很自然，虚无—体验—孤独—诗意—美，就成为精神主体之于自我观照和直觉的一体化构成。虚无把自己支付给体验，而体验转换为孤独，孤独去捕捉诗意，这种心灵的自我观照与设问的过程是美的生成过程。所以，美既不在现象界，又非属于主体对客体的移情把握，更非心灵的认识过程，只在于精神对虚无的诗意的体验方式与体验过程中。所以，在现象学逻辑意义上，不存在美与美感，审美对象与审美经验的二元对应，它们是一元世界，即虚无。

三、非历史特性

虚无作为精神的诗意生存方式还显明它的非历史性特质。人类的任何一种精神文化的存在方式都依存于历史语境，均是历史的果实。文化和知识均是历史的限定品，也只有历史才使文化和知识的发展得以可能。然而，唯有“美”这位尊神显现了它特殊的超然性。美具有超文化的特征，相应派生了它的非历史特征。

1. 超越历史语境。虚无的非历史性特征，在于它作为精神的诗意生存方式，不受具体历史语境之限定。虚无是精神可能性的无限展开，历史所显现的现实性并不改变虚无的稳固的纯粹意识的结构，虚无可以在任何历史语境中得以展开它丰富的形式和可能性，它的本体存在——精神的自律自为、心灵的自我设问是恒定的，不顺应历史语境的变化而变化。

历史的重要特征在于它的现实性，因为一切历史都是实现了的可能性。而虚无在现象学意义上被规定为未被实现的无限可能性，正是这种本质上的差异使它们存有天然的逻辑鸿沟。文化一旦作为存在性就意味步入了历史的魔圈，它把自己的可能性交付给了历史的现实性。而虚无则恪守自己的可能性而拒绝沉沦于具体的历史语境，它似乎操持一种共时性的恒定不变的心灵结构，这种结构可能包含着一定的前逻辑的先验的无意识性质，它伴随着人类精神从具备直觉的能力之日起延续至无限。因此，文明和文化有其历史性的发生、发展、鼎盛和衰落这种时间性的必然过程，而虚无却永恒敞开在精神的可能性之中，而逃出具体历史的命定，能够超逸于时间性之外。虚无不是对于历史时间的被动逃避而是对历史的具体性、现实性的主动拒绝与否定，它回避了功利性的历史意志而指向非功利的永恒精神冲动，这就是心灵界超历史的自我直觉，一种主观无目的客观也不一定合目的的自我设问，这便是精神超文化超历史的自我独白，在这体验的独白中，它生成了诗意的美和无限可能性的空间。

2. 拒绝历史意志。历史与文化因其功利性而必然地与虚无保持距离，这两个互为因果的存在，总是功利目的和本能欲望的必然产物，而它们共同形成一种历史欲望，或者称之为历史意志；而虚无作为精神的悬浮状态则纯然地排斥功利和欲望，经济事实与本能需求对虚无没有决定性的功用。虚无只是作为文化的某种动因而不作为文化的构成性和果实，它当然地抛弃功利性，也必然能够走出历史的樊笼而守望着精神的诗意存在。尽管虚无在不同的历史语境会诞生不同的可能性，形式也会相应变化，但它本体性的超越功利的诗性特征不会改变。

历史意志从来都秉承着黑色的欲望和野心，它带有对于历史未来的设定性和筹划意识，然而这种设定和筹划往往由于无数的偶然因素而成为空中楼阁，并且产生出历史的悲剧结局。历史意志必然地构成对于虚无的破坏和对审美活动的压抑，如果说虚无无法担负起拯救历史的责任，那么，它必须在自己和历史意志之间勾勒出清晰的界限，保持一定的精神距离，这样才不至于破坏自我的诗性精神。

第四节　虚无作为精神的智慧生存方式

在生存论意义上，否定虚无作为知识的存在方式也是遵循它的本体论规定。将虚无界说为“智慧论”，不是去接近知识而是标举它与知识的根本性差异。与有些把智慧标明为"更高级的知识"的见解不同，怀疑论美学则强调智慧的非知识性。

智慧作为虚无另一种本己化的存在，无疑也张扬自己的否定性，而这种否定性的根基，在于对以往知识的存疑与悬搁，本源于对现象界的提问与独白。在另一个层面上，虚无不是一个追求知识的心灵过程，不考虑知识如何可能、如何因果的问题，它关注智慧的存在方式和生成过程，它以怀疑作为启动的张力，以否定作为工具化构成，以直觉作为自己的直接结果。确切地说，虚无作为精神的智慧生存方式，它瞩目于心灵提问的过程，而不关注结果和回答问题。

一、超语言

西方现代哲学尤其是语言哲学，将语言提升到本体论的地位，并相应将之赋予其主体的存在本质。"语言是存在的家园"一度成为哲学的流行语，则可看出语言在众多哲学家眼中的显赫地位。海德格尔这一名言，无疑是对"人之为何"这一最高哲学命题的诗化解答。对于现象界的命名是理性探求的第一步逻辑化活动，然而正是这"第一步"却带领心灵步入了不返的迷途。对精神活动的命名则更为困难，心灵发明了语言却难以使语言烛照自我。因为语言在本质上趋向现实性和确定意义，而心灵和作为心灵的悬浮状态——虚无，在本质上却是可能性和不确定意义的。所以，把精神主体归结为语言之存在的哲学努力正是中国寓言所描述的缘木求鱼的心智活动。

1. 双重超越。作为智慧生存方式的虚无，它既不以语言作为存在的本体，也不以语言作为运思的工具。因为语言主要是指向知识及其形式，所以它是心灵之"累"和物质负重，也把可能性遮蔽在现实性之中。将智慧的生存方式标举为"超语言"，无疑是受了中国古典哲学"言意之辨"这一命题的启思。先秦诸子，如老子、庄子，敏感地发现了语言的知性有限性，认为语言存在某种思维的蔽惑，心灵顿悟的阻断，因此只有超越语言的物质限定，才能使心境澄明，悟性通达，从而直契物象的本质，达到心灵的最高悬浮状态。往后的玄学家借鉴佛学的“唯识”认识论的合理内核，提倡撇开语言之累去凝神玄览，直觉静照，从而明心开悟，识物知性。所以，智慧总是超越语言的制约，和语言保持一定的精神距离。此处论及的“智慧”，它的超越语言的特质有别于“言意之辨”的认识论，因为它立足于生存论意义的阐发。所以，此处的“智慧”，它既非知识形式也非认识形式，姑且称之为“前思维”状态。同时它又是判断的中止和概念的悬搁，因此它不为语言保留一块栖息的地盘，它是哲学庭院里的花香而非鸟语，美学幽谷中清泉之相而非飞瀑之音，它只能被心灵来领悟而不能以语言来言说。

2. 放弃言说。虚无作为智慧的生存方式的“超语言”意义，还在它的难以言说性。如果说，知识必然要借助语言的言说，语言是知识的本体和工具；那么，智慧往往放弃言说或有限度地言说，它追求语言之外的灵性和逸响。作为知识之果实的语言，必然受现实性限制，受种种概念和功利目的之蔽。而智慧是一种心语，是超越语言之外的心灵独白和精神对语言的存疑和拒绝，凭借这种存疑和拒绝，精神获得自我考问的权利，进入悬浮的生存状态，才能使诗意与美得以可能。放弃言说也是信守怀疑论的“无言”和“沉默”的告诫，但是，这一告诫早已为现代心灵所漠视。现代人太热衷于言说，然而，喜好争论和喧哗则暗示着在某种程度上的智慧丧失，沉默和无言往往寓居思和诗的灵性。善于沉默的主体正是依赖于“无言”这份思想清单，寻找古贤和自我的精神踪迹，以实现超越语言的心灵照面。

二、不可重复

重复是语言不可改悔的惰性，而积累是知识赖以存在的前提。唯有智慧拒绝重复，一旦被自己重复，它的创造性就会丧失而跌入“愚蠢”之泥潭。而智慧一旦积累自己，就意味着它只守住过去时的结果而遗忘现在时的创造。

1. 思和言的不可重复。智慧在永无止境的怀疑与否定、直觉与提问的过程获得生命活力。在此，怀疑论美学不得不遗憾地运思：一部人类的精神史、思想文化史，或社会史、艺术史、美学史、宗教史等，包含了多少知识与语言的重复！包含了多少思与行的重复！因此，它们许许多多的构成都不属智慧形态，均丧失了精神的虚无性和敞开性。心灵的可能性和创造性被窒息在知识和语言的积累与重复中，这是精神存在的悲哀循环，也是知识与语言的悲剧，构成智慧的真正痛苦！严格地说，在整个人类精神发展史上，只有成几何级数积累与重复的知识和语言，而智慧是以几何级数增长的。因此，智慧的不可重复性的关键就是思和言的不可重复性，它们连接为相辅相成的逻辑环节。一方面，是思的不可重复，它是保障言的不可重复的基础；另一方面，言的不可重复又进一步激发思的张力。它们两者相互作用，以构成智慧之河的汩汩源泉。

2. 美与艺术不可重复。虚无作为智慧的不可重复性就相应决定了美的不可重复性。美是瞬间的心灵体验和最强烈的虚无现象。它是智慧生成之时的活性花冠，有如昙花一现和雨后彩虹，尽管昙花和彩虹可以不断在现象界重复，然而心灵对它们的体验绝不相同和重复。美总是一次性的现实性，在这瞬间的一次性之后它就转向新的可能性而不再回归。艺术也应该如此。神女峰的迷雾和凡·高的向日葵无论是作为动态的和静态的美，心灵对它们的体验都是不重复的，每一个体验的结束意味着新的美之存在的开端。从艺术创造这一极考察，任何艺术家从事艺术创造活动，必须遵循“不可重复”的美学原则，这也许是艺术的唯一性“规范”。因为艺术文本之中的任何形式和内容的重复，只能说明艺术家的智慧的丧失和想象力的缺席，也就等同放逐了美。艺术文本只有保证“不可重复”的原则，它才使自己的存在成为审美的可能。虚无为美的无限敞开性开启了时空的无限性，美作为智慧的此在是拒绝重复的。它又是必然拒绝知识和语言的，因为后者是重复和积累的，而前者在不间断的怀疑、否定、创造的过程中诞生新的存方式。

三、过程

智慧与知识相比的另一个特质是，前者关注心灵的追求过程，而后者更醉心于主客观相符合的结果。前者立足于精神的可能性而后者更倾向客观世界的现实性。智慧的虚无化的本质规定，使其更瞩目内省的提问而舍弃回答，知识的工具性质迫使其更热衷于合乎客观实在性和主观实用性的回答而忽略提问，这是二者根本性的差异所在。

1. 自我设问。界说智慧是精神的虚无化过程，或者说虚无是智慧的最高生存方式，都在生存论意义上昭示虚无沉醉于精神的自我设问的过程这一潜在特征。智慧只关注精神漫游的心灵欣慰，而拒绝考虑它是否能走到一个功利性的目的地，精神的自我考问的漫游过程就被当作直接的无功利目的结果，它也没有必要和兴趣去过问客观现象界是否符合主观的精神逻辑，它把这个义务让渡给知识去承担，因为知识更感兴趣于主客观相符合的逻辑结果。

智慧的生存论意义的“过程性”特征还在于，它隐含着以自我为中心的对整个现象界的体悟功能。体悟不能简单地归属于认识，当然也非知识形式，它只是精神对自我所感知的现象界的直觉还原。在这种直觉还原的过程中，它把对整个现象界的领会奠基在自我想象的基础之上。现象界不过是心灵的虚无化的存在形式而已，精神的虚无化的生存方式也即智慧敞开的过程。在这一敞开的过程，心灵依赖内省而领会自我的意义，而现象界的意义只不过是智慧的外在形式。由于智慧的不可重复性，决定了现象界意义的不断更新。体悟是智慧的生存方式之一，然而“体悟”毕竟是靠近认识功能和具有探求结果的意向性，所以它依然为智慧蒙上了一层知性的尘埃。不过，智慧的生存方式最终是向往虚无的，虚无展开在不断生成的智慧过程中。在这一精神可能性得以丰富的过程，知性的尘埃毕竟稀少，而美的存在却趋于无限。这是智慧的游戏与欢愉。

2. 寻找自我。人类精神对于美的运思历史悠久，然而美学的最大失误就是对精神自我的遗忘，仅从现象界的现实性来言说美，忽视精神的可能性构成美之存在的本源。“虚无”是精神最根基的存在，也是纯粹意识的家园，它使人类心灵永恒地激起对无限和超越的幻想与冲动。忘却它，必将失落诗意与智慧、想象与灵性，这必然导致主体的沉沦和文化的衰落。迄今为止的文化史和精神史，就是一部人类寻找自我的历史，然而，恰恰是自我的存在经常被忽略，尤其是象征自我精神的无限可能性的虚无。因为这个世界引诱本能欲望和理性目的共同关注现世的东西，又沉溺于现实语境的种种牵制无法走入形而上的场景。存在者只有果断地抛弃功利世界的诱惑，才能寻找到一个虚无化的本真自我，才可能靠拢到美的彼岸。

虚无是精神最本己的存在，为精神之最高悬浮状态。美不可言说，以虚无来言说美也许最低程度使其蒙上知性的灰埃。美是精神的自由游戏与无限的欢乐，是虚无的最高存在。美即虚无。

第六章　审美活动

第一节　时间

西方形而上学对于时间的追问给予了美学以丰富的启思。时间决定存在者的生命形式和心理状态，存在者的时间意识引导审美活动的意向性和结构性情绪，激发对于时间存在的体验和直觉。对于时间存在的体验和直觉转换成为一种体验性的时间和直觉化时间，进入到审美时间的境域。时间意识规定时间视域，时间视域规定着审美活动的心理状况，规定着想象力的生成和艺术灵感的可能。简言之，主体的审美时间是一种超越历史境域和物理存在的共时性的精神结构，它保证着人类的诗性主体和艺术创造的精神根基。然而，现代和后现代境域的主体在一定程度上丧失了古典时期的审美时间，科学主义和实证主义的时间意识引领人类进入一个实用和非诗性的时间境域，决定主体存在的非审美时间和审美活动的物化与经济思维，由此证明着审美时间的沉沦成为后现代历史语境的另一种形式的知识悲剧。

一、时间之追问

物质和生命、世界与生活，必然性地和宿命地敞开于时间之域。因而，时间构成一个古老而常新的命题。思想史上，有关时间的运思涉及物理学、数学、天文学、哲学、心理学、美学等诸多领域。

然而，对于时间的追问没有一个合乎逻辑的理想和完美的终结。哲学视野对于时间的运思有助主体对于时间的美学意义的领悟，辅佐知识界重构后现代语境下的时间意识及其对审美时间的深度理解。

如果说古希腊毕达哥拉斯学派肇始对于时间的运思，那么，“在柏拉图的晚期对话《蒂迈欧篇》中，那里包含着对时间的第一个哲学定义。在这个定义中，时间被规定为永恒的映像（Abbild）”[①]。“对柏拉图而言，根本没有‘流动的现在’，只有时间的过渡性。过渡性就是‘过去是’和‘将是’这一对视角提供的。”[②]时间在柏拉图的视域里成为一种心理直觉的果实，“过去”和“将来”成为基本的结构。存在者一方面只能将自我托付给予时间的变化，而另一方面，时间是“永恒的映像”，在精神的运动过程中，主体凭借这一映像使永恒得以可能。显然，“永恒的映像”被赋予审美的意义和美学的色彩。亚里士多德在《物理学》第四卷提出了“时间本身是不运动的。只有同运动联系在一起，才会出现时间”的观点。他给时间的定义是：时间是依早和晚而动的运动的数。显然，亚里士多德的时间意识包含着顺序性、运动和数这些逻辑关联，他从时间和空间的辩证统一性理解时间，也是从科学和实证的立场诠释时间。

康德对于时间的沉思是西方古典哲学史上一个代表性的事件，它引导我们进入一个富有思想意义的时间话题。在《纯粹理性批判》中，康德对于时间展开“先验的阐明”，他从五个方面论证纯粹时间的性质和结构：第一，“时间非自任何经验引来之经验的概念”。第二，“时间乃存于一切直观根底中之必然的表象”。第三，“关于时

---

① 〔德〕克劳斯·黑尔德：《时间现象学的基本概念》，靳希平等译，上海译文出版社 2009 年版，第 27 页。

② 同上书，第 43 页。

间关系或‘普泛所谓时间公理’所有必然的原理之所以可能，亦唯根据于此先天的必然性。时间仅有一向量；种种时间非同时的乃继续的”。第四，“时间非论证的概念即所谓普泛的概念，乃感性直观之纯粹方式”。第五，“时间之无限性……故时间之本源的表象，必为无制限者”①。康德凭借思辨逻辑给予时间以形而上学的证明，意在揭示时间的先验本质：首先，时间不是从任何经验获得的经验概念。由此必须假定，时间是一切直观形式所预先设定的必需的表象，它是经验产生的逻辑前提。其次，时间是先验的必然性形式，它的外在特性是连续性和有序结构。再次，时间是感性直观的纯粹形式，它是内在感官经验的直接条件。最后，时间是无限的先验的存在形式。康德对于时间的形而上学的先验阐释，代表西方古典哲学的一种时间意识，给予后人极其丰富的思想启示。

与康德不同，西方现代哲学家柏格森在《时间与自由意志》里以“绵延”这一范畴对时间进行别出心裁的诠释，“柏格森哲学与传统哲学的根本区别就在于要以时间取代空间作为形而上学的对象”②。他不赞成传统形而上学将时间和空间进行逻辑关联，以阐述空间的方法移植到对于时间的理解。物理和数学的时间概念来源于物质世界，它们抽象出可以重复和计算的符号形式，由此它们就是僵死和无法获得生命活力的对象，丧失了流动性，因此也就丧失了“绵延”的可能。哲学应该拒绝实证科学的做法，不应当将具有绵延活力的生命形式和空间中的物质对象等量齐观，它必须寻找到一个与科学主义相差异的对象，这个对象必须是“时间”，而这个时间意味着生命具有真正意义和丰满价值的“绵延”。柏格森认为生命在本质上

---

① 〔德〕康德：《纯粹理性批判》，蓝公武译，商务印书馆1960年版，第55—56页。

② 刘放桐等著：《新编现代西方哲学》，人民出版社2000年版，第132页。

呈现于纯粹的时间之流，与此相关，时间的不可重复性和非间断性则守护着生命存在及其意义和价值。所以，时间与生命形式的逻辑纠结就在于：它们共同地不断地创新和流变，寻找差异性和不间隔地追求新的存在方式，所以它们不可以被科学所分析、定义、测量。在柏格森的视界里，存在着两种时间，一种是科学时间，它是可以被度量和抽象的客观对象和物质形式。而另外一种是“真正意义的时间”，是包含生命和生活的主观时间，也是直觉的时间和体验的时间，因此它接近着“绵延”的所指。显然，柏格森的时间概念或时间意识禀赋着一种美学的意味。他写道：“绵延的间隔既然跟科学不相干，他对于这些间隔加以无穷的缩短，因而在很短的时间内——最多几秒钟而已——就看到一系列的同时发生。人类的具体意识却不得不亲身经历这些间隔，而不能仅仅计算其首尾两端就算了，因而对于这一系列的同时发生也许要好几百年之久才能经历得完。”[①] 时间不仅仅象征着形而上学的“绵延”，而且被寄寓了审美和诗意的内涵。

胡塞尔的现象学始终为“时间”保留着一个中心位置。换言之，时间成为现象学重要课题之一。在《纯粹现象学通论》中，胡塞尔讨论了“现象学时间和时间意识”，“我们应当注意观察现象学时间和‘客观的’即宇宙的时间之间的区别，前者是在一个体验流内的（一个纯粹自我内的）一切体验的统一化形式”。[②] 胡塞尔区分了现象学时间和宇宙时间这样两种时间样式。前者是以体验为轴心的时间意识，而后者是以物质为标志的客观时间。他继而阐释了“体验”的内涵：“每一作为时间性存在的体验都是其纯粹自我的体验。它必然有如下的可能性（如我们所知，它不是空的逻辑可能性），即自我使其纯粹自我目

① 〔法〕柏格森：《时间与自由意志》，吴士栋译，商务印书馆 1958 年版，第 79 页。

② 〔德〕胡塞尔：《纯粹现象学通论》，李幼蒸译，商务印书馆 1992 年版，第 203 页。

光指向此体验，并将体验把握为在现象学时间中现实存在的或延存的东西。”[①]在现象学视域，时间是体验中敞开的时间，体验是在时间中延展的体验。这一时间意识就是现象学的体验时间或直觉时间，显然它有别于客观存在的宇宙时间和物理时间，因此，体验时间不能被数字标记和被逻辑分析而只能由纯粹意识或意向性来予以把握。

受胡塞尔的现象学时间意识的启示，海德格尔开始追问存在论意义的“本己时间”。诚如黑尔德所言：“胡塞尔和海德格尔的时间理论有一个共同的基础：他们都认为，有一种原初被经验的时间，它与我们日常生活中经验的、在哲学之外人们早已熟知的时间不相同，甚至对立。海德格尔在《时间与存在》一文中将其称为‘本己时间’，其意思是，按其原初的占有中是如何显现的样子来理解的时间。”[②]海德格尔的本己时间或本真时间，拒绝接受时间的无限性规定，只确信时间的有限性，不承认时间的先后次序而断定时间的流动状态，而认定将来是时间的归宿，所有的一切必将成为“将来”，因为“将来”才是存在者所烦心的存在。海德格尔批判了自亚里士多德以来的“时间概念”，认为“把时间当作一种无终的、逝去着的、不可逆转的现在序列，这种流俗的时间描述源自沉沦着的此在的时间性。流俗的时间表象有其自然权利。它属于此在的日常存在方式，属于首先占据统治地位的存在领悟”[③]。在他的现象学的存在本体论视域里，“时间既不在‘主体’中也不在‘客体’中现成存在，既不‘内在’也不‘外在’；时间比一切主观性与客观性‘更早’地‘存在’，

① 〔德〕胡塞尔:《纯粹现象学通论》，李幼蒸译，商务印书馆1992年版，第205页。

② 〔德〕克劳斯·黑尔德:《时间现象学的基本概念》，靳希平等译，上海译文出版社2009年版，第48页。

③ 〔德〕海德格尔:《存在与时间》，陈嘉映、王庆节译，生活·读书·新知三联书店1987年版，第499—500页。

因为它表现为是这个‘更早’之所以可能的条件本身。”[①] 其实，海德格尔秉承胡塞尔的现象学的“时间意识”，时间在存在本体论的意义上，依然属于一种直观形式，它寄寓着精神体验的工具性和存在者“上手”状态，标画为主体不间断的连续性体验的必然形式。未来并不比过去迟，而过去并不比现在早，时间是作为流动于过去、现在和未来而存在的。这是海德格尔对于时间的富于美学性质的阐释。

西方哲学有关时间的概念启发我们，对于时间的美学运思，绝不能单向度地从科学主义和实证主义的立场理解时间，也不能将时间意识单纯地奠基于日常生活和流俗的存在状态。倘如此，主体就陷入对于时间的实用主义的状态，构成存在者的知识悲剧。我们必须从哲学和美学的视域重新领悟时间，寻找时间的审美意义。换言之，美学应该寻求“审美时间”的后形而上学解答。

二、时间意识与时间视域

时间意识（Time consciousness）决定存在者的时间视域（Temporal horizon）。每一个存在主体秉持的时间意识规定和影响着所处的时间视域。在生活世界，日常经验和知识性的时间意识，统摄着绝大多数主体的心理。一方面，一种常规的物理时间意识和实证时间意识，规范着人们的思维方式和实践意志。另一方面，一种非常规的心理时间意识主宰着少数主体，或者在特定的境域主导着部分主体。例如部分诗人、艺术家的时间意识，或者置身于审美活动和艺术创造的境域，主体所秉持的时间意识。从文化人类学视角考察，文明与文化的起始阶段，在原始思维和诗性思维占据主要位置的历史时期，大多数主体的时间意识属于非物理、非实证和非科学性质的。因此，

---

① 〔德〕海德格尔:《存在与时间》，陈嘉映、王庆节译，生活·读书·新知三联书店 1987 年版，第 491—492 页。

这类时间意识属于心理时间意识。从这个意义考察，时间意识存在着历时性的痕迹。然而，它更是一个共时性的概念，一方面，不同的时间意识可以存在于相同的历史时期；另一方面，不同的历史语境存在着逻辑相等的时间意识。所以，在逻辑上可以划分两类时间意识：物理的时间意识，心理的时间意识。前者也可以称之为经验的时间意识、实证的时间意识、科学的时间意识。在性质上它们趋向在和空间的逻辑关联上理解时间，所以也可以称之为统一的时间意识。后者可以划分为：直觉的时间意识、体验的时间意识、想象的时间意识。它们存在于纯粹时间状态，倾向于和空间分离的状态把握时间和领悟时间。因此，可以称为“纯粹的时间意识”。

普遍的生活世界和日常场景赋予主体的时间意识往往是物理的时间意识，它和空间存在密切的逻辑关联，物质的空间形式严格规定着时间的顺序性和机械性。与此相关，数学符号严格地分割着它的存在结构。如果说它存在着某些审美性的因素，或者说假定它是一种特殊的审美时间，就在于这种时间存在着对称性和均衡性、周期性和严密性，呈现着绝对的形式统一和结构的完整性，在特定的境域呈现美的形式。然而，这一时间性在审美意义上是僵死的、机械的、固定的，理性概念所假定的重复的循环构成它的重要存在方式，如年、月、日的重复和循环的时间性，机械地呈现美的形式可以预测和计算的数学符号。这一类审美时间蕴含的美感趣味是固定和停滞的，审美的意义和价值也是极其有限的。唯一令心灵震颤的是，这种线性时间，以不可逆转的前行流动，闪烁着一种无可挽回的审美感伤。从具体的类别分析。首先，经验的时间意识来源于生活世界的经验积累和知识谱系，感觉活动和实践活动构成其生成基础和条件。重复性和积累性是经验的时间意识一个重要特征。其次，实证的时间意识奠定于经验的时间意识，是理性思维和归纳逻辑的必然结果。可测定性和可分析性构成实证的时间意识的基本内涵。最后，科学的时间意识是对于经验的时间意识和实证的时间意识的辩证综合，是对于空间与时间的高度统一性的概念，也是完整性的时间认识，上升到数学和物理学的范畴，成为一种纯粹理性和严格规范的知识形式。在生活世界，置身于日常生活状态，绝大多数的主体都依据于物理的时间意识进入时间境域，因此获得的审美时间是极其有限的和相对的，美感体验也是机械单调和固定形态的。或者说，这不属于真正意义的审美时间，至多是一种形式化和表层化的审美时间。

心理的时间意识同样存在于生活世界，它虽然置身日常生活场景却能够超越。由于诗性主体、审美主体、艺术主体的重构功能，置身于一定的审美境域和诗意境界，或者说，在艺术世界或审美世界，心理的时间意识可以抗衡、无视或消解物理的时间意识，超越空间形式获得内在的独立性，使审美时间得以可能。心理的时间意识的分别阐释可以使我们获得对时间境域和审美时间的具体领悟。首先，直觉的时间意识。它来源于先验的时间形态，是一种非形式和非结构化的时间性。它没有开始也没有终结，充满无限的变化可能性，无法进行测量和计算，只有先验的直觉可以把握，时间的刻度也可以任意设定，诸如“八千岁为春，八千岁为秋”[①] 的诗性言说。其次，体验的时间意识。呈现为流动不定的主观知觉，存在着向前和往后的两种形态。胡塞尔“将体验在时间上向前的伸展称之为‘前摄’（Protention）或‘即将的视域’（Horizont des Vorhin），而将在时间向后的伸展称之为‘滞留’（Retention）或‘而后的视域’（Horizont des Nachher）。这是指，每一个感知体验在时间上都有一

① 《庄子·逍遥游》。

个向前和期待和向后的保留。当一个体验消失，另一个体验出现时，旧的体验并不是消失得无影无踪，而是作为‘滞留’留存在新体验的视域之中。同样，一个更新的体验也不是突然落到新体验中，而是先作为‘前摄’出现在新体验的视域之中。”[①] 体验的时间意识表现为前后移动的时间之流，连接着过去和未来的时间视域，引导主体进入一个超越物理时间之限定的诗意时间和审美时间。最后，想象的时间意识。这一时间意识，脱离物理时间和科学时间的限定，获得后验的精神纯粹性，作为一种纯粹意识的时间性而独立自足，同时完全摆脱空间结构的制约，成为一种纯粹的时间意识。因此，想象的时间意识一般担当着艺术生产的职能，具有一种审美超越的性质，它最能具备审美时间和诗性时间的内涵。庄子的哲学寓言，歌德的《浮士德》，马尔克斯的《百年孤独》，荒诞主义戏剧等文本，它们贯穿着想象的时间意识，显现奇崛瑰丽的美感和弥散着令人沉醉的艺术魅力。在审美活动中，想象的时间意识同样担负着重要的职责，扮演着主导性的角色。一方面，想象的时间意识颠覆物理时间的一维性和顺序性，联结着过去、现在和未来全部时态，使精神获得绝对的自由和摄取多向度的意义，从而诞生丰富和新颖的美感。另一方面，想象的时间意识诱发审美的灵感和激情，从而诞生诗意思维和生命智慧，获得对美的现象界的神秘体悟和本质直观，意向性地把握美的形式和结构、意象和灵魂。再一方面，想象的时间意识既关注瞬间也渴慕永恒。主体沉浸瞬间而加重它的密度和延展其长度，使瞬间得以永恒，获得无限性的体验意义。与此相关，想象的时间意识对于永恒时间的期盼构筑起另一个精神对象：时间既可以在停滞中获得永恒的意义，时间也可以在无限地流淌和绵延中确

① 倪梁康：《胡塞尔现象学概念通释》，生活·读书·新知三联书店 1999 年版，第 519 页。

立它的永恒价值。由此，审美时间既可能是瞬间的也可以获得永恒。这也意味着，审美主体置身于审美时间的心灵体验也可以指向无限的循环从而得以永恒。

时间决定存在者的生命形式和心理状态，而时间意识引导着主体的时间视域，进一步触发主体的审美体验和诗性直觉。一方面，存在者的时间意识引导审美活动的意向性和结构性情绪，激发对于生命存在的体验和直觉。另一方面，对于时间存在的体验和直觉，转换成为一种体验性的时间和直觉化时间，从而过渡到审美时间的境域。时间意识规定时间视域，时间视域规定着审美活动的心理状况，规定着想象力的生成和艺术灵感的可能。从这个理论意义讲，时间意识就是时间视域，一种形态的时间意识规定着相应的时间视域，而时间视域合乎逻辑地带领着主体进入审美时间。它们构成一系列的逻辑环节，从而使审美活动得以可能。主体必须在时间意识和时间视域的逻辑关联上才能领悟审美时间，也只有置身于审美时间才使审美活动得以可能。这也意味着，只有洞悉被遮蔽的审美时间的隐秘，才可能获得对于审美活动相对深入的理论阐释。传统形而上学的知识论美学忽略对于时间意识和时间视域的逻辑理解，因此也遮蔽了审美时间的存在意义，无法说明审美活动的时间性意义，也必然性地丧失对于美的合理阐释。

三、审美时间

在时间意识和时间视域共同地规定着审美时间这样一个逻辑前提之下，我们将进一步探讨审美时间的相关特性及其存在意义。

审美时间导源于直觉的时间意识、体验的时间意识、想象的时间意识，它们规定着主体立足于相关的时间视域，而这种特定的时间视域决定着审美时间的生成、流动和绵延。因此，审美时间蕴含的特性，和直觉的时间意识相关联。审美时间的形态呈现为先验性，是非经验和非逻辑的存在。或者说是一种非形式和非结构化的时间性。它没有起点也没有终点，每一个时间点上都具有无限变化的可能性，因此它无法被测量和计算，所以它也没有数字刻度，可以根据心理需要而设定。在审美活动和艺术活动的过程中，直觉的时间意识往往被设定为主体存在的时间性，这一时间性生成和转换为审美时间。佛学认为，“刹那间”，可以“生灭万法，转转相续”，任何最小单位的时间都包含着物象和精神的无限可能性的“种子”。直觉的时间意识部分地类似于这种“刹那间”的时间直觉，短瞬却指向无限和永恒，包藏着心与物的“无常”。审美时间在一定境域眷注于刹那间的心灵直觉，这也是审美直觉，这种审美直觉颠覆常识时间和客观时间而进入审美时间。古典诗人流连于瞬间而唯美浪漫地永久歌吟，同样证明着审美时间从瞬间走向永恒的特性。

审美时间的内在特性还关联着体验的时间意识。体验的时间意识尽管处于当下时间点，却存在着向前和往后的两种形态。胡塞尔的现象学将体验在时间上向前的伸展称之为“前摄”或“即将的视域”，而将在时间向后的伸展称之为“滞留”或“而后的视域”。在这个理论意义上，审美时间必然地包含着“前摄”和“滞留”，存在着“前视域”和“后视域”。它不承认物理时间和科学时间对于过去、现在和未来三个时间段落的逻辑界线。体验的时间意识消解实证主义和科学主义的时间概念，也拒绝日常经验的时间观。在一定的境域，它是美学意义上的审美时间。审美时间的逻辑张力构成一种诗性的势能：第一，所有的过去必然成为现在；所有的过去也必然成为未来。由于主体的审美记忆和对于历史的无限追溯以及不间断的阐释，过去的事物和精神被复活成为现在时态的新质美感。体验的时间意识也会将它们带向未来。而在未来时间，它们同样将被后世接受者展开循环的阐释，持续不断地弥散美的魅力。第二，所有的现在都会成为过去，所有的现在也必然成为未来。所有的现在时间必将成为过去和历史，进入一种“滞留”的时间视域，从而尘封在感伤和凭吊的过去时间，获得一种不断被追忆的审美意义。然而，所有的现在时间也必然成为未来，进入到“前摄”的时间视域，供后来的心灵进行审美理解。第三，所有的未来必然成为现在，所有的未来必将成为过去。体验的时间意识可以将未来理解为必然成为现在和成为过去。因此，所有未来时间的物象和精神必然“滞留”为现在和发展为过去，无限可能性的美必然转化为现实性的存在，再藏匿到历史的幽谷。所以，由于体验的时间意识的机能，审美时间消解了过去、现在和未来的实证时间和物理时间的限定。

审美时间的特性密切联结于想象的时间意识。想象的时间意识，也是最自由的时间意识。它是呈现后验的精神纯粹性，完全摆脱空间和物象的约束，因此是一种纯粹的时间意识。想象的时间意识在逻辑上更接近和等同于审美时间，第一，它凸显绝对的自由性和虚构色彩。时间服从于自由心灵的设定，或者说，时间呈现绝对的自由意志。因此，虚构色彩和浪漫唯美的趣味最为浓烈醇厚。第二，一维性和顺序性被多维性和任意性所取代。想象的时间意识沉醉于多向度的时间，颠倒顺序和有意识地扩展或缩小某些时间尺度，追求一种审美化和诗意化的价值或趣味。第三，想象的时间意识适合担当艺术创造生产的职能，它召唤艺术灵感，具备审美和诗性的心理内涵。

主体的审美时间是一种超越历史境域和物理存在的共时性的精神结构，它保证着人类的诗性主体和艺术创造的精神根基。然而，现代和后现代境域的主体在一定程度上丧失古典时期的审美时间，科学主义和实证主义的时间意识引领人类进入一个实用和非诗性的时间境域，决定主体存在的非审美时间和审美活动的物化和经济思维，由此证明着审美时间的沉沦成为后现代历史语境的另一种形式的知识悲剧。从上述视角考察，审美时间的存在意义，无论在理论领域还是生活世界，对于生命存在的精神价值，无论怎么估价都不为过分。和古人相比，现代人的时间意识倾向于科学主义和实证主义的物理时间，而沉沦和忽视了审美时间。对于时间的实用性、规定性、机械性的严格信守，构成现代社会的最重要和最显著的特点之一。现代的时间意识密切关联着任何一个国家、团体和个人，关系每一种存在形式和生命形态，密切关联着现实世界的效用原则、经济目的和各种意识形态。显然，没有这种科学主义的时间意识是无法想象的。然而，这种科学主义的时间意识绝不能完全替代和消解心理主义的时间意识，实证主义的时间意识也绝对不能取消审美时间。因为没有审美时间的时间意识，是残缺的、单调的和僵死的时间意识，没有审美时间的生活世界是丧失灵感、诗性和美感的枯燥世界，没有审美时间的物质对象是缺乏生命活力和鲜艳色彩的呆板结构。置身于后现代的历史语境，我们需要重新召唤审美时间的回归，保证我们生命的诗意和灵感、艺术化和审美超越得以可能。

分析庄子的时间意识及其审美时间的观念，可以从中领悟和汲取一些有意味和有价值的构成，有助于启发置身于后现代时间的存在者的有关审美时间的运思。庄子的时间意识主要指向由主体心理发生和规定的情感体验和想象假定的时间。即使是像海德格尔所自称的超出从亚里士多德至柏格森以来的时间观“领会着存在的此在的存在，并从这一时间性出发解说时间之为存在之领悟的境域”[①]，庄

① 〔德〕海德格尔:《存在与时间》，陈嘉映、王庆节译，商务出书馆1987年版，第23页。

子的时间意识也不受此限定。无论精确的科学语言所说的客观物理时间，也无论是时空论统一的时间，还是单一的生存论时间，庄子的时间意识均不能被其限定。因为庄子的时间意识更接近于审美时间和诗意时间的意识。《内篇·德充符》云："日夜相代乎前，而知不能规乎其始者也。"《内篇·逍遥游》云："朝菌不知晦朔，蟪蛄不知春秋，此小年也。楚之南，有冥灵者，以五百岁为春，五百岁为秋；上古有大椿者，以八千岁为春，八千岁为秋。"庄子的时间意识和内在心理的直觉性、体验性与想象性相衔接。作为一个伟大的相对主义者和充满情思的诗人，庄子当然不甘心被机械的物质时间限制，让自由精神于拘陷于死亡的囚牢。这位古典的诗人哲学家渴望凭借审美时间获得诗意的超越："北冥有鱼，其名为鲲。鲲之大，不知其几千里也；化而为鸟，其名为鹏。鹏之背，不知其几千里也；怒而飞，其翼若垂天之云……抟扶摇羊角而上者九万里，绝云气，负青天，然后图南，且适南冥也。"[①] 这种想象的灵物无疑超越时间和空间，"乘天地之正而御六气之辨，以游无穷者"[②]。至人、神人和圣人，他们可以自由地延伸时间，"八千岁为春，八千岁为秋"的生物，还可以应情感需要无限拉长时间和迟缓时间，死亡当然对他们只能发出无可奈何的叹息。庄子以诗意的想象创造的"宇宙时间"或"诗性时间"，它们既是主体的心理时间，也是艺术化和哲学化的审美时间。

以上的理论视角可以给予我们如此的领悟，审美时间的存在意义在于：一方面，构筑起生活世界的精神意义，建立一种生命存在的唯美主义和浪漫主义的艺术价值，为平庸的现实生活增添了创造的活力和幸福的色彩。另一方面，审美时间给这个执迷于本能享受、

---

① 《庄子·逍遥游》。

② 同上。

商品消费、游戏娱乐、权力角逐等的世界带来哲理性的告诫，所有“物象”都将成为“过去”。再一方面，审美时间引领人们追忆、收藏和复活过去时间的宝贵存在，“所有的过去都会成为现在，所有的过去必然成为未来”。唯有怀旧和珍惜历史的心灵才是美感和幸福的心灵，才可能理解现在和未来的美的意义和价值。审美时间引导主体重视正在进行时的实践意志，“所有的现在都将成为过去，所有的现在必然成为未来”，只有珍惜此时的存在者才能接近海德格尔哲学的“此在”者，只有把握当下的主体，才可能把握历史和走向将来。审美时间携手我们走向未来，“可能性高于现实性”[①]这句现象学的口号，晓谕人们把握未来就是领悟具有无限可能性的美的存在。“所有的未来必然成为现在，所有的未来必然成为过去”。向往未来的主体才是诗意的主体，渴慕将来的心灵才可能是审美的心灵和艺术的心灵。只有经常置身于未来的视域，人类才具有无限的理想热情，超越现实世界的庸俗和利益冲突不断上演的悲剧，摆脱感性享受和知识工具的制约。也只有不断地调整到未来的视域，理性力量才能战胜非理性的原欲和罪恶，理想国的阳光才能驱除实用主义和市侩主义的黑暗遮蔽。如果说，后现代社会处于沉湎于功利与欲望、浮华与权力、交换和消费、游戏与娱乐等一系列病症状态，对于审美时间的重新认识和呼唤也许是一剂不无功用的良药。

第二节　空间

空间是生存的物质前提，也是主体进入生活世界展开审美活动的逻辑前提。审美活动和空间存在必然性的心理关联，此种心理关

① 〔德〕海德格尔：《存在与时间》，陈嘉映、王庆节译，生活·读书·新知三联书店1987年版，第48页。

联构成审美空间，蕴含着物理空间和心理空间两个方面，两者结构性地生成审美空间这样一个审美事实和诗性现象。一方面，主体置身于审美空间，感受和体验它的有限和无限、实在和虚幻；另一方面，主体想象和创造一种神秘和虚拟的空间形式，直觉它们的逼真和诡异、绚丽和恐怖的氛围。现代电子技术营造的赛博空间在一定程度上满足主体对于逼真而虚幻的审美空间的渴求。然而，现代生命对审美空间的感受和理解失落了古典主义的诗性精神，主体只有在现代历史语境中重构审美空间才使生活世界和艺术境界的审美活动诞生美感和诗意成为可能。

一、空间之追问

空间构成生命存在最基本的物质前提，也是生活世界得以展开的最根本形式。当然，它也是社会和历史得以延展的基础之一。主体与世界的一个最重要的逻辑联结就是对于空间的知觉和体验。康德在《纯粹理性批判》中写道："且一切对象绝无例外，皆在空间中表现。对象之形状、大小及其相互关系皆在空间中规定，或能在空间中规定者。"[①] 所以，康德认为空间"乃一种纯粹直观"的结果。和时间意识密切关联，主体对于空间的知觉与体验、想象与理解客观地构筑了精神世界的重要结构之一。生命个体对于空间的直觉感受和理性阐释是主体存在的必然意义，也是审美活动的逻辑依据和艺术生产的直接来源之一。因此，人类对于空间的直觉和运思从来没有驻足。换言之，对于空间的追问构成人类哲学和美学的应有之义和必然内涵。

显然，康德是思想史上对于空间进行玄学阐明的关键人物。康

① 〔德〕康德：《纯粹理性批判》，蓝公武译，商务印书馆 1960 年版，第 49 页。

德对空间进行形而上学的证明意在阐述空间概念与时间概念是先验地给予的，他既不赞同牛顿主张的空间属于“实在的存在”的说法，也不接受洛克认为的空间是“实在东西的规定”这一概念，更不采纳莱布尼茨所声称的空间是“实在事物的关系”这一推断。康德关于空间概念的形而上学阐明是：第一，空间不是由于外在的经验引来的概念，空间绝不是经验的表象，主体不能以经验表象的方式获得对于空间的经验。因为空间特性是并列的，不同位置不同结构的事物构成并列关系，只有先天地假定空间的存在，才能有事物的经验。第二，空间既然是外部直观的必然性先验假设，是经验产生的逻辑前提。因此，先有了空间假定之后才有了经验的表象。必须视空间“所以使现象可能”之条件，而不视之为现象之规定，“空间乃必然的存于外的现象根底中之先天的表象”[①]。第三，空间是一种“纯粹的直观”。空间是一种整体性和总体性的存在方式，它与概念由单一到普遍的逻辑方式不同，部分空间绝不能先于包括一切之唯一空间而能单一存在，个别空间仅仅是总的空间分割出的一部分，它必须被整体空间所包容。第四，“空间被表现为一种无限的所与量。……惟空间表象则能思维为包含有无限表象在其自身中，盖空间之一切部分固能同时无限存在者也。”[②]空间属于总体性的存在形式，它是一个无限的量，因此，必然显明空间是无限的。总之，康德对于空间的证明可以概括为：空间乃本原的表象，是先验的直观而非概念。

西方现代哲学对于时间的运思显然远远超越对于空间的眷注，然而，关于空间还是留下一些具有一定价值的理论遗产。柏格森在对于时间沉思的同时，发表他对于空间的见解。“只有空间是纯一的；可以

---

① 〔德〕康德：《纯粹理性批判》，蓝公武译，商务印书馆 1960 年版，第 50 页。

② 同上。

知道，空间的各物构成一个无连续性的众多体；可以知道，每一个无连续性的众多体都是经过一种在空间的开展过程而构成的；从此又可以知道：如果我们照意识对于这些字眼所了解的意义来使用它们，则空间没有绵延，甚至没有陆续出现。至于所谓在外界的先后状态，它们每个单独地存在着；只是对于我们的意识而言，它们的众多性才是真实的；我们的意识能首先保持它们，然后把它们在彼此关系上加以外在化，从而把它们并排置列起来。……意识为了这个目的所使用的空间恰恰是所谓的纯一时间。"[①] 一方面，柏格森空间观决定于其时间观，换言之，他的空间概念由时间概念推演而来。并且空间从属于时间，而空间失去了时间所具有的"绵延"的存在特性和自由权。另一方面，和时间不同，空间在存在形式上是丧失连续性的，是断裂的和单独的存在方式，唯有主体意识才能使非连续性的空间众多体构成一个相对的整体结构。因此，由于意识的作用，空间最终表现为一种纯一的时间。显然，柏格森是在从主体意识出发寻找一个空间存在的逻辑基础，并且从时间的规定性确立空间存在的理由和概念。他在强调时间具有"绵延性"的同时，必然性地降低空间的自由度和天赋权力。

显然，胡塞尔的现象学对于时间的沉思超越了对空间的阐明。然而，在《欧洲科学的危机与超越论的现象学》这一重要论著中，他把空间与时间放置于同等重要的地位，认为生活世界由空间和时间共同构成，它们保证了生活世界的得以可能。"世界是事物的全体，是分布在空间—时间性这种世界形式中的，在双重意义上有'位置'的（空间的位置和时间的位置）的事物的全体——空间时间中的'存在者'全体。"[②] 胡塞尔坚信只有置身于空间时间相统一的生

① 〔法〕柏格森：《时间与自由意志》，吴士栋译，商务印书馆 1958 年版，第 81—82 页。

② 〔德〕胡塞尔：《欧洲科学的危机与超越论的现象学》，王炳文译，商务印书馆 2001 年版，第 172 页。

活世界，确信和清醒地置身于“生活世界”，才能保证主体的真理性和美感的获得。“生活总是在对世界的确信中的生活。‘清醒地生活’就是对世界清醒的，经常地现实地‘意识到’世界，以及生活于这个世界之中的自己本身，现实地体验到并且现实地实行对世界之存在的确信。”[①] 人类建立对于空间时间的确信和对于生活世界的确信同时，也必然地建立对于自我意识的确信，这种“清醒地生活”是保证主体获得对于生活世界的真理性认识和审美确证的基础，也是人类矢志追求的崇高目标。现象学对于空间时间相统一的生活世界的确信为寻找可能存在的价值与意义、真实与真理、美感与诗性开拓出一条理性主义和理想主义的精神之路。

承接着现象学的入思线索，海德格尔在《存在与时间》中，从三个方面探讨了空间性问题。第一，上到手头的空间性。“空间分裂在诸位置中。但具有空间性的上手者具有合乎世界的因缘整体性，而空间性就通过这种因缘整体性而有自身的统一。并非‘周围世界’摆设在一个事先给定的空间里，而是周围世界特有的世界性质在其意蕴中勾画着位置的当下整体性的因缘联络。而这诸种位置则是由寻视指定的。当下世界向来揭示着属于世界自身的空间的空间性。只因为此在本身就其在世看来是‘具有空间性的’，所以在存在者状态上才可能让上手的东西在其周围世界的空间中来照面。”[②] 海德格尔以“上手”这个比喻性的词汇表述一种事物或主体的状态，上手的空间性意在阐明空间因缘整体的给定，不是世界自身使然而是主体的“上手者”具备合乎世界的因缘整体性这样一个意思。客观的空

---

① 〔德〕胡塞尔:《欧洲科学的危机与超越论的现象学》，王炳文译，商务印书馆 2001 年版，第 172—173 页。

② 〔德〕海德格尔:《存在与时间》，陈嘉映、王庆节译，生活·读书·新知三联书店 1987 年版，第 129—130 页。

间是分裂的和破碎的，没有意志和因缘整体性，是因为主体的“上手”状态赋予空间一种因缘整体性，赋予它们一种完善的结构方式。换言之，唯有上手的空间性才具有因缘整体性的可能，才具备被理解和审美体验的可能性。第二，在世界之中存在的空间性。在世界中存在的空间性显然必须联系存在者的存在性质来解释。“因为此在本质上是以去远的方式具有其空间性的，所以，此在在其中交往行事的周围世界总是一个在某种活动空间中一向与此在相去相远的‘周围世界’。因此，我们首先总是越过在距离上‘切近的东西’去听去看。”[①] 客观的事物形式、状态、位置、距离等要素不是主体衡量空间的依据和目标，存在者是依据自身存在的理解需，要去确定空间的存在方式、性质、结构及其功能、意义，或者说，空间只能适应主体的意识需要而诞生与之相适应的构成。第三，此在的空间性。“既非空间在主体之内，亦非世界在空间之内。只要是对此在具有组建作用的在世展开了空间，那空间倒是在世界‘之中’。并非空间处在主体之内，亦非主体就‘好像’世界在一空间之内那样考察着世界；而是：从存在论上正当领会的‘主体’即此在乃是具有空间性的。而因为此在以上述方式具有空间性，所以空间显现为先天的东西。”[②] 海德格尔强调此在的空间性意义，并非简单地将空间设定为主体之内的存在形式，也不将世界归结为空间之内。海氏空间观的玄奥深刻之处在于，尽管空间不在主体之内然而又不能脱离“此在”去言说空间，世界亦非单纯地在空间之内，然而也不能离开世界谈论空间。但是，唯有凭借“此在”，方才使空间的阐明得以可能，只有在生存论意义上，我们才能领悟空间性的存在及其意义，换言之，是因为“此在”

---

① 〔德〕海德格尔:《存在与时间》，陈嘉映、王庆节译，生活·读书·新知三联书店 1987 年版，第 132 页。

② 同上书，第 138 页。

使事物具有了空间性，才使空间的存在成为可能。由于“此在”的如此作用，空间最终成为在世界“之中”。诚如海德格尔所论，空间存在的阐释工作直至今日还存在窘境，应当着眼于现象本身以及种种现象上的空间性，把空间存在的讨论领到澄明一般存在的可能性方向上来。无论哲学或美学都有必要从存在论的视角和“此在”的可能性方面重新理解空间的意义，并体验它本应呈现的诗意之美。

二、生活世界和审美空间

空间是生存的物质前提，也是进入审美的生活世界的逻辑前提。审美活动和空间存在必然性的心理关联。此种心理关联构成审美空间，蕴含着物理空间和心理空间两个方面，两者结构性地生成审美空间这样一个审美事实和诗性现象。一方面，主体置身于审美空间，感受和体验它的有限和无限、实在和虚幻；另一方面，主体想象和创造一种神秘和虚拟的空间形式，直觉它们的逼真和诡异、绚丽和恐怖的氛围。需要辨析的是，主体对于空间的感受和体验呈现二重性现象：一方面是对于空间的和谐性移情，接受心理对于空间的沉迷、惊喜、崇拜等美感的生成；另一方面，是存在者对于空间的恐惧性抽象，表现出对于无限空间和神秘空间的畏惧、迷失、恐慌等负面情绪，构成非审美的心理状态。沃林格认为：“移情冲动是以人与外在世界的那种圆满的具有泛神论色彩的密切关联为条件的，而抽象冲动则是人由外在世界引起的巨大内心不安的产物，而且，抽象冲动还具有宗教色彩地表现出对一切表象世界的明显的超验倾向，我们把这种情形称为对空间的一种极大的心理恐惧。”[①] 显然，前一种情况符合对审美空间的概念规定性，后一种情况和审美空间的概念规定性

① 〔德〕沃林格：《抽象与移情》，王才勇译，辽宁人民出版社 1987 年版，第 16 页。

存在某种距离。然而，对于空间的抽象冲动和心理恐惧经由艺术的表现也可能成为一种审美意象，这属于另一个逻辑范畴的问题。

主体和生活世界之间一个重要的逻辑关联就是空间形式或空间结构。生命个体置身于生活世界，最重要也是最丰富的感受和体验之一就是关涉于空间。这种关涉包括物理空间和心理空间两个方面，后者以前者为物质基础和逻辑前提。但是，物理空间和心理空间并非等同于审美空间，它们只有成为主体的纯粹意识的意向性的审美对象，中经诗性的直觉和审美的体验的作用才可能诞生真正意义的美感形态。生活世界为主体提供审美空间的可能，而严格意义的审美空间的获得必须由主体的审美直觉和审美体验予以担当。

古典时期对于审美空间的感受、直觉和体验是以诗性思维为前提的，文明形态的主体对于空间不再是动物般的单纯恐惧而转换为一种喜欢和沉迷的情绪，一种诗性情怀荡漾于心灵深处，释放出人类的审美灵感和创造激情。古典时期对于空间的审美感受呈现一个明显的特性是“空间换时间”。古人耗费大量的时间对于空间展开细致入微的感受、直觉、体验、想象等心理活动，他们不惜时间地眷注对于空间的知觉、感受、体悟和理解。因此，他们对于空间的理解是精致和富有洞见的。并且由于诗意思维的作用，这种对于空间的心理感受充盈着神话和诗性的色彩，是一种以己度物的情感活动，它接近于沃林格所界定的“移情冲动”的概念。从具体形态上分析，首先，身体空间隐喻为外在的物质空间，古人偏爱天人合一和天人感应的思维方式，从一个侧面折射出以身体空间比附外在空间的心理习惯。尤其自汉代以来的阴阳五行说，以董仲舒的《春秋繁露》为代表的谶纬之学，更是将身体空间对于外在空间的比附推演到了极致。古人以自我的身体空间去类比和想象外在的空间形式，从崇尚迷恋自己的身体结构而转换为敬畏、热爱外在的空间形式，诞生出一种审美空间的主体意识。这样由内空间向外空间的意识转移，表现出古人对于自我与自然的和谐统一的哲学观念，也是身体空间和外在空间最终成为统一的审美空间这个审美现象。换言之，在古典意识里，外部空间就是身体的转移，它们本身就是自我身体的一部分，成为一种想象性的延伸和情感性的扩展或渗透，两者之间没有明显和严格的逻辑界限。由于身体空间蕴含着生命形态，而主体对于外在空间的比附，必然性地赋予外在空间以生命气韵，几乎所有的空间形态在古人的心理活动都是充满生命色彩和运动气象的，这样的空间必然性成为一种富有意义的审美空间。其次，主体的神话意识和宗教信仰赋予空间以神秘和奇异的内涵。生活世界的空间形式呈现出丰富多姿的生态现象，古典时期的存在主体充满着神话意识和诗性思维。与此密切相关，弥散着对大自然的图腾崇拜等宗教意识和宗教情感。因此，自然的空间形式就被主体一方面赋予了神话和诗性的要素，具有神秘、奇异、虚幻、绚丽等内涵，另一方面，被作为崇拜和图腾的对象，成为一种被敬畏、膜拜、赞美、祈求的神灵象征，寄寓着一种神秘或神圣的审美情感。所以，古典主义的空间意识更容易转换生成审美空间的意识。如此，我们就合乎逻辑地容易理解为什么古典诗人对生活世界的空间始终秉持着一种审美情怀，空间就是自我生命的一部分，它们既是主体的生命形式的物质性延展，也是身体空间的有机体象征，更是想象性的自我生命空间的一种比照和对应。“我见青山多妩媚，料青山见我应如是。”这种主体和客体之间的空间形式互换式的美学修辞，其实也蕴藏着古人一种诗性的审美情怀，自我生命空间和物象空间的对话和置换，由此，诞生一种美学和诗学意义的审美空间。屈原的《天问》创造奇幻的宇宙空间模式，但丁的《神曲》想象出天地之间的多重复杂结构，歌德的《浮士德》通过主人公的神奇游历呈现一种虚幻的空间结构，艺术创造主体对于生活世界的空间体验和想象，创造一种虚幻而有意义的审美空间，同时也是艺术化的诗性空间。

和古典主义的审美空间相比，现代主义的审美空间呈现大相径庭的特性。与此古人“空间换时间”的方式相反，现代人流俗的审美方式是“时间换空间”。尽可能以最小化的时间单位换取最大化的空间距离，满足自己对于空间的征服和观赏，尤其体现在现代旅游业上。现代人热衷于获取财富和权力，沉迷于商品消费，密集迅捷的知识和信息的输入，以及醉心于科技享受和世俗生活的诱惑，加之受到严密的社会分工和严格的工作制度的制约，对于时间越来越重视，兼之现代先进的交通工具的利用，使得可能牺牲较小的时间来换取对空间的巡视。于是，对于时间的怜惜和对于空间的掠影于是构成一种有趣味的生活图景，现代旅游业则充分顺应和利用这种大众化的文化消费。所以，现代人对于空间的感受和体验，是走马观花式的浅陋粗糙，还没有建立一种严格意义的审美空间。

现代社会除了“时间换空间”的特性之外，还表现在对于审美空间的实用主义和消费主义的美学趣味。首先，居住空间的科学主义和实用主义成为现代人的消费空间的主导性要素，因此，也寄寓着一种科学主义和实用主义的空间美学。居住空间成为现代人最重要和最普遍的消费空间，一方面，是因为人口几何级数的增长导致生存空间越来越狭小，城市化和现代化成正比例的递进关系。另一方面，在于现代人的居住空间越来越体现社会等级和货币数量的拥有程度。再一方面，现代居住空间越来越呈现实用理性和精细的数字计算，居住空间成为最重要的消费品和私人化的感性享受区域，它的实用性和享乐性成为第一需求，而审美性和象征性成为第二性的或辅助性的需求。由此决定着现代人的居住空间的密度递增和审美功能的衰退，相对强化的是科学主义的实用原则和消费心理的欲望满足。和古典时期相比，现代人居住空间的审美功能和诗性精神急剧地下降和衰落，审美空间的意义和趣味也逐步降低，这是现代生活世界的又一种形式的美学悲剧。其次，公共空间的社会阶层分设和不同功能的严格区分，使现代的空间分割和使用成为精密的技术和社会意识形态的体现，空间的政治学、经济学等象征意义日显突出，一种制度化和等级化的空间意识成为流行的审美趣味。由于都市化成为现代社会的日益强盛的潮流，公共空间越来越主宰人们的生活，甚至占据生活世界的主导和主要的地位。公共空间的使用功能和逻辑区分性越来越精细也越来越明显，议会厅、行政机关、大会堂、会馆、展览馆、博物馆、体育场、剧场、证券交易所、机场、车站、酒吧、餐厅、舞厅，等等。甚至飞机、火车、汽车、客船、游轮等交通工具，任何公共空间都不同程度地内含着政治经济学的等级区分和交换价值的功能，寄寓着社会意识形态的多重象征性和隐藏着不同社会身份的衡量尺度。所有这一切都屈从于权力和金钱的法则，是一系列的社会身份的参与游戏，也是审美活动在公共空间的一个制度化展示。最后，全方位的展览空间和表演空间成为都市的林立风景。现代社会一个最显著的现象就是全民的表演性。恩斯特·卡西尔在文化符号学意义上，将人定义为“符号的动物”[①]。其实，人在其社会本质上，还是“表演的动物”。从美学意义上考察，人隐含着乐于观看表演和喜爱表演的二重性。现代和后现代社会的多样化公共空间为人类提供了充分释放这种“表演

---

① 〔德〕卡西尔：《人论》，甘阳译，上海译文出版社 1985 年版，第 34 页。

二重性”的物质条件。无论是何种形式的公共空间，也无论处于会议、电视节目、庆典活动、演讲、酒会、开幕式、闭幕式等，只要有群体存在的区域，无数热衷于表演的主体就会敞开自身的抒情性和符号性，以表达存在的意义，试图影响受众的个体心理和社会意识形态。与人们的公共空间的表演密切相关，就是商品的全方位展览。商品成为公共空间最受欢迎和膜拜的对象，也是后现代社会里，都市生活中最众多的被展览和被审美的对象，它们占据最广泛的公共空间，成为最普遍的审美对象和审美空间的流行景观。本雅明以不无讽刺地口吻写道：“世界博览建立了商品的天下。格朗德维埃（Grandrille，1803—1847）[①] 的梦幻将商品的性格传播到宇宙，这些梦幻使宇宙现代化。”[②] 商品成为现代社会和后现代社会最广泛的审美空间的构成，成为实用主义和消费主义的同一性审美符号。

三、技术化的审美空间和艺术的审美空间

后现代的生活世界，依赖于科技手段，人们制造出越来越复杂和精巧的生存空间，一方面用于严格区分社会身份，另一方面鼓励多领域的社会交往；一方面使公共空间的各种功能明晰化，另一方面使它们趋向多样化和精确性。两者之间形成有趣的反比例关系。后现代技术化的公共空间相应带来实用目的的审美空间和社会意识形态决定的审美空间，它们使存在者获得相对广泛的公共空间的同时，也让人们的生活境界蜕变得越来越虚伪和怯弱、委琐和庸俗。如果说巴什拉发现“精神分析学家荣格（Carl Gustav Jung，1875—1961）就是这样利用地窖和阁楼的双重形象来分析家宅中的恐惧感

---

① 格朗德维埃，法国漫画家，以政治漫画和文学作品插图闻名。

②〔德〕本雅明：《发达资本主义时代的抒情诗人》，张旭东、魏文生译，生活·读书·新知三联书店 1989 年版，第 185 页。

的”[①]，那么，现在都市里林立的高楼大厦，无论是密集的私人居住，还是拥挤的公共建筑，在许多情形下，驱使人们变得心理脆弱和精神紧张，感受到空间的压抑和恐怖。当然，技术化也在一定程度上为现代社会带来有限的审美空间，为人们制造出舒适宽敞、整洁卫生的空间环境。然而，它们都局限于这样一个前提之下：不是空间为人而存在，而是人为空间而存在，人成为空间的背景和投影。技术化的物质空间成为都市的主角，而人成为都市空间的漂泊的匆匆过客。换言之，人沦落为城市空间的奴隶，人成为城市空间的奴役对象，空间成为人异己的对象。

技术化的审美空间在具体环节上，体现出空间的修辞术。它在肯定平面的重要性的同时，更强调三维空间的首要意义。平面是空间的前导，因此，现代技术以平面制作为先导，突出空间的消费意义和市场价值。广告牌由平面向立体的转向就体现如此的美学法则。技术化手段隐喻着空间重要性，消费时代的橱窗展览、时装表演、选美比赛、电视娱乐节目、明星演唱会、节日庆典、奥运会、竞选等一系列空间的事件，都可能成为审美空间的一个逻辑结构。这些和公共空间密切关联的事件，甚至包括救灾、事故、骚乱等新闻事件，一旦经过媒体的传播，在诞生新的空间视觉效果的同时，也产生新的空间意义，意味着被建构为非现实性的审美空间。简言之，传播技术制造了一个非现实非原生态的审美空间。显然，这样的审美空间是对于现实存在的扭曲和虚拟的映射。现代科技制造多样化的空间，其一是被化装和修辞化处理的身体空间，比如时装表演、选美大奖赛、电视辩论等境域，身体空间被彻头彻尾地包装和修饰。其二是建筑空间、私人空间和公共空间，在市场经济的背景中，它

---

① 〔法〕巴什拉:《空间的诗学》，张逸婧译，上海译文出版社 2009 年版，第 18 页。

们交织着商品的消费原则和社会意识形态的二重性，呈现不同空间的相同性审美特性，就是一种实用主义的商品化审美意识。其三，现代科技的空间修辞术还广泛应用于展览性空间，商品博览会、陈列馆、演艺场馆等地，高科技手段一方面体现在创制多种的材料，新型建筑材料和精巧的结构方式，构成一系列新颖的空间形式，再辅佐以光电声响的视听变幻，以形成以技术为主导的审美空间，满足现代人对于生活世界的消费需要和审美需要。

消费社会利用科技工具所制造的一个显著的审美空间就是“摆设”。波德里亚（Jean Bau drillard，1929—2007）在《消费社会》中分析“摆设与游戏”的逻辑关联，揭示消费社会的一个空间秘密：“机器曾是工业社会的标志。摆设则是后工业社会的标志。”“伪环境、伪物品的空间使所有‘功能创造者’们都感到非常快乐，……事实上摆设的特性，既不是由人们对它的实用型应用决定的，也不是由象征型应用决定的，而是由游戏型应用决定的。”[①] 由于后现代社会的游戏活动的需要，人们以幻想和怀旧的两种不同心态，乐此不疲乐意地创制各式各样的“摆设”，前者为了满足虚拟性的猎奇动机，后者则顺应部分受众的追忆往事的情感。这些被波德里亚称之为的“伪环境”和“伪物品”的“摆设”，在一定程度上隐藏着商业的动机，它们满足着部分消费者的市场需求。前者诸如迪士尼乐园、海盗国、恐龙世界、机器人广场、太空世界等，后者诸如革命时代的军装和枪械，知青酒吧里的农具，红卫兵大串连的衣物，上山下乡时期的蓑衣、水车、器具等。这一系列关联着幻想和怀旧的摆设，刻意营造一种替代性的审美空间，呈现强烈的游戏意识和虚假的审美趣味。与此相关，科技工具制造另一个审美空间就是“仿真”。制

① 〔法〕波德里亚：《消费社会》，刘成富等译，南京大学出版社2008年版，第100—102页。

作者以逼真的环境、氛围、物品，替代和复活在时空上曾经的原件。由于仿真物品在空间形式上逼真于原件，能够提供给接受者以虚拟性的审美快乐，因而占有消费市场的一定份额。然而，进入仿真时代的审美空间，所有的审美快乐都是虚构的和短暂的，都密切地关联着消费规则和商业利润，它们的商品价值和审美价值之间存在着必然的经济逻辑。值得关注的是，现代科技凭借计算机和网络工具，更大程度地构造奇异的虚拟空间，极大满足接受心理对于幻象性世界的期待。现代电子技术营造的赛博空间（Cyberspace），在一定程度上满足现代主体对于逼真而虚幻的审美空间的渴望。尤其是网络游戏和玄幻影视这两类最流行性的大众娱乐形式，前者以形形色色的冒险、寻宝、赛车、球赛、战争、杀戮等样式，制造光怪陆离的审美空间，后者以高科技和古典神话相交融的方式，创造出“当代神话”的审美形式，同样构想出一种虚拟的审美空间，提供给生存于后现代的平庸世界的人们以富于刺激性的美感。

和技术性创造的审美空间密切联结的是，当下的艺术尤其是影视文本，醉心于建构不同于以往视觉的空间形象，提供欣赏者以新颖的美感体验。加拿大电影美学家威廉·维斯分析一些富有代表性的先锋电影，认为它们创造独特的视觉幻想，这种视觉幻象颠覆了传统空间结构，创造一种新颖的审美空间。“《再生缘》暗示炼金术和制陶术乃是电影制作的模型。这种暗示是独特的，但它也像《杨托拉》和《琉璃色》一样，也运用‘纯粹内在的光流’来创造视觉新形式。更早电影幻象可以与幻觉之中的抽象几何形式相提并论，但《再生缘》涵盖了某些东西，它更接近光粒场，以及催眠时看到的那些鲜活而短暂的形象。”[①] 显然，包括《再生缘》在内的现代影视

---

① 〔加拿大〕威廉·维斯:《光和时间的神话——先锋电影视觉美学》，胡继华等译，四川人民出版社 2006 年版，第 204 页。

作品，它们禀赋一个共同性的艺术特性就是虚构非现实的物像形式，提供观众一种冲击视觉的审美空间，这就是非现实性的审美幻象，它们顺应了后现代群体的乌托邦的审美需求。显然，现代和后现代的一些艺术文本，醉心于架构幻象性的审美空间，在一定程度上是为了迎合部分接受者超越现实的审美动机，获得一种乌托邦的快乐和达到一种虚假需要。影视艺术和网络的联盟，加剧着这种幻象性审美空间的营造，表现在科幻影视题材方面尤为显著。当下影视艺术形成一个科幻题材的流俗倾向，就是在玄幻的空间背景下，以玄幻的装饰和玄幻的道具等为衬托，演绎着玄幻的故事和展露着玄幻的形象。空间成为一种非审美的形式，所有的意象成为一种观念抽象和逻辑比附，故事成为既飘浮于历史也超脱于现实的纯粹捏造，形象沦落为一种指示性符号和单调的象征形式。唯一的主角和被关注焦点的就是超越现实的未来科技，这种科技在一定程度上等同于神秘的魔法或神话传说中的奇异法宝，它们禀赋着强大神奇的功能，投合部分观众的超越现实的欲望。显然，好莱坞电影和日本动画片成为这一类文本的流俗代表。它们共同制造的一种远远脱离现实而意义被抽空了虚幻空间，这样的空间形式既丧失物质感也缺乏美感。

比照古典主义艺术，从表现媒介和艺术类型考察，古典艺术尤其是造型艺术，擅长于架构实体性的审美空间。建筑、雕塑、绘画等艺术类型，它们对于实体空间的表现既遵循实体形式而又有审美超越，弥散着理想主义和唯美主义的艺术旨趣。古典诗人和文学家，以想象虚构一种精神绝对自由的审美空间，《逍遥游》设想的“无待”的空间形式，唐诗宋词构想的空间意象，《西游记》想象的天体模式，《唐璜》表现的漫游空间，这些间接性的诉诸非视觉感受的心理空间，给予接受者以无限的遐思和审美怡悦。由于是文学文本，审美空间的共同点是非视觉性的和非实体性的。无论从内容还是形式上考察，古典艺术和后现代艺术在审美空间上的显著区别之一，就是古典艺术尊重空间的形式之美，醉心空间表现的唯美主义色彩，即使是文学文本呈现非视觉性和想象性的心理空间，也非常遵循审美形式的表现。诚如莱辛所论："美就是古代艺术家的法律。"[①] 现代艺术和后现代艺术，一方面呈现视觉性和物理性的空间形式，然而，它们表现的空间形式密切于文化消费和市场需要的实用主义的概念，一定程度上失落了审美情怀和诗性精神；另一方面，它们沉湎于虚幻的空间形式的构想，以科技作为工具或道具，追求超现实和玄幻效果以达到媚俗的消费目的。功利主义的美学观主宰艺术创造，这样的空间形式必然丧失历史性和现实意义。

所以，值得我们关切的是，当下生命对于审美空间的感受与理解、体验与想象，乃至于艺术表现，失落了古典主义的诗性精神和唯美主义的激情。因此，我们只有在现实语境中重构审美空间，才能使生活世界和艺术境界的审美活动诞生美感和诗意成为可能。

第三节　审美记忆

审美记忆不同于一般记忆的特性在于，它不仅是复现形态的被动心理活动，而更主要地呈现为修饰性的诗意表现和理想化的追忆形式。在主体的审美活动过程，记忆在以真实的生命经历和生活体验的基础上，意向性地展开心灵的重新构造，情绪和想象的力量渗透到记忆之中。个体记忆和集体记忆的逻辑关联，在一定程度上影响个体存在者的审美体验和美感生成。感伤和惆怅构成审美记忆的

---

① 〔德〕莱辛:《拉奥孔》，朱光潜译，人民文学出版社 1979 年版，第 11 页。

重要的情绪主题，它深刻地影响到艺术的创造和接受。审美记忆对于艺术创造体现激发和提升的积极功能。

一、记忆与审美活动

记忆是存在者重要心理机能之一。从普泛意义上说，任何生命个体都是一个记忆性的精神结构。换言之，人是记忆的动物或记忆的本体。记忆潜藏着一种召唤的力量，它召唤人回首过去：在主体被召唤回首过去的同时，存在一种不自觉的诱惑力量，激发存在者一次次地修改和涂抹以往记忆的历史，赋予它主体的情绪、想象、体悟和话语，对于记忆的内容和意象不断更新并且给以诗意和智慧的阐释，从而连续地丰富和延伸的记忆空间，使之诞生新的符号形式和感性意象。传统心理学仅仅从科学性和技术工具的视角研究和解释记忆的问题，因而它无法承担记忆和审美活动的相关性阐释及其两者之间逻辑联系之证明的任务。显然，审美记忆不是一个纯粹的心理学追问，尽管它与心理学存在一些或然性的关联，它更是一种性质上隶属于美学的问题。

因此，首先需要区别的逻辑前提就是，审美记忆和一般记忆的差异性决定自身的规定性和独存意义。心理学层面的记忆内涵，“主要以回忆（再现）和认知（再认）的方式表现出来。以前感知过的事物不在目前，把对它的反映重新呈现出来，叫作回忆；客观事物在目前，感到熟悉，确知是以前感知过的，叫认知。”[①] 显然，回忆和认知构成记忆的两个基本环节。心理学强调记忆的“储存，保持和检索”[②] 的功能，尽管认为“记忆是一种重建”，然而这种“重建”依

① 曹日昌主编：《普通心理学》上册，人民教育出版社1963年版，第227页。

② 〔美〕伯恩、埃克斯特兰德编：《心理学原理》，韩进之等译，知识出版社1985年版，第163页。

然是以真实、逻辑和效用为前提的，并且严格地在记忆和知识之间建立了密切的实用性联系。和心理学存在差异的是，审美记忆在目的论意义上放弃对于知识和效用的诉求，不以完全真实和客观逻辑作为自己的价值与凭据，因此，它不追求复现以往经验的对于客观世界的真实印象和有效性承诺，当然也不会遵守一种共时性的价值准则。如果说重复和循环构成一般性记忆的有效性力量与势能，而审美记忆则以不断更新的非重复性和非循环性的中断性力量确立自我超越以往价值和意义的否定性逻辑。因此，审美记忆以一种永远充盈怀疑与否定的永恒冲动获得自我的非历史性，当然，它以渴求无限的可能性充实自我的新颖性。

审美记忆在逻辑上不完全等同于精神分析理论所描述的"虚假记忆"。菲尔·艾伦在《弗洛伊德与虚假记忆综合症》里写道："我们现在关于记忆的知识表明，记忆可能存在各种各样的扭曲。记忆就像是讲述一个故事，是一种重建，而不是对于某个事件精确记录的读取过程。"[①] 弗洛伊德"写了一篇关于'屏蔽记忆'的论文，认为儿童的记忆可能完全是虚假的记忆，是后来所做的一些建构，只是以回顾的方式将其归属于久远的过去。他表明，记忆可能像梦或虚构的小说——而主观的回忆经验并不能担保记忆的真实性"[②]。精神分析理论界定的虚假记忆属于人类心理经验的一个独特类型，它以对个人历史的虚构性尤其是童年经历的虚构性作为回忆的想象基础。因此，回忆活动的虚假性完全替代生命经历的真实性，虚构的故事情节和感觉意象成为"记忆"的客观对象和前提条件。然而，审美

---

① 〔英〕菲尔·艾伦：《弗洛伊德与虚假记忆综合症》，申雷海译，北京大学出版社 2005 年版，第 34 页。

② 同上书，第 118 页。

记忆却不能绝对放弃对于生命个体的真实经历的尊重和承认，这是它得以可能和存在的前提和基础，当然，它必须根据自我的生命经验和诗意情怀不断地对以往真实经历进行修改和涂抹，使其诞生审美的可能性。所以，审美记忆的逻辑悖论在于，一方面，它不完全遵循生命经验的绝对真实性和客观的经验事实，它必须超越和修改以往的感觉记忆使之具有审美和美感的要素。另一方面，它又不可能以完全的虚假记忆作为自我的基本结构，否则，它就会丧失自我的基本存在，成为毫无凭依的虚幻乌托邦。当然，不可否认的是，一部分的虚假记忆可能演变为审美记忆，然而，这部分虚假记忆不可能作为普遍有效性的审美记忆，更不能成为审美记忆的主流和基础，只能作为审美记忆的适当补充和有限的衬映，只能以空洞的游戏方式存在于审美活动的有限场域。所以，审美记忆不简单地属于常识意义的“真实记忆”或“复现式记忆”，它是徜徉于真实和虚假、此岸和彼岸之间的悬置性的精神活动，它和真假逻辑不存在必然的联系。

和一般心理记忆相比，审美记忆的选择和重构成为它的重要策略。普通或一般的记忆活动是不加区别地对以往生命经验的直接回溯，记忆的相对完整性和时间持续性成为特性。而审美记忆，一方面，沉醉于对于以往记忆的唯美主义的筛选，以空间的碎片状态和闪烁与间断的瞬时性保持自己的纯粹性，它必须过滤和清洗众多以往知觉经验的杂质和过剩意象，保留具有审美可能的意象和符号，这种选择体现超越时间和空间的非逻辑性与自由随意的特点，因此摈弃整体和连续的规范性要求，只提取那些具有美感可能的知觉记忆的片断和闪烁光泽的晶体。如果说，审美记忆的选择性就像是披沙拣金，那么，另一方面，它对于以往记忆的重构就类似于金属的冶炼活动，是一种对于以往记忆矿石的重新加工和提纯的劳作，并且在这一冶炼过程添加新的材料和元素，原生态的记忆材料被后来的主观情绪、诗意想象和生命体悟所删除、修饰、填充与美化，由于精心冶炼和重新铸造，诞生一种新质的不同于原先的存在内容和方式的感性符号和审美意象，从而建构全新的意义世界和具有无限可能性的精神结构，敞开一种生命完满和诗意化的存在境界。从结构上讲，审美记忆既然是对以往记忆的选择、颠覆和重构，它必然修改或放弃、颠覆和创造新的结构形式，必然对以往记忆在空间结构、时间结构和情感结构等方面进行挑选、舍弃或重组，而记忆结构的变化必然导致记忆的情感、意义、价值的更改，这样审美记忆就相应地获得自我的新的结构和意义，诞生新的存在方式，无论是感性意象、话语方式和情感符号，都同以往记忆具有不一样的差异面。

审美记忆需要来源于以往记忆又必须摆脱和重构以往记忆的特征，体现两种记忆之间存在某些共同性和根本的不同性的复杂关系，这种关系以偶然性的逻辑方式呈现。以往记忆能否上升和演变为审美记忆不是根据固有的意象形态和逻辑规定，而是取决于主体的诗意体验和想象活动，取决于生命的瞬间领悟和人生智慧，其中自由联想和思维游戏产生重要的作用。一方面，自由联想对以往的记忆材料进行粉碎和随意缀合，超越陈旧记忆的空间形象、时间线索、话语内涵、情绪意义、价值标准等因素，重新展开排列和建构，记忆的原初的形式、色彩、结构、情绪和意义被审美主体暗中置换，由此诞生不同以往存在的符号形式，给予主体以诗意和唯美的感受。另一方面，审美记忆对于以往记忆的修改以思维游戏为主导，主体以打破知识与逻辑、日常经验和生活定规的不拘一格的思维方式，以新颖的话语与言说，表达和以往经验不同的精神结构和心理体验，游戏性生成记忆的美感力量，为审美活动奠定一个运思的基础。

对于一般记忆和审美记忆的比较性分析，怀疑论美学初步建立了对于审美记忆的理解和阐释。简言之，审美记忆是主体对于以往记忆的想象性和诗意性的修改与涂抹的精神形式，它逍遥于虚假记忆和复现记忆之间，它呈现审美乌托邦的倾向和对于自我存在的强烈关注与沉醉。

二、审美记忆的特性分析

审美记忆更深入的特征分析，不能不涉及两个逻辑关联的环节，唯有对它们之间关系予以清理和分析，才使这一问题获得被理解和诠释的可能。

时间结构和心理情绪是审美记忆首要的逻辑关联。如果对审美记忆进行时间划分，童年时间的记忆最大量地构成审美记忆，而且它的美感势能和印象的清晰度、持续性都超越其他年龄阶段获得的记忆。因为童年时代的心理情绪没有沾染成人世界的功利和目的的尘埃，纯真和透明的情感世界决定审美记忆的非概念、非利益和非意识形态的超然性质。弗洛伊德在1910年写作的著名论文《列奥纳多·达·芬奇和他对童年时代的一个记忆》论述了童年记忆的深刻的美感程度和给予艺术活动的强烈推动力。[①] 青年时间是获得审美记忆的另一个重要阶段，激情和冲动是构成审美记忆的主要因素，而知识形式和理性工具的压抑与遮蔽使记忆的审美性和童年时代相比显然降低，社会意识形态的浸染和宰制往往使审美记忆依附政治权力、道德准则、经济效用等世俗主义色彩。显然，青年时间是审美记忆凸显热情和嬗变的生命阶段。中年进入到心理成熟和理性反思的生命时间，审美活动出现两极分化，一方面，精于计算和谋略的

---

① 《弗洛伊德论美文选》，张唤民等译，知识出版社1987年版，第39页。

理性能力获得最大限度的延伸，功利主义色彩越来越浓烈，审美记忆臣服于世俗和权力，情感结构的欲望意志压倒对于纯粹审美形式的眷注，显然，这是审美记忆最为缺欠和最为沉闷的灰暗阶段。另一方面，中年时间是步入频繁追忆往事和历史的生命阶段，对于时间的敬畏、恐惧、珍惜、留恋、惆怅的心理情绪最为强烈，这一心理的动荡时期对于自我历史的回溯常常伴随丰富而复杂的审美体验，从这意义讲，中年又是一个收获审美记忆的重要时期。它显然处于充满审美矛盾和悖论的生命时间，当然也是一个心理情绪最为复杂的时间结构。老年或晚年是拘牵审美记忆的另一个高峰，一方面，是生命的安然和宁静，恬淡无欲的生命状态令他们格外沉醉于往事和回想之中，孔子所云“七十从心所欲不逾矩”[①]的生命境界最为适合于审美记忆的珍藏和拓展，尤其是圆融通透的生命智慧和返朴归真的童心重现更易于发掘、提升、点化往昔记忆的审美因素。另一方面，生命的最后阶段，往往伴随着强烈的虚无和绝望情绪，还有强烈的孤独、焦虑和恐惧死亡等心理，这些复杂而沉重的情感，在主体回溯自我的生命历史过程，必然滋生深刻而强烈的审美记忆，以往的美感和现时境域形成对比和反差，这就是为什么老人更喜欢依赖回忆活动，支撑着自己的精神生活和有限的生命时间一个重要原因了。显然，时间结构和心理情绪相互构成审美记忆的生成和深化。然而，必须区别的是，情绪在一定的语境可能有利于审美活动或者辅佐美感的诞生。但是，情绪或情感在更多境域和更大程度上，构成对于美感的抑制和扭曲，不利于美感的自由生成和深化发展。在逻辑上，情绪或情感也绝不能等同美感。所以，审美记忆不是仅仅依赖情绪或情感的因素得以可能，而是有限地借助情绪或情感的

① 《论语·为政》。

中介作用，更多地通过诗意思维和想象活动获得美感生成。

个体记忆和集体记忆共同地构成审美记忆的有机整体。一方面，个体记忆始终作为审美记忆的基础和决定性因素，个体记忆和集体记忆的逻辑关联，在一定程度上影响个体存在者的审美体验和美感生成。生命个体的审美记忆，它不仅是复现形态的被动心理活动，主要地呈现为修饰性的诗性表现和理想化的追忆形式。在主体的审美活动过程，记忆在以真实的生命经历和生活体验的基础上，意向性地展开心灵的重新构造，情绪和想象的力量渗透记忆领域，诗意思维和生命智慧不间断地激发审美记忆的生成。另一方面，任何个体记忆都无法纯粹摆脱集体记忆的潜在渗透和强制性输入，审美记忆也是如此。卡洛琳·M. 布鲁墨在《视觉原理》中指出："在记忆存贮中，感官的感受与整个含意和社会联系的积累汇合在一起。一件事从新结构起来，或者说是记忆起来，是来自与其他记忆交织在一起的复杂关系中。"[①] 然而，集体记忆的宰制性和强迫性，裹挟着意识形态的话语势能，政治权力、道德谱系、知识形式，容易使个人的审美记忆沾染上浓厚的非诗意色彩，逼迫美感进入不纯粹性和非自由非自觉的窘迫境地，在一定程度上损伤审美记忆应有的意义和价值。尤其是集体记忆之中的历史性记忆，常常沾染强烈的民族情绪、政治偏见和文化霸权，集体主义的普遍话语压倒了个人真切的生命体验和独特的人生智慧，个人化的诗意与自由、灵感与顿悟湮没在群体的情感狂欢和暴力游戏之中，导致一种实质上的审美记忆被扭曲和被伤害。诚如美国史学家巴诺（Dagmar Barnouw，1936—2008）所见，任

① 〔美〕卡洛琳·M. 布鲁墨:《视觉原理》，张功钤译，北京大学出版社 1987 年版，第 135 页。

何群体的感情记忆都容易被仪式化和神圣化，结果，记忆流于虚构，成为一种历史的图腾。如此而已，审美记忆就被集体的历史记忆所掏空和抽干，成为一堆丧失个性色彩和鲜活生命的干草。对于集体记忆的放弃置疑和追问，或者将这种置疑和追问视为一种“禁忌”，这样，审美记忆就沦落和异化为一种可怕的表面上呈现审美性而实质上潜藏反美感的内涵。问题的复杂性在于，集体的历史记忆和集体情感在有限的尺度上亦有利于审美记忆的形成，我们无法抛弃集体的历史记忆和情感记忆的应有价值与意义，也不能否认它们对于审美记忆的积极因素。诚如张汝伦所论：

> 感情记忆只要不被仪式化和图腾化（尽管它很容易那样），是可变的，它可以随着时间的推移接纳历史更多复杂的内涵，就像一个人对牵动感情的事件，随着时间会逐渐冷静，会更加理性地看待这些事件，虽然不会因此而完全去除感情的成分。也只有这样，人们才可能对历史记忆采取批判的纪实态度。相反，完全否认历史记忆的感情基础和价值基础，是否就能得到一个客观公正，可以共享的历史记忆还未可知，但肯定不可能对理解与包容这个世界的多样性有任何益处。[①]

当然，我们在有限尊重集体的历史记忆和情感记忆的正当性的同时，必须警惕它们对于审美记忆的侵蚀和歪曲，否则，个体的审美权力和反思性的智慧以及想象力就会在很大程度上被集体话语所褫夺和湮没。因此，在审美活动中，尤其在审美记忆的场域和语境，个体记忆始终应该作为审美记忆的基石和前提，引导和主宰审美记

---

① 张汝伦:《记忆的权力和正当性》,《读书》2001 年第 2 期。

忆的走向和趣味，而集体记忆只能作为审美记忆的辅佐性结构，施展适度的影响和有限的调节功能。

三、审美记忆与艺术创造

审美记忆和艺术文本的创造关系不是新鲜的话题，而是一个古老的追问。在《斐德若》篇中，柏拉图在运思艺术家的创作源泉的时候就睿智地推断，诗人除了依靠灵感和迷狂之外，还凭借不朽的灵魂从前生带来的“回忆”进行写作活动。[①] 黑格尔在《美学》中认为，艺术的创造活动“还要靠牢固的记忆力，能把这种多样图形的花花世界记住。……在艺术里不像在哲学里，创造的材料不是思想而是现实的外在形象。所以，艺术家必须置身于这种材料里，跟它建立亲切的关系；他应该看得多，听得多，而且记得多。一般地说，卓越的人物总是有超乎寻常的广博的记忆”[②]。

显然，黑格尔《美学》里所言的记忆力，尽管对于艺术创造具有积极的作用和意义，然而，其中一部分还不能成为审美记忆的范畴。因为，审美记忆更多是一种性质上的“重建性记忆”而不是“复现性记忆”。审美记忆影响艺术创造的一个重要策略就是重建性记忆，这种重建性记忆，可以划分为时间重建、空间重建、话语重建和情绪重建等类型。艺术家在创作过程中，依赖于审美记忆，重新建构以往记忆中时间和空间，时间的一维性可以被分割和颠覆，代之心理的体验时间和审美时间，这样，我们就可以理解艺术文本所体现的时间性为什么常常不遵循物理时间的基本法则。而以空间形式存在于记忆中的感性事物，以及意象在进入艺术作品之后都被创作主体进行修改还有修饰，被重建为新颖的具有象征和隐喻意味的审美符号。艺术作品的

---

① 朱光潜:《西方美学史》上册，人民文学出版社 1979 年版，第 58 页。

② 〔德〕黑格尔:《美学》第 1 卷，朱光潜译，商务印书馆 1979 年版，第 357—358 页。

记忆重建最为重要是话语重建和情绪重建。文艺家可以根据以往的记忆碎片，重新编织记忆中的话语和偷换往日的情绪，这种重建性记忆，一方面促使审美记忆得以诞生和转化，另一方面是以新颖的意义和美感植入文本。因此，重建性记忆就更大程度地借助于想象力和诗意思维的功能，依靠生命直觉的体悟和智慧。重建性记忆往往是天才艺术家灵光闪现的窗口，唯有这样的记忆才能升华为审美记忆和诗意记忆，成为艺术文本有意味的结构和象征性符号，为艺术增添色彩和魅力。

审美记忆涉及艺术创造的另一个重要构成就是感伤性追忆。弗洛伊德用大量的例证试图说明，童年的创伤性记忆对于艺术家后来的艺术创作起到至关重要的作用。之所以强调感伤性追忆对于艺术创造的重要性，是因为感伤或惆怅的情绪寄寓着审美活动的丰富可能，它们无意识和共时性地存在于人类的文化心理结构之中，影响着每一个历史时间的生命主体，尤其影响着艺术主体从事他们的文本创造活动。斯蒂芬·欧文在《追忆》中感叹中国古典文学的往事再现的母题充满了感伤性的追忆氛围，一种浓厚的乡愁色彩掩映在如梦如烟的场景。浩如烟海的中国古典诗词，无以计数的篇目，在对于往事的追忆性书写过程，普遍地充盈感伤和惆怅的情怀，乡愁、情愁、忧愁成为变动不停的心灵钟摆。从《诗经》《楚辞》至汉赋、魏晋五言，再延续到唐诗、宋词，直至明清、近现代诗歌，感伤和惆怅的追忆母题一直留存，成为一种超越历史的艺术情结，它们成为文学天宇永远闪烁的星辰。究其原因，一是个体生命的时间有限性，诱发艺术创造主体的感伤和惆怅的情绪；二是人生际遇所经历的事件，滋生文艺家忧愁和悲悼的心理；三是哲学化的反思和顿悟，促使他们自然而然地流露生命无常、人生如梦和往事如烟的感慨。这些情绪在追忆往事的心理活动过程，强化和加深了审美记忆，并且点化到艺术创造之中，成为文本的血脉和灵魂，构成强烈而深沉的美感力量。诚如所论："文艺家的记忆方式不同于通常建立在思维、意志之上的理解记忆、机械记忆；由于文艺家的情感活动优势，他的记忆是一种凭借身心感受和心灵体验并凝聚、浓缩着丰富情感、情绪的心理活动方式。这是一种较充分地体现主体主观能动性的'情绪记忆'。"[①] 这种感伤和惆怅的情绪记忆提升为审美记忆，从而为艺术作品的生成提供了精神机缘。从接受视角考察，接受者在一定程度上，普遍地具有感伤和惆怅的心理结构，他们认同和欣赏艺术文本表现的感伤和惆怅的情绪，从中获得心灵共鸣，得到生命存在的深沉美感。

审美记忆对于艺术创造的触发性机制另一个值得关注的对象就是原始记忆或原型意象（Archetypal images）。荣格说："非个人的心理内容、神话特征，或者换言之原型，正是来自这些深层无意识，因此，我把它们叫作非个人的无意识或集体无意识。"[②] 荣格认为，这些集体无意识的基本结构，来源于超历史的共时性的民族记忆。这种原始性的集体记忆，稳固地隐藏在民族共同体的每一个成员的心理深处，对他们的精神人格、文化活动、审美趣味和艺术创造施加强烈而深刻的影响。荣格还借助于一系列相互关联的概念，如阿尼玛（Anima）、阿尼姆斯（Animus）、阴影（Shadow）、面具人格（Persona）、智慧老人（Wise old man）等，试图说明这些原始的共时性的集体记忆，从文化或文明的开端处就储存在人类心理的深处，对于审美活动和艺术创造具有非常重要的功能。依照荣格的观点，我们就可以在审美记忆同原型意象与原始记忆之间建立紧密的逻辑

① 钱谷融等主编：《文学心理学教程》，华东师范大学出版社1987年版，第101页。

② 〔瑞士〕荣格：《分析心理学的理论与实践》，成穷、王作虹译，生活·读书·新知三联书店1991年版，第38页。

联系。原型意象和原始记忆，它们是人类的文化最初和最根本的源泉与动力，此种集体无意识的心理结构有很大部分可以融合、演变为审美记忆，并且可能成为艺术表现的对象，最终上升为文本形式。

审美记忆建构艺术文本的基本势能之一是想象性回忆，它是一种诗意思维和唯美情怀的记忆重构。想象性回忆和一般回忆的区别在于，一方面，想象性成为回忆的主流和引导性动力，回忆已经被想象的色彩所浸染，另一方面，想象活动又不能完全脱离往事回忆的客观基础和相对真实。文学作品中的追忆或回忆性的题材，诸如普鲁斯特的《追忆似水年华》，鲁迅的《故乡》《社戏》，就是此类以想象性回忆的方式，凭借审美记忆而展示的艺术文本。与想象性回忆不同，幻觉性记忆在更大程度上抛弃回忆的真实性，它以幻觉重构以往的记忆，摄取记忆的某些碎片和影子，组合一个基本不同于以往记忆的新颖的审美意象，以这种方式建构的艺术文本，在自由度和虚构性方面显然要高于以其他回忆方式建立的文本世界，象但丁的《神曲》和歌德的《浮士德》就是类似的经典作品。想象性回忆和幻觉性记忆，都属于创新的诗意记忆，而审美记忆必然属于诗意记忆，它接近于艺术，然而不等同艺术。它必须经历艺术家的坚韧意志和才情灵感的传达才可能达到被传播、流传的境地。否则，只能成为个人话语或私人性独白，成为一种隐匿的心理体验而不可能成为公共空间的审美对象。所以，审美记忆只有成为文本的表现对象，进入艺术的殿堂，才可以获得更广泛的社会认同和产生震慑人心的美感力量。

第四节　诗性主体

传统形而上学和美学一个最根基的遗忘是对于“诗性主体”（Poetic subject）的遗忘。传统哲学的主体对象和存在形式，从不同的逻辑和视角予以考量，它们可以被划分为不同的类型并蕴藏着各自的存在特性。（当然，它们相互之间存在着内涵渗透和逻辑交叉的关系。）在本体论和存在论的意义上，分为身体主体、本能主体、感性主体、理性主体、道德主体等。在认识论和价值论的意义上，分为认识主体、知识主体、话语主体、实践主体、信仰主体、消费主体等。在审美论和艺术论意义上，分为审美主体、想象主体、情感主体、创造主体等。当然，还可以依据不同的逻辑标准和功能需求方面，对主体形式进行其他类型的区分和界定。

怀疑论美学提出“诗性主体”这一概念，既是出于弥补传统形而上学和美学的缺憾之目的，也是从建构性意义出发，确立自我的美学原则和价值准则的理论努力。

一、历史之追溯

古希腊时期的亚里士多德最早使用了“主体”这一术语，表达存在者的属性、状态和功能承担。在西方哲学史上，“主体以及与之相关联的客体在认识论上，是从17世纪开始使用的”[①]。启蒙时期的哲学家笛卡儿以传统形而上学的二元论思维，区分了主体意识和客观世界的本质差异，以“我思故我在”的命题强调了主体性原则。古典哲学集大成者黑格尔，他的精神现象学为主体确立了一个“理念”的逻辑依据，主体和绝对精神成为同一性概念。西方现代哲学家叔本华和尼采从意志论、生命冲动的视角，阐释了主体的存在意义。弗洛伊德的精神分析理论，从心理本能方面确立对主体的理解，显然他的主体理论属于“本能主体”的范畴。现象学代表胡塞尔在《笛卡尔的沉思》中创立“交互主体性”（Intersubjectivity）这

① 《中国大百科全书·哲学卷》第2卷，中国大百科全书出版社1987年版，第1240页。

一概念。他认为现代性的理想主体，在生活世界应该建立平等交互的关系，在多项交往的主体之间获得相互平等的主体存在形式。当然，这一主体形式并不意味着消解自我的纯粹意识。哈贝马斯渴望在公共空间的交往活动中，建立主体的自由、平等、宽容的对话关系，理想的主体形式应该是“对话主体”。西方后现代哲学的代表人物福柯（Michel Foucault，1926—1984），从历史本体论、权力谱系学、知识考古学等方面，从知识、话语、权力、性等结构性关联上，以辩证和综合的思维策略，诠释了主体的复杂内涵。波德里亚，从消费理论的视野，呈现社会结构中消费主体的客观存在，揭示出消费主体的运动逻辑和内在特性。西方传统形而上学、现代哲学和后现代哲学，对主体进行了多视角的深刻运思和精湛阐释，令人遗憾的是却没有对“诗性主体”进行直接言说和深入论证。

当然，西方不少哲学家和美学家对诗性主体及其相关问题有所涉及。古希腊时期的德谟克利特和柏拉图对诗人和诗歌的相关论述，触摸到“诗性主体”的边缘。他们认为激情和灵感，以及对美的追求与信仰等因素是存在者的重要价值，它们关涉到生命存在的重要内容，客观上成为诗性主体的生成前提。中世纪的神学哲学，从宗教意识出发，规定理想化的“诗性主体”，它被赋予了神性目的和道德内容。奥古斯丁（Aurelius Augustinus，354—430）和托马斯·阿奎那（Thomas Aquinas，约1225—1274）认为，神性规定了诗性，主体只有排斥身体的欲望和世俗的功利目的，才使诗性的存在成为可能。启蒙时期的席勒（Johann Christoph Friedrich Schiller，1759—1805）从“游戏”的概念论述了主体的诗性生存的价值，谢林（Friedrich Wilhelm Joseph von Schelling，1775—1854）则从本体论意义上提出“神话”的概念，认为神话对于文明或文化的诞生与发展起到决定性作用。因此，神话是诗性生成的逻辑前提和精神文化创造的源泉。西方现代哲学家叔本华从生活意志为诗性主体寻找合理的解释，尼采则从古希腊悲剧中发现狄俄尼索斯（Dionysus）精神，认为它构成人类理想的诗性精神和审美精神。显然，叔本华的生命意志和尼采的悲剧精神，在一定程度上关系到诗性主体的部分精神结构。海德格尔依据对荷尔德林的诗歌阐释，呼吁人应该诗意地栖居于大地，希望建立“天地人神”四重根的存在方式。虽然海氏没有直接使用“诗性主体”这一概念，然而他是西方当代思想家对于诗性主体最为心仪和致力运思的人物。

和西方相比，中国传统哲学和美学尽管也没有直接讨论诗性主体的问题，然而，对于诗性主体的相关问题也进行了多方位的沉思，以充满想象力的生命智慧和精湛的逻辑思辨，提出一些甚启人思的观念。

老子提出“人法地，地法天，天法道，道法自然”[①] 的命题。“自然”在老子的哲学中，成为先验的存在本质，一切存在的“逻各斯”，也是最完美的生命状态，它构成诗性主体的必然条件。庄子扬弃了老子的自然范畴，一方面保证了自然的客体内涵，另一方面将之改造成为自然人性和自然主体，为诗性主体奠基了逻辑起点。依照庄子的美学观念，“诗性主体”只能由真人、神人、至人等担当，他们“逍遥以游”，具有超越时空和历史限制的绝对自由，也具有超越一般社会意识限定的绝对自由。显然，诗性主体不属于现实存在的主体，它由理想状态和理论状态的超人才能担当。之后魏晋时期的嵇康，在《释私论》里提出“越名教而任自然”和“越名任心”的命题，向往自然和自觉的生命存在方式。在他心目中，只有超越“名

① 《老子·二十五章》。

教”和“越名任心”的生存状态，才能保证诗性主体的获得现实性。

孔子是儒家文化的奠基者，也是华夏精神的创始者之一，他建立了仁学哲学。孔子理想的主体形式就是“仁”，“君子”则是“仁”的具体化呈现。换言之，“仁”在生活世界的感性实践由“君子”承担。因此，也只有“君子”才可能担当诗性主体的重任，符合诗性主体的精神诉求。《论语》中有109处论述“仁”这一核心范畴，有108处言及“君子”，将之视为理想的人格象征和诗意存在的保证。孔子认为：“质胜文则野，文胜质则史。文质彬彬，然后君子。”[①]梁启超说：“孔子有个理想的人格，能合这种理想的人，起个名叫做‘君子’。”[②]君子是最高和最根本的人格要求，也是伦理学意义上的价值标准，当然也是诗性主体的标准。孔子主张人与自然的融合，《先进》篇写孔子赞赏“莫春者，春服既成，冠者五六人，童子六七人，浴乎沂，风乎舞雩，咏而归”。孔子非常心仪古典的《诗经》，对诗歌及其诗性精神充满了赞赏和沉醉的美感。子曰：“诗三百，一言以蔽之，曰‘思无邪’。”[③]“兴于诗，立于礼，成于乐。”[④]“不学诗，无以言。”[⑤]“小子！何莫学夫诗？诗，可以兴，可以观，可以群，可以怨。迩之事父，远之事君。多识于鸟兽草木之名。”[⑥]孔子非常推崇“诗”这一重要的审美形式和文学体裁，他对于“诗”的沉迷和推崇，从一个侧面规定了诗性主体的基本的美学要求。

慧能是唐代的禅宗思想家。他在《坛经》提出：“无念为宗，无

① 《论语·雍也》。

② 梁启超：《儒家哲学》，上海人民出版社2009年版，第139页。

③ 《论语·为政》。

④ 《论语·泰伯》。

⑤ 《论语·季氏》。

⑥ 《论语·阳货》。

相为体，无住为本”[①] 的哲学本体论和存在论。慧能主张主体追求绝对虚无化的存在状态。所以，诗性主体应该沉醉“自性真空”的存在方式。与此相关，诗性主体在虚无化的前提下，凭借“顿悟”的方式获得生命智慧。从禅宗的意义上讲，诗性主体不依赖外在的力量得以可能，只来源于内在的心性和佛性，不需要外在的修炼和仪式。慧能说：“故知一切万法，尽在自身中，何不从于自心顿现真如本性。”[②] 他还认为：“菩提只向心觅，何劳向外求玄？”“一切般若智，皆从自性而生，不从外入。”明代的李贽建构“童心”这一概念，上升为美学的核心范畴，“童心”也成为诗性主体的逻辑基础。李贽在“童心”和“真心”之间做出逻辑关联，认为童心肯定是真心。然而，真心未必等同童心。童心既具有“真心”形态的主体结构，又包含着澄明纯粹的诗性内容。换言之，只有“童心”才能保证诗性主体的可能性。显然，李贽的“童心说”具有理论假设的乌托邦色彩。近代的王国维在《三十自序》中提出“可信”与“可爱”的美学范畴。虽然他认为在哲学上难以达到可信与可爱的和谐统一，然而，从内心诉求上，他守望着可信与可爱相统一的美学信念。倘若从人生境界和伦理学的范畴进行分析与阐释，它同样具有一定的思想意义。可以允许在一定程度上超越“可信”走向“可爱”。然而，在实践理性的范畴，在人生境界，对于“可信”的坚守就是一个不可放弃的道德律令，也是生命中必须承受的美学准则。唯有可信，才能可爱。前者构成后者必要的逻辑前提，后者是前者的必然结果。在生活世界，主体存在除了禀赋纯粹理性的认识能力，还需要实践理性的道德律令。显然，在王国维的理论意义上，只有“可信”与“可爱”和谐统一的主体才契合诗性主体的尺度。

---

① 慧能著，郭朋校释：《坛经校释》，中华书局 2012 年版，第 39 页。

② 同上书，第 71 页。

二、诗性主体

怀疑论美学提出“诗性主体”这一概念，旨在建立理想状态的主体形式，走向精神存在的无限可能性。有关诗性主体的逻辑界定和理论阐释，主要包括这几个方面：

第一，与其他主体形式的逻辑关系。诗性主体不是依附性的主体形式，而是统摄性的主体形式。诗性主体具有精神的自主性、自由性和独立性，不受其他任何主体形式的制约。诗性主体和其他主体形式存在着辩证的逻辑关联。一方面，诗性主体和本能主体、感性主体、知识主体、道德主体、理性主体、实践主体、消费主体等其他主体形式有着潜在的关联，它依赖于其他主体形式得以可能。另一方面，诗性主体必须摆脱其他主体形式的束缚，以求证自己的差异性存在和澄明本身的独特意义。一方面，诗性主体在和其他主体的关联之中呈现为具体价值；另一方面，诗性主体又超越其他主体形式的限定获得自我的抽象价值。因此，诗性主体具有统摄其他各种主体形式的综合功能。从逻辑上，诗性主体既具有对其他主体形式的肯定意向，又有对其他主体形式的否定冲动。必须强调的是，和肯定性相比，诗性主体对其他主体形式的逻辑否定和价值否定更为重要。因此，诗性主体只有在对其他主体形式的否定活动之中，才能获得自身的意义和价值。福柯说：“我的想法就是以笛卡尔为标志（当然，这是一系列复杂变迁的结果），出现了一个主体能够达到真理的时期。非常清楚的是，科学实践的范式是有巨大作用的：睁开双眼，一直用自明的方式（决不放弃）进行健全的推理，就足以让人达到真理了。因此，主体是不必改变自己的。只要主体在认识上获得通向真理的途径（而且真理之路是通过主体自身的结构向他敞开的），就可以了。……神学就是一种理性结构的认识方式，它让主体可以——作为、也只是作为理性主体——达到上帝的真理，而无须什么精神条件。”[①] 在福柯看来，主体的认识功能使其获得接近真理的条件，主体在一定程度上是理性活动的逻辑结果，即使在宗教领域中，例如神学也是依赖于主体的理性能力得以确立的。而宗教活动中的各种主体形式，无论是信仰主体、理性主体还是情感主体，它们都服从于精神的认知能力。显然，福柯理论意义上的主体，是由多种主体形式交织和相互依赖得以形成的精神结构。然而，诗性主体与此不同。它与其他主体形式存在必然的差异在于，诗性主体不是纯粹建立在认识论和知识论基础上的精神形式，尽管它需要认识和知识作为依托，但它必须超越单纯的认识活动和知识形式。因此，诗性主体不是真理的仆役，既不仰慕真理，也不发现和证明真理。诗性主体甚至认为真理是可疑的，是虚假的意识形态的幻象。诗性主体对宗教信仰和宗教情感既予尊重和有限度地认同，又保持一定的精神距离和理性的警醒。由此可见，诗性主体与其他主体形式之间存在着既关联又疏离的辩证关系和内在矛盾。

第二，诗性主体的逻辑规定。对于诗性主体的运思是一件困惑的劳作。怀疑论美学认为：诗性主体是存在者的虚无化。如果说美是虚无，那么，诗性主体则是虚无的必然性结果。所以，诗性主体必然以审美作为自己的核心结构。

> 唯有存在才能自我虚无化。因此，无论如何，为了自我虚无化，就必须存在。然而，虚无不存在。我们之所以能谈论虚无，是因为它仅仅是一种存在的显象，有一种借来的存在，这

① 〔法〕福柯：《主体解释学》，佘碧平译，上海人民出版社 2005 年版，第 205 页。

> 一点我们在前面已经注意到了。虚无不存在，虚无“被存在（estété）；虚无不自我虚无化，虚无“被虚无化”（est néantisé）。因此无论如何应该有一种存在（它不可能是“自在”），它具有一种性质，能使虚无虚无化、能以其存在承担虚无，并以它的生存不断地支撑着虚无，通过这种存在，虚无来到事物中。……使虚无来到世界上的存在应该在其存在中使虚无虚无化，即使如此，如果它不在自己的存在中相关于它的存在而使虚无虚无化，它还是冒着把虚无确立为一种位于内在性核心中的超越物的风险的。使虚无来到世界上的“存在”是这样一种存在，在它的存在中，其“存在”的虚无成为问题：使虚无来到世界上的存在应该是它自己的虚无。[①]

“虚无”在萨特的哲学中显然是一个核心概念，它被规定为先于存在而派生存在的“存在”，虚无构成了存在的意义和现象界得以可能的先验逻辑。尽管萨特的虚无被赋予了本体论和存在论的形而上学意义，然而，它并非被确定为主体的结构。因此，萨特的虚无不具有诗性主体的规定性。中国古典哲学推崇“无”的概念，老子和庄子都强调“无”构成现象界的精神界的根基，他们认为理想的主体形式必然要具备的虚无品质。老子主张：“致虚极，守静笃。”[②]庄子向往“若夫乘天地之正，而御六气之辩，以游无穷者，彼且恶乎待哉”的境界，认为“至人无已，神人无功，圣人无名”。[③]显然，“无”和虚无化的生存成为他们共同推崇的生命境界，而唯有守护着

---

① 〔法〕萨特:《存在与虚无》，陈宣良等译，生活·读书·新知三联书店 1987 年版，第 53 页。

② 《老子·十六章》。

③ 《庄子·逍遥游》。

“虚无”的主体才可能属于诗性主体。承袭老子和庄子的思想，王弼认为“天地万物皆以无为本”，他说：“夫物之所以生，功之所以成，必生乎无形，由乎无名。无形无名者，万物之宗也。”[①] 郭象也认为“造物者无主，而物各自造”[②]。“无”既不派生“有”，“有”也不能制造“有”。万物均是“自生”。佛教哲学对于“虚无”尤为青睐。慧能的《坛经》主张“自性真空”，崇尚心性的“虚无”，提倡主体走向一种绝对澄明的顿悟境界。心学代表王阳明提出“无我”的概念，追求虚无化的精神境界，认为“无我”是获得精神的无限可能性的途径之一。

诗性主体被规定为虚无化的主体形式，一方面，表明主体保持对于生活世界的存疑和否定的冲动，拒绝单向度地沦为现实世界的逻辑结果和知识工具。所以，对现象界的“虚无化”姿态是诗性主体的一个精神内核。另一方面，诗性主体必须和实用功能、工具理性、欲望渴求等世俗化的目的保持距离。所以，诗性主体是“无已，无功，无名”的超然存在，类似于庄子哲学的“逍遥”主体和“无待”主体。再一方面，这一主体形式坚守着对现象界所有表象与结构、符号形式、社会意识形态等存在方式的超越性和批判性。“若夫乘天地之正，而御六气之辩，以游无穷者，彼且恶乎待哉。”诗性主体将追求时间和空间的自由作为自我的目标，但是，它更高的精神境界在于“神游”和“心游”，追求心灵和思想的绝对自由。因此，虚无构成主体，对现象界的在时间上没有终止、空间上没有边缘的反思和批判、存疑和否定的精神活动，它构成诗性主体的重要内涵之一。

诗性主体必然属于审美活动的主体。美既然是虚无化的无限可

① 王弼:《老子指略》。

② 郭象:《庄子注・齐物论》。

能性的存在，也是精神最高的存在对象之一，它必然性构成诗性主体所渴慕的理想境界，成为诗性主体的终极精神家园，情感的信仰对象和梦幻乌托邦。所以，诗性主体在本质上属于审美主体。换言之，审美活动内化为诗性主体的必然性诉求。然而，诗性主体是必然的审美主体，而审美主体却不一定符合诗性主体的内在尺度。两者之间不是逻辑的等同关系，只能是交差关系。审美主体只能作为诗性主体的生成条件和组成结构之一，但是，它距离诗性主体还有一定的精神路程。因此，在逻辑形态上，诗性主体包括和涵盖审美主体，诗性主体统摄和引导审美主体。在价值形态上，诗性主体高于审美主体。在意义形态，诗性主体比审美主体更为深刻、复杂和丰富。

与此相关，诗性主体必然是以想象活动和智慧领悟作为自己的重要的心灵。诗性主体应该具备饱满的想象力，它包括追忆性想象和虚构性想象、类比想象和再创想象、合乎逻辑的想象和非理性想象等多种方式。一方面，想象是对现实性的怀疑、否定和超越，是精神追求无限可能性的宝贵努力，也是心灵对于理想、美与爱、永恒和无限的渴慕途径。另一方面，想象是为存在者获得最高和最纯粹之自由的方法与策略。主体采取其他方法获得的自由都是有限度的，无论是时间自由和空间自由、知识自由和认识自由，都无法媲美于想象活动所带来的自由。胡塞尔的现象学认为，想象也是重要的认识活动，是纯粹意识的意向性活动之一，它构成知识的来源之一。在《纯粹现象学通论》中，胡塞尔强调“自由想象的优先性”，他指出：“几何学家在研究和思考时，在想象中远比在知觉中更多地运用图形或模型。”[①] 他认为想象性的“虚构”“构成了现象学的以及

① 〔德〕胡塞尔：《纯粹现象学通论》，李幼蒸译，商务印书馆 1992 年版，第 173 页。

一切其他本质科学的生命成分，虚构是‘永恒真理’认知从中汲取滋养的源泉。”[①] 在哲学活动中，想象可以借助于假定的方法使新的知识得以可能。思想者在一定范围和程度上，凭借想象活动提出概念、范畴、命题，展开分析、判断、推理等逻辑活动，以丰富哲学之思。从这意义上讲，想象和逻辑之间并非存在绝对的对立关系。在特定的境域，两者可以携手联袂，达到知识或艺术文本的生成。因此，科学活动在一定程度上也可以借助于想象力作用，以获得认识和创造的灵感，形成新的知识形式。当然，尤其在艺术活动中，无论是艺术创造还是艺术欣赏，都要依赖于想象力参与。显然，没有想象力就没有灵感，而没有想象力和灵感，艺术活动必然缺乏生气和活力。

与想象力密切相关，诗性主体也是智慧主体，或者说诗性主体必须借助于生命智慧保障自己的价值和意义。由于智慧是超越知识的精神形态，所以诗性主体显然高于知识主体。在特定的境域，诗性主体必须超越知识形式和知识限定，走向具有创造性的智慧形态。知识由于自身的客观性和普遍性的本质特性，它是非自由和非主观的形态，同时隐藏着积累性和重复性的惰性。因此，知识寄寓着逻辑和理性的目的，沾染着效用和实证的尘埃，它与诗性和审美存在着一定的距离。显然，诗性主体必须超越知识走向智慧，因为智慧建立在直觉领悟、生命体验的基础上，智慧更多依靠自我的想象力和创造力，获得对现象界的发现与改造的可能，获得对历史、现在和未来的洞察与预见。知识满足于解答问题，而智慧不断地提问。和智慧相比，智慧更多蕴藏着反思和批判的冲动，知识沉醉于结果，而智慧除了关注结果之外，更眷顾心灵创造的过程。知识总是守护着现实性，而智慧追求无限的可能性。这是知识和智慧的差异，也

① 〔德〕胡塞尔:《纯粹现象学通论》，李幼蒸译，商务印书馆 1992 年版，第 174 页。

客观地构成了诗性主体和知识主体的本质性不同。所以，诗性主体必然是智慧创新的主体，当然，它也有限度地尊重知识和逻辑、实践和科学等现实性因素。

综上所述，怀疑论美学认为：诗性主体是以虚无为前提，以想象为动力和以审美活动为中心的具有无限可能性的精神形式。

三、意义、价值与功能

探究诗性主体的意义、价值和功能构成了怀疑论美学相应的一个重要职责。显然，由于诗性主体的内在规定性和精神特性，它的意义、价值与功能是密切关联和有机一体的。

首先，诗性主体呈现为它具有超越本能、功利、道德、意识形态的意义。诗性主体能够摆脱本能主体的控制，抗衡生活意志的诱惑，和流行的历时性的道德观念保持适度距离，摈弃虚假的意识形态，因此它潜藏着超越性的精神价值，隐含着否定性和批判性的理性功能。诗性主体具有精神无限可能性的意义与价值，体现为不断存疑和否定、提问和反思的理性冲动。所以，诗性主体包含着一定的理性精神和哲学向度，它一方面斥拒旧的理性又建构新的理性。因为，诗性主体追求精神无限可能性的存在形式，永不满足现存的理性方式，而不断地追寻新的理性形式。在这个意义上，诗性主体信奉无限可能性的精神形式，它决不沉醉于过去和现在的既定的理性结构之中。当然，诗性主体又不等同于理性主体，它与理性主体一个最鲜明的差异在于，诗性主体以想象和体验作为自己的思维方法与存在状态，以智慧超越知识，以无限超越有限，以可能性抗衡现实性，它在时间性上，更多追寻过去和期待未来更多地反思和批判现在。

所以，诗性主体是一个敞开的蕴藏更新之机能的精神本体，它是一个包含无限可能的意义存在，它体现一种永恒沉思和追求生命智慧的精神价值，它具有不断走向心灵领悟的功能。亚里士多德认为主体有三种主要的生活："享乐的生活、公民大会的或政治的生活，和第三种，沉思的生活。"[①]一般的主体形式沉溺于前两种生活方式，而诗性主体更为沉醉第三种生活方式。

其次，诗性主体的重要意义还在于，它保持纯真的"童心"，也就是李贽所渴望的"童心"。"夫童心者，真心也。若以童心为不可，是以真心为不可也。夫童心者，绝假纯真，最初一念之本心也。若失却童心，便失却真心；失却真心，便失却真人。人而非真，全不复有初矣。"[②]诗性主体在生命的整个过程自始至终地守护着童心，使自我不被世俗尘埃所沾染，保持心灵的澄明和纯粹。和童心密切相关，诗性主体应该始终保持着对世界万象的敏锐感觉和感性。诚如马克思在《1844年经济学哲学手稿》里所论：

> 眼睛对对象的感觉不同于耳朵，眼睛的对象是不同于耳朵的对象的。每一种本质力量的独特性，恰好就是这种本质力量的独特的本质，因而也是它的对象化的独特方式，它的对象性的、现实的、活生生的存在的独特方式。因此，人不仅通过思维，而且以全部感觉在对象世界中肯定自己。[③]

诗性主体理应是富有敏锐感觉和感性直观的主体，一方面，必须"以全部感觉在对象世界中肯定自己"；另一方面，以丰富敏锐的感觉去肯定自然万象，体悟大自然的生生不息的生命活力和隐藏的智

① 〔古希腊〕亚里士多德：《尼各马可伦理学》，廖申白译，商务印书馆2003年版，第11页。
② 李贽：《焚书》。
③ 〔德〕马克思：《1844年经济学哲学手稿》，人民出版社2000年版，第87页。

慧。所以，诗性主体的感性更多是审美的感性和诗意的感性。拥有这种审美感性和诗意感性的主体形式，必然滋生对自然的热爱和敬畏意识，这是诗性主体合乎逻辑的精神维度。老子云："人法地，地法天，天法道，道法自然。"[①] 王安石的《临川集》解释道："本者，出之自然，故不假于乎人之力而万物以生矣。"《庄子·应帝王》载："无名人曰：'汝游心于淡，合气于漠，顺物自然而无容私焉，而天下治矣。'"这里的"自然"，一方面，是指客观的事物存在及其存在法则和规律；另一方面，它也是指万物的本源和事物存在、变化的前提条件和逻辑依据。因此，自然具有的意义是本体论性质的。所以，诗性主体的对于自然的崇尚和热爱，就被赋予了至少两种内涵，一是关涉于大自然，二对关涉于自然本性，后者还包括自然人性，当然这里的自然人性剔除了非理性的欲望和本能。从这个理论意义上看，诗性主体既包含着对大自然的热爱和敬畏，又包含着对自然人性和自然法则的尊重和敬畏。与此相关，诗性主体必然保持着对于自然中各种生命形态和形式的尊重和敬畏。老子、庄子、墨子、孔子、孟子等先秦轴心时代的思想家无不有尊重生命的意识，先哲们主张所有生命的平等齐一，人应该担当对自然万象中所有生命的敬重和热爱的伦理责任，法国思想家施韦泽在《敬畏生命》中赞叹："中国伦理学的伟大在于，它天然地、并在行动上同情动物。"[②] 孔子呼吁"仁者爱人"[③]。古代先贤们主张热爱自然中所有的生命形式，认为生命的价值平等，要求每一个主体敬畏不同的生命形态，更强调对人的生命的尊重和同情。显然，这一生命意识必然性地成为诗性主体的逻辑构成。在此意义上，

---

① 《老子·二十五章》。

② 〔法〕施韦泽：《敬畏生命》，陈泽环译，上海社会科学院出版社 2003 年版，第 75 页。

③ 《论语·颜渊》。

诗性主体应该具有历史感和历史意识，应该是“历史主体”。诗性主体必须秉承敬畏古人和敬畏祖先的意识，而不是采取对于历史的非理性否定的方式，不是采取对于古人轻视和冷漠的态度，而是建立对历史和对历史人物的同情意识与悲悯情怀，建立对历史的辩证理性，能够以审美和诗意的方式理解历史。然而，诗性主体应该在对古人和祖先敬畏的前提之下，必须保持对历史的存疑与反思、否定与批判的意识，作为诗性主体，它更应该具有对于历史的想象力和领悟力，不断地赋予历史以新的理解和洞见。

再次，诗性主体给予理想诗性主体是仁爱主体、良知主体和德性主体，亚里士多德在《尼各马可伦理学》强调“德性”的对生命存在的重要意义，他说：“人的活动是灵魂的一种合乎逻各斯的实现活动与实践，且一个好人的活动就是良好地、高尚〔高贵〕地完善这种活动；如果一种活动在以合乎它特有的德性的方式完成时就是完成得良好的；那么，人的善就是灵魂的合德性的实现活动，如果有不止一种的德性，就是合乎那种最好、最完善的德性的实现活动。不过，还要加上‘在一生中’。”[①] 仁爱和德性是诗性主体的逻辑前提和精神保证。如果诗性主体没有这几个因素作为基石，它可能隐藏着巨大的危机和走向危险的渊薮。无论是孔子论述的“仁爱”，后世儒家阐释的良知，还是亚里士多德推崇的德性，它们都高于具体的道德概念。因为，仁爱、良知和德性是具有普遍性的共时性的伦理原则，而道德只是具体的和有限度的历时性概念，或者说道德是历时性的良知。从这个理论意义说，诗性主体不一定是道德主体，但是，它必须建立在仁爱、良知和德性的逻辑基础之上。我们强调诗性主体必然建立在良知的基础上，旨在说明没有良知的依附，诗性

---

① 〔古希腊〕亚里士多德：《尼各马可伦理学》，廖申白译，商务印书馆2003年版，第20页。

主体一方面可能走向精神的危险和堕落，另一方面直接走向自我的反面，成为危害自我、毁灭生命和杀戮理性的恐怖势能，历史上的一些暴君和恶人，主体之内不乏诗性的结构，最终因为缺乏良知的保证而走到戕害人类的黑色结局。因此，没有良知的主体必然被诗性主体所鄙弃，它们也必然成为罪恶的悲剧性主体。马基雅维里认为："一位英明的统治者绝不能够，也不应当遵守信义。……一位君主必须有一种精神准备，随时顺应命运的风向和事物的变幻情况而转变。然而，正如我在前面说过的，如果可能的话，他还是不要背离善良之道，但是如果必须的话，他就要懂得怎样走上为非作恶之途。"[①] 马基雅维里所崇尚的君主，他们其中一部分可能包含有诗意的成分，但是，他们绝对不能够达到诗性主体的标准，因为他们背离了良知和丧失德性，何谈仁爱和伦理。从这个意义上考量，历史上也许没几个君主符合诗性主体的要求。从伦理学视界考察，诗性主体也是保证生命的幸福感、美感和快乐，保证爱与仁的精神要素，它属于极高的生命境界和理想化的人生目标。

最后，诗性主体在当代语境的重构。后现代社会以消费为主导为核心，建构以商品、经济、货币、权力为欲望叙事的无限"文本"，形成以知识、技术、话语、信息等相互交织的网络，社会发展的原动力在于主体不断膨胀的消费欲望和占有冲动。另外，来自于政治、经济、文化等方面的冲突和国家、地域之间博弈，令人们对这个世界更加失望。因此，诗性主体的当代重构依然是一个沉重和艰辛的话题。诗性主体的重构，牵涉到诸多方面。前面我们相应地作了一些论述和探讨。它包括在本体论意义上，主体建立虚无化的存在方式，追求精神的无限可能性。在具体形态上，要求主体建立

---

① 〔意〕马基雅维里：《君主论》，潘汉典译，商务印书馆 1985 年版，84—85 页。

敏锐的感觉与感性，敬畏自然和生命，开启想象力与智慧，守护良知、仁爱、德性等伦理原则。这里主要强调话语问题。

海德格尔说，语言是存在之家。主体在一定意义上也是一个话语主体。福柯认为：“语言的基本问题，不是语言本身的形式结构，而是它在社会实际应用中同社会因素的实际关联。正是在这里，集中体现了社会权力同知识之间的紧密而复杂的勾结，隐藏着解决整个西方社会文化奥秘的钥匙。”[①] 其实，福柯所言的情形存在于不同的社会形式之中。在后现代语境，知识和语言的关联形成隐蔽的权力结构，构成对主体的严密宰制和无形操控。每一个说话的主体在本质上已经不属于自我，他们已经沦落成为异己的话语主体。一方面，因为他们所说的语言是被严格按照正统的或流行的社会意识形态所过滤、修饰、加工、伪装过的规范形式，也是违背事实和隐藏许多虚假意识的成分。人从出生，尤其是受教育以来，权力系统无不控制其语言和话语，社会意识形态通过对话语的规训达到对心理和精神的制约，在国家权力所操纵的语言“教育”和话语“培养”之下的主体形式，显然距离诗性主体越来越遥远。所以，建构诗性主体意义的“话语主体”，必须抗衡权力系统和社会意识形态结盟所生产的话语结构。另一方面，科学语言、知识语言、政治语言、经济语言等语言形式，基本上左右了绝大多数主体的语言与思维方式，语言已经扮演着被制度化和模式化的固定符号系统，它们成为机械刻板的表达样式，沦落为话语霸权和精神僵化的象征。在这种语言系统中浸泡成长的主体，其诗性只能越来越稀薄和被窒息。再一方面，社会公共空间的语言，包括网络、电视、电影、广播、娱乐等传播方式的语言和话语，是流行意识形态和日常生活的交流工具，它们

---

① 冯俊等著：《后现代主义哲学讲演录》，商务印书馆 2003 年版，第 406 页。

具有官方与民间、正统和非主流、机械与鲜活的相互交织的二重性。它们更多体现了语音中心主义，也就是表音主义的逻各斯中心主义（Logocentrisme）。[①]它们虽有少量的诗意话语，却更多表现为对主流话语或权力话语的屈从。另外，民间的流行语言在时间上呈现暂时性，充满变异和怪诞的色调，各种拼凑、剪贴、生造的时尚词汇和反语法、反修辞的话语表达，甚至表现出对审美的反叛和蔑视。毫无疑问，这样的语言是非诗性的和消解诗性主体的。因此，诗性主体的重构，一个重要努力就在于建立具有审美感受力和美感特性的话语体系，建立个性化表达的符号和修辞策略，这样的话语应该富有想象力和生命体验，也就是维柯所向往的诗性语言，也就是尼采所渴望的充满华彩的以古典语言为样本的话语方式。从这个意义上说，诗性主体的话语结构，它来源于这样几个方面，其一是来源于古人及其古代典籍，其二来源于对异域语言的吸收和扬弃，其三是来源于对大自然的领悟和心灵内部的想象力，其四来源于个性化的修辞等。

因此，从这一点考察，诗性主体必须具有诗意地言说方式，而缺乏诗意的话语方式，无法获得诗性主体的存在资格。

福柯说："理论应该有用。理论不是为了自身而存在。如果没有人出于使用理论的目的先去成为不再是理论家的理论家，那么理论就一文不值，或者是使用它的时机未到。人们不会回到一种理论上，而是创造其他的理论。"[②]怀疑论美学提出诗性主体的理论，旨在寻求新的理论方式，而不是仅仅回到以往美学有关主体的理论形态。从这个意义上，怀疑论美学禀赋着解构和建构的双重努力。

---

① 〔法〕德里达:《论文字学》，汪堂家译，上海译文出版社1999年版，第3页。

② 《福柯集》，杜小真编译，上海远东出版社2003年版，第206页。

第七章　美与神话的相关性探究

第一节　“神话”之追询

怀疑论美学在本体论视界将美阐释为虚无，诞生与其他美学截然不同的思想果实。它进一步试图将美与神话实行逻辑关联，以寻找到更富有思维活力的关于“美”的言说。

“神话”也许是人类精神最早的自我觉醒的标志之一，尽管这种觉醒带有幻象性特征。“神话”在词源学上，来自于希腊语“Mythos”，词根为“mu”，是使用嘴发出声音的意思。这意味着神话隐含着和语言的联系。人作为“符号的动物”，“符号化的思维和符号化的行为是人类生活中最富于代表性的特征，并且人类文化的全部发展都依赖于这些条件，这一点是无可争辩的。”[①] 神话的确是人类最早的以语言为核心的符号化活动的结果，它奠定了人类文化发展的一个重要基础。有关神话的理论极为丰富，为了论述的方便，姑且划分为“传统神话理论”与“现代神话理论”这两个不同的历史和逻辑的对象。需要说明的是，所谓“传统神话理论”，是指对古代神话或者对某些现代原始部落的神话而做的理论研究；与此相应，“现代神话理论”则是指对现代社会中的神话或神话意识所做的理论研究。

---

① 〔德〕卡西尔:《人论》，甘阳译，上海译文出版社 1985 年版，第 35 页。

一、传统神话理论

德国浪漫派的代表人物之一谢林对神话表现出一种形而上的沉迷和推崇，他在《艺术哲学》中认为："神话乃是任何艺术的必要条件和原初质料。""神话乃是尤为庄重的宇宙，乃是绝对面貌的宇宙，乃是真正的自在宇宙、神圣构想中生活和奇迹迭现的混沌之景象；这种景象本身即是诗歌，而且对自身来说同时又是诗歌的质料和元素。它（神话）即是世界，而且可以说，即是土壤，唯有植根于此，艺术作品始可吐葩争艳、繁茂兴盛。"[①] 谢林在艺术本体论的着眼点上，规定了神话的逻各斯中心地位。在他看来，神话象征最高的美学意义和包含所有的艺术特征，它是审美活动和艺术活动的起始原因。不仅如此，神话还被他转喻为哲学和伦理观念诞生的源泉：

> 神话既然是初象世界本身、宇宙的始初普遍直观，也就是哲学的基础，而且不难说明：即使希腊哲学的整个方向，亦为希腊神话所确定。最古老的希腊自然哲学，便是最先从中产生者；当阿那克萨哥拉（"诺斯"）尚未赋之以，以及继其后的苏格拉底尚未以尤为完满的形态赋之以理性主义因素之时，它依然是纯属现实主义的。而神话又是哲学伦理部分的初源。伦理关系的始初观念（Ansichten），而首先是为一切希腊人所共有者（迄至以索福克勒斯为代表的文化高峰），以及深深地铭刻于他们所有作品中的、世人依附于神的情感、同样见诸伦理问题的节制和适度、对于飞扬跋扈和恣意妄为的厌恶，如此等等，——索福克勒斯的

① 〔德〕谢林：《艺术哲学》上册，魏庆征译，中国社会出版社 1996 年版，第 64 页。

> 著作中的这些美德懿行，仍然来源于神话。[1]

这位对神话强烈偏爱的思想家，表现出哲学视野上的“神话至上论”。他把人类的文化起源确立一个唯一性动因——“神话”，它被规定为人类精神的图腾与偶像，甚至被抽象成了宇宙的本质或本源，构成为世界的终极意义和精神存在的最高价值，它已经和柏拉图的理式、黑格尔的理念和绝对精神成为同一性质的存在，被提升为形而上的具有普遍哲学意义与伦理价值的“逻各斯”。谢林的“神话哲学”，其本身就是一个虚构的“哲学神话”，是凭借浪漫派的虚假的主观逻辑所建构的一个思想楼阁，尽管它不乏哲学和美学的价值，然而终归只限于希腊文化或希腊神话的范畴，还难以具有适用于人类不同文化的普遍意义。

像他的德意志同胞谢林一样，尼采同样表现出对希腊神话的哲学的和美学的双重迷醉。他在一系列的著述中，推出所构想的“酒神精神”（狄俄倪索斯精神）和“日神精神”（阿波罗精神），认为前者隐含着欲望和放纵，后者象征了梦幻和理想。而两者的结合就导致希腊悲剧乃至整个艺术的诞生。在尼采看来，阿波罗和狄俄倪索斯这两种神话精神的汇合，就构成了整个西方艺术乃至于整个西方文明的诞生。他在《悲剧的诞生》中说：

> 这是一个无可争辩的传统：希腊悲剧在其最古老的形态中仅仅以酒神的受苦为题材，而长时期内唯一登场的舞台主角就是酒神。但是，可以以同样的把握断言，在欧里庇得斯之前，酒神一直是悲剧主角，相反，希腊舞台上一切著名角色普罗米

---

① 〔德〕谢林：《艺术哲学》上册，魏庆征译，中国社会出版社 1996 年版，第 76 页。

> 修斯、俄狄浦斯等等，都只是这位最初主角酒神的面具。在所有这些面具下藏着一个神，这就是这些著名角色之所以具有往往如此惊人的、典型的“理想”性的主要原因。[①]

姑且不论尼采这样的论断是否符合古代希腊艺术的实际，然而至少可以认为是对古希腊悲剧乃至整个古希腊艺术的起源的一种美学阐释。尼采的神话理论更重要的内容在于，感伤于神话意识或神话精神的衰微，竭力阻止神话的消亡趋势，对科学精神进行“审美”批判，试图重建一个当时历史语境里的希腊神话的乌托邦，从而复活德意志民族的神话精神：

> 只要想一想这匆匆向前趱程的科学精神的直接后果，我们就立刻宛如亲眼看到，神话如何被它毁灭，由于神话的毁灭，诗如何被逐出理想故土，从此无家可归。只要我们认为音乐理应具备从自身再生出神话的能力，那么，我们就会发现科学精神走在反对音乐这种创造神话的能力的道路上。[②]
>
> 谁也别想摧毁我们对正在来临的希腊精神复活的信念，因为凭借这信念，我们才有希望用音乐的圣火更新和净化德国精神。否则我们该指望什么东西，在今日文化的凋敝荒芜之中，能够唤起对未来的任何令人欣慰的期待呢？
>
> ……悲剧端坐在这洋溢的生命、痛苦和快乐之中，在庄严的欢欣之中，谛听一支遥远的忧郁的歌，它歌唱着万有之母，她们的名字是：幻觉，意志，痛苦。——是的，我的朋友，和我一

---

① 〔德〕尼采:《悲剧的诞生》，周国平译，生活·读书·新知三联书店1986年版，第40—41页。

② 同上书，第73页。

> 起信仰酒神生活，信仰悲剧的再生吧。苏格拉底式人物的时代已经过去，请你们戴上常春藤花冠，手持酒神节杖，倘若虎豹讨好地躺在你们的膝下，也请你们不要惊讶。现在请大胆做悲剧式人物，因为你们必能得救。你们要伴送酒神游行行列从印度到希腊！准备作艰苦的斗争，但要相信你们的神必将创造奇迹！①

尼采运用富有情感诱惑力的诗歌语言，表达对复活古希腊神话精神的坚定信念，而音乐被他看作一种复活希腊神话精神和净化德国精神的首先选择的工具。尼采也许没有意识到，当他在企图复活古典神话的同时，他恰恰又在虚构一种在新的历史语境里的新的神话，这就是尼采式的"神话"和具有普遍性的德意志民族精神的"神话"。无疑，尼采的神话理论具有二重性，一方面它关切传统神话意识和神话精神的衰微，认为客观上导致艺术创造力和生命激情的萎缩，而科学精神的日趋强化则加剧神话的消亡，进一步逼迫"诗"离开理想的故土。这种对待神话眷恋的怀旧情结反映了尼采古典主义的人文精神，在一定程度上具有历史的合理性和美学价值；另一方面，尼采的神话理论，弥散着浓厚的种族主义的谬误和文化偏执的情绪，包含着德国学者普遍存在的希腊情结和德意志情结，当然，储藏这两种情结也无可厚非，不过它们常常作为西方中心论的精神本源和狭隘民族主义信仰的心理基础，甚至还被利用作为后来的"纳粹神话"的思想资源，这就是一个值得深思的问题了。其实，尼采的神话理论所隐含的负面内涵是不能忽视的，它甚至构成对美学的一种无意识的危害和对世界普遍价值的明确颠覆，它事实上也是一个彻头彻尾的种族神话的

---

① 〔德〕尼采:《悲剧的诞生》，周国平译，生活·读书·新知三联书店1986年版，第88—89页。

象征品，因此隐蔽着"反美学"的特征。任何一种神话均包含着"欺骗"的双重性：它既主动性地"欺骗"别人，同时又被动性地"自欺"。当然，尼采的"神话"也不例外。

列维-斯特劳斯对神话研究做出了一定的贡献，他的《结构人类学》《神话学》《野性的思维》《忧郁的热带》都是堪称经典的神话理论著作。列维-斯特劳斯从结构主义的观点展开对神话的探索，着重探究了神话思想的特征。在《野性的思维》里，他认为：

> 神话思想的特征是，它借助于一套参差不齐的元素表列来表达自己，这套元素表列即使包罗广泛也是有限的；然而不管面对着什么任务，它都必须使用这套元素（或成分），因为它没有任何其他可供支配的东西。所以我们可以说，神话思想就是一种理智的"修补术"——它说明了人们可以在两个平面之间观察到的那种关系。①
>
> ……
>
> 实际上，产生神话的创造行为与产生艺术作品的创作活动正相反。对于艺术作品来说，起始点是包括一个或数个对象和一个或数个事件的组合，美学创造活动通过揭示出共同的结构来显示一个整体性特征。神话经历同样的历程，但其意义相反：它运用一个结构产生由一组事件组成的一个绝对对象（因为所有神话都讲述一个故事）。因而艺术从一个组合体（对象＋事件）出发达到最终发现其结构；神话则从一个结构出发，借助这个结构，它构造了一个组合体（对象＋事件）。②

① 〔法〕列维-斯特劳斯：《野性的思维》，李幼蒸译，商务印书馆1987年版，第22—23页。

② 同上书，第33—34页。

列维-斯特劳斯认为神话是借助一套参差不齐的元素列表来表示自己的意识，也就是说，神话的基本元素（神话素）是不变的，而且众多神话故事都隐含着基本相同的结构。另外，他区别了神话与艺术的不同，认为神话有着相同的稳定的无意识结构，由于相同的故事元素构成不同的组合体。而艺术则由一个或数个对象与事件的组合，以不同的结构和方式来显示一个整体性特征。像西方许多的神话学家一样，列维-斯特劳斯将神话思维看作是土著民族或未开化民族的"野性的思维"，而这种思维无疑属于低级的思维形式，它与科学思维或逻辑思维形成一个明显的对照。他还认为："神话（它一直在逃避历史的乌托邦梦想中汲取养料）在一贯地与意指作用的缺乏进行着斗争，而科学（它限于通过无止境的校正来进行）则渴望认知，而不渴望意指作用。"[①] 这些看法，既包含着合理性成分，但是也存在一定的谬误。尤其是将神话思维看作为"野性的思维"，可以说是对神话思维的误解。因为神话思维一直作为人类的重要的思维方式而存在，并且迄今为止仍然在发挥着它积极的功能，而且随着历史文化语境的变化，它继续施展着它的精神魅力，尤其对人类的审美活动和艺术活动产生着巨大而深刻的影响。

另一位法国文化人类学家列维-布留尔写作的《原始思维》也对神话做出了深入的研究。他仍然没有摆脱将非西方的民族视为野蛮人的思想窠臼，将他们的思维称之为"原始思维"或"原逻辑的思维"（Prelogical thought）。这种思维体现为拥有世代相传的神秘性质的"集体表象"，并且这些集体表象之间的联系超越一般的逻辑形式，它们凭借存在物与客体之间的神秘的互相渗透而产生联系。例

① 〔法〕若斯・吉莱莫・梅吉奥：《列维-斯特劳斯的美学观》，怀宇译，天津人民出版社2003年版，第134页。

如他通过对丧葬仪式的研究，揭示了某些原始部落对待死者的心理状态，显现了在他们的信仰中，生与死被消解了逻辑界线。他还通过对原始部落的某些巫术、习俗，以及他们神秘梦幻的研究，阐述了原始思维具有人神互渗、生者与死者互渗、超越因果律、时间逻辑等特点。他认为：

> 相应地说，神话则是原始民族的圣经故事。不过，在神话的集体表象中神秘因素的优势甚至超过我们的圣史。同时，由于互渗律在原始思维中还占优势，所以伴随着神话的是与它所表现的那个神秘的实在的极强烈的互渗感。……这里，问题在于在神话中也如同在圣史中一样，原始人获得社会集体与其自身的过去的互渗，他感到社会集体可说是实际生活在那个时代，他感到他与那个使这部族成为现在这样子的东西有一种神秘的互渗。简而言之，对原始人的思维来说，神话既是社会集体与它现在和过去的自身和与它周围存在物集体的结为一体的表现，同时又是保持和唤醒这种一体感的手段。①

布留尔对于神话思维所具有的构成集体意识的积极作用，有着比较清晰的认识，他所认为的原始思维的“互渗律”也客观地存在于某些民族的文化心理之中。然而，必须指出的是，布留尔像许多西方学者一样，也是欧洲中心主义的信奉者，他以“地中海文明”作为人类文明的最高形式，而其他文明都是低级形态的文明，与此相对应，非“地中海的文明”的思维方式都是原始思维的方式。据说，布留尔因为阅读了法译本的《史记》产生了探究原始思维的冲

① 〔法〕列维-布留尔：《原始思维》，丁由译，商务印书馆1981年版，第437—438页。

动，但是他的《原始思维》中有关对中国人的思维研究所援引的材料，仅仅限于德·格鲁特这位曾经生活在中国的传教士写作的《中国人的宗教》（*The Religion of the Chinese*）一书。但是格鲁特的《中国人的宗教》以及他的《中国的宗教体系》（*The Religious System of China*）均被认为是充满了偏见和谬误的著述，而且所考察的历史对象和文化背景不能全面和客观地反映中国的思想文化的状况。其实，无论是布留尔还是格鲁特，都表现出对于中国的思想传统和文化传统的无知与偏见。布留尔所讨论的有关中国人的"原始思维"也限于当时历史条件下的某些原始部落的文化心理状况。

像弗洛伊德发现"无意识"对于个人的精神存在所具有的重要意义一样，荣格提出的"集体无意识"学说则具有理解人的普遍存在的精神结构的理论意义。荣格的"集体无意识"的主要内容是"原型"（Archetypes）。"原型"属于原始意象（Primordial images）储藏，而这些原始意象又往往来源于神话思维或神话意识。这样，我们就看到了荣格的集体无意识的理论和神话的逻辑联系。荣格在《集体无意识的概念》一文中写道：

> 集体无意识是精神的一部分。它与个人无意识截然不同，因为它的存在不像后者那样可以归结为个人的经验，因此不能为个人所获得。构成个人无意识的主要是一些我们曾经意识到，但以后由于遗忘或压抑而从意识中消失了的内容；集体无意识的内容从来就没有出现在意识之中，因此也就从未为个人所获得过，它们的存在完全得自于遗传。个人无意识主要是由各种情结构成的，集体无意识的内容则主要是"原型"。
>
> 原型概念对集体无意识观点是不可缺少的，它指出了精神中各种确定形式的存在，这些形式无论在何时何地都普遍地存

> 在着。在神话研究中它们被称为“母题”；在原始人类心理学中，它们与列维-布留尔的“集体表现”(此概念一般译为“集体表象”，引者注。)概念相契合；在比较宗教学的领域里，休伯特与毛斯又将它们称为“想象范畴”；阿道夫·巴斯蒂安在很早以前则称它们为“原素”或“原始思维”。[①]

美国学者C.S.霍尔和诺德尔对荣格的集体无意识的概念作了这样的阐释：“集体无意识是一个储藏所，它所储藏着所有那些被荣格称之为‘原始意象’的潜在的意象。原始(Primordial)指的是最初(First)或本源(Original)，原始意象因此涉及心理的最初的发展。人从他的祖先(包括他的人类祖先，也包括他的前人类祖先和动物祖先)那儿继承了这些意象。”[②]集体无意识的“原型”无疑是神话的象征品，或者说由它建构了神话思维和神话意识。如果说“集体无意识”隐喻着整个人类的精神存在的本质，集中地体现了人类普遍存在的思维方式；那么，“原型”也不仅仅作为某个民族或者某个原始部落的集体经验和思维样式，扮演为一个特定的蒙昧心理的角色，而是作为人类所共有的精神结构，而普遍地存在于每一个人的心理深层之中。无疑，荣格对神话思维的理解不仅具有形而上的眼光和超越民族偏见的襟怀，更呈现出一种对人类心理结构的深刻洞见。更进一步，荣格从“集体无意识”的“原型”概念出发，探讨了文学与心理学的关系，认为文艺创造与“原型”存在密切联系，“艺术创作和艺术效用的奥秘，只有回归到‘神秘共享’的状态中才能发

① 〔瑞士〕荣格：《心理学与文学》，冯川、苏克译，生活·读书·新知三联书店1987年版，第94—95页。

② 〔美〕C.S.霍尔、诺德贝：《荣格心理学入门》，冯川译，生活·读书·新知三联书店1987年版，第40—41页。

现”，因此，神话思维构成艺术诞生和发展的重要因素，而且仍然影响着现代文艺的走向。

作为文化人类学的功能学派的代表人物的马林诺夫斯基也对神话发表了精湛的看法，他在《巫术科学宗教与神话》一书中，批评了历史派神话学将一切神话都看作是历史的观点，他说：“我们不能否认，历史与自然环境必然要在一切文化成就上留下深刻的痕迹，所以也在神话上留下深刻的痕迹。然将一切神话都只看作历史，那就等于将它看作原始人自然主义的诗词，是同样错误的。”[①] 他注重从神话对于社会功能的角度探究其存在的意义与价值：

> 我们就要见到，研究活着的神话，神话并不是象征的，而是题材底直接表现；不是要满足科学的趣意而有的解说，乃是要满足深切的宗教欲望，道德的要求，社会的服从与表白，以及甚么实用的条件而有的关于荒古的实体的复活的叙述。神话在原始文化中有不可必少的功用，那就是将信仰表现出来，提高了而加以制定；给道德以保障而加以执行：证明仪式底的功效而有实用的规律以指导人群，所以神话乃是人类文明中一项重要的成分；不是闲话，而是吃苦的积极力量；不是理智的解说或艺术的想象，而是原始信仰与道德智慧上实用的特许证书。[②]

马林诺夫斯基未免过于强调了神话所具有的现实作用和社会功能，而忽视了它对于审美和艺术的积极作用，并且否定了神话的象

---

① 〔英〕马林诺夫斯基:《巫术科学宗教与神话》，李安宅译，中国民间文艺出版社 1986 年版，第 83 页。

② 同上书，第 86 页。

征功能以及想象性的创造活力。这使得他的神话观念难免存在着实用主义和保守倾向的弊端。

能够同时对“传统神话”和“现代神话”这种不同类别的神话形式，都进行深入探讨的理论家为数稀少，而恩斯特·卡西尔可谓当之无愧的一位。他的有关神话的思考丰富而精湛，笔者仅就他的神话与情感、神话与语言这两个环节进行描述。卡西尔批评了使神话理智化的企图——将它解释为理论真理或道德真理的一种寓言式的表达，认为这样做必然会彻底失败。他指出：

> 神话的真正基质不是思维的基质而是情感的基质。神话和原始宗教绝不是完全无条理性的，它们并不是没有道理或没有原因的。但是它们的条理性更多地依赖于情感的统一性而不是依赖于逻辑的法则。这种情感的统一性是原始思维最强烈最深刻的推动力之一。
>
> ……
>
> 神话是情感的产物，它的情感背景使它的所有产品都染上了它自己所特有的色彩。原始人绝不缺乏把握事物的经验区别的能力，但是在他关于自然与生命的概念中，所有这些区别都被一种更强烈的情感湮没了：他深深地相信，有一种基本的不可磨灭的生命一体化（Solidarity of life）沟通了多种多样、形形色色的个别生命形式。原始人并不认为自己处在自然等级中一个独一无二的特权地位上。所有生命形式都有亲族关系似乎是神话思维的一个普遍预设。[1]

---

① 〔德〕卡西尔：《人论》，甘阳译，上海译文出版社 1985 年版，第 104—105 页。

卡西尔揭示出神话或神话思维的一个隐秘，那就是它更多地依赖于情感的信仰而不是依赖于逻辑与经验。尤其是体现关于生命存在的观念上，神话思维认为生与死之间不存在一条明显的分界线，世界上的任何生命形式都是一体化的可以互相沟通或者相互转移的循环性质的存在，它们之间结成了神圣的亲族关系，哪怕是人与动物、植物之间也不例外。诚如卡氏所论，神话和神话思维呈现出超越理性和逻辑的特性，它们更凭借于情感信仰而发挥社会功能，然而，卡西尔有所忽略了神话的另一个事实是，神话往往也包含着理性思维和理性精神，只不过它们以潜藏的方式存在于神话意识之中。卡西尔对于神话的另一个独特思考是揭橥了语言与神话的潜在联系。在其《语言与神话》里，他睿智地指出：

> 语言意识和神话–宗教意识之间的原初联系主要在下面这个事实中得到表现：所有的言语结构同时也作为赋有神话力量的神话实体而出现；语词（逻各斯）实际上成为一种首要的力，全部“存在”（Bing）与“作为”（Doing）皆源出于此。在所有神话的宇宙起源说，无论追根溯源到多远多深，都无一例外地可以发现语词（逻各斯）至高无上的地位。[①]

卡西尔在语言与神话寻找到一种密切的本质性关联，那就是语言与神话都作为构成人类精神本质的基本存在，它们不仅充当人类思维的工具，而且本身就作为一种本体性结构而发挥强大的符号功能。在他看来，语言、神话、艺术构成人类精神三位一体的同一性的文化

① 〔德〕卡西尔：《语言与神话》，于晓等译，生活·读书·新知三联书店1988年版，第70页。

活动的要素，它们是精神存在同一本质的不同存在方式而已，而它们所共同具有的一个特征就是“隐喻”性和“隐喻思维”（Metaphorcal thinking）。卡西尔揭示了语言、神话、艺术之间的深层隐秘。

神话也许是当今思想黄昏中的最后一丝的夕阳余晖，因为随着实用理性的日臻强化和科学技术的飞速发展，它曾经拥有的美好时光似乎是黄鹤一去。马克思在《政治经济学批判·导言》中写道：

> 希腊神话不只是希腊艺术的武库，而且是它的土壤。成为希腊人的幻想的基础、从而成为希腊（艺术）的基础的那种对自然的观点和对社会关系的观点，能够同走锭精纺机、铁道、机车和电报并存吗？在罗伯茨公司面前，武尔坎又在哪里？在避雷针面前，丘必特又在哪里？在动产信用公司面前，海尔梅斯又在哪里？任何神话都是用想象和借助想象以征服自然力，支配自然力，把自然力加以形象化；因而，随着这些自然力实际上被支配，神话也就消失了。[①]

这段话为无数学者耳熟能详并且援引过无数次，作为“神话消亡论”的理论依据，马克思在当时历史语境中对于神话本质的阐释包含着一定的合理性。然而，在当今历史语境中，不能仅仅满足于把马克思的这段话作为思考“神话”的逻辑前提，而忽视对“现代神话”的深入探究。在后现代的历史语境里，科学技术的发展已经远远超越了马克思的工业时代的所见所闻，然而是否意味着“神话”和“神话思维”的彻底解构和消亡呢？答案是否定的。神话学家列维–斯特劳斯说：

---

① 《马克思恩格斯选集》第2卷，人民出版社1995年版，第28—29页。

> 我们知道，神话本身是变化的。这些变化——同一个神话从一种变体到另一种变体，从一个神话到另一个神话，相同的或不同的神话从一个社会到另一个社会——有时影响构架，有时影响代码，有时则与神话的寓意有关，但它本身并未消亡。因此，这些变化遵循一种神话素材的保存原则，按照这个原则，任何神话永远可能产生于另一个神话。[①]

在斯特劳斯看来，神话仅仅在空间上消亡，而在时间上则不会消亡。因为神话的基本元素和基本结构是恒定的，一则神话在进入不同的地理环境和人文背景后，它的构架、代码、寓意必然发生变异，但是神话的基本要素、结构不会发生质的变化，所以它在历史时间中不会消亡，仅在某个的地域会消亡。

二、现代神话理论

现代神话理论是指承认神话和神话思维在现代社会生活的客观存在并对其做出研究的理论。现代神话理论认为，“神话”在现代社会中甚至在后现代社会中依然不会消亡，只不过它改变了与以往神话不同的存在形式，甚至以现代科技作为神话的构成元素和面具伪装。美国当代神话学家戴维·利明和埃德温·贝尔德在《神话学》中阐述了对“现代神话”的精湛见解：

> 但是当代神话并不只是在童年和上教堂做礼拜时才有，在成年人的世俗世界中也是不乏证据的。比较明显的例证之一是

① 〔法〕列维-斯特劳斯：《结构人类学》，陆晓禾等译，文化艺术出版社1989年版，第259页。

> 电视广告，因为广告家只有使用众所周知的神话语言，才能做好广告。当某一演员扮成友善的家庭医师出现在屏幕上时，他在人们面前就是一个当代的神话人物了。
>
> ……
>
> 纳粹神话含有传统神话的许多方面。它大多起源于在理查德·瓦格纳的歌剧中得到再生的德意志传说。在瓦格纳的故事和纳粹神话里，有两个主题格外重要：一个是对日耳曼民族的崇拜，另一个是对神圣土地的崇拜。瓦格纳笔下的金发碧眼的西格弗里德在纳粹看来就等于是要去统治一个已经清除掉犹太人的世界的超人英雄的模型。这些新一代英雄的领袖具有神一般的、超英雄的无限威力和不可战胜的品质。纳粹分子为了给自己树立根据，强调普鲁士英雄的神话般的传承：从西格弗里德到弗雷德里克，再到俾斯麦、兴登堡，最后直到希特勒。[①]

在他们看来，神话在现代社会没有消失只是改变了存在形式而已。一方面，"现代神话"改变了某些特征以适应现代语境，继续在社会生活中存在和发挥潜在的功用。例如它依然虚构理想中的"英雄"或"武士"，使其在电影与电视等现代科技手段所组成的符号形式中出现，象邦德、兰博等形象，既产生娱乐效果，又为国家主义、民族正义等虚假的意识形态的传播发挥作用。但在表现手法上，它放弃采用传统神话中的英雄不死或者死而复活的生命循环的模式。另一方面，"现代神话"一般不再采用传统神话的完整的故事叙述方式来打动接受者，它对结构化的叙述失去了兴趣，而热衷于某些意

① 〔美〕戴维·利明、埃德温·贝尔德：《神话学》，李培茱等译，上海人民出版社 1990 年版，第 146—150 页。

识碎片的衔接与组合。也就是说，现代神话的“故事性”降低而被代替为某些意识形态的片断连接，或者某些心理情绪的变化伪装。例如“国家神话”醉心于将国家权力和国家利益以神话思维的方式包装起来，“民族神话”则将“民族”虚拟为一个完善的合乎理想的乌托邦存在，“阶级神话”和“政治神话”就以神话思维的终极世界的许诺来唤起社会革命的暴力热情，或者建立一个虚假的价值王国和伦理世界。田兆元在《神话与中国社会》指出：“国家的神话是一个社会占统治地位的神话，而民族神话是一个民族共同信奉的神话，二者的合流是自然而然的。……国家利用民族神话宣扬国家意志，于是国家的神话披上了民族神话的外衣，散布到大众心灵中去。所以，进入了国家制以后，没有一种民族神话不浸染着国家神话的成分。”[①] 此论无疑精当。就现代社会而言，现代人类的神话意识从表面看由于受到科学技术的影响似乎被淡化了削弱了，然而，事实不尽如此。神话与神话思维仍然牢固地存在于现代心灵的深处。

从思维方式上看，以往所谓的“形象思维”与“抽象思维”的逻辑划分存在着一定的问题，它本身就是逻各斯中心主义的产物。以往西方人类学家所声称的“野蛮的思维”或“原始思维”、“神话思维”等思维方式，在现代社会的存在者的精神结构中仍然不可能被消解，它们作为集体无意识的“原型”，同样存在于每一个民族和每一个生命个体之中。因此，这个世界仍然具有神话和神话思维的心理土壤。就像西方学者习惯于将人类思维区别为野蛮人的思维和欧洲人的思维，并且强硬给这种人类思维的一体性存在划分出一个逻辑鸿沟一样，我们也习惯为古代人和现代人武断地划出一条思维方式的界线。例如维柯探讨原始民族的“形象思维”，否认他们有任

① 田兆元：《神话与中国社会》，上海人民出版社 1998 年版，第 130 页。

何理智性的思维，克罗齐在《美学史》中就认为这是一个错误。维柯还将“形象思维”与推理能力截然对立起来，在《新科学》中认为：“推理力愈薄弱，想象力也就成比例地愈旺盛。”[①] 再如斯特劳斯所称之的“野性的思维”，布留尔所说的“原始思维”或“前逻辑思维”，卡西尔讨论的“神话思维”，等等，都是有意识或无意识地站在欧洲中心论立场上对其他民族的文化谬误或文化偏见。其实，不同种族、不同文化圈、不同历史语境里的存在本体，禀赋着相同的思维方式，就以维柯的“形象思维”、斯特劳斯的“野性的思维”和布留尔的“原始思维”而言，它们都可以归纳为“诗性的思维”，表现为反逻辑、反常识、反经验、反表象等特征，然而正是这类思维，呈现出想象力的自由和直觉领悟的延展，蕴含着超越日常经验和机械逻辑的审美特性和智慧生成，反倒比所谓一般的逻辑思维更具有认识意义和美学意义。并且，可以大胆推断，这种思维可能是高于逻辑思维的思维形式，属于更高精神梯度的思辨形式。胡塞尔现象学所推崇的“本质直观”、“意向性体验”、“本质地看”等高度理性化的思维方式，不正和我们曾经贬低的那些古人的或野蛮人的思维有着潜在的相通之处吗？也许是一个有趣的悖论：曾经被认定的低级思维恰恰应该是高级的思维，至少是有其自身价值与意义的美学思维和艺术思维，这些思维，可以归纳为“诗意思维”。正是本源于上述对神话思维的探究，在这样一种理论前提下，有理由认为，无论在现代历史语境里，还是延续至将来，神话和神话思维都不可能中断，它们必定施展着强大的精神作用，影响人类文化的进程和走向。

卡西尔对现代神话同样做出自己的深入思考，他在《国家的神话》一书中就对国家主义的神话进行探究，认为它构成现代神话的一个重

---

① 〔意〕维柯：《新科学》，朱光潜译，人民文学出版社 1986 年版，第 98 页。

要内容。他还肯定神话思维对于文化的积极作用:“我们从历史上发现，任何一种伟大的文化无一不被神话原理支配着、渗透着。难道我们能够说，所有这些文化（巴比伦的，埃及的，中国的，印度的和希腊的），都完全是人的‘原始愚昧’的诸多面具和伪装，以至于从根本上否认它们的一切价值和意义吗？”[①] 问题还在于，能否承认神话和神话思维在现代科技的历史条件下和文化语境里的作用，能否认同它对现代心灵的深刻影响及其对文化艺术的积极或消极的影响。怀疑论美学无疑既承认现代神话的存在，也认为它对社会思潮和文化艺术构成了深刻的影响，并且力图揭示这种影响的程度和机制。就**现代神话**这个论题而言，怀疑论美学试图从逻辑分类开始，探究它的某些特征。

1. 科技神话。现代社会一个显著的标志就是科学技术的飞速发展，它给人类生活带来巨大的“神话式”的改变。当科技力量满足了人的部分本能欲望的同时，也刺激了潜在的更多更大的欲望诞生。于是人的欲望对于科技工具的无限的享乐追求，就构成了存在本质的新的怪圈和悖论。这样，就必然导致对科技的崇拜意识。如果说“知识就是力量”隐喻了启蒙时代对于理性工具的激情式追求，那么，“科学救国”的口号是否也可以理解为一种对于“科学”所抱有的梦幻式的神话？它是否也象征着一种特定历史语境中的“科技神话”？处于后工业社会的历史语境，科技已经成为一种宗教式的“图腾”，所有社会问题和人的生存困境都需要它来承担，人们对它寄予无限的厚望。科技水准成为衡量一个国家、民族乃至于个人的存在意义与价值的尺度，成为一种超越文化的精神性指标。科技在改变人类物质生活质量的同时，也在改变他们内心深处的情感和信仰。如此一来，现代心灵对于科技的膜拜就顺理成章地

① 〔德〕卡西尔:《国家的神话》，范进等译，华夏出版社 1999 年版，第 5 页。

成为新的宗教和神话。诚如现代神话学家戴维·利明和埃德温·贝尔德所指出的那样：

> 20世纪的人们信仰神话的劲头如同过去人们对宗教的绝对信仰，只不过这些神话不是由那些我们每周听其布道1小时的牧师或拉比具体化的，而是由以很冷静的态度进行工作的医师、科学家、军人具体化的。
>
> ……
>
> 新出现的神话似乎是在使科学与宗教结合。这种结合的结果不是只信仰某个宗派或科学的观点，而是导致新一代神话创造者称为“意识扩张”的东西。[①]

科技神话的传播者往往由科技活动的承载者来担负，而它又呈现出与宗教相互渗透的特点。

在现代社会中，的确观察到了科技神话的身影。民众对于科技作用产生了理性主义的“迷信”，相信它能够解决所有的社会问题，就像原始人相信面临危难的时刻，必然会出现神秘的“英雄”来解救自己一样。对于科技的过度信赖和依赖，必然导致一种科技神话的产生。在商品与消费所构成的现代社会的经济链条中，由科技手段所制造的商品往往成为科技神话的直接象征。于是，每一个存在者又都作为“消费者”感受和参与科技神话的传播和再制造，由对科技的迷信转移到对商品的迷信，科技的神话当然也就转换为商品的神话。例如许多高科技成果的商品被现代传媒以“广告”的形式

---

① 〔美〕戴维·利明、埃德温·贝尔德:《神话学》，李培莱等译，上海人民出版社1990年版，第151—152页。

扩散，广告凭借语言和图像、音乐等符号化活动达到对商品的修辞夸张，进一步对它们进行神话意识的包装，于是这些消费者就被科技神话所征服。作为科技神话的变种——“信息神话”正在悄然无声地向我们走来，它是以高科技为主导的神话象征品。在现代生活中，每一个人似乎都被一种看似神秘而又极其简单的无所不在的“信息”异化了，“信息”奴役了每一个存在个体：每时每刻都在传播信息又同时被信息所传播，它似乎成为凌驾精神之上的神灵，被尊崇为“至尊神”。固然不能否定科技给现代社会所带来的巨大利益和欲望满足，然而必须对科技神话抱有怀疑主义的理性警惕，也必须看到科学技术给人类精神存在所带来的负面影响，应该注视到科技对人类所构成的现实性的和潜在性的巨大危害与危险。“科技神话”也许是造成新的历史悲剧的潘多拉的匣子。

2. 国家神话。国家神话构成现代神话的另一个侧面。如果说，科技神话更多禀赋着个体的欲望本能的因素，它和意识形态保持疏远的距离，那么国家神话则更多包含着群体的理性结构，和政治、法律等意识形态存在密切的关系。“国家神话”使整个国家的民众相信，这个国家的神圣和合理，它接近于神话境界的完美和理想，哪怕它是在从事侵略和杀戮的非正义暴行，例如纳粹德国就曾经制造过这样的“国家神话”。因此，国家神话已经超过了正常的爱国主义的概念范围，容易变异为一种危险的意识形态，导致历史悲剧的产生。当然，国家神话的有益一面在于，它能够激发和调动整个国民的国家意识和爱国情感，使个体存在服从于国家利益，从而有利于国家的进步和繁荣。例如像美利坚合众国，可以看作为一个典型的制造“国家神话”的国家。无论历史上美国民众对于华盛顿、林肯、肯尼迪等人物的崇拜情感，还是当今奥运会上的狂热飘摇的星条旗，还有好莱坞的电影和各种商品的广告，都隐喻地说明了美国的“国家神话”的普遍存在和强大势能。在此再一次援引两位美国神话学家的一段精湛之论：

> 当然，国家主义的神话采取了众多的外在形态。比如“美国方式”、“美国梦”、“美国人知道怎么办”这些话，就是国家主义的一种形态（美国神话）的产物。这种神话中的英雄是戴维·克罗克特或丹尼尔·布恩（他们是边疆的开拓者），历史学家和讲故事的人把他们的事描绘成无所不在的神话。他是个由贫致富的英雄霍雷肖·阿尔杰，或者是个用自已的足智多谋胜过了旧世界老谋深算的说大话的粗汉。然而最重要的或许是，他是个美国总统，人们希望他体现那些决定并鼓舞美国文化的东西。在前面的章节里，我们已经讲过华盛顿这位“美国之父”的神话。本世纪也造就了一位总统，不过他的命运是以极其悲剧的方式变成神话的。肯尼迪是本世纪出生的首要的总统，人们希望他以他那新的想象力改变世界。人们把他的施政与亚瑟王的朝政相比，他的死成为持久的、极度痛苦的和英雄的典礼。而且，当美国各阶级和各政党的人守望着这种神话般的丧葬仪仗队穿过华盛顿时，这位年轻总统的死便产生了一种全美国的团结感，即美国神话的再次诞生。①

遗憾的是，冷战后的这位唯一的超级大国，仍然在制造虚幻的国家神话，它并没有给整个世界带来福音和新的公正与秩序。悲哀

---

① 〔美〕戴维·利明、埃德温·贝尔德:《神话学》，李培茱等译，上海人民出版社 1990 年版，第 147—148 页。

的是，无数第三世界的或者说是“后殖民文化”时期的个体存在，依然被“美国神话”所迷醉，将它看作是当今世界上完美无缺的国家形式。其实，在迄今为止的历史里，绝不可能存在着一个完美的或理想的国家形式和政权制度，因为人类的文明历史也许刚刚开端，还没有达到一个相对的符合理想的境界。所以，应该清醒地意识到，“国家神话”在某种意义上属于精神的致幻剂和有害的麻醉品。从美学意义考虑，它客观地构成对审美活动的压抑和损害，甚至极大程度地遮蔽了主体的精神自由和想象力。

需要补充论证的是，国家神话往往暗中转移为一种“阶级神话”，它由对国家主义的信仰转变为对这个国家的社会主体的某个阶级的信仰。历史上许多政治家都蛊惑民众相信，存在着一个先进的和革命性的阶级，它代表历史发展和进步的积极力量，民众属于这个阶级或者应该努力地融入这个阶级，这样就可以使国家产生巨大的推动力，由此促进历史的变革和向着美好的未来演进。法国大革命就缔造过这种“资产阶级”神话，中国的旧民主主义革命则创造过一个“小资产阶级”神话。

3. 民族神话。与国家神话密切关联的是民族神话，它同样构成对现代社会的意识形态的力量。传统的神话观念无疑蕴含着浓厚的民族意识，民族情感占据为任何一种神话传说的内容之一。在现代社会中，尽管民族神话的外观似乎不再呈现十分明显的无理性色彩，然而其深处仍然隐藏着强烈的非理性情结。“雅利安神话”和“纳粹神话”可以看作为现代历史上最不幸的民族神话的典型象征，它必须被批判和否定。

对土地的崇拜导致对充满活力的民族国家的浪漫主义理想

> 进行可怕的模仿。对于纳粹来说，祖国当然不是民族自豪的变体，而是雅利安伊甸园的未来的墓地。……又如大多数的现代民族主义，它包含了弥赛亚观点和历史观点，而这两种观点乃是犹太—基督教传统中最基本的东西。这种传统的基础在于期待未来的观念，即期待历史上终将到来的某一时刻，到那时，被上帝选中的并由弥赛亚引导的民族将被迎入天国乐园。[①]

这个看法包含了对民族神话的尖锐批判和深刻嘲笑，它客观地揭示了民族神话所带有的欺骗性和反人类的思想实质。迄今为止，这种民族神话顽固地停留在历史进程之中，犹太人和巴勒斯坦人之间的流血冲突的悲剧原因之一，就是“民族神话”的阴影投射给这两个民族心理之上带来的恶果。犹太人和巴勒斯坦人及某些阿拉伯人，他们都是民族神话或种族神话的牺牲品。当然，在众多的虚假的意识形态中，民族神话占据着重要地位，它常常促进了暴力冲突和恐怖活动的实践行为，给这个本来就动荡不安的世界增添麻烦的因素。从更宏大的历史背景来讲，民族神话更可能导致东西方世界的多民族的意识形态甚至暴力形式的对抗，亨廷顿的忧思不是毫无道理的杞人忧天，他的《文明的冲突》也许无意识地隐含了民族神话的意识。在这个世界上，民族神话比国家神话也许更具有潜在的危险性，它不仅构成对历史与现实的危害，而且构成对人类的普遍的审美精神的危害。

4. 英雄神话。它属于传统神话在现代历史语境中的正常延续，所不同的是，它与传统神话中的“英雄神话”相比，更多地蕴含理

---

① 〔美〕戴维·利明、埃德温·贝尔德:《神话学》，李培茱等译，上海人民出版社 1990 年版，第 151—150 页。

性主义和科学主义的因素，较多地添加实用观念和工具功能的特性。传统的英雄神话又称之为“元神话”，英雄的生平经历成为神话的基本框架，一般划分为 8 个部分：出生、成年、隐修、探索、死亡、降入地府、再生、神化。这 8 个部分构成了英雄神话的故事结构，为英雄形象的确立和升华奠定了感性基础。在古典神话中，神话英雄的再生与复活的模式具有普遍性，或者说，英雄的死亡与再生成为古典神话的一个基本主题。英国神话学家里查德·P. 亚当斯在《弥尔顿〈利西达斯〉中死亡与再生的原型模式》一文里精湛地揭示了神话中的英雄“生活、死亡和再生的模式”①。而在现代神话中，英雄生平不再采用以往的基本结构，神奇的出生方式被扬弃了，如弗雷泽曾经注意到的传统神话中的英雄往往由处女孕育，出生后遭遇到被抛弃于大自然的命运，而救他们的往往是下层民众或者是动物。另外，传统神话中的英雄的奇特经历，如屠龙、打败妖魔、神秘的隐修、探险、奇遇、死亡和复活等故事素也往往被现代神话所舍弃。现代的英雄神话，在观念形态上采用实证主义，放弃了一些非现实性的虚构叙事，采用适度的人物夸张和情节修辞，更多借助于先进的科技手段来实现古代神话中的某些英雄所要达到的目的。曾经在中国风靡一时的好莱坞电影《真实的谎言》故事里主人公——那位由施瓦辛格扮演的现代“神话英雄”，完全以高科技作为神话道具来演绎一个在基本结构上类似于古代英雄传说的虚拟故事：英雄战胜恶魔，从而拯救民众和国家。

对当今艺术中的“英雄神话”问题，姚文放在《当代审美文化的宗教意识》一文中认为，当代英雄神话是一种同质性的文化形态，

---

① 〔美〕约翰·维勒克主编：《神话与文学》，潘国庆等译，上海文艺出版社 1995 年版，第 248 页。

有关这种同质性，作者有一段精湛的论述，援引如下：

> 可以发现一个共同的模式，那就是由平民、恶人和英雄三方力量所构成的金字塔式结构，整个故事有如一场有着固定套路的“三角游戏”：(1) 平民过着有秩序的宁静生活；(2) 来了恶人，平民受到恶人的欺凌；(3) 平民恳请英雄惩罚恶人；(4) 英雄力图保持中立但受到恶人挑衅；(5) 英雄忍无可忍，愤而剪除恶人；(6) 平民恢复往日的正常生活；(7) 英雄隐姓埋名，远走他乡。整个金字塔结构由恶人的出现而形成张力，也随着恶人被英雄消灭而使张力得到缓解，恶人的消失使得英雄失去了存在的必要，于是英雄最后也退出了故事的情境。总之，故事从平民的正常生活开始，到重新恢复平民的正常生活结束，构成了周而复始的循环式进路。这场“三角游戏”还有许多固定的游戏规则：例如英雄不受到恶人挑衅便决不首先还手，英雄的中立态度总是被恶人所打破，英雄不断限于困境却总是能绝路逢生，面对枪林弹雨却总是能刀枪不入，最后的胜利总是归于英雄，而胜利的英雄总是走上归隐之路，即使与恶人同归于尽，也是一种特殊的归隐方式。[①]

论文客观地揭示了当代文艺中的英雄神话的一些特征。尽管英雄神话被不同样式、不同地域的创作者以文艺形式所表现的时候，难免会呈现某种意识形态和写作策略的差异，然而其稳定的文化特征和神话结构相对不变。如果将英雄神话延伸到文艺之外，在现代社会的现实生活里，无论是国家官方的意识形态，还是民间的精神

---

① 姚文放：“当代审美文化的宗教意识”，《学术月刊》1996 年第 3 期。

信仰，也无论是政权控制下的新闻传媒，还是大众流传的日常话语，都不乏“英雄崇拜”的情结流露。只不过官方利用它来维护政权的稳定和合法性，确立一种有益于社会进步的道德准则；而民众则希冀利用“英雄”来达到仅仅依靠自身的力量所不可能完成的铲除道德败坏的恶势力的目标，这种对维护神圣正义的“英雄”的需要就是一种迫切的政治幻想的恰当体现。而对审美而言，“英雄神话”尽管被寄寓了虚幻的乌托邦内容，然而它毕竟为生活于平淡无味的历史语境中的人们提供了一种超越平淡的有限的快乐和有限的美感。

第二节　美——诗性神话

无论是传统的神话观念还是现代的神话观念，它们都试图在审美活动、艺术活动和神话之间建立一种逻辑关联，也的确可以看到它们潜在的或间接的联系。然而，怀疑论美学通过对不同的神话观念的考察研究后认为，它们都没有形成一种严格意义上的“美学神话”和“审美神话”的范畴，而怀疑论美学试图建构一种“美学神话”（The Myth of Aesthetics）和“审美神话”（Aesthetic Myth）的概念，本着理论研究的“辨异”和“求同”双重展开，首先寻找出“美学神话”与“审美神话”和传统的神话概念的区别，其次在“神话”概念和美学、审美之间建立一种较为清晰的理论意义上的逻辑关联，最后使自己的概念得以确立。

一、与以往神话观念的差异

“美学神话”和“审美神话的概念的确立，首先在于寻求和以往神话观念的差异性。这两个概念应该说是对“神话”的转喻而来，它保留了以往“神话”的某些特征，然而更多地赋予怀疑论美学的理论内涵。

1.本质之差异。“美学神话”和“审美神话”的概念，和传统神话的本质性差异在于：传统神话在原初意义上是“神的故事”，像卡西尔所指出：“对谢林而言，一切神话本质上都是诸神的理论和历史。谢林的神话哲学，就像安德鲁·朗、威廉·施米特和威廉·科珀的人种学理论一样，假设在多神教神话之前，有一个最初始的原始神教。”[①]总之，神话中的神灵属于人类早期心理经验的幻想的或幻觉的产物。像费尔巴哈在《基督教的本质》论述宗教里的“上帝”不过是人的精神的异化一样，神话里的“神”也是人的自我精神的异化。费尔巴哈说：

> 上帝之意识，就是人之自我意识；上帝之认识，就是人之自我认识。你可以从人的上帝认识人，反过来，也可以从人认识人的上帝；两者都是一样的。人认为上帝的，其实就是他自己的精神、灵魂，而人的精神、灵魂、心，其实就是他的上帝：上帝是人之公开的内心，是人之坦白的自我；宗教是人的隐秘的宝藏的庄严揭幕，是人最内在的思想的自白，是对自己的爱情秘密的公开供认。[②]

和上帝一样，神在本质意义上也是人的精神异化或人的自我意识。但是，与宗教里的上帝有所不同的是，人主要凭借理性信仰来确立上帝的存在和价值，而神话中的“神”则更多属于人的精神的

① 〔美〕大卫·比德内：《神话、象征与真实性》，引自约翰·维克雷主编：《神话与文学》，潘国庆等译，上海文艺出版社1995年版，第180页。

② 〔德〕费尔巴哈：《基督教的本质》，荣震华译，商务印书馆1984年版，第42—43页。

幻象性存在，主要依赖于心理的幻想或幻觉乃至梦幻而存在。美国神话学家约瑟夫·坎贝尔在《生物与神话——神话学导论》中写道："神话如梦如幻，而且像梦一样，它也是心灵的自发产物，它像梦一样也揭示了人的心理，从而揭示了人类的整个本质及其命运，像梦一样——像生活一样——对于未开启的自我而言，它是不可思议的，然而它又像梦一样保护了那个自我。"[①] 坎贝尔的论述显然在神话与梦之间找到了一种相似性的精神特性，却忽略了"梦幻"往往是构成神话和神话意识的重要因素。弗雷泽、列维-斯特劳斯、列维-布留尔、马林诺夫斯基、卡西尔等人都不同程度地涉及了原始思维或神话思维和梦幻之间的密切关系。如果说梦幻或幻觉构成了传统神话的一个本质特征，而作为神话的主体——"神"必然属于幻想或者梦幻的产物。与此存在差异的是，"美学神话"和"审美神话"恰恰拒绝了神的存在，"神的故事"不再作为"神话"的主要内容，"神"也不再充当神话主体。那么，它就将人的自我存在接纳为这种神话的主要内容，人的精神的自由活动成为神话的主体。同时，"美学神话"和"审美神话"放弃传统神话的以信仰情感的方式确立梦幻或幻觉的合理性和真实性，从而确立"神"的合理性和真实性的思维规则，转向为清醒地意识到梦幻或幻觉的虚拟性或假定性，当然，也不完全否定它们在审美活动和艺术活动中的积极作用和潜在功能。

2. 生存功能之差异。"美学神话"与"审美神话"和传统神话存在着生存功能的差异。传统神话和梦幻存在着一定的联系，梦幻在精神分析理论的意义上，象征着某种潜意识的欲望的满足，弗洛伊德认为："梦是一种完全合理的精神现象，实际上是一种愿望的满

---

① 〔美〕约瑟夫·坎贝尔：《生物与神话：神话学导论》，引自约翰·维克雷主编：《神话与文学》，潘国庆等译，上海文艺出版社 1995 年版，第 66 页。

足。梦可能是清醒状态的明白易懂的精神活动的延续，也可能由一种高度复杂的智力活动所构成。”① 既然神话在一定程度上和梦幻存在着逻辑联系，梦幻是潜意识的欲望的满足，那么，也就意味着传统神话无法摆脱本能性的生物欲望以及功利性的目的追求，事实也如此。正如弗雷泽在《金枝》里所揭示的那样，神话与氏族社会的仪式、巫术、古代制度、历史事件、历史人物、宗教信仰、自然现象、地理名称等存在着密切的联系。其他一些神话学家也论述了神话具有论述现存体制的作用，体现出隐喻历史事实和解释人性的功能，神话在古代社会还担负娱乐的责任，等等。这就意味着，传统神话在生存意义上，既表现着个体潜意识本能的欲望，又负载着集体无意识的原型所体现的群体意志，因此它具有许多实用性的社会功能，在当时的社会生活中起着一定的功利性的作用。怀疑论美学所界定的“美学神话”和“审美神话”，在生存功能上，它既排斥个体的本能欲望的存在，承诺审美活动必然是对生物性的潜意识本能的清除和过滤，而只有这样才可能保证主体的精神自由和展开心灵世界的无限可能性；又拒绝社会群体的感性的和理性的功利性因素进入精神自律的活动，因为任何一种对现实性的功利目的的介入活动，都可能破坏审美活动的自由性和纯粹性，从而导致美的被遮蔽和被颠覆。其次，传统神话在生存功能上，由于处于特定的历史文化语境，必然体现社会的意识形态，如道德感和价值准则、民族主义、种族主义、国家主义等观念，因此它必然地破坏审美活动的超越性和自主性，使美屈从于其他意识形态的价值杠杆，因此无法获得存在的澄明和空灵。而怀疑论美学所言说的“美学神话”和“审美神话”，就在于它们源自于传统神话所禀赋的想象力和领悟力的活性因素，

① 〔奥〕弗洛伊德：《梦的释义》，张燕云译，辽宁人民出版社 1987 年版，第 114 页。

借鉴了它的梦幻方法和幻觉的自由性，从而为审美活动开辟了一条绝对自由和自主的理想道路。但是它们对传统神话所原初包含的欲望本能、功利目的、价值准则、道德意识等妨碍审美的因素尽量剔除，以保证主体存在对美的自我发现的可能性。

3. 具体形式的差异。从结构形式上考察，传统神话作为“神”或“英雄”的故事，必然表现出一个相对完整的叙事结构，列维–斯特劳斯就是通过对不同的神话元素的研究，从语言学的结构原理上受到启发，揭示不同神话所具有的同一性的完整的无意识的结构模式，他在《结构人类学》中说：“不论神话是个人的再创造，还是来自传统，它从其个人的抑或集体的源泉中（在这二者之间不断地进行着互相渗透和交换）汲取它使用的形象材料。但是结构保持不变，而象征功能则是通过结构来完成的。”[①] 而“美学神话”和“审美神话”，则放弃这种结构的整体性，它也不采取叙述故事的方式来呈现自我，而以想象的碎片和幻象的组合表现某种精神的象征和理念的隐喻，揭示心灵的某一瞬间的生命体验和智慧领悟，就算是完成了自我的使命。

传统神话思维必然依赖于符号活动而得以可能，列维–斯特劳斯认为：“神话思维，是伴随着符号进行的，这就是说伴随着一些其可能的组合是有限的构成单位；科学是伴随着概念进行的，这就是说伴随着一些更为‘自由的’表现进行的，因为这些表现具有理想的无限的指代能力。”[②] 同时，神话思维还注重于符号的连续性和象征的具体性。任何一种神话故事或英雄传说，都借助于一连串的符号象征活动

① 〔法〕列维–斯特劳斯：《结构人类学》，陆晓禾等译，文化艺术出版社1989年版，第40页。

② 〔法〕若斯·吉莱莫·梅吉奥：《列维–斯特劳斯的美学观》，怀宇译，中国社会科学出版社2003年版，第17页。

得以表达某一种主题和意义，尤其是这些符号被赋予强烈的情感色彩和道德观念，每一个神话故事的符号都蕴含着情绪化的色彩。卡西尔曾深刻地揭示出神话的基质就是“情感的基质”这样的事实。“美学神话”和“审美神话”符号性不表现太多的兴趣，无论是感性符号还是抽象符号，都不能构成对美的决定性意义，因为“美”作为人类精神的虚无化存在，它的特征之一就在于其对于符号活动的缺席。符号化活动可以表现出美的存在，然而这并非意味着可以推导出美之本源在于符号化活动的结论。因此，传统神话必然呈现出符号性，“美学神话”和“审美神话”表现为对于符号的悬搁和漠视。

传统神话在感性形式上都表现出一定的象征性质，它总是当时现实生活的直接和间接的象征，总是服从某种社会性的功能。“美学神话”和“审美神话”保持和现实存在的一定距离，基本上不承担社会责任和道德义务，所以它放弃任何的象征功能，仅仅作为纯粹的自律的存在，只是澄明自我和领悟自我，象征对它来是多余的工具和符号。

4. 文化语境的差异。传统神话的文化语境中，当时历史背景下的存在者，对于神话保持着坚定的理性信念和感情信仰，认为神话就是历史与现实的客观而真实的摹本，他们毫不怀疑神话的真实性和权威性，神话对于他们来说就意味着是真理和准则，神话构成他们的历史观和世界观，成为判定道德意识和衡量价值观念的神圣尺度。所以，传统神话必然设定一个终极的道德目标和恒定的真理标准。“美学神话”和“审美神话”不再信奉这样一个精神的终极存在或者永恒的真理标准，认为它们和虚假的“上帝”没有什么本质的区别。“美学神话”和“审美神话”存在于一个理性主义和科学主义的文化语境，存在者清醒意识到“神话”的虚拟性和幻觉特性，因此解构所谓的终极世界和永恒的真理与价值。存在者仅仅是在审美活动中凭借超越一般的实证观念和科学态度的诗性思维去领悟美的存在，以想象力和智慧去阅读现实世界的审美现象，或者虚拟一个超越实证眼光的非现实世界，去获得审美的诗性体验。因此，两种神话的承载者所具有不同的文化眼光也决定各自神话的不同特征。

二、“美学神话”和“审美神话”

怀疑论美学试图提出一种新型的神话观念，这就是“美学神话”和“审美神话”不是对于传统神话的一种简单的话语或思维的模仿，也并不企图复活古典的神话精神或者重建一种古典神话的结构图景。而仅仅是借助于一种对传统神话“转喻”，截取它们特殊的精神方法，尤其是想象力和诗性智慧，呈现自己的独特的存在方式和精神内涵。“美学神话”和“审美神话”的基本内涵为：

1. 对终极的假定。传统神话假定一个终极的道德世界和真理世界，因为神话思维的一个基本特征就是设定一个终极性的存在，例如设定一个至尊神，它是至高无上的天神，作为最高权力偶像的化身，象征着法律和公正。如《楚辞・九歌》里的“东皇太一”，希腊神话中的“宙斯”（Zeus），古罗马神话中的“朱庇特”（Jupiter），他们代表了一种绝对的权力和终极的信念。传统神话设定终极的真理和永恒的道德原则，它以彼岸世界作为这种真理和道德的象征。如屈原《天问》中的“天”，就被设定为代表终极真理和永恒道德的超现实的存在。怀疑论美学也假定了一个美学的“终极”：它就是——美。它是心灵守护的终极家园，寄寓着人类精神的永恒迷恋和热爱。这个终极，也就是——虚无。它类似于庄子的道，象征着一种最高的精神悬浮状态，隐喻着生命存在的无限可能性和寄寓着空灵的智慧和诗性的幻觉。如果传统神话设定的终极具有某种实在性和物质性的因素，怀疑论美学所设定的这个“终极”则排斥了所有实在性的和物质性的东西，它表征为一种纯粹心灵性的结构，和任何功利性的目的划清界限。怀疑论美学的这个“终极”，没有时间和空间概念的限制，因此它是无终极的“终极”，它与人类精神并存。这个终极，当然属于神话意识的乌托邦，或者说是美学意义上的乌托邦，然而它却真实地蕴含了人类精神的无限向往和迷恋，因为它可能把存在者的心灵从烦琐庸碌的日常生活中救赎出来，使其诞生一种诗性的眼光和超越命运之负累的勇气。这个终极，同时也象征着纯粹的爱，这种“爱”就对美的迷狂的热恋。然而它和马尔库塞理论意义上的“爱欲”有着本质的区别，马尔库塞在《审美之维》和《爱欲与文明》中，都从弗洛伊德的精神分析理论角度强调了人的本能的爱欲，对审美活动的决定性作用：

> 美作为一个可欲的对象，它原初的本能相关，即同爱欲与死欲相关的领域。这两个对立的东西，在神话中，通过快慰与恐惧的表现而连接在一起。美具有遏止攻击性的力量：它阻止和牵制着攻击者。[1]

> 俄耳浦斯和那喀索斯爱欲的目的是要否定这种秩序，即要实行伟大的拒绝。在以文化英雄普罗米修斯为象征的世界上，这种否定乃是对一切秩序的否定。但在这种否定中，俄耳普斯和那喀索斯揭示了一种有其自身秩序、为不同原则支配的新的现实。俄耳浦斯的爱欲改变了存在，他通过解放控制了残酷与死亡。他的语言是歌声，他的工作是消遣。那喀索斯的生命是

① 〔德〕马尔库塞:《审美之维》，李小兵译，生活·读书·新知三联书店 1989 年版，第 109 页。

> 美，他的存在是沉思。这些形象涉及审美方面，它们的现实原则必须在这个方面寻找和证实。[①]

弗洛伊德更是直接地在美与性本能之间建立了逻辑关系，他在《论升华》一文中说："对于美的爱，好像是被抑制的冲动的最完美的例证。'美'和'魅力'是性对象的最原始的特征。"[②] 马尔库塞将美与主体存在的爱欲本能密切地联系起来，认为爱欲具有否定现存秩序的功能，它可以对现实存在进行审美化的"大拒绝"。也就是意味着爱欲可以改变非人道的异化存在，对存在者进行审美的救度。与马尔库塞的观念不同，怀疑论美学这个"终极"的爱，过滤了所有本能的爱欲，它抽象为纯净的精神向往，有如神话意识中对虚幻世界的沉迷，对上帝与神灵的信仰，对传奇故事的热恋和对英雄的崇拜一样，其迷恋的性质相同，只不过"美学神话"和"审美神话"的拥有者在理智上意识到这种"爱"的虚拟性，他们仅仅在想象力的驱使下和在诗性智慧的作用下去接受这种终极的爱的对象，然而它同样具有对现实秩序的否定功能和对功利准则的拒绝作用。

2. 无限可能性。传统神话思维倾向于假定"无限"性质的存在对象，它既可能是一个无限性的实体存在，也可能是一种无限性的信仰或情感。如神话思维诞生出的天堂与地狱，妖魔与仙女，英雄与恶人，正义与邪恶，真理与谬误等，这些二元对立结构在神话中被设定为超越历史时间的趋于无限的存在，具有不可更改性质。例如传统神话思维往往设定了神或英雄的生命存在的无限性，他们的生命结构形成一个周而复始的循环链条，因此可以克服时间的有限

---

① 〔德〕马尔库塞:《爱欲与文明》，黄勇、薛明译，上海译文出版社1987年版，第125页。

② 《弗洛伊德论美文选》，张唤民、陈伟奇译，知识出版社1987年版，第172页。

性，同时这些神话中的神或英雄乃至于某种生物，也可以克服时间的限制而达到生命的无限：

> 在古典神话中，凡人的神性化作植物或花卉，也是表现永生的常见象征。……生殖崇拜仪式的目的之一便是促使这一循环的完成，神的再生必定伴随着植物与动物的再生与繁殖。从这一角度来看，田园挽歌中这一最最哀怨动人的谬误其实根本不是谬误，而是仪式的一个完全合理的方面。然而，在田园挽歌中，譬如在《利西达斯》中，这一用法经常被颠倒过来：花卉或一般植物，象征着诗人对于自己朋友的死亡的哀悼，更象征着他对朋友再生的希冀。①

而“美学神话”和“审美神话”确立的“无限”，仅仅就存在者而言，它指向精神的无限可能性。从时间意义上讲，“美学神话”和“审美神话”确立了美与审美活动的超越历史时间的无限性，正像詹姆逊在《语言的牢笼》所论及的“索绪尔所从事的工作的第一条原则就是一条反历史主义的原则”②。所谓反历史主义即是指索绪尔从共时性原则确立了语言的结构的不变性，索绪尔在《普通语言学教程》中说：“语言中凡属于历时的，都只是由于言语。”③与此相对应，我们将“美”或“审美活动”理解为类似语言的恒久不变的精神结构，

① 〔美〕约翰·维克雷主编：《神话与文学》，潘国庆等译，上海文艺出版社1995年版，第245页。

② 〔美〕弗雷德里克·詹姆逊：《语言的牢笼·马克思主义与形式》，钱佼汝、李自修译，百花洲文艺出版社1995年版，第5页。

③ 〔瑞士〕费尔迪南·德·索绪尔：《普通语言学教程》，高名凯译，商务印书馆1980年版，第141页。

而将艺术活动、实践活动理解为类似于言语的变化结果。美作为人类精神的超越历史时间的无限延伸的稳定不变的结构，它组成心灵世界的一种神秘的契约性关系，并影响着文化和艺术的发展和走向。

“美学神话”和“审美神话”无限可能性还指美不属于确定性的现实性存在，也不是一种实证性的对象化存在，不能以逻辑的方式和分析的手段去理解美的存在和特性，因为它处于瞬间变换的意识流动的过程之中，所以也无法对其做出预见和推论。它以瞬间生成和瞬间变幻的方式使自我呈现无限可能性。任何一种可能都是美的一个瞬间的存在形式，而在经历了这个瞬间之后，美又生成为一种存在方式，具有新的不再重复以往的新的基质。这也许才构成了美之为美的魅力之一。

3. 抽象的梦幻。传统神话和梦幻存在着密切的联系，美国神话学家约瑟夫·坎贝尔指出：“梦和幻觉与神话象征主义之间的关系，从但丁到安达曼人做梦者（Oko-jumu），已经众所周知，无须多加引证。任何民族的保护性自我防御宗教象征，与最有天赋的做梦者的梦之间存在着密切联系。”[①] 荣格在著名的《心理学与文学》中认为，文学创作和集体无意识的原型紧密相关，而集体无意识的原型又和梦幻存在着潜在联系。他认为：“诗人为了最确切地表达他的经验，就非求助于神话不可。如果认为诗人是运用第二手材料进行创作那就大错特错了。原始经验是他的创作之源，为避免使人一眼看穿，因此要求加上一层神话意象的外表。”[②] 他甚至认为但丁的《神曲》、歌德的《浮士德》，都带有神话的幻觉性质。传统神话的梦幻往往

---

① 〔美〕约翰·维克雷主编：《神话与文学》，潘国庆等译，上海文艺出版社 1995 年版，第 65 页。

② 〔瑞士〕荣格：《人·艺术和文学中的精神》，卢晓晨译，工人出版社 1988 年版，第 106 页。

携带着潜意识的本能欲望，或者属于一种理性目的或者实践意志的隐喻，而怀疑论美学意义上"美学神话"和"审美神话"表现为主体对梦幻的过滤功能，它蒸发和抽象掉传统神话思维中的潜意识的本能欲望，排斥对理性目的和实践的主动接纳，仅仅守护着主体存在的审美化幻觉，它以清醒的白日梦状态去对世界进行体验和领悟，而不像传统神话思维那样确认自己的梦幻是真实和有效的。当然这种抽象的梦幻不同于沃林格所论述的"抽象冲动"，"是人由外在世界引起的巨大内心不安的产物，而且，抽象冲动还具有宗教色彩地表现出对一切表象世界的明显的超验倾向，我们把这种情形称为对空间的一种极大的心理恐惧"①。"美学神话"和"审美神话"当然不会滋生一种对空间的恐惧心理，它只是清洗掉神话意识中的功利性和目的性的因素，而强化神话思维中的梦幻或幻觉的心理功能，然而又在精神活动中理智化地意识到这种梦幻或幻觉的虚拟性，它仅仅要获得一种纯粹审美性质的内心欣慰，而这种欣慰则又凭借心灵的自欺而获得。

怀疑论美学在"诗性神话"的意义上设定美的另一种存在方式，从而为美寻找到和神话思维的逻辑关联。就像神话意识和神话思维永恒地存在于人类的精神文化的神秘迷宫中一样，美也必然地存在于人类的精神的无限可能性的心理结构之中。

第三节　精神的永恒信仰

怀疑论美学在"信仰主义"的理论意义上设定美与神话的另一个重要联系。传统美学在运思"美"的问题的时候，遗忘了"信仰"

---

① 〔德〕W. 沃林格：《抽象与移情》，王才勇译，辽宁人民出版社 1987 年版，第 16 页。

的要素，造成了一个极其重要的精神结构的缺席和被遮蔽。如果传统神话意识寄寓了一种对神灵、上帝、英雄、永生等信仰，那么，同样作为人类精神活动的审美活动，它无疑也包含了一定的信仰的因素。

“信仰主义”，传统哲学上又称之为“僧侣主义”。在我国一度产生较大影响的由苏联罗森塔尔、尤金编纂的《简明哲学辞典》将之视为“重信仰而轻科学的反动理论”①。列宁将信仰主义称之为：“一种以信仰代替知识或赋予信仰以一定意义的学说。”②“信仰”，体现为超越知识和实证的情感活动，然而又不单纯由于情感的因素所组成，有时它也带有一定的理性成分，所以它高度地将情感和理性糅合在心理结构之中。信仰在人生价值方面具有明显的二重性，一方面可以确立主体的终极关怀，顽固地守望着生命的道德意志和神圣理想；另一方面，蒙昧的信仰可以引诱存在者陷入一个危险的精神泥潭，使自我被虚幻的意识所欺骗，从而丧失掉生命的智慧和清醒理性。然而，就传统神话的“信仰”而言，它没有什么负面的因素，因为神话思维它本身就拒绝科学和实证的观念，它更大程度上趋向于艺术和审美的层面。

一、神话的信仰

神话的特征之一是它呈现出精神的信仰性，这种“信仰”的心理原因主要是情感，理性只起到辅助性功能。神话的信仰从内容上考察，主要包括有对于上帝、神灵、英雄、正义、永生等方面。这里讨论与美学有关的方面。

1. 永生的信仰。神话思维首先关涉到对于生命循环即永生的信

---

① 〔苏联〕罗森塔尔、尤金主编:《简明哲学辞典》，生活·读书·新知三联书店 1978 年重印版，第 308 页。

② 《列宁全集》第 37 卷（1893—1922 年家书集），人民出版社 1959 年版，第 361 页。

仰。卡西尔认为神话“对生命的不可毁灭的统一性的感情是如此强烈如此不可动摇，以至到了否定和蔑视死亡这个事实的地步。在原始思维中，死亡绝没有被看成是服从一般法则的一种自然现象”[①]。列维-布留尔在《原始思维》中说：“生和死的概念对我们来说只能由生理的、客观的、实验的因素来确定，但原始人关于生与死的观念实质上是神秘的，它们甚至不顾逻辑思维非顾不可的那个二者必居其一。对我们来说，人要不是活着，就是死的：非死非活的人没有。但对原逻辑思维来说，人尽管死了，也以某种方式活着。死人与活人的生命互渗，同时又是死人群中的一员。”[②] 马林诺夫斯基更为深入地论述了这一问题：

> 不死的信仰，乃是深切的情感启示底结果而为宗教所具体化者；根本在情感，而不在原始的哲学。人类对于生命继续的坚确信念，乃是宗教的无上赐予之一；因为有了这种信念，遇到生命继续的希望与生命消灭底恐惧彼此冲突的时候，自存自保的使命才选择了较好一端，才选择了生命底继续。相信生命底继续，相信不死，结果便相信了灵的存在。构成灵的实质的，乃是生底欲求所有的丰富热情，而不是渺渺茫茫在梦中或错觉中所见到的东西。宗教解救了人类，使人类不投降于死亡与毁灭；宗教尽这种使命的时候，只利用关于梦、影、幻象等观察以为助力而已，有灵观的核心，实在是根据人性所有的根深蒂固的情感这个事实的，实在是根据生之欲求的。[③]

---

① 〔德〕卡西尔：《人论》，甘阳译，上海译文出版社 1985 年版，第 107 页。

② 〔法〕列维-布留尔：《原始思维》，丁由译，商务印书馆 1981 年版，第 298 页。

③ 〔英〕马林诺夫斯基：《巫术科学宗教与神话》，李安宅译，中国民间文艺出版社 1986 年版，第 33 页。

马林诺夫斯基所论述的宗教对于生命永恒的信仰，实际上和神话思维的生命循环意识属于同一性的问题。从文化哲学意义考察，人类信仰的起源的根本性原因，就是对于死亡的畏惧心理，悲剧意识与生俱来地沉积于人类的心理结构之中。原始心灵对于生存所面临的第一个畏惧对象就是——死亡，它构成了人类精神的最高的最本源性的痛苦。海德格尔以哲学语言勾画了灰暗生命背景：

> 向死亡存在奠基在烦之中。此在作为被抛在世的存在向来已经委托给了它的死亡。作为向其死亡的存在者，此在实际上死着，并且只要它没有到达亡故之际就始终死着。此在实际上死着，这同时就是说，它在其向死亡存在之中总已经这样那样做出了决断。日常沉沦着在死亡之前闪避是一种非本真的向死亡存在。[①]

海德格尔将死亡设定为存在者存在的起点，并且视之为时刻伴随此在的压抑性势能，他试图由此唤醒此在对于生命存在的价值与意义的领悟，这似乎为生命存在灌注了一种哲学的蕴含，然而毕竟无法排遣对于死亡的随时袭来的畏惧感。莎士比亚戏剧中的丹麦王子对死亡之思似乎比海德格尔有着诗人的敏感，他的“生存还是毁灭”（To be or not to be）的独白成为文学史的经典台词之一。对于生命与死亡的永恒论题，任何的理性思考都显得苍白和脆弱，对于死神的黑色阴影，生命中所有的智慧和意志，必将有如秋天里面临萧瑟西风的枯叶。唯一能够救度人类的工具只能是神话的永生信仰，

---

① 〔德〕海德格尔：《存在与时间》，陈嘉映、王庆节译，生活·读书·新知三联书店1987年版，第310页。

它以想象力和情感来克服精神对于死亡的极度恐惧。神话以神灵、上帝、英雄的生命循环的故事模式使我们确信，永生是客观的不容怀疑的事实存在，而且死亡的生命还可以复活，因为生与死之间并非存在着一条不可逾越的界限。荣格以现代人的观念深刻地意识到神话的永生信仰的存在意义："'你脑子里关于上帝的影像或你对灵魂不朽的观念已经消失了，这就造成了你的心理新陈代谢功能失常了。'古代的长生不老药，实际上比我们所想的不知道要深奥多少倍，要有意义多少倍！"[①] 神话的永生信仰构成人类精神的首要信仰，这种信仰以情感抗拒经验和以想象力抗拒逻辑实证。它具有原始思维的特征和诗意的倾向，当然也具有某些潜在的美学特性，只是美学的信仰排斥它所隐含的功利和欲望的成分。

2. 神灵的信仰。传统神话信仰的另一个构成对象是神灵、上帝、英雄等方面，如果说神灵或上帝具有超越现实的想象因素，为人类精神的异化形式，而英雄则由现实性的人物演变与提升而来。他们共同构筑了神话信仰的偶像。无论是对神灵、上帝或者英雄的信仰，其同一性都在于，首先，神话意识都将他们看护为自己的神圣偶像，他们是一种真理与正义的象征，代表了一种完善的道德走向和伦理价值。其次，他们是救世主，担负着拯救世界、历史、人类的神圣使命和责任，同时也往往能够实现人类所赋予的重任。再次，他们集中了人类所有的智慧和预见性，甚至具有超越人类所有经验和智慧的神秘力量。最后，他们都属于永生的存在，无论是神灵、上帝还是英雄，他们生命循环不息，即使死亡也可以复活。正像神话学家所说：

英雄崇拜几乎和人类文明一样悠久。甚至原始人就已认识

① 〔瑞士〕荣格：《人·艺术和文学中的精神》，卢晓晨译，工人出版社1988年版，第19页。

> 到，他之所以能够在异己的和经常是敌对的世界中生存下来，全靠其杰出首领的英勇和足智多谋。于是就有了各个部落所尊敬的一系列文化英雄，人们在故事、舞蹈、歌唱中赞美这些人物的技能和勇敢。当这些文化发展得比较成熟，其历史演变较为复杂时，那些熟记本部落大量口头传说的长者，就开始巩固和充实他们的历史，从而使某些前辈完全具有神话的性质。久而久之，这种进程就把英勇的斗士变成战无不胜的半人半神，并把贤哲尊奉为偶像化的圣人。这种圣人包括世界三大宗教（佛教、基督教、伊斯兰教）的创立者在内。佛陀、基督和穆罕默德都是真实的历史人物，但经过数百年的历史演变，他们自身的个性特征已被纯粹神话的气氛所湮没。……10世纪宋代的一幅中国画所示，佛祖已经舍弃世俗人格的一切痕迹，具有纯属神话的品格。[①]

神话思维中对于神灵的信仰，其实属于神、上帝、英雄，乃至于祖先的综合体信仰，他们成为同一逻辑的不同存在形式而已。他们构成神话意识中最普遍的崇拜对象和信仰对象，在一定程度上具有了审美的意味。然而，他们作为神话思维的产品，附属一定的欲望目的和利益动机，从而限制了审美活动所应该具备的自由品质，使自己不可能获得超越性的主体功能。同时，又因为依赖对外在事物的信仰导致自我的无限可能性的消解，促使自我意识的萎缩，使功利性的信仰妨碍于诗性精神之飞扬，由此使审美活动不可能具有独立性和自由性。

---

① 〔美〕戴维·利明、埃德温·贝尔德:《神话学》，李培茱等译，上海人民出版社1990年版，第37页。

神话的神灵信仰往往消解了存在者自身意义与价值，使人异化为神灵的附属品，人的自由意志被束缚在神灵的压抑性力量之中而不能发挥自主的作用，从而成为神灵的奴役和陪衬而无法成为历史舞台上的主角。其次，人在精神活动中由于处于边缘的地位，必然丧失自己的话语权力，他不可能去自由言说，当然也无法倾听到自己的声音，因为神已经成为人的代言人。尤其是随着这种信仰的权威被稳固，人的无限可能性只能逐渐地被削弱，直至丧失人的想象力和创造灵感。神灵的信仰最终导致人类审美精神的失落。

3. 正义的信仰。传统神话的信仰从抽象的观念形态来考察，还包含着真理和正义的信仰。有关真理问题，已经作了一定程度的探究，这里主要就“正义”问题进行简要辨析。

传统神话像信奉“真理”一样信奉一种叫着“正义”的东西。“正义”在传统形而上学里，被抽象为和上帝同样神圣的存在，柏拉图信奉不移的“理式”，黑格尔迷恋的“理念”，以及康德所推崇的永恒的道德律令，乃至于叔本华的“生命意志”和尼采的“权力意志”等，都可以看为哲学家所守护的“正义”的内容。神话思维同样规定了“正义”的存在的合法性和合理性，将之视为纯粹的、抽象化的信仰对象。神话意识中的正义信仰，首先是借助于神灵或上帝来得以体现的。因为在原始人类看来，只有神灵或上帝才有资格充当“正义”的代表者或裁判者。其实，仔细地辨析“正义”的内涵，就会发现它不过是“真理”这一虚假意识在道德领域的变形而已，如果说真理象征为一种普遍的合理性和神圣性的存在对象，那么，正义则被隐喻为在道德层面的“真理”仆人。黑格尔在《美学》中设定了一个可以实行对两种片面性的历史力量进行和解的超然存在——历史的永恒正义。他以古希腊悲剧《安提戈涅》为例证进行解说，认为悲剧中冲突的双方均有合理的一面，但是都有片面的不合理的一面，冲突的双方最终导致一个悲剧性的结局，而这种结局则体现了历史的永恒正义的和解和胜利。[①]“正义”被规定为一种道德和伦理的力量，亲情和法律的冲突，唯有依赖于“正义”来衡量，而“正义”恰恰来自于神话意识的信仰，这构成一个悖论或循环论证。事实上，传统神话所信仰的“正义”依然是逻各斯中心主义的产物，它假定一个驱逐自我或者使自我无法出场的境域，在这个境域里有一个端庄的偶像，它就叫“正义”。它既代表着道德也代表着法律、习俗，当然也象征一种合理的美的事物。因此，神话思维所信仰的“正义”一直是在历史上被供奉的虚假偶像，并深刻地影响了迄今为止的哲学、政治、法律、经济等方面。怀疑论美学认为，传统神话思维所构想的“正义”概念，和柏拉图“洞穴幻象”没有本质的差异。从美学视角上，这种“正义”只能成为一种虚假的审美抽象，而不可能成为审美活动的真正构成。

二、审美信仰

美从神话意义上看，它具有信仰的相似性质，它构成人类的终极的精神家园之一。传统美学一个重要的思维误区就是以理性信仰代替审美信仰。怀疑论美学恢复审美信仰在审美活动的应有地位，将它与神话信仰做出必要的逻辑区别。

1. 自我信仰。传统的神话信仰是遗忘自我存在或自我缺席的信仰，信仰对象由神灵、上帝或非人的英雄来担当。怀疑论美学所推崇的审美信仰，它将神灵、上帝、英雄从审美活动中逐出，将自我接纳为审美活动的主体并且安置到这一舞台的中心。或者说，将神

---

① 黑格尔有关《安提戈涅》的悲剧见解，可参见其《美学》第一卷的第三章的相关论述，也可参阅朱光潜的《西方美学史》下卷的“德国古典美学”里“黑格尔”一节。

灵、上帝、英雄还原为自我的象征体，转化为人的现实性存在，使它们仍然获得在当今语境中的权力，然而仅作为一种精神性的抽象的或虚假的象征品而存在。神灵、上帝、英雄成为自我心灵的符号和存在的感性模式，自我精神的无限可能性取代他们成为审美活动的主角。

怀疑论美学的自我信仰首先清洗掉“本我”（Id）和“自我”（Ego）的因素，因为它们禀赋着潜意识本能的欲望，容易将对审美活动引导到一个生命的享乐场所，从而构成对审美活动的破坏性力量。然而，它接受“超我”（Superego）的入场。因为“超我”不仅仅限于道德的结构，它还可以引导存在者走向一个高尚的审美目标。其次，怀疑论美学的自我信仰排斥道德戒律，认为自我信仰不是道德信仰而是诗意信仰，因为道德自律与他律都不能解决审美的问题，道德倾向和美没有任何本质性的必然联系。关于这一点克罗齐有过精湛之论。最后，怀疑论美学的自我信仰抛弃实践意志的因素，认为存在主体所具有的日常经验与生活目标，并不意味着和美之间有什么关系，相反，它们有可能形成对审美体验的障碍和遮蔽。

在这样一个前提之下，怀疑论美学的自我信仰，首先就属于纯粹意识的自我确立，也就是自我心灵对于自我存在的直接“阅读”或直接领悟，自我就是自己的摊开着的“书本”。“自我”为生活世界“立法”，为生命存在的意义与价值确定一个标准，并由此圈定一个“世界”中心；其次，怀疑论美学的自我信仰，就是自我对自我的怀疑与否定、提问和回答、批判与重建。它不仅获得一种“自恋欲”的显明，也是集聚自我信仰和自我批判的精神对立，正是在这种对立之中使“信仰”得以可能，由此也表明，传统神话的信仰基本由情感所构成，怀疑论美学的审美信仰却导入理性的因素。最后，怀疑论美学的自我信仰，限于审美活动和艺术活动之中，并且这种信仰不构成话语垄断和权力意志，它只是独立自足地不妨碍他人存在和自由的自我意识。怀疑论美学的自我信仰也不是真理信仰或者科学的、实证的信仰，是虚拟的、幻觉的、假定的信仰形式，而且也时刻意识到这种信仰的“虚无”性质，把它作为一种形而上超越性存在而守望着。犹如神话思维中守望那个永远不会出现的“太虚幻境”或者屈原《九歌》中的湘水女神，这种以自我信仰作为图腾崇拜的心灵活动，为审美活动打开一扇惊鸿一瞥的窗口。

2. 虚无信仰。无论是传统的神话信仰还是宗教信仰、政治信仰，它们无一例外地确定了一个理性的或感性的功利主义的目标，至少是为了某一种社会意识形态或者被某一个社会集团所役使，它们无法超越工具性质的范畴。除此之外，其他信仰均有现实性的目的性和具体的物质对象。即使是神话信仰和宗教信仰，它们都设定神灵和上帝的存在。怀疑论美学意义的自我信仰的这个“自我”，既不是弗洛伊德精神分析理论上的“本我”和“自我”，也不是现实存在中的那个物质化生存和工具化生存的那个“自我”，它严格过滤掉本能欲望和实践意志等因素，作为精神的无限可能性的象征品，作为纯粹的审美抽象的存在，却是充满悟性和生命智慧的此在。这个“自我”，就是高度虚无化了的自我，它排除本能的、实践的、工具化的、功利主义的外在因素，只作为诗意的和智慧的生存方式而存在，它只是一个悬浮的、空灵的、幻觉化的自我，类似于庄子哲学中的“真人”境界，或者是秋水游鱼的绝对自由和澄明的境界。与其说是对自我的信仰，还不如说对自我所想象的生命的理想境界的沉迷。正是这种对于自我的虚无化的信仰，可以将自己从现实世界的身“累”和心“累”中解救出来，使自己置身于审美欢愉和艺术创作的宁静之中，当然不是走向宗教的“寂灭”或“轮回”，不以毁灭生命的应有权力为代价。审美的虚无信仰也不是颜回式的自我忍受和自我摧残，否定所有应有的物质享乐，甚至连生命的基本存在都不能保护，它在诗意的原则上有限度地撇弃对物质享乐的迷恋，守护良知，引导心灵飘逸到一个更空灵更自由更澄明的精神目标。

虚无信仰一方面肯定精神的超越性和诗性，撇弃对于物质的追逐，但肯定生命的基本的感性权力。另一方面，虚无信仰排斥意识形态对于审美活动的否定、侵占与腐蚀。审美信仰的虚无性必须否定任何意识形态对于自己的渗透，才可能保持自我的纯粹性和独立性。虚无信仰或者表述为对“虚无”的一种信仰态度，它唯有悬置意识形态才可能保证自己获得一种纯粹意识和诗性精神，回到最高的澄明状态。意识形态作为理性化的存在方式，它必然以逻辑化的方式、强制的社会力量迫使心灵活动服从于它的存在，从而使精神的自由被剥夺，由此丧失审美活动的主体性和想象力。同时，任何一种意识形态都是具有功利性的或者潜藏一定欺骗性的精神存在，它也必然使心灵活动陷入功利目的性和虚假意识的泥潭，无法获得对美的领悟。由此，审美主体唯有守护着对虚无的信仰，才可能使审美得以可能。这构成怀疑论美学的又一个基本的理论原则。

3. 直觉的信仰。怀疑论美学放弃对于知识、理性、经验、实践、真理等的信仰，转而趋向于对直觉的信仰。因为只有凭借直觉活动才可能接近美的本身，或者更确切地说，从自我意识中获得美的领悟。克罗齐将直觉看作是知识的构成之一：

> 知识有两种形式：不是直觉的，就是逻辑的；不是从想象得来的，就是从理智得来的；不是关于个体的，就是关于共相

> 的；不是关于诸个别事物的，就是关于它们中间关系的；总之，知识所产生的不是意象，就是概念。[①]

和克罗齐的这一看法不同，怀疑论美学将直觉理解为非知识形态的精神活动。尽管直觉活动可能符合于知识形式，但是在美学意义上，将它和知识严格区分开来。同时，我们也不接受克罗齐的直觉即是表现的观点，而认为直觉就是未经过表现也不必经过表现的心灵活动。然而，克罗齐关于直觉具有联想的特性这一看法可以部分采纳。怀疑论美学认为，在审美活动中，主体不依赖于逻辑形式把握世界和认识自我，既不赋予现象界以客观形式，也不以自我情感去征服对象，它以直觉的方式去想象化地领悟世界和阅读自我，或者说是对自我进行提问和回答，由此直觉被设定为精神的信仰之一。然而，直觉存在于心灵的隐秘之处，它不能被表现或被形式化，因为它一旦被“表现”，就必然被改变为一种逻辑化的和观念化的东西，带有工具理性和目的性。并且这种“表现”使其堕落为现实性的“话语”，成为非我的东西或异化的东西。从“表现”的形式来看，它往往借助于语言或者其他感性符号得以呈现，而这些形式仅仅揭示美的表象却不能呈现美的本真存在。

怀疑论美学对于直觉的信仰旨在表明这样的姿态，那就是美仅仅在直觉活动中可能属于澄明的或者本真的存在，它才是原初状态的未被变形或异化了的自我，同时也因为对于直觉的信仰，才排斥了逻辑工具和其他功利性目的对于美的侵蚀。因为知识形式对于审美活动是不可靠的，它容易以概念和逻辑的方式来切割世界和心灵，由此破坏审美的完整性和有机统一性。还因为直觉活动潜在地和诗

---

① 〔意〕克罗齐:《美学原理·美学纲要》，朱光潜译，外国文学出版社1983年版，第7页。

意的想象相沟通，对直觉的信仰也就是意味着对于诗意超越的向往和守望。在庄子哲学里，充满智慧和幽默的审美活动都是借助于直觉得以展开的，它放弃语言、逻辑、知识、经验、情感等理性与感性的因素，在最大程度上衍射想象力和体验的功能，以直觉承担审美智慧的开启和发挥诗意的创造，才保证心灵的自由和完整，获得了精神的无限可能性的展开。所以，审美活动对于直觉的信仰就是对自我的信仰的直接延伸。

怀疑论美学的审美信仰和传统的神话信仰既有联系又有区别，它以自我的超越现实欲望和否定知识形式的魅力，获得独特的存在方式。在传统神话被现代心灵逐渐消解的今日，必须看到神话思维依然存在于文化心理结构之中，现代心灵仍然在制造新的神话和神话信仰。怀疑论美学有限度地规定自己的审美信仰，并打通和神话思维的潜在联系，希冀承认和设定一种当今文化语境之中的审美神话和审美信仰。

第四节　审美乌托邦

怀疑论美学在偶像的黄昏来临之际，仍然渴望重建一个审美乌托邦，让它给生命承受不同之累的存在者带来一份幻觉和假定的美学世界。它也许是精神狂欢的场所，完全地呈现人的心灵自由和诗性精神；它不期许自己能够获得一种完满的审美世界，仅仅要求寻找到闪烁着古典光泽的心灵碎片。依赖于审美的乌托邦，怀疑论美学尝试对现代语境中生存的人们进行美学的拯救，在审美拯救的过程中重建神话世界，使面临审美绝望的存在者能够逃脱于灵魂的陷阱，走入一个澄明和自由的诗意境界。

一、审美拯救

怀疑论美学天然地禀赋着一种悲剧化的生命意识，它对于现实世界充满了失望和怀疑的态度。科技的进步并不能解决人的存在问题，因为人类对财富与商品的贪婪，远远超过了技术手段所带来的物质繁荣，本能的力量总可能超越理性的篱笆。所以理性的和道德的拯救必然显得苍凉和衰老，唯有“审美的拯救”才可能承担对堕落于享受欲望泥潭的人性的拯救，它可能是21世纪筹建乌托邦的理想世界的最后一丝希望余晖。

1. 审美绝望。“绝望”这个字汇我们不仅是运用它包含的传统意义，而更多赋予它在美学语境中的独特含义。一方面，在怀疑论美学看来，美属于虚无化的诗意存在，它天然地禀赋了“绝望”的悲剧气质。另一方面，审美活动挑动人性深层的悲悼情绪，它必然地滋生心理世界的破碎感和坠落感，面临着一种类似基督教话语中“世界末日”的体验。然而，“绝望”绝不是单向度地被定位在负价值上面，也可以被理解为精神的升华和超越，它是对世俗世界的弃绝和对乌托邦世界的泅渡。

在传统意义上，当自我以审美的眼睛“看”世界和人生，难免滋生“绝望”的情绪。从这个传统的“绝望”语义上，依然可以理解到人类普遍性的绝望心理。沿循着这个语义，可以领会到某些“审美的眼睛”注视着当今世界中的芸芸众生以及反观自我存在的时刻，他们可能油然而生的“绝望”情绪。审美活动的确可能粉碎主体对于理想世界的梦幻，清醒主体对于乌托邦镜像的沉醉。然而，这种对于世界、众生、自我的彻底“绝望”的情绪，它刺激和调动起主体内部的反抗本能，它尝试以“绝望”的姿态去抗争“绝望”的现实。于是这种“抗争”，就在对现实的“绝望”和审美的“绝望”之间，架设一个精神沟通的桥梁，并赋予了“审美的绝望”的新颖的语义。

当领悟绝对虚无和空灵之美的时候，就面临柏拉图所言的审美境界：

> 凭临美的汪洋大海，凝神观照，心中起无限欣喜，于是孕育无量数的优美崇高的道理，得到丰富的哲学收获。如此精力弥满之后，他终于一旦豁然贯通唯一的涵盖一切的学问，以美为对象的学问。①

如果说柏拉图是在一种乐观积极的情绪上体验“美”并且将之界定为“学问”，那么，这折射出古希腊精神中的飘逸腾飞的狄俄倪索斯的“酒神精神”和理智冷静的雅典娜的求知欲望的完满相合。悲哀的是，古希腊的审美精神早已成为现实世界的残垣断壁，人们仅仅在某些方面还拥有古典主义的闪亮碎片，而不可能继承完整的古典主义的审美结构，不再占据一个整体闪烁光泽的瓷器。因此，我们处于一种绝望语境下的绝望审美，或者说的“审美的绝望”。然而，也可以从另外一个视角来阐释“绝望”的隐秘。那就是任何审美活动，无论它们的背景和语境、策略和工具、方法和视角存在什么差异，它们都可能使主体产生绝望的情绪。因为“美”储藏着足够令心灵惊愕、破碎、飞腾、沉醉、眩晕、癫狂的力量，中国老庄哲学的“大美无言”也从心灵隐秘处流露出对审美的绝望体验。怀疑论美学的“无言”和“沉默”，在这个意义上就是“绝望”的象征与隐喻，美令我们“无言”和“沉默”，也就昭示着一种“绝望”情绪的拜访和照面。

---

① 《柏拉图文艺对话集》，朱光潜译，人民文学出版社 1980 年版，第 272 页。

2. 重建乌托邦。对这个世界彻底绝望的时候，唯一担当拯救责任的是“美”，它是道德的黄昏和理性的日暮的悲剧时间里的人类自我拯救的最后精神工具。“美”被历史地推举为人类理想的乌托邦，或者更确切地说，就是“审美的乌托邦”。文艺复兴时期的英国的托马斯·莫尔在1516年写成了《乌托邦》，“乌托邦”这个词是根据古希腊语“无”和“场所”虚设而成，6个字母中有4个元音，朗诵起来声音响亮而和谐，意指“无何有之乡”。[①]“乌托邦”渲染着一个人类社会的前景式瞻望，它把希望的光束抛射于虚幻性的未来。尽管它从实用理性和工具理性着眼，关注于人类生存的物质和利益问题，试图建立一个法律公正、道德完善、文化繁荣的国家形式，然而它一定程度上隐喻了一种诗性和审美的社会期待。怀疑论美学所指称的“审美乌托邦”，它从形而上的哲学和美学的角度，担负着拯救沉沦于世俗功利的存在者的责任。它筹划为一种终极的对美的信仰和热情、意志和幻想，它标明为生命存在的原始意义和最根基的爱的追求。怀疑论美学的重建的乌托邦，就不是托马斯·莫尔社会学、政治学意义上的乌托邦，而是美学意义上的“审美乌托邦”。与托马斯·莫尔的“乌托邦”相类似的是，它们都承担拯救人类的责任。

怀疑论美学的“审美乌托邦”，它生长着审美幻想、审美记忆及其审美批判等必要的心理和思想的环节。“审美乌托邦”它本质上是审美幻想的果实，如果说“乌托邦”这个词汇，本源上就有虚无和假定的意思，那么“审美乌托邦”就是对审美活动的虚无性和假定性的认同。马尔库塞在《爱欲与文明》“幻想与乌托邦”一章写道：

> 幻想在整个心理结构中具有举足轻重的作用。它把无意识

---

① 〔英〕托马斯·莫尔：《乌托邦》，戴镏龄译，商务印书馆1982年版，“序言”，第3页。

的最深层次与意识的最高产物（艺术）相联系，把梦想与现实相联系；它保存了这个属的原形，即保存了持久的、但被压抑的集体记忆和个体记忆的观念，保存了被禁忌的自由形象。[①]

在马尔库塞看来，幻想可能是抵御现实世界的异化势能的心理工具，尽管他缺乏明确性地指出对付现代的技术统治的应有方略，但对于幻想的求助明白无误。审美幻想对于建立美学意义上的“乌托邦”当然具有举足轻重的意义，我们唯有依凭于幻想的力量抗拒后工业社会，或后现代历史语境下的人与自然、历史、社会、他人、自我的间离和疏远，皈依人类的童话和神话世界，重回自然的母体和恢复对历史的记忆，才能寻找到抛弃个体的群体和漂泊的无家可归的“自我”。桑塔耶纳在《美感》写道：

或者是献身于宗教，或者是热衷于慈善，或者是溺爱于犬马，但是最幸运的选择是热爱自然和热爱艺术；因为自然也往往是我们的第二情人。……对于人，整个大自然是性欲的第二对象，自然的美大部分都是出于此种情况。[②]

桑塔耶纳为人对大自然的审美活动寻找到一种欲望升华了的自然主义的解释，稍稍转移这种解释，就会自然而然地获得这样的意识：人们对于大自然的热爱只不过是审美幻想的变形而已，在桑塔耶纳看来，它是人性本能中的性欲的升华，在怀疑论美学看来，它

① 〔美〕赫伯特·马尔库塞：《爱欲与文明》，黄勇、薛明译，上海译文出版社 1987 年版，第 101—102 页。

② 〔美〕乔治·桑塔耶纳：《美感》，缪灵珠译，中国社会科学出版社 1982 年版，第 41 页。

恢复了精神隐秘中的重要的心理能力之一，那就是主体对于大自然的幻想冲动。人们通过对大自然的审美幻想，借以抵达在现实领域不可能接近的彼岸。除却大自然以外，审美幻想还可以恢复被遗忘的历史记忆，使我们回归历史母亲的子宫，降落到洋溢着生命欢乐的诗性大地，接近已经遥远和陌生的人类童年，重新获得创造神话的激情和才智。所以，无法忽略审美幻想在现代精神中的应有地位，甚至是根基性的地位。可以想象，一个缺失审美幻想的生命个体必然是灰色的抽象符号，是只知道功利和享乐的生物体，而不懂得收藏人性中最珍贵的存在物。

遗憾的是，就连马尔库塞这样的思想家也对审美幻想的作用与意义估计不足："作为想象的白日梦是无用的，不真的，软弱无力，虚无缥缈，但它不受现实原则控制，是纯粹的游戏，服务于对无压抑的欲望的满足。"[①] 其实，无论是审美幻想还是"想象的白日梦"都不能以"真"与"假"逻辑来要求，它们也许有"无用"和"软弱无力"的因素，然而毕竟为抗衡这个功利化和异化的社会提供了一个宝贵的精神资源和心理工具。马尔库塞在《美学向度》中认为真正的乌托邦是基于回忆之上。如果说在审美活动中，对于大自然主要凭借于主体的审美幻想，那么对于历史则必然要由我们的审美记忆来担当。现代心灵对于美的冷漠，其中一个重要原因就是历史记忆的丧失。人们丢弃了"历史的动物"的宝贵遗产，趋之若鹜地追逐当下的由技术统治所强化的金钱与消费欲望链条，历史感的丧失必然导致美感的丧失，这是一个明确的正比例关系。怀疑论美学提出"审美记忆"的概念，其主旨就在于呼吁恢复主体的历史情结和

---

① 杨小滨：《否定的美学——法兰克福学派的文艺理论和文化批评》，上海三联书店 1999 年版，第 196 页。

历史本能，寻找与回眸我们生命与文化诞生、发展的根源和过程，清洗我们已经被功利欲望污染了的“童心”和“乡情”。审美记忆的恢复由于联系到历史与文化的记忆恢复，则必然地关涉到民族记忆和文化身份的确认。因为现实世界用实用经验，一次次地涂抹和篡改了我们历史与文化的记忆，人的“身份”越来越模糊、抽象化，因此重建审美乌托邦的内在构成之一就是恢复我们的审美记忆，恢复我们对于民族性的历史的记忆和文化身份的确认。和上述两种的审美乌托邦的重建努力相关，审美批判同样构成其内在的内容之一。如果说审美乌托邦前两种构成在逻辑上属于肯定判断，而审美批判则立足于逻辑上的否定。审美乌托邦的重建决不能放弃对于现实性的批判冲动和消解的努力，它必须鼓足自己的批判勇气。审美批判不同于流行的文化批判，文化批判往往瞩目于普泛的现象批判，很难深入到事物的深层和获得思维的新结果。审美批判则始终注意于美学意义的否定，它承担对审美现象的剖析和清理的责任，始终把握住个体话语的权力，而不是迎合主流或官方的意识形态。同时，它必须严格区别于道德批判和理性批判，它不能僭越本分而充当别人的附庸。审美批判只是纯粹的美学批判，它只关注美学的事实或审美的事实。由对现实的否定性的批判而获得对无限可能性的乌托邦世界的沉醉激情。

二、艺术拯救

阿多尔诺对当今艺术的批判理由之一，是它们呈现了明显的乌托邦倾向：

> 今日艺术的主要矛盾之一，便是它想成为并且务必成为乌托邦似的东西，正如社会现实日益阻止乌托邦一样道理。但与

> 此同时，艺术为了避免担负那种提供慰藉与幻象的罪责，而又不能成为乌托邦似的东西。艺术乌托邦（Utopia of art）若果成为现实，那么艺术将会终结。黑格尔首先认识到艺术的概念就意味着这一点。他的预言之所以落空，是因为（在自相矛盾的意义上）其乐观主义的历史观所致。黑格尔表现乌托邦的方式在于对目前现实的解释。据此，现实仿佛成了乌托邦，或者用他的话说，仿佛就是绝对理念（Absolute idea）。[①]

阿多尔诺在竭力伸张艺术的否定性的品质的同时，却令人遗憾地排斥了艺术的乌托邦性质。其实，从他的否定辩证法的理论意义上，依然可以理解到艺术的乌托邦倾向契合于艺术对现实的否定性的思想。可惜他将艺术的乌托邦特性驱逐于艺术门槛之外。而怀疑论美学认为，正是艺术的乌托邦性质构成艺术之为艺术的一个本质化结构，因为艺术的审美乌托邦寄托了人类心灵对于自我和世界的“绝望的拯救”，它隐含一种否定现实和超越世俗的癫狂情绪，尽管这种情绪难免渗透着虚幻的成分，然而它毕竟提供了向无限可能性的理想彼岸挣扎前行的一叶扁舟。

尽管阿多尔诺对于艺术的乌托邦的拯救持有悬搁的态度，但是他十分强调了艺术的拯救功能，甚至把这一功能推举为艺术的“第一功能”。他认为：“拯救功能与批判功能是密不可分的，是一个事物的两个方面，在某种意义上，拯救功能是批判功能的深化和延伸，批判的目的在于拯救。……我本就是把拯救绝望的动机视为我所探讨的中心目标的。”[②] 这位新马克思主义的代表人物，对现代社会的清

① 〔德〕阿多尔诺：《美学理论》，王柯平译，四川人民出版社 1998 年版，第 57—58 页。

② 蒋孔阳、朱立元主编：《西方美学通史》第 7 卷，上海文艺出版社 1999 年版，520 页。

醒剖析使其主体绽放着浓烈的批判意识，他认为现代社会构成对人类本性的压抑性势能，自然和合理的人性被社会分工、机械化的制度、官僚集权等异化为悲剧化的碎片，人只是非人化的幻想的意识形态，所以，人陷入了绝望与空虚的境地。因而，迫切需要一种代偿性的精神工具承担起拯救灵魂、恢复历史记忆和使人性回归自然母体、获得人与人之间和谐交往的现实责任。如果审美活动属于普遍性的一般意义的工具，那么，艺术就是具体化的工具。于是，拯救现代心灵使其消除异化和摆脱绝望的现实使命就必然交付给艺术来完成了。而且，恰好具有否定与批判的双重功能的艺术正好契合于这种历史与现实的选择，也许是唯一性的选择。在怀疑论美学的意识里，艺术对于审美乌托邦重建，除了直接的拯救功能以外，它还潜在地具有间接的拯救功能，那就是“逃避”、“反抗”和“提问”。

1. 逃避。不能单向度地肯定艺术的积极价值，这只能导致对于艺术这个极富生命智慧的灵鸟的机械理解。艺术所具有的消极性的情境，同样可以给精神以审美慰藉，它所提供的虚幻的审美乌托邦也能够给予那些现代的异化者和沉沦者以诗意的安抚。怀疑论美学正是这个理论视角，选择“逃避”这个术语来阐释艺术所具有的消极的或间接的拯救功能。如果说，艺术可以选择“逃避”作为拯救现代的绝望心灵的一种策略，为什么要刻意地寻找一个横加指责的理由呢？其次，稍涉及哲学、美学、艺术的精神历程，随处可见“逃避”的踪迹。庄子的哲学与美学，就是东方智慧的审美逃避和艺术逃避，它拯救了在阴暗的历史时间里踽踽前行的悲剧化民族，守护其生命的意义与价值，维系着自由的尊严和智慧的诞生，使我们的想象力和幽默感没有彻底地被丢弃和丧失。华夏历史上的隐逸文化或隐逸文学，诸如田园诗和山水画、宗教音乐、书法和园林艺术都可以列入“逃避”这个美学范畴。正是它们拯救了历代处于悲剧境地的绝望者和空虚者。怀着欣赏的态度，怀疑论美学认同批评家艾云女士对于艺术的可能存在方式的理解：“艺术的方式大体来说有三种：安慰的方式，反抗的方式和追问的方式。”[①] 艺术的逃避方式，就是接近于“安慰”的方式，因为它们同样倾心于审美乌托邦的精神目标。如果说历史上的艺术，树立过审美逃避的典范，我们没有理由拒绝古典艺术馈赠于今人的这笔精神遗产。更何况现实世界的功利性和严酷性迫使我们选择艺术的“逃避”世俗的途径。“安慰”不一定在“逃避”的逻辑范围里，然而“逃避”则必然隶属于“安慰”的疆界里。当脆弱和破碎的心灵不足以抗衡这个恐怖的社会机器和利益团体的时候，艺术的审美逃避的功能也许是唯一的救命稻草和天堂里的虚幻上帝。怀疑论美学甚至悲哀地意识到，在现代的极权社会和利益社会的相结盟的历史语境里，艺术的拯救功能侧重点恰恰应该在于“逃避”而不是“批判”或者“反抗”，因为现代国家已经把审美和艺术都异化为意识形态和文化经济的附庸和仆役，美与艺术悲剧化地沦落为商品和货币符号的直接象征者，国家机器的强大势能和日益精密化、法律制度化的“管理”，宣告艺术的黄金时代的终结，这是悲剧黄昏的出场与照面。孱弱的美和艺术的羔羊如何能够抗拒神话中的庞大的狰狞怪兽，唯一自欺欺人的“逃避”也许是合理的选择。

2. 反抗。艺术的审美乌托邦的“反抗”就是“绝望的反抗”或者“悲剧化反抗”。因为这是一个无论在过去、现在和未来都是双方力量不均等的角斗，艺术反抗社会总是“绝望”或“癫狂”的反抗，犹如俄罗斯文学家屠格涅夫寓言里“麻雀对猎狗”的抗拒，尽管不

---

① 艾云：《理智之年》，陕西人民教育出版社 1999 年版，第 116 页。

乏崇高的气度仍不免苍凉和苦涩的意味。就对现实的“反抗”而言，在古典艺术、近代艺术中的批判现实主义的流派，以纯粹的社会批判、思想批判或道德批判，揭露社会的不合理性和不公正性，试图从纯粹的意识形态方面的拯救人类。然而，这种拯救的方式至少附带两种局限：一是它们所信奉的意识形态的本身就是值得怀疑的虚假结构；二是仅仅以意识形态充当拯救的工具，必然损害艺术的审美功能。艺术对现实和人类的拯救只能是审美的拯救，而审美的拯救必须主要依赖于艺术的审美形式和艺术的审美超越。马尔库塞在《审美之维》中认为：

> 但是，与正统的马克思主义美学相反，我认为艺术的政治潜能在于艺术本身，即在审美形式本身。此外，我还认为，艺术通过其审美的形式，在现存的社会关系中，主要是自律的。在艺术自律的王国中，艺术既抗拒着这些现存的关系，同时又超越它们。因此，艺术就要排除那些占支配地位的意识形式和日常经验。
>
> ……
>
> 艺术的批判功能，艺术为自由而奋争所作出的贡献，存留于审美形式中。一件艺术作品的真诚或真实与否，并不取决于它的内容（即是否“正确地”表现了社会环境），也不取决于它的纯粹形式，而是取决于它业已成为形式的内容。①

在马尔库塞看来，艺术反抗现实的手段着重在于其“审美形式”，因为这种审美形式在一定程度上隐含了现实性的内容，艺术抗

---

① 〔美〕马尔库塞:《审美之维》，李小兵译，生活·读书·新知三联书店1989年版，第203—204、212页。

拒并超越着现存的社会关系，由此实现自我的革命性和否定性，从而达到拯救社会和人类的目的。他还提出这样的预言："让艺术作品借助于审美的形式变换，以个体的命运为例示，表现出一种普遍的不自由和反抗的力量，去挣脱神化了（或僵化了）的社会现实，去打开变革（解放）的广阔视野，那么，这样的艺术作品也可以被认为具有革命性。"[①] 艺术的反抗性和革命性的获得就在于审美形式的不断变换，以个体的存在去抗衡僵化的集权专制的社会现实，以获得超越现实的自由空间。然而，审美形式可以承担这样历史与现实的负荷吗？在怀疑论美学看来，它充其量只能充任有限的拯救职能。因为在现代社会发达的技术与信息的统治手段及相对完备的新闻、出版的法律控制，艺术的对现实存在的反抗性和革命性的生存环境越来越窘迫，它已经无力担当曾经拥有的责任和义务。也因为当今的大众更多关注分配和消费的基本生存问题，已经倾向于将艺术转变为消遣和娱乐的对象，淡化对艺术的形而上的思想存在的兴趣，所以艺术也无法重现昔日的轰动和辉煌，在许多场合仅仅扮演精神调料的角色。马尔库塞所谓的审美形式只是无奈的遁词而已，然而，又难以寻找到更完善的替代工具。艺术的审美形式也许是反抗现实的功利和非道德的日常生活的脆弱工具之一，为无可选择的选择。

3. 提问。怀疑论美学的方法之一是"提问"。如果从某种意义上说，艺术是人类精神对自我存在的提问和解答。那么，艺术的拯救职责也必须依赖"提问"而得以保证。艺术的"提问"包容着道德的感化和人格的启迪，必须具有亚里士多德的《诗学》所言的"净化"（Katharsis）功能。就"净化"而言，艺术的"提问"它必须

---

① 〔美〕马尔库塞：《审美之维》，李小兵译，生活·读书·新知三联书店1989年版，第205页。

隐含着对人的道德良知的开启，这样才算是部分地实现审美拯救的企图。当然，艺术不是道德说教，道德说教往往沉溺于“回答”而非“提问”。与此相反，艺术的道德启迪却在于“提问”而轻视“回答”。判别一个艺术品是否具有审美拯救功能，其标志之一就在于看它能否以审美形式开启人性中的善的因素，发掘历史文化所遗留给人类的道德良知。这种以“提问”方式所隐喻的道德启迪绝不等同于传统美学的“寓教于乐”（贺拉斯）的理念，因为怀疑论美学所强调的艺术的“提问”，它有别于传统艺术观的特征在于，传统艺术倾向于纯粹道德观念的说教，只眷注于以解答的方式向接受者进行理性灌输而遗忘开启他们的智慧和发掘其审美领悟力，这样使人心中潜藏的良知被遮蔽和压抑。即便是浪漫主义大师雨果的杰作《悲惨世界》和《九三年》，仍然沉湎于道德的说教和伦理的解答，而缺乏某种开启人性的良知和智慧的美学灵感。中国佛学的戒、定、慧，尤其是禅宗的“体悟”、“无念”、“自识本心”、“明心见性”等宗教义理，就蕴含着空灵精湛的美学智慧，它们更多以“提问”的方式开启生命的灵性和悟觉，唤醒沉睡于精神深层的良知和德性。怀疑论美学所期望的艺术的审美拯救，应该汲取佛学尤其是禅宗的美学智慧，让艺术的审美形式潜藏着唤醒人类的道德良知的功能，而不是机械而枯涩地向接受者灌输陈旧的道德戒律和官方的意识形态教条。

艺术的审美拯救就“提问”视角而言，它包括开启生命的智慧。因为后现代历史语境中生存的人们，都成为知识的工具和技术化的动物，知识和技术的阴影遮蔽了他们的语言与思维、行为与准则。禅宗所说的“贪、瞋、痴”“三毒”他们无不具备。而艺术的拯救功能之一就破除众生被知识和技术遮蔽的“三毒”。因为知识和技术在提供人类巨大利益的同时，也刺激起人的贪婪和好斗、征服的本性，使其陷入愚蠢的泥潭。艺术必须以“提问”的方式，开启人类被知识和技术蒙蔽了智慧和灵性，而履行其审美拯救的责任。米兰·昆德拉认为，一篇好的小说就是一个长长的追问。其实，这句话也适用于所有的艺术。当一个艺术作品能够以“提问”的方式，或者包容着丰富的哲学、美学的思维启示，那么它就具有开悟的品质，因为它引导芸芸众生接近审美的乌托邦世界，萌生对无限可能性的美妙彼岸的泅渡的欲望和勇气。艺术必须偏重“提问”而淡化“回答”，尽量放弃知识性的抽象言说，因为那样只能使自己远离智慧，从而远离审美乌托邦。当艺术开始对自我存在、世界与历史进行“提问”的时候，也就是开始对被知识和技术窒息了的灵魂开始审美拯救之日，也是重建乌托邦的希望之光的来临。

第八章　艺术即伪装

第一节　对传统艺术论的悬搁

艺术这个空灵而迷幻的女神给予人类以无限的喜悦和快慰，它作为人类精神文化最富有生命活力的有机体令人沉醉和迷惑。因此，对它的理解和阐释是极其令人困惑的。克罗齐深思熟虑又不无调侃地说：

> 在回答“艺术是什么”这个问题时，可以开玩笑地说（这个玩笑倒并不坏）：任何人把艺术理解成什么，艺术就是什么。其实，如果不对艺术有所了解，也根本提不出这个问题。每个问题本身包含着对问题所问的和所指的东西的某种了解，因此，发问者对问题被理解成什么和问题的范围也就有所了解。[①]

美学史家鲍桑葵借用文克尔曼的话表达赞同的看法：“任何写作匠都难以洞察艺术最深处的本质。”[②] 美国美学家 H.G. 布洛克说：“当我们想到要为艺术寻找一个宽泛的定义，以使它概括所有的艺术时，这样的定义又显得十分模糊。举例说，我们可以同意贝尔的说法，认为艺术品的基本性质，是某种‘有意味的形式’；或者可以同意克

① 〔意〕克罗齐：《美学原理 · 美学纲要》，朱光潜译，外国文学出版社 1983 年版，第 203 页。

② 〔英〕鲍桑葵：《美学史》，张今译，商务印书馆 1985 年版，第 314 页。

罗齐的看法，说艺术的基本性质是它的‘表现性’。然而这样一来，我们就遇上一个新的问题：如何去判断眼前的物体包含着‘有意味的形式’或‘表现性’。”[①] 苏联的美学家瓦·阿·古辛娜评价道：

> 给艺术下定义并在理论中表现它的性质，这种努力在整个美学史中一直持续不断。然而艺术是复杂的和多方面的研究对象，资产阶级理论家们始终未能建立起与这个认识对象完全符合的理论。其原因既在于艺术的本质本身，也在于研究者所遵循的认识论原则，其中包括他们片面理解一般概念的性质和不懂得认识中抽象与具体的辩证法。[②]

古辛娜的看法不无道理。然而，即使懂得“认识中抽象与具体的辩证法”，也未必能够洞悉艺术的玄奥隐秘。现在，援引科林伍德的《艺术原理》对“艺术”所做出的词源学的考证：

> 古拉丁语中的 Ars，类似希腊语中的“技艺”，意指完全不同的某些其他东西，它指的是诸如木工、铁工、外科手术之类的技艺或专门形式的技能。在希腊人和罗马人那里，没有和技艺不同而我们称之为艺术的那种概念。
>
> ……
>
> 中古拉丁语中的 Ars，很像早期现代英语中的 art，词形词义都是借用的。它意指任何形式的书本学问，例如语法、逻辑、巫术和占星术之类。在莎士比亚时代，它的词义依然如此，《暴

① 〔美〕H.G. 布洛克：《美学新解》，滕守尧译，辽宁人民出版社 1987 年版，第 287 页。

② 〔苏联〕瓦·阿·古辛娜：《分析美学评析》，李昭时译，东方出版社 1990 年版，第 80 页。

> 风雨》中的普罗斯庇罗，脱下自己的法衣时，说了这样一句话："Lie there，my art。"（躺在那里吧，我的法术）可是在文艺复兴时期，首先是意大利，然后是其他各国，人们又重新恢复了"艺术"一词的古老含义。[①]

科林伍德的对"艺术"的词源学考证，揭示这样一个事实：那就是"艺术"概念的历史流动性和相对性。怀疑论美学挑选在自己看来具有探讨意义的艺术观来论述，借此开拓自己的思考路径。

一、"模仿"理论

这一艺术观也许是最古老的美学理论。柏拉图认为艺术模仿理念世界的影子，它和"真理"隔着两层，是"模仿之模仿"的假定结果。在《理想国》中他借苏格拉底之口说："那么，床不是有三种吗？第一种是在自然中本有的，我想无妨说是神制造的，因为没有旁人能制造它；第二种是木匠制造的；第三种是画家制造的。"[②]正如朱光潜所论："柏拉图心目中有三种世界：理式世界，感性的现实世界和艺术世界。艺术世界是由模仿现实世界来的，现实世界又是模仿理式世界来的，这后两种世界同是感性的，都不能有独立的存在，只有理式世界才有独立的存在，永住不变，为两种较低级的世界所自出。换句话说，艺术世界依存于现实世界，现实世界依存于理式世界，而理式世界却不依存于那两种较低级的世界。这也就是说，感性世界依存于理性世界，而理性世界却不依存于感性世界，理性

---

① 〔英〕罗宾·乔治·科林伍德：《艺术原理》，王至元、陈华中译，中国社会科学出版社1985年版，第6—7页。

② 《柏拉图文艺对话集》，朱光潜译，人民文学出版社1963年版，第70页。更详尽的论述可参阅柏拉图《理想国》第十卷，"苏格拉底和格劳孔的对话"，郭斌和、张竹明译，商务印书馆1986年版，第386—400页。

世界是第一性的，感性世界是第二性的，艺术世界是第三性的。"[①] 那么，亚里士多德则肯定现实世界的合理性和合法性，因此艺术对现实世界的模仿就获得了实在的价值和意义。他认为模仿是人类与生俱来的天性："人从孩提的时候起就有模仿的本能（人和禽兽的分别之一，就在于人最善于模仿，他们最初的知识就是从模仿得来的），人对于模仿的作品总是感到快感。"[②] 因此他将悲剧理解为"对于一个严肃、完整、有一定长度的行动的模仿"。又认为：

> 诗人的职责不在于描述已发生的事，而在于描述可能发生的事，即按照可然律或必然律可能发生的事。历史家与诗人的差别不在于一用散文，一用"韵文"；希罗多德的著作可以改写为"韵文"，但仍是一种历史，有没有韵律都是一样；两者的差别在于一叙述已发生的事，一描述可能发生的事。因此，写诗这种活动比写历史更富于哲学意味，更被严肃的对待；因为诗所描述的事带有普遍性，历史则叙述个别的事。[③]

在亚里士多德的心目中，诗人的地位显然高于历史学家，因为诗比历史更具有普遍性，所以它更接近"真理"。柏拉图则表现出对诗人的偏见，甚至表示要将诗人驱逐出自己的"理想国"。无论是柏拉图的艺术模仿理式的观点，还是亚里士多德艺术模仿现实的看法，都显明对于艺术的主体性的忽略。其实，柏拉图的理式和亚里士多德的现实均属于外在于人类的主体精神的存在，它们都限制了艺术

---

① 朱光潜:《西方美学史》上卷，人民文学出版社 1979 年版，第 44—45 页。

② 〔古希腊〕亚里士多德:《诗学》，罗念生译，人民文学出版社 1962 年版，第 11 页。

③ 同上书，第 28—29 页。

的对于无限可能性的虚无境界的向往，也遗忘了精神主体对自我存在的怀疑和否定、提问和回答，必然忽视了艺术对于心理功能的想象力和直觉的依赖，模仿理论作为古老的艺术论显然和艺术文本的现状存在遥远的精神距离。

二、“游戏”理论

康德最早在“艺术”和“游戏”之间寻找到逻辑关联，在《判断力批判》中写道：“艺术也和手工艺区别着。前者唤做自由的，后者也能唤做雇佣的艺术。前者人看作好像只是游戏，这就是一种工作，它是对自身愉快的，能够合目的地成功。后者作为劳动，即作为对于自己是困苦而不愉快的，只是由于它的结果（例如工资）吸引着，因而能够是被逼迫负担的。”[①] 康德在艺术和劳动之间做出逻辑区分并显露两者的差异：艺术是自由的无功利的愉快活动，它是主动的和积极的主体行为，同时又能符合无目的性的“目的”；而劳动则属于被迫的困苦的活动，并且它附带着功利性的目的，因而以丧失人性的自由和完满为代价。由此，康德窥视到游戏活动和艺术活动的某些类似的特性：自由而愉快，敞开人的本性和符合非功利的“目的性”。其后，席勒由对近代社会的人性被压抑的担忧而转向一种文化批判，并进一步展开对于审美拯救和艺术拯救的思考。像众多德意志的思想家一样，他怀着浓烈的“希腊情结”，将自己所处的社会现实和审美乌托邦中的“希腊社会”进行比较：

> 希腊人的本性把艺术的一切魅力和智慧的全部尊严结合在一起，不像我们的本性成了文化的牺牲品。希腊人不仅以我们

① 〔德〕康德：《判断力批判》上卷，宗白华译，商务印书馆 1964 年版，第 149 页。

时代所没有的那种单纯质朴使我们感到羞愧，而且在由此可以使我们对习俗的违反自然（本性）而感到慰藉的那些优点方面也是我们的对手和楷模。他们既有丰满的形式，又有丰富的内容；既能从事哲学思考，又能创作艺术；既温柔又充满力量。在他们的身上，我们看到了想象的青年性和理性的成年性结合成的一种完美的人性。

……

现在，国家与教会、法律与习俗都分裂开来，享受与劳动脱节、手段与目的脱节、努力和报酬脱节。永远束缚在整体中一个孤零零的断片上，人也就把自己变成一个断片了。耳朵里所听到的永远是由他推动的机器轮盘的那种单调乏味的嘈杂声，人就无法发展他生存的和谐，他不是把人性印刻到他的自然（本性）中去，而是把自己仅仅变成他的职业和科学知识的一种标志。就连把个体联系到整体上去的那个细微断片也不是取决于人性所自发选择的形式（人怎么可能把他的自由托付给这样一种人为的、盲目的钟表机械呢），而是由一个公式无情地、严格地规定出来的，这种公式就把人的自由智力捆得死死的。死的字母代替了活生生的知性，熟练的记忆比天才和感觉更能起到可靠的指导作用。①

席勒以自己“理想国”中的古希腊社会和近代社会进行比较，由此引发对现实存在的文化批判，这种文化批判潜在地成为后来的法兰克福学派的思想先导，并且彰明出越来越深刻的理论价值。席勒凭借着诗人的敏感觉察到工业社会所制造的人性分裂的恶果，希

① 〔德〕席勒:《美育书简》，徐恒醇译，中国文联出版公司1984年版，第48—51页。

望回归到审美乌托邦的“希腊社会”，而回归的方式就是重建人与自然、人与人、人与社会之间的和谐关系，以使人寻找到失落了的“童年自我”。在此思维基点上，席勒尝试借助于“游戏冲动”，也就是艺术的活动，恢复人的自由本质和审美天性。所以他认为：“只有当人在充分意义上是人的时候，他才游戏；只有当人游戏的时候，他才是完整的人。”[①] 席勒在宽广的文化人类学的意义上寻找到艺术与游戏、人性与游戏的审美关系，怀着以“游戏”拯救社会和拯救人性的美学思想。席勒在宽泛的美学意义上使用“游戏”这一概念，已经超越了艺术的范畴。

显而易见，“游戏”不能和艺术完全地逻辑等同，尽管它们之间存在着某种类似的性质，但毕竟呈现着本质的差异。即使席勒在宽泛的美学意义上使用“游戏”这个概念，也无法以“游戏”取代艺术的丰富内涵。与“游戏”单纯素朴的心理动机相比，艺术孕育着精神的无限可能性和丰富的人性本质，它显然是更为高级和玄妙的人类精神形式。从文化的潜能来说，艺术所包含的怀疑能力和否定精神也远远高于游戏，它隐含的对社会的批判势能也非艺术所能比拟，它容易将精神文化引导到新的境界。而且艺术所包容的生命智慧也超越游戏所能达到的界限，艺术将心理中诸种结构与能力汇聚于自我的空间，尤其是将想象力和直觉体验的能力收揽于殿堂之中，使其更具有开启灵性和激发天赋的功能。更重要的是，游戏在审美魅力上也明显逊色于艺术形式，它只能充当部分的审美替代品，而绝不可能禀赋艺术作品所具有的丰富而玄妙的美。因为游戏活动毕竟和实际性质的活动密切关联，而不像艺术那样和世俗生活保持较远的距离，因此也不可能使游戏的参与者或观望者获得像从艺术欣

① 〔德〕席勒:《美育书简》，徐恒醇译，中国文联出版公司 1984 年版，第 90 页。

赏之中所感受到的那种超越性的浪漫情怀和诗性精神。如果说游戏具有使心灵沉溺娱乐的功效，调动起人的动物性的本能和模仿天性，那么，艺术则激起主体深处的超越肉体愉悦的审美感觉，使其摆脱原始的本能而升华到纯粹审美的境界，并展开自由的想象和天才的创造悟性。

三、"直觉的抒情表现"理论

克罗齐提出"艺术即直觉的抒情的表现"的理论。他在《美学原理》中说："我们已经坦白地把直觉的（即表现的）知识和审美的（即艺术的）事实看成统一，用艺术作品做直觉的知识的实例，把直觉的特性都付与艺术作品，也把艺术作品的特性都付与直觉。"[①] 为了能对克罗齐"直觉"概念有深入的了解，我们将他的哲学观做出一简略的勾勒。对于克罗齐的哲学观，有人说他是新黑格尔主义，也有人认为他更接近于康德，把心灵世界作为一切真实存在的源头。其实，在克罗齐的哲学帷幔后，我们既可以听到黑格尔哲学的余音，也能够窥见康德哲学的影子，甚至还能感觉到马赫和柏格森哲学的喘息，然而，这些都已经确确实实地克罗齐化了。他建立了一套完备而精密的"心灵"哲学体系。他认为，在人类心灵与宇宙物质的关系中，心灵为统辖力量，居于主导地位。物质在内容上外在于心灵，成为心灵活动的依托，没有物质就没有人的知识或活动，心灵活动也不能成为具体实在的活动，但物质的形式却是心灵活动赋予的。"物质，经过形式打扮和征服，就产生具体形象。这物质，这内容，就是使这直觉品有别于那直觉品的：这形式是常住不变的，它就是心灵的活动。"[②] 在哲学上，克罗齐把心灵活动划分为两度，即认

---

① 〔意〕克罗齐:《美学原理·美学纲要》，朱光潜译，外国文学出版社1983年版，第19页。

② 同上书，第12页。

识活动和实践活动；每度又各再划分为两度，即认识活动包括有直觉与概念的双度，实践活动包括有效用与道德的双度。

心灵四阶段活动各有其价值与反价值。直觉产生个别意象，正反价值为美与丑，美学研究直觉活动；理智产生普遍概念，正反价值产生为真与伪，逻辑学研究概念；经济效用产生个别利益，正反价值为利与害，经济学研究研究经济；道德活动产生普遍利益，正反价值为善与恶，伦理学研究道德。基于此，克罗齐认为，人类的认识活动产生两种形式的知识：从想象得来的直觉意象和从理智得来的逻辑概念。克罗齐把美学研究对象界定为直觉活动，他的直觉是介于感觉和知觉之间的一种心灵活动，产生个别意象，是全部心灵活动的基础。心灵的直觉活动把形式给予感觉，使感觉转化为意象，这样“感觉”获得形式而被“表现”出来。克罗齐的“直觉”具有“无所为而为”的特点，“表现是心灵意义表现”，而不是达尔文的“人与兽的情绪表现”，他称后者是“自然科学的意义”。我们通常所说的有关艺术的表现是艺术传达，即把审美活动通过物质手段外化为可感的艺术品，但克罗齐的表现并非泛指艺术传达，他称为“审美意义”的表现，是与直觉、审美活动、瞬间的情感抒发等都是同一的。

由于历史的原因，克罗齐的“直觉”理论在20世纪初的整个美学界居于主导地位。吉尔伯特和库恩在《美学史》中指出：“在十九世纪和二十世纪的交替时期，及以后至少二十五年间，贝奈德托·克罗齐关于艺术是抒情的直觉的理论，在美学界居于统治地位。”[1] 20世纪初的西方文化处于大动荡大裂变之中，信仰的毁灭和逻各斯中心的解构，使得人的内心情感需求和放射愈见强烈，而心

---

① 〔美〕凯·埃·吉尔伯特、〔德〕赫·库恩：《美学史》，夏乾丰译，上海译文出版社1989年版，第722页。

理压力和社会压力随着越来越秩序化的大机器生产而不断递增，人性受到了更大的压抑和扭曲。克罗齐的直觉表现理论恰巧迎合了当时的社会心态和文化思潮，成为西方20世纪初的表现主义绘画、文学、戏剧等艺术的哲学基础。正因为其理论为表现主义艺术提供了创作动机，只重视艺术是情感的表现，强调纯粹个人主观的感受，排斥理性的因素，故而西方近现代艺术形成了各种风格迥异、令人头晕目眩的流派，怪诞、抽象、变形……这种横向扩散的流派多若牛毛，有的如粒子衰变转瞬即逝。克罗齐过于推崇自我情感的抒发和表现，也正如这些以表现主义哲学为基础的艺术一样，最终只能放射耀眼的历史光芒，而不能永驻其芳。它还因于其理论偏重于直觉的和情感的因素，忽略其他精神结构在艺术中的作用，不免片面和偏狭。同时，克罗齐的直觉说，遗忘了艺术传达的功能，无法解释艺术完整的流程和说明“形式”的在艺术中的审美功能，不能不说是理论上的另一方面的缺憾。

四、“情感符号”理论

美国美学家苏珊·朗格提出艺术“是人类情感的符号形式的创造”的理论。她在《情感与形式》中说：

> 在艺术中，形式之被抽象仅仅是为了显而易见，形式之摆脱其通常的功用也仅仅是为获致新的功用——充当符号，以表达人类的情感。
>
> ……
>
> 然而，形式既为空洞的抽象之物，又具有自己的内容。艺术形式具有一种非常特殊的内容，即它的意义。在逻辑上，它是表达性的或具有意味的形式。它是明确表达情感的符号，并

> 传达难以捉摸却又为人熟悉的感觉。它作为基本的符号形式存在于与实际事物不同的范畴之内。它与语言同属一个范畴，虽然两者的逻辑形式互不相同，也与神话和梦同属一个范畴，虽然两者的功用也互不相同。[①]

苏珊·朗格将艺术形式改造为表现情感的符号，这种形式作为感性化的存在，和通常意义上的抽象符号有着明显的差别。因为这种形式具有情感的内涵和某种特定的“意义”。苏珊·朗格进一步认为，艺术表现的情感不应该是个人的情感，而是具有普遍性的“客观情感”，它代表着整个人类的精神欲求和心理愿望。她还试图在艺术形式和生命形式之间寻找到一种美学的联系，在《艺术问题》中指出：“在我看来，如果说艺术是用一种独特的暗喻形式来表现人类意识的话，这种形式就必须与一个生命的形式相类似，我们刚才所描述的关于生命形式的一切特征，都必须在艺术创造物中找到，事实也正是如此。”[②]她努力地证明生命形式和艺术形式之间存在的运动性、有机性、节奏性和生长性的逻辑相似：

> 要想使一种形式成为一种生命的形式，它就必须具备如下条件：第一，它必须是一种动力形式。换言之，它那持续稳定的式样必须是一种变化的式样。第二，它的结构必须是一种有机的结构，它的构成成分并不是互不相干，而是通过一个中心互相联系和互相依存。换言之，它必须是由器官组成的。第三，

---

① 〔美〕苏珊·朗格：《情感与形式》，刘大基等译，中国社会科学出版社1986年版，第62—63页。

② 〔美〕苏珊·朗格：《艺术问题》，滕守尧等译，中国社会科学出版社1983年版，第50页。

> 整个结构都是由有节奏的活动结合在一起的。这就是生命所特有的那种统一性，如果它的主要节奏受到了强烈的干扰，或者这种节奏哪怕是停止上几分钟，整个有机体就要解体，生命也就随之完结。这就是说，生命的形式就应该是一种不可侵犯的形式。第四，生命的形式所具有的特殊规律，应该是那种随着它自身每一个特定历史阶段的生长活动和消亡活动辩证发展的规律。①

尽管生命形式和艺术形式客观地存在着逻辑上的类似性质，艺术也必然地以生命作为自我的表现对象和情感符号，然而，艺术所包容的精神丰富性远远超越生命的内涵，因为“生命”这个字眼带有一定的物质限制和本能欲望的因素，艺术却担当了对于生命本能的否定性和疏离性，它能够超越生命有机体的限定而走向纯粹的诗性的审美境界。由于生命的物质机体的有限性，它获得的自由度必然受到时间与空间的限制，受到道德和法律等现实原则的制约，而艺术具备了超越这些限制的可能性。因此，仅仅将艺术局限于生命形式方面，显然使艺术的自由特性和审美超越精神被遮蔽和掩盖。而这一理论的另一个局限在于，并非所有情感符号都等同于艺术，现实中诸多的情感符号只能起到有限的“意义”传达功用，而不可能具有审美的意味，因此它们无法与艺术等量齐观。同样，“情感”仅仅扮演艺术舞台中的一个角色而不是全部角色，因为艺术的广阔空间和绵延的时间里，除了“情感”之外，还有包括理性在内的其他心理因素，因此，难以用“情感”涵盖整个艺术的时空存在。

---

① 〔美〕苏珊·朗格:《艺术问题》，滕守尧等译，中国社会科学出版社1983年版，第49页。

五、"有意味的形式"理论

克莱夫·贝尔提出艺术是"有意味的形式"的理论，这一理论主要关涉到由视觉所欣赏的艺术种类。在《艺术》中，他写道：

> 一切审美方式的起点必须是对某种特殊感情的亲身感受，唤起这种感情的物品，我们称之为艺术品。
>
> ……
>
> 艺术品中必定存在着某种特性：离开它，艺术品就不能作为艺术品而存在；有了它，任何作品至少不会一点价值也没有。这是一种什么性质呢？什么性质存在于一切能唤起我们审美感情的客体之中呢？什么性质是圣·索菲亚教堂、卡尔特修道院的窗子、墨西哥的雕塑、波斯的古碗、中国的地毯、帕多瓦（Padua）的乔托的壁画，以及普辛（Poussin）、皮埃罗·德拉、弗朗切斯卡和塞尚的作品中所共有的性质呢？看来，可做解释的回答只有一个，那就是"有意味的形式"。在各个不同的作品中，线条、色彩以某种特殊方式组成某种形式或形式间的关系，激起我们的审美感情。这种线、色的关系和组合，这些审美地感人的形式，我称之为有意味的形式。"有意味的形式"就是一切视觉艺术的共同性质。[1]

贝尔依然承袭了"艺术表现情感"的传统观念，不愿放弃对于"感情"在艺术中的主宰地位，这证明他的理论存在着一定的保守和

---

① 〔英〕克莱夫·贝尔:《艺术》，周金环、马钟元译，中国文联出版公司1984年版，第3—4页。

惰性。但是，这一理论的新颖之处在于，它寻找到一个自己的“话语”：这就是曾经风靡一时的“有意味的形式”。然而，这一概念的缺陷在于，首先，它缺乏明确的思维规定性，没有以清晰的语言表述出内在的理念。什么是“有意味”语焉不详，呈现出理论上的含混和模糊。其次，对于“形式”的理解未能超越传统的“形式”概念，因为贝尔的“形式”概念仍然局限于物质性的具象形式，而不具有抽象意识。再次，没有揭示“形式”对于物体自身的否定势能的超越动向，因而它具有的审美特性必然处于被遮蔽的境地。最后，贝尔的“有意味的形式”，缺乏对于艺术富有想象力和智慧的解答。因为，艺术这个灵性的自由鸟的特征之一，就在于不间断地对自我的怀疑、否定和超越，其中包括对于“形式”束缚的斥拒和逃避。“形式”绝不是艺术的唯一的或终极的栖居地，如果仅仅乞求“形式”来限定丰富而活性的自由本质，显然属于盲人摸象的行为。正如英国哲学家维廉·肯尼克（Willian Kennick）在《传统美学是否建立在一个错误基础上》一文所调侃的那样，要求一个人在巨大的货品仓库中把一个“有意味的形式”的物体挑出来时，他就不知道怎么办了。[①] 美国美学家布洛克也批评说：“在说明什么是艺术时，仅仅说凡艺术都具有形式是永远也说不明白的。因为如果我们说的形式是指事物的结构，那么这种结构就不仅艺术品有，其他事物也有，所以这种说法等于没说。如果我们说的形式是指某种更加特殊和更加专门的东西，那就很难把一切艺术品都纳入这样一个特殊的范畴中。这就是说，当它的定义比较清晰时，它就太窄了；而当它宽泛到一定程度时，又会变得模糊不清。”[②] 这样的批评无疑切中这一理论的要害。

---

① 转引自〔美〕H.G. 布洛克：《美学新解》，滕守尧译，辽宁人民出版社 1987 年版，第 288 页。

② 同上。

六、"性欲和梦幻"理论

这里不得不提到弗洛伊德的艺术观，这位精神分析学家以自己的理论，深刻地改变有史以来的人类思想，也改变了有史以来的美学思潮。他寻找到人类的潜意识的原始本能和艺术创造活动之间的神秘联系，"一个艺术家创造的东西同时也是他的性欲望的一种宣泄"①。在那篇著名的《列奥纳多·达·芬奇和他对童年时代的一个记忆》论文中，以达·芬奇作为个案，深入阐释这样的观念："他画了《蒙娜·丽莎》《圣安尼和另外两个人》，和一系列神秘的画，这些画都以谜一般的微笑为其特征。在他最久远的性冲动的帮助下，他享受了再一次突破艺术中压抑的胜利喜悦。"② 他还尝试在梦幻和艺术之间寻找到潜在的关联，他在1908年《作家与白日梦》的论文中写道：

> 当一个作家把他的戏剧奉献给我们，或者把我们认为是他个人的白日梦告诉我们时，我们就会感到极大的快乐，这个快乐可能由许多来源汇集而成。作家如何完成这一任务，这是他内心深处的秘密；诗歌艺术的诀窍在于一种克服我们心中的厌恶的技巧，这种厌恶感无疑跟单一"自我"与其他"自我"之间的隔阂有关。我们可以猜测发挥这个技巧的两种方式：其一，作家通过改变和伪装他的利己主义的白日梦以软化它们的性质；其二，在他表达他的幻想时，他向我们提供纯形式的——亦即美学的——快乐，以取悦于人。我们给这类快乐起了个名字叫"直观快乐"（Fore-pleasure）或"额外刺激"（Incentive bonus）。

---

① 《弗洛伊德论美文选》，张唤民、陈伟奇译，知识出版社1987年版，第98页。

② 同上书，第99—100页。

向我们提供这种快乐是为了有可能从更深的精神源泉中释放出更大的快乐。[①]

他试图证明这样的理论假设：一篇创造性的作品像一场白日梦一样，是童年时代曾做过的游戏的继续与替代物。我们不得不承认，比起其他艺术理论，也许弗洛伊德的理论更贴近于艺术的玄妙之门。的确，艺术与人的性本能存在着微妙的逻辑联系，艺术在一定程度上显露潜意识欲望的转移和升华的生命动向。与此相关，艺术创造也在这个意义上具有白日梦和自由联想的特征。然而，弗洛伊德的理论偏颇就在于，他无视于艺术的审美升华正是凭借对于生命本能的否定和超越的功能。性本能往往在艺术文本中被戴上审美的面具或者被抽象为可以被普遍接受的审美符号，艺术正是依赖于审美的伪装形式来呈现和生命本能的区别和疏离，以获得自我的新的解放和自由，使自我得以步入更加澄明和高尚的精神殿堂。尽管梦幻或白日梦作为艺术的重要存在方式或表现手段之一，的确对于艺术创作获得充分的自由联想和无限可能性具有不可替代的功效，然而，它毕竟不是唯一的和终极的方式，艺术有沉醉梦幻的一面，也有弃绝梦幻的一面，至少有些艺术保持对梦幻世界和梦幻手法的清醒，所以有理由认为，以梦幻或白日梦的标签去粘贴所有的艺术文本显然有失合理。尽管如此，怀疑论美学仍然对这一艺术理论表示尊敬和有限的赞同。

怀疑论美学对于上述几个富有代表性的艺术理论进行批判性描述，以获得对于传统的艺术观念的了解。美学界曾经争论的一个问题就是：能否或者是否有必要为艺术下一个定义？诚如布洛克所指

① 〔奥〕《弗洛伊德论美文选》，张唤民、陈伟奇译，知识出版社 1987 年版，第 37 页。

出那样："以维特根斯坦为首的一批哲学家如肯尼克（Kennick）和莫里斯·维兹（Morris Weitz）等人对此做出了否定的回答；另外一批哲学家，如乔治·迪开等人，则做出了肯定的回答。在其《艺术和美学》中，迪开把艺术定义为'被艺术世界承认为艺术的人造物'。最近，迪开又取消了这一定义中的'人造'这个字眼，为的是把某些为艺术家'发现的现存物'，如'浮木'等包括进去。这样一来，这个定义就变成：'艺术乃是被艺术世界承认为艺术的一切事物'。然而这个定义仍然有漏洞，如：究竟什么是'艺术世界'？即使在'艺术世界'内，对于某一件东西是艺术品是否也有争论呢？"[①] 也许布洛克暗示了这样一个令人绝望的境况：人们已经无法对艺术进行一个超越历史的普遍有效的共时性定义了。更何况，当今的文化语境已经处于"后现代"的背景下，艺术与非艺术的界限已经模糊不清，当美学家无奈地争论什么是艺术品，什么不是艺术品的时候，也许世界上已经制造出更多令人迷惑的"艺术品"。然而，这并不妨碍我们的思维努力。尽管寻求的艺术定义也仅仅属于历时性的，然而这种寻求也许可以丰富现代心灵对于艺术的理解并且由此推动艺术的发展。

第二节　人类精神之伪装

怀疑论美学力图寻求自我对艺术的历时性定义，尽管也意识到这种努力也许是绝望的和徒劳的，正如阿多尔诺深思熟虑所指出的那样：

> 艺术的界说尽管确实有赖于艺术曾是什么，但也务必考虑

① 〔美〕H.G. 布洛克：《美学新解》，滕守尧译，辽宁人民出版社 1987 年版，第 295 页。

> 艺术现已成为什么，以及艺术在未来可能变成什么。我们曾经说过，艺术有别于经验现实，时下，这种差异本身并非一成不变，它因艺术之变而变。譬如，历史已将某些很久以前首次出现的崇拜对象转化为艺术。再如，特定艺术对象于某个时刻已不再被视为艺术。……正如我们所知，艺术具有变化的余地，其本身也可能无意严格界定其内外成分。①

历史时间的流逝以及文化语境、审美趣味的改变，都可能导致对“艺术”或“艺术品”的判断的改变，追求一成不变的“艺术”概念或“艺术品”无疑不够明智。尤其像阿多尔诺所嘲讽的那样：“同样，任何想把艺术的历史起源从本体论角度归入某种至高原则的企图，必然会在大量枝节问题上迷失方向。有可能获得在理论上相关的唯一洞识也是否定性的，因为虽有众多被称为‘艺术’的东西，但却不存在可以涵盖所有艺术种类的一般艺术概念。”② 所以，怀疑论美学也拒绝讨论“艺术的起源”之类的无意义的虚假问题。正像德国美学家赫伯特·曼纽什所指出的那样：

> 艺术乃是人们真正洞察到我们经验到的现实之“虚幻”性质的产物。即使是人类史上的第一件艺术品，也都是从当时原始人类周围之自然的抽象，表明了原始人对自己“知觉”之稳定性和真实性的怀疑。因为他们从来都不是在复制或重复自己看到的东西。如果艺术果真是这样一种异化形式，它就从反面揭示出，熟悉的东西不一定都是正确的，有时甚至是错误的。③

---

① 〔德〕阿多尔诺:《美学理论》，王柯平译，四川人民出版社 1998 年版，第 4 页。

② 同上。

③ 〔德〕赫伯特·曼纽什:《怀疑论美学》，古城里译，辽宁人民出版社 1990 年版，第 19 页。

鉴于上述的理论意义，怀疑论美学从本体论视界，提出“伪装”的概念，力图获得对于艺术的新颖诠释，认为艺术是人类精神的自我伪装。这并非刻意追求新奇的话语，而是出于对艺术自身的不断怀疑和否定的自由特性的熟知和尊重。怀疑论美学回首艺术的过去、现在以及猜测其未来的走向，提出关于艺术的新的见解。

一、何为“伪装”？

怀疑论美学在价值中立的态度上运用“伪装”（Pretence）这个字汇。简单地讲，它在这个语境中就是“中性词”。现在，我们阐释“伪装”这个概念。

1. 艺术的动机。鉴于对艺术根基的窥视，怀疑论美学认为艺术的诞生与发展，呈现出人类心灵的“面具人格”。正像弗洛伊德的精神分析理论所洞悉的那样，艺术在一定意义上表现了人类心理无意识本能的冲动，然而这种本能冲动是被转移和升华了，被抽象为或符号化为审美形式。生命中最隐秘的心理结构通过仪式化的峡谷走廊得以奔赴辉煌的艺术舞台，然而在其表演的舞台上，它不得不借类似中国京剧的“脸谱”化妆、服饰行头的打扮、程式化的表演等审美形式的“伪装”而“粉墨登场”，正是这种必要的“伪装”策略，艺术才“净化”了某些非审美的东西，提炼出具有审美可能性的符号或意象。或者说，正是借助于“伪装”的形式，它才获得自我被审美的可能性。

从艺术前期的社会功能和文化功能考察，它表现对于某个部落、氏族的祖先的图腾与崇拜，体现出一定的宗教信仰和神话意识，这神圣的信仰和精神的秘密，被视为一种“禁忌”，而“禁忌”在原始思维中既与恐惧与压抑的心理活动有关，又和崇拜和欣赏的审美心理活动相联系。所以“禁忌”的精神动机，体现出矛盾的情感。[①]借用到美学上来解释艺术现象就会发现，无论古希腊的悲剧表演还是《楚辞》中的祭祀场面，也无论是古罗马时代的建筑和雕塑，还是文艺复兴时期的绘画与诗歌，它们都不同程度地显露了对祖先、神灵、上帝的敬畏和崇拜、对灾难与死亡的恐惧，而这种混合的情感就转换为艺术表现上的“禁忌”，而“禁忌”则必然地要寻求一种“伪装”的形式或者符号，以期待获得一种审美快感来抵消心理的失衡和缓解精神的压抑。如果说艺术活动，在古代趋于如此的动机的话；那么，在现代社会中，由于人类的自然和社会的生存环境的变化并没有消除这种精神的压抑，只不过是这种压抑的对象有所改变，它们变成诸如货币拜物教、失业、核恐怖、毒品、工业污染、艾滋病等类型。正是人类不断造成的恐怖和禁忌，迫使人类不断处于“压抑”的阴影之中，艺术不断地拥有“禁忌”的对象，也意味着它不断具有一个审美否定的对立面和需要克服的矛盾体，由此，它被逼迫地去进行“伪装”活动。

摆脱物质世界的束缚而渴望进入虚幻的理想境界，是人类本能化的审美冲动，它构成艺术必然性地选择“伪装”方式的理论说明。假如说艺术的否定性和对现实境界的“大拒绝”，是艺术创造的最深刻最有力的动机的话，有理由坚信，到任何一个历史时间和文化语境，艺术都不可能弃绝“伪装”的方式，因为这构成了它逃避现实、反抗现实、提问于现实和自我的最重要的工具和手段。或者说，人类对于自我的敬畏和爱恋、不满和珍惜，必然地导致不间断地对自我的怀疑与否定、提问与解答，由此促使自我采取“自我伪装”的

① 〔奥〕佛洛伊德:《图腾与禁忌》，杨庸一译，中国民间文艺出版社 1986 年翻印版。参见第二章“禁忌与矛盾情感”。

方式，去构筑审美的艺术世界，让理想化的和假定性的完美的“自我”栖居于其中，而这构成了艺术的本质性的动机，它们由此建立了互为因果的逻辑链条，提供艺术以无限的生命动能。

2. 艺术的特性。艺术的最重要的特性之一，就是其自由联想和幻觉流动的属性。这里，我们借用“间离”这个词汇，阐述艺术的特性。布莱希特将“间离”界定为一种戏剧方法：

> 人们可以把间离方法的作用，也就是对事件的处理描绘为陌生的，很简单地这样理解：对演员来说，哲学家意味着将人与人之间发生的事件，在我们时代里人们彼此的立场，要让观众感到惊异。人们必须赞同，许多事件在一定程度上令人感到惊讶。要是人们不同意这点，我们的演员就要设法将事件当作令人诧异的而让人们去认识它。[①]

怀疑论美学改造布莱希特的“间离”概念，将它延伸到普遍的艺术领域，作为所有艺术类型所共有的一种性质。所谓“间离”，体现出艺术的自由特性，就是它必然地超越平常的琐碎的社会现象和生活经验，打破通常的心理定势，以新鲜的视觉与听觉的刺激效果获得接受者的陌生化的审美快感。“间离”在具体的“技术”意义上，它可能属于某些艺术技巧，然而，从艺术创造的心理机制上考察，它更可能属于人类不断追求新鲜和理想的精神天性和文化本能。它客观地导致了艺术的自由权力和变化法则，而艺术的自由权力和变化法则的确立和实现，就必须借助于心理上的自由联想和幻觉流动的功能。

① 《布莱希特论戏剧》，丁扬忠等译，中国戏剧出版社 1990 年版，第 217 页。

在上述的逻辑前提下，艺术的自由联想和幻觉流动的功能又表现为艺术的基本特性，而这一特性在艺术文本中的呈现，就不得不依赖“伪装”策略来获得。因为只有“伪装”方式，才可能满足“间离”效果的实现，才可能较大程度地保障艺术的自由权力和变化法则。一方面，众所周知，自由作为艺术的合法天性仅仅在抽象的理论境遇才是可能的，而在现实的社会中是不可能性的假定。所以，艺术必须经由“伪装”的方式，才可能担当自我的脆弱的自由天性，也就是说，艺术的自由永远是审美的虚假的自由，而不是现实性的“真实”的自由。另一方面，艺术的变化法如果仅仅依赖具体的技术手段或修辞技巧必然难以保证，它唯有求助于幻觉流动等心理机能而得以保障。这样，“伪装”就被推举为必然性的合乎逻辑的选择。从另一个意义上说，倘若追求艺术创作的不断的新鲜感和陌生效果，达到对日常生活的间离，“伪装”显然比其他的方式具有更大的自由空间和优越性。无论是对艺术符号和审美形式的“伪装”，还是对精神内容和生活事件的“伪装”，都是艺术家的必然选择。

3. 艺术的机制。艺术的机制就是对社会现实和自我存在的怀疑、否定和提问，它拒绝被重复和规则的制约，阿多尔诺所说的现代艺术的危机在于“模仿的禁忌”，其实，这一“危机”适合于过去、现在和未来的所有艺术。正是艺术的机制驱使自己对于社会的“反抗和大拒绝”，马尔库塞将艺术理解为对现实的“反抗”，可谓是洞见艺术的核心功能，他在《审美之维》中指出：

> 艺术对现存现实的控诉，以及艺术对解放的美景的呼唤，艺术的这些激进性质，的确是以更基本的维度为基础的。艺术正是在这个更基本的维度上超越其社会决定性，挣脱既存的论

> 域和行为领域。同时又保持它在这个世界中难以抵挡的显现。艺术正是在这个维度上创造了一个王国，在这里，艺术特有的对经验的倾覆成为可能的：艺术创造的世界被认作是一种在现存的现实中却被压抑和扭曲了的现实。
>
> ……
>
> 艺术对眼前现实的超越，打碎了现存社会关系中物化了的客观性，并开启了崭新的经验层面。它造就了具有反抗性的主体性的再生。[①]

艺术的对社会现实、正统意识形态的反抗性和艺术自身所具有的机制达到内容和形式的统一，艺术以其审美形式获得自身内容的显现，它需要凭借形式化的“伪装”，实现对现存的社会关系的反抗和拒绝。因为，一方面，艺术倘若采取直接反抗和拒绝的方式，必然招致社会现实的不满和迫害，使自身无法获得行走于现实的通行证。另一方面，即使艺术采取直接的对社会批判和对正统意识形态的抗衡，它必然以丧失审美快感为代价，无法实现其通过审美形式而达到拯救和批判的内在功能。所以，这两个方面的因素也决定艺术必须借助于审美“伪装”的方式，维护其机制的正常性。

由于艺术的机制导向其通过“伪装”方式，展开对社会的反抗和拒绝，并且“伪装”还具有满足创造主体的最大限度地发挥其想象力和幻觉的作用，它适合于艺术家用假定性的或虚拟的审美结构去建立自我的乌托邦世界，这个世界可能更具有神话和诗意的色调，可以满足生活在琐碎平凡的世俗世界的欣赏者们的超脱要求和发泄倾向。过于现实化和物质化的生活，使人们的感官和心理都变得迟

① 〔美〕赫伯特 · 马尔库塞:《审美之维》，李小兵译，生活 · 读书 · 新知三联书店，1989年版，第210—211页。

钝和麻木，审美悟性逐渐地降低和消解，而艺术的虚拟化的“伪装”效果，可以起到刺激感官和心理，恢复审美知觉和审美悟性的功能，陌生化的审美符号可以唤醒业已沉落的审美天性。

二、如何“伪装”？

如果说在理论的假定性的基础上，怀疑论美学初步论述了艺术是人类精神的自我伪装。接着要追问的就是：艺术如何进行“伪装”？

1. 面具（Mask）。首先借用“面具”来比喻性地阐释艺术如何“伪装”的问题。所谓“面具”，是指艺术采取外在的符号外壳去遮蔽自我真实的面容，以夸饰性的审美形式象征内在的精神结构。和传统艺术理论强调艺术表现“真实”的倾向迥然不同，怀疑论美学凸现出艺术的“隐藏性”的审美特征，它揭示艺术的“面具”的特性，旨在说明艺术动机恰恰不在于暴露主体的真实面目，而是醉心于隐蔽深邃的精神世界，它仅仅呈现漂浮在水面上的冰山一角，而将更多的东西潜藏在令人遐想和猜测的空间里。

怀疑论美学继而考察艺术的“面具”功能，认为它可以引诱起欣赏者的审美期待，制造“悬念”的心理效果。因为欣赏既观摩于“面具”的形式化的审美符号，更渴望窥探“面具”下所包藏的“真实”面目。所以，欣赏所产生的有如猜谜的审美心理期待，部分地来源于艺术的“面具”效果。无论任何一种艺术类型，对于“面具”的使用都是醉心的和娴熟的。造型艺术的色彩、线条、明暗以及空间的运动，语言艺术的修辞技巧和音乐的节奏、旋律等因素，都不同侧面、不同效果地体现了自己“面具”的“伪装”功能。

艺术的魅力之一就在于借助于“面具”化的“伪装”效果，将“真事”隐去而采用“假语”言说，达到令人寻思的趣味。如果说中国的京戏的“脸谱”所具有的象征符号的审美功能，在一定程度上体现了“面具”的特性，那么，《红楼梦》则采取了更为隐蔽的“面具”形式，以真真假假、真假交错的“面具”，“伪装”了一个物质空间和精神空间的审美“大观园”。“面具”在艺术表现过程中，体现出一定的暗示性和象征性，它构成艺术文本的又一个审美形式的诱惑力量。所谓“面具”的暗示性是指，“面具”在艺术文本之中，悄悄地透露出某种信息，让欣赏领悟或者猜测到某种东西，由此引发审美智慧和审美想象力的开启，并且激起他们的兴趣和好奇心。“面具”的象征性则意味着，艺术凭借“面具”符号，象征着某些艺术创造的潜在的情感与理性的隐秘，艺术家借助“面具”来传递自我的心灵话语。这样的做法，明显要比直接的没有“伪装”的暴露要显得高明和含蓄，既体现一定的审美趣味，又潜藏着自我的智慧和技巧。

“面具”和真实的面目之间构成一个有意味的逻辑关系或者比例关系：有时，“面具”和真实的面目可能比较接近，而有时则“面具”和庐山真面目差距甚远，以至形成反比例关系。然而，这种“假”与“真”的反比例效果，也许更易于激发接受者的陌生化的审美快感。艺术的奥妙之一，就在于它始终不能彻底地揭开自我的“面具”而暴露整个的心灵面目，至多只能掀开“面具”的一角，使欣赏者产生审美联想和期待视野，从而达到言也不尽而意更无穷的艺术效果。

2. 影像（Image）。怀疑论美学转而借用物理学的光学术语进行艺术的“伪装”的继续性阐释。

艺术作为人类精神的自我伪装，除了“面具”化方式而外，它借助于“影像”的策略获得现实性。对于所谓“影像”，我们再进行更为具体的分类阐释。首先，艺术表现的对象不是物体的实在本身，而是“本影”和“半影”，如果说“本影”在一定程度上接近物体的本来面目，那么，“半影”和物体的本来面目的差异就较大。[①]在怀疑论美学看来，富有智慧和想象力的艺术应该是表现“半影”的作品。从这个譬喻意义上，艺术属于人类的“投影”或“侧影”，它不是追求对于现实世界和人类自我的直接存在的表现，而是以变化的或变形的“影像”达到精神的自我“伪装”的审美效果。

借鉴另一个光学术语“虚像”来说明，艺术就是现实世界和精神自我的“倒影”或者“镜像”，因此不是“实像”而是“虚像”。在物理学的光学意义上，“虚像”不能被显示在屏幕上，也不能使照相底片感光，但是可以被人的眼睛或者借助于放大镜、显微镜、望远镜等光学仪器观察到。然而艺术作品所形成的“虚像”，尤其是那些高超玄妙的艺术文本所显现的审美“虚像”，可以被具有领悟力的审美眼睛接受，更可以被心灵来接受，却无法被“光屏”接收和使“底片”感光，因为那些“光屏”和“底片”往往是缺乏悟性和审美想象力的受众。所以，怀疑论美学认为，艺术文本相似于虚假的水中“倒影”和“镜像”，或者是物体的“投影”和“侧影”，它们都担当了“虚假”的“伪装”者的角色。其实，人类文化（包括艺术）有史以来何尝不是狂热地沉溺于对虚假的“影像”的相思与追求呢？诸如“真理”、“正义”、“信仰”、“上帝”、“爱”、“美”、“终极”、“永恒”、“理想”等，在怀疑论的哲学意义上，都不过是人类精神的虚假的“影像”而已。然而，怀疑论明鉴出它们的本来的面目，并非彻底地否定它们应有的存在价值和意义，正如其指出艺术的“面具”与“影像”的特征而绝不是为了确立一个价值否定的

① “本影”与“半影”：《辞海·理科分册》：“点源与物体周缘联线范围的后方区域是物体的本影。如果发光体不是点光源，则其后方可分为光线完全不能照到的区域，称为‘本影’；和只有部分光线到达的区域，称为‘半影’。”上海人民出版社 1977 年版，上册，第 149 页。

目的。恰恰相反，怀疑论美学是在肯定逻辑的意义上以揭示其面向“伪装”的应有意义和美感。可以设想，艺术作品所呈现出的“倒影”或者“虚像”效果，尽管属于虚假的物像，然而它可以营造一种迷人的魅力，而俗语所指称是雾中月、水中花的美景，也从一个侧面证明了艺术“伪装”所呈现的审美效应。

最后，怀疑论美学改造心理学的“幻影”术语来譬喻性地阐述艺术“伪装”的一个层面。这里的“幻影”又不限于心理学理论所指的失常的心理状态所产生的“幻视”的影子，它往往属于正常的心理结构而进入审美的艺术境界，再由想象力和审美体验而诞生的影像或意象。艺术渴望呈现精神无限可能性的虚拟境界，这个境界唯有“幻影”才能来担当，因为“幻影”是具有最大可能性的负载诗意和审美的东西，艺术家借用“幻影”进入到一个合乎自我审美期待的理想境界，以求获得自己的自由天性和创造才能的实现。从接受的角度看，“幻影”同时具有满足欣赏者渴望接近无限可能性的虚拟世界的心理愿望的特性，使自己脱离现实境域的压抑和苦闷，宣泄自己的游戏本能的过剩精力，借助于对“幻影”的欣赏而到达“狂欢”情绪的释放。于是，“幻影”保障了艺术家和接受者的心理对应和精神对话，在两者之间建立了一个虚幻的心灵桥梁。

3. 魔术（Magic）。怀疑论美学最后点化“魔术”这个游戏术语来阐释艺术的“伪装”的审美本质。魔术是艺人们世代积累和不断发明的、以各种手段表演出来的虚假的娱乐效果，它属于一定的智慧和想象力的技艺性或技巧性的显明，在近代和现代，较多地借用某些科技的原理和方法。任何“魔术”所造成的现象都是“假托”的视听效果，因此，它必然属于技艺性和技术性的娱乐“伪装”。而这种性质恰恰和艺术的本性形成相似的逻辑对应。固然有充分的理由可以将“魔术”排除在艺术的范畴之外，然而，却不得不意识到艺术在审美特性方面却具有类似于“魔术”的欺骗性质。不过，这种“欺骗”却是审美和诗意的有趣味的“欺骗”。如果说“魔术”的“欺骗”提供给观众的心理，或许是没有什么精神内涵的纯粹感官的娱乐和快感，艺术的“欺骗”往往赋予某种深邃的精神隐秘，使接受者从中体悟到某种美感和教益。更进一步，怀疑论美学再借用“魔法”这个童话或神话中的词汇来说明艺术的“伪装”的本质。艺术有时运用虚拟的“魔法”，去构筑一个纯粹的乌托邦世界，这个“伪装”的乌托邦世界，只限于艺术境界，适合于部分的欣赏心理，因为它与现实世界存在遥远的精神距离，只有凭借独特的想象力才可能体验其审美的奥妙，因为这种“伪装”过于夸张和变形。

三、伪装对象

艺术的伪装对象在怀疑论美学最一般的理论意义可以归结为人类精神的“自我”，而这种“自我”在具体的艺术表现过程中，可以转化为某些客观的对象。这些客观的对象，为了理论叙述的方便，姑且将之划分为自然、社会、宗教与哲学等几个方面。

1. 自然之伪装。艺术最广泛和永恒的伪装的对象是大自然，桑塔耶纳把大自然比喻为人的“第二情人”，源于自然主义的美学观念，在他看来大自然之所以能够使人产生美感，是因为性本能的作用。他认为，从本能中产生的艺术，是大自然的成就的象征和准确的尺度，也是人的愉快的象征和准确的尺度。和桑塔耶纳的美学观不同，中国的传统哲学，尤其是庄子哲学，消弭主体与客体的差别，追求天人合一、物我两忘的审美境界，由此滋生对大自然的迷恋和崇拜的美学精神和艺术情趣，而这种美学观念折射到艺术领域，呈现出中国的古典艺术对于大自然的宗教般的图腾和神话般的信仰沉醉，大自然成为中国古典艺术的尤其是诗词歌赋的不解情结。刘勰以诗意的言辞发表这样的感慨：

> 春秋代序，阴阳惨舒，物色之动，心亦摇焉。盖阳气萌而玄驹步，阴律凝而丹鸟羞，微虫犹或入感，四时之动物深矣。若夫珪璋挺其惠心，英华秀其清气，物色相召，人谁获安？是以献岁发春，悦豫之情畅；滔滔孟夏，郁陶之心凝；天高气清，阴沈之志远；霰雪无垠，矜肃之虑深。岁有其物，物有其容；情以物迁，辞以情发。一叶且或迎意，虫声有足引心。况清风与明月同夜，白日与春林共朝哉！
>
> 是以诗人感物，联类不穷，流连万象之际，沈吟视听之区；写气图貌，既随物以宛转；属采附声，亦与心而徘徊。①

刘勰表现出对于大自然的诗意的迷恋，然而他所感悟和体验的自然已经属于被人类精神“伪装”了的审美形式。六朝画家宗炳论画山水云：“闲居理气，拂觞鸣琴，披图幽对，坐究四荒，不违天励之藂，独应无人之野。峰岫峣嶷，云林森眇，圣贤暎于绝代，万趣融其神思，余复何为哉？畅神而已。神之所畅，孰有先焉？”② 人与自然进入一种神秘的相与交融的审美境界，“万趣融其神思”。此时艺术表现的必然不是纯粹的自然，而是表现艺术家的自我精神和气韵。陆机所云：“遵四时以叹逝，瞻万物而思纷；悲落叶于劲秋，喜柔条于芬春。”“收视反听，耽思傍讯。精骛八极，心游万仞。”③ 同样

---

① 刘勰：《文心雕龙·物色》。

② 宗炳：《画山水序》。

③ 陆机：《文赋》。

诗意地标明了人与自然的和谐，呈现出艺术对于自然的表现过程中的以自我为中心的审美“伪装”。英国现代艺术理论家冈布里奇以他特有的敏锐眼光感叹道：

> 中国人的方法在这种美妙坚实的文化背景中肯定也是极妙地适应于艺术的功能的。中国人的方法关心的不是肖像的永恒，也不是似乎合情合理的叙述，而是某种也许尽量准确地被看作是“诗意的觉醒”这样的东西。中国的艺术家似乎总是山、树或花的创作者。他们能够凭想象的魔力把它们创作出来。因为他们已研究了它们存在的秘密，但是他们这样做是要表现和唤起一种深深植根于中国人的宇宙自然观念之中的精神状态和情绪心理。[①]

冈布里奇可以说是为数甚少的洞悉中国哲学和美学的天人相合、景情相生、写意畅神等思维奥秘的西方理论家之一。中国古典艺术正是追求“诗意的觉醒”而舍弃于对自然的真实模仿，以眷注于对自然的审美伪装而传达精神深处的“精神状态和情绪心理”。艺术对自然的审美“伪装”，使其具备超越时空的功能，对自然进行重新组合，使它获得更大自由度，由此构成有意味的象征符号，并附会艺术家的心理内容。艺术对自然的“伪装”，更多地增添生命意识和神秘色彩，隐喻某种宗教和神话的观念，作为逃避现实生活的审美栖居地和避难所。最后，艺术对于自然的“伪装”，往往灌注社会历史内容，使其成为抗衡恶的势力的一个工具。

2. 历史之伪装。此处的“历史”指称社会发展的历史与现实的双重时间概念。艺术无法完全摆脱社会进程的过去与现在压抑性力

① 〔英〕E.H. 冈布里奇：《艺术与幻觉》，卢晓华译，工人出版社 1988 年版，第 144—145 页。

量，它们也是构成艺术的表现对象之一。所谓艺术对于历史之“伪装”，其旨意在于说明，艺术家可以依据自我对于历史的理解和判断，自由地表现与批判社会和瓦解其意识形态。一方面，艺术可以对于社会历史过程进行自由地象征和重新编排，对于历史可以进行想象性阐释；另一方面，艺术也可以对历史的制造者和参与者即各种人物进行自由表现，甚至可以赋予文本以违背历史真实的假定性和虚拟色彩。因为只有被艺术重新“伪装”过的社会历史和历史人物，才可能摄取更宽广的审美空间和丰富性。正是艺术对于社会历史和人物的“伪装”策略，才有可能诞生对社会历史的怀疑和否定的艺术情境，也更大可能地产生间离效果和陌生化的审美魅力。

艺术对于社会历史的伪装包含着艺术创造主体的美学冒险，因为这种伪装，不仅需要艺术家怀疑历史和批判社会的双重勇气，还要看他是否具有超越历史和社会的审美智慧和创造才能。这意味着，对艺术家而言，怀疑历史和批判现实都必须采取对历史与现实的间离、变形和抽象，这些必须求助于“伪装”策略。法国当代美学家、新托马斯主义的代表人物马利坦在《艺术与诗中的创造性直觉》中指出：

> 因为诗首先意味着一种本质上是创造性的智性活动。诗赋予事物以形体，而不是被事物所形成。如果诗人创造的不是存在和本质，那么作品创作中的这样一种智力行动又能表达和显示什么呢？从而绘画作品，或雕刻作品，或音乐作品，或诗歌作品，它们愈靠近诗的源泉，它们便愈能以这样或那样的方式揭示出其作者的主观性。[①]

① 〔法〕雅克·马利坦：《艺术与诗中的创造性直觉》，刘有元等译，生活·读书·新知三联书店1991年版，第93页。

马利坦强调诗的智性活动和艺术创作中的“直觉”功能，将被传统艺术论所忽略的“主观性”凸显出来以扭转“真实”与“模仿”等传统艺术概念的僵化思维，他还求助于“无意识”的概念来阐释的艺术创造的虚拟性：“上帝的直觉，创造性的直觉，是一种在认识中通过契合或通过（产生自精神的无意识中的）同一性对他自己的自我的和事物的隐约把握。这种契合或统一性出自于精神的无意识之中，它们只在工作中结果实。”[①] 精神分析理论家荣格表述了这样的相近意思：

> 艺术家退出了他所不满的现实以后，他的渴求欲便来到无意识中，以便最适宜于弥补时代精神的不足与片面性的那种原初意象。艺术家抓住这种意象，并把它从无意识深渊中提取出来，与此同时使之与意识值产生联系，从而改变其形态，直到它能为同时代人所接受。[②]

其实，艺术从无意识深处提取的原始意象能否为同时代人接受无关紧要，只要这种艺术能够呈现艺术家的精神结构，就意味着艺术使命的实现。无论马利坦还是荣格，他们都用不同的语言表达了相同的含义，那就是艺术应该具备对于历史或现实的疏远和虚构的职能。本雅明借助于对于波德莱尔的分析，更鲜明地揭示出艺术对于历史和社会的变形和批判的张力：

> 女人和死亡的意象交融在第三个意象——巴黎的意象中，

① 〔法〕雅克·马利坦：《艺术与诗中的创造性直觉》，刘有元等译，生活·读书·新知三联书店1991年版，第94页。

② 〔瑞士〕荣格：《人·艺术与文学中的精神》，卢晓晨译，工人出版社1988年版，第92页。

> 这是波德莱尔诗的独到之处。他诗中的巴黎是一座沉陷的城市。与地下相比更似沉落到海底。这座城市的地狱神因素——它的地貌，它的古老的被遗弃的河床——在他身上找到了模式。然而，在波德莱尔那里，这座城市的“酷爱死亡的田园诗”中，确定无疑地存在着社会的，现代的潜在层次。“现代的”是他的诗的主要的重音。作为忧郁者，他碾碎了理想。[①]

波德莱尔诗歌中的“巴黎”意象显然和现实社会中的“巴黎”存在着一定的距离，尽管这两个“巴黎”之间有着诗人的想象性关联。所以，艺术对于社会历史的表现和象征，一方面，体现出艺术家对于历史表象选择的自由度，他按照自己的兴趣或偏爱选择素材，并且对它们进行主观的抽象和变形，予以自由的理解和心理体验；另一方面，在审美符号和表现形式方面，艺术家总是期望创造既不重复他人也不重复自己的艺术语言。这两方面的因素，就合乎逻辑地决定艺术创造活动，必然走向一条精神的“伪装”的道路。

3. 宗教之伪装。这是一个忤逆一般常识和逻辑的表达。因为宗教本身就包含着艺术，艺术之中又隐藏着宗教的内容，它们之间在历史上存在着一种互相包含的逻辑联系，甚至，宗教有可能作为艺术诞生的一个精神之源泉，至少，宗教提供了艺术表现的素材和灵感。怀疑论美学在这里提出这样一个表述，在一个有限的逻辑范畴里，旨在阐释艺术对于宗教题材或宗教内容的象征与表现，它采取借助宗教而对精神自我的审美伪装的方式。

必须辨析的是，应当承认宗教对于人类精神所禀赋的价值和

---

① 〔德〕瓦尔特·本雅明：《发达资本主义时代的抒情诗人》，张旭东、魏文生译，生活·读书·新知三联书店 1989 年版，第 190 页。

意义。从哲学视界上，承认宗教对于开启人类的认识方式和生命智慧所具有的不可替代的精神价值。在伦理学视界上，认可宗教对于人性的道德良知的呼唤和精神沉沦的拯救，它对于灵魂的净化和提升使人类永远走在一条通往自我澄明的道德之路上。在心理学视界，宗教在我们面临生命的苦难和厄运时，当悲剧降临使我们处于人生的绝望境域，它会提供一条不至于使精神淹没在黑暗大海里的救生艇。在美学的视界，宗教丰富和开悟人类的审美情怀和审美趣味，它清醒主体对于世俗功利和权力的角逐热情，降低对于外在的物质攫取兴趣，使人们能够关心超越于物质之外的虚无之美。宗教是人类精神的审美安慰品，是人类自我的镜像和面具，必须承认它哲学的神圣性和美学的终极性，它保障了人类心灵的永恒家园和乌托邦精神的合理性和合法性。宗教实质上就是人类自我的最深刻的生命隐秘之一。马克思主义对于宗教的批判固然存在着一定程度上的历史合理性，的确宗教在历史进程中，存在着这样和那样的缺陷甚至罪行，存在着虚伪和欺骗，然而，不能因此否定宗教的应有的意义和价值。对宗教常见性批判之一，就是宗教的“欺骗”性。其实，任何一种哲学和信仰、理论和道德，又何尝不存在着“欺骗”的特性的呢？怀疑论美学看来，可以悬搁“欺骗”的价值判断的内涵，它也应该被理解为“中性词”。因为，人类的精神具有需要“欺骗”的本性，而且这种“欺骗”具有哲学和美学的双重合理性。正像艺术的“欺骗”具有合理性一样，宗教的“欺骗”同样具有合理性，只不过前者是审美的“欺骗”，后者是信仰和道德的“欺骗”。然而，这两种不同的“欺骗”都可能提升人类的精神境界，使心理走向透明与清澈、圆融与愉悦。遗憾的是，伟大的浪漫主义作家维克多·雨果也对宗教抱有一些成见，他在《海上劳工》中写道：

> 宗教、社会、自然，是人类三大斗争的对象；这三者同时也是人类的三种需要。人需要信仰，所以有庙堂；人需要创造，所以有城市；人需要生活，所以有犁和舟。可是要满足这三种需要，就包含着三种斗争。人生的神秘的苦难，就来自这三种斗争里。人类进步须克服迷信、偏见和物质的三种形式的阻碍。三种沉重的枷锁套在我们的脖子上。那便是教条、法律和自然的桎梏；在《巴黎圣母院》里，作者控诉了第一种桎梏；在《悲惨世界》里，作者指出了第二种桎梏；在这本书里，作者将阐述第三种桎梏。①

雨果将宗教教条视为人类生存的桎梏之一，也许在他那个历史时期存在着某种合理性，因为在雨果的时代，教条在某种意义和程度上构成对科学和人性的束缚和压抑。然而，21 世纪的时候，历史呼唤请求科学和人类应该对宗教予以宽容和理解。马克斯·韦伯（Max Weber，1864—1920）在《新教伦理与资本主义精神》对宗教给予夸饰性的理论美化："一般而言，现代人，即使是带着最好的愿望，也不能切实看到宗教思想所具有的文化意义及其对于民族特征形成的重要性。"② 我们必须承认它在社会历史发展中的积极作用。

然而，艺术对于宗教的表现和象征却不是采取实在的"反映"方式，两者的关系也很微妙，历史上艺术与宗教存在着难以割舍的恩怨，它一方面受惠和感恩于宗教，另一方面它又猛烈地颠覆和批判过宗教。无论是感恩还是批判，艺术对于宗教的表现和象征都是

① 〔法〕维克多·雨果：《海上劳工》，罗玉君译，四川人民出版社 1980 年版，"序言"。

② 〔德〕马克斯·韦伯：《新教伦理与资本主义精神》，于晓等译，生活·读书·新知三联书店 1987 年版，第 144 页。

人类精神的“伪装”形式，都是借助于对宗教或神的描述来呈现自我的内在心灵。比如说神，作为宗教的最高偶像，也是最高的精神本体和核心价值，然而艺术照样对其进行调侃和讽刺，歪曲和篡改，在艺术文本中，神失落了神圣性和至尊色彩，不再扮演偶像的角色。艺术可以按照可然律和或然律任意地改造它，依照艺术家的理解和想象对其进行变形和抽象，赋予它多种意象和形式。在艺术境界，神成为艺术家的代言人和象征符号，神成为人类的自我镜像，也就是说是被“伪装”了的人类自我存在。神附会了人的心理结构和性格特性，既可能被灌注一种超越自然和超越历史的神秘力量，又可以被赋予一种人性化的伦理准则、哲学观念和文化模式等心理意象，被添加了多元的精神内涵。从另一个视角看，宗教对于艺术的诞生和发展起到非常重要的作用，它是富有艺术神韵的人类精神的存在方式之一，是艺术的亲密伴侣和挚友，对人类的历史发展和文化丰富有着十分重要的意义。艺术对于宗教的审美表现有可能为人们日益衰微的诗性精神，寻觅到一把开启智慧之门和自由之门的钥匙，勾画出精神行走的踪迹。艺术可以把宗教的虚幻境界呈现为审美的感性图案，将宗教的幻想转化为更富有魅力的精神空间，为精神提供一个逃避现实痛苦和绝望的场所。

4. 哲理之伪装。黑格尔在《美学》中认为，在艺术的最高发展阶段，就接近于哲学，这也意味着艺术终结自己使命的历史时间的来临。因为在黑格尔的哲学意义上，艺术是感性的和低级的认识形式，是“理念的感性显现”，最终它必须让位于代表认识的最高阶段的“哲学”，因为哲学可以反观“自我”，它才是绝对精神的直接象征，只有哲学才有资格保证思维的可靠性和合理性。黑格尔的美学观的合理性和局限性，在此悬搁不论。怀疑论美学认为，哲学无法取代艺术，艺术也不可能因为哲学的发展而消亡自身的存在合法性和应当具有的价值。然而，对于哲学或哲理的表现与象征，应该是艺术所追求的最高境界，或者说，艺术发展的最高阶段和终极形式接近于哲学。从另一个思维角度看，最高境界的哲学应该是诗意的和审美的，必须呈现人类生命的最高智慧和最充盈的想象力。或者说，人类精神的完美组合是哲学与艺术、思辨与想象的和谐渗透和互相"淹没"。艺术对于哲学和审美伪装，旨在说明艺术不能像机械的传声筒一样传递哲学的抽象理念，而是采取充满隐喻性的符号或者寓言式的意象，达到某种哲理和意蕴的表达。庄子的散文就是对哲学最为审美化的"伪装"形式，它是哲学与艺术的完美统一的典范。在西方，尼采的著作也是哲学与诗歌的完美结合。换言之，就是以审美"伪装"的方式，隐喻和阐释了自我的主体精神。艺术应该凭借自我富有穿透力的生命直觉和想象力、诗意的智慧去达到对哲学或哲理的象征和表现。如果说，在古典时期是哲学担当了拯救和充实美学与艺术的责任，那么在现代，美学与艺术就应当以回报的态度承担丰富和拯救哲学的义务。更为确切地说，在现代的文化语境里，哲学与美学的界限逐渐模糊，哲学在一定程度上为艺术提供思想资源的保证。当然，艺术必然以其自我的隐喻、寓言与象征的方式，对哲学进行自我精神的审美伪装。

第三节　"真实"与"真理"的缺席

在以往的文艺理论教科书里充斥着这样一个词汇：艺术真实。中国目前比较流行的由多位学者编纂的《文学理论教程》，依然墨守着这个传统美学的概念，只是加以现代话语的部分修正：

> 以话语为媒介，旨在其含蕴中创造认识与审美相统一的形象体系的文学创造，首先是认识、反映和阐释对象世界的活动，因而存在着“真实性”原则。“真实性”原则对文学创造至关重要，因为具有“真实性”的品格，其作品才能使读者产生信任感和认同感，读者才能为之所吸引所感动，从而获得思想上的教益与精神上的享受。简言之，“真实性”是文学的认识与审美两大价值功能产生、实现的基础和前提。[①]

并且补充道：“正因为如此，古今中外的艺术家、理论家都把‘真实性’视为艺术的生命。”怀疑论美学认为，所谓“艺术真实”无疑是个伪命题或者说的没有意义的命题。如果说古今中外的艺术家、理论家都把“真实性”视为艺术的生命，那么，这显然属于夸饰性的陈述，并非符合历史事实。即使部分艺术家和理论家承认“真实性”这个话语，他们对于“真实性”的阐释与理解也存在一定的差异。更进一步地思考，即使部分艺术家和理论家在相似的概念规定性上认同“真实性”，也不能证明它就是一个合法性和合理性的概念或命题。判定艺术的价值和鉴赏其审美魅力，逻辑上的“真实”与“虚假”应当被悬搁和缺席，因为它们和艺术没有必然性的联系。也就是说，“真”与“伪”不应该构成艺术存在的本体论的意义，更和对艺术的审美欣赏存在遥远的距离，同时，“真”与“伪”就艺术领域而言，它不应当引申为价值判断的标准。

一、“真实”的缺席

接受者在欣赏艺术品，尤其是影视的时候，针对某个场景、细

① 童庆炳主编：《文学理论教程》，高等教育出版社 1998 年版，第 195 页。

节或者人物，往往无意识地在内心提问或判断：是“真”或“假”？这种心理来源于人类集体无意识的求知欲望。知识来源于人类的心理经验和逻辑分析，理性的认识能力和工具职能为知识的积累和丰富提供了精神保障。尤其是面对物质世界，求知的欲望本能就表现得更为明显。而这种求知的欲望本能又被广泛地推演到精神领域：历史、宗教、哲学、艺术、伦理等方面。所以，对于“真实”的追逐就成为人们的普遍的心理情结。然而，这种心理情结对于艺术及其他人文学科而言，常常造成缘木求鱼的举动。尤其对于艺术而言，“真实”构成一个昏暗的精神洞穴。

1.“欺骗”。拒绝“真实”构成艺术的本质之一，也许“欺骗”才是它的真实面目。正像前面所指出的那样，只是这种“欺骗”具有审美的和诗意的性质，因此它可以获得存在的合法性和合理性。柏拉图在《理想国》借苏格拉底之口说：

> 我们已经得以知道，我们一定不能太认真地把诗歌当成一种有真理作依据的正经事物看待。我们还要警告诗的听众，当心它对心灵制度的不良影响，要他们听从我们提出的对诗的看法才好。[①]

显然，柏拉图否定艺术和“真实”的逻辑关系，当然他是在维护理想国的纯粹与完善的宗旨上来片面地看待艺术问题。克罗齐则在推崇艺术的前提下认为艺术价值和“真”与“伪”无关：

> 实际上，在审视一件艺术品时，谁要是问艺术家所表现

① 〔古希腊〕柏拉图：《理想国》，郭斌和、张竹明译，商务印书馆1986年版，第408页。

> 的东西从推理上或历史上说是真的还是假的，那他就是问了一个毫无意思的问题，犯了和另一人类似的错误，即把幻想中虚构的意象押到道德的审判席前：毫无意思。因为真伪的区分总要牵涉到现实的某种肯定或某种判断。但这种区分又不能落实到某个意象的表象或落实到某个纯主语——它不是判断的主语——上，因为它缺少表语和宾项。[①]

比起西方众多的美学家，克罗齐的眼光显然更为明亮和富有穿透力。人们习惯用无意识心理结构中的“求知欲望”，给艺术界定一个知识标准，就是以“真实”作为辨别艺术好坏的一个价值标准。这个思维幽灵一直徘徊在美学的殿堂里，遮蔽了主体对于艺术的深入领悟。在怀疑论美学的思维空间里，它为艺术的“欺骗”性保留一个显赫的位置，因为它理解到，正是由于艺术的“欺骗”所具有的精神“鸦片”的功能，可以拯救我们于痛苦和绝望的人间悲剧，使人类心灵从历史语境的压抑中得到短暂的喘息。至少，它可以给予沉湎于物质享受和权力角逐的主体以超脱和休憩，也可以以审美道德唤醒那些在本能肉欲中飘飞的麻木灵魂。艺术的“欺骗”性具有的另一个机能是，以审美形式或者审美符号，培育生命个体中的慧根和洗涤人类的慧目，因为唯有艺术作品的“欺骗”性的“真实的谎言”，才是向接受者敞开自我的欺骗性，它明白无误地告诉观众或读者自我的虚假性，这样就使自己成为一种以审美方式进行的智慧游戏和思维愉悦。就是在这样的理论意义，怀疑论美学认为“真实”性在艺术文本中的“缺席”构成了美学上的幸运和趣味。

2.“神秘”。艺术的“神秘”既构成其斥拒“真实”的一个途

---

① 〔意〕克罗齐：《美学原理·美学纲要》，朱光潜译，外国文学出版社1983年版，第216页。

径，也拥有了它制造审美魅力的策略。可以假定，丧失了神秘趣味的艺术必然属于令人乏味和厌倦的东西。怀疑论美学推崇具有神秘感的艺术，认为“审美神秘”或者“艺术神秘”应该获得在美学中的应有地位。设想一下，堪称经典的艺术文本，哪一个不是在某种程度或某种意义上禀赋审美的神秘感呢？从《庄子》到《楚辞》，从《古诗十九首》到《红楼梦》，从兵马俑到敦煌壁画……从《荷马史诗》到但丁的《神曲》，从歌德的《浮士德》到普鲁斯特的《追忆逝水年华》，从拉斐尔的圣母像到凡·高的《向日葵》，从达·芬奇的《蒙娜·丽莎》到莫奈的《睡莲》，从米开朗琪罗的《大卫》到毕加索的《公牛头》，从巴赫的《马太受难曲》到德彪西的《牧神的午后》……艺术史的例证不胜枚举。倘若艺术流放对于自己的神秘性的守护，那将意味着人类的审美活动将缺少多么珍贵的心理体验。而正是这种艺术作品的审美的神秘性质，保持艺术和现实存在的合适距离，否定艺术对于“真实”性的承诺，从而赢得自己的自由权力和创造的激情与灵感。马利坦曾经深有意味地说过这样一段话：

> 由于诗源于这种灵魂的诸力量皆处于活跃之中的本源生命中，因而诗意味着一种对于整体或完整的基本要求。诗不是智性单独的产物，也不是想象单独的产物。不，诗不仅仅是它们的产物，它出自人的整体即感觉、想象、智性、爱欲、欲望、本能、活力和精神的大汇和。于是，加在诗人身上的第一个职责是他应答应被带回到那个靠近灵魂中心地带的隐蔽处，在这个隐蔽处，（诗所要求的）这种整体存在于创造性之源的状态中。①

---

① 〔法〕雅克·马利坦：《艺术与诗中的创造性直觉》，刘有元等译，生活·读书·新知三联书店 1991 年版，第 90 页。

他从艺术家主体的整个心理机能来阐释艺术创造的隐秘，而这些最终要“带回到那个靠近灵魂中心地带的隐蔽处”，而这个“隐蔽处”正是构造艺术的神秘感的本源。马利坦继而还说：“就这样，诗便捕获了事物的神秘意义和主观性隐约地展现的、更为神秘的无所不包的意义：为的是把这两类意义送入一种即将形成的物质中。这两种意义——在事物中感知的意义和为创造性主观性所认可的、更深沉更有生命力的统一的意义——结合成一种独特而完整的复合意义，作品于是通过这种复合意义而存在，而这种复合意义就是我们在上一章中所说的作品的诗性意义。”[①] 艺术品的神秘性除了其外在的审美形式之外，还在于它所蕴含的神秘“意义”。这种神秘“意义”，由艺术家所捕获的事物的神秘意义和生命体验所获得的神秘意义缀合而成，这种由马利坦所声称的“诗性意义”就是构成艺术的神秘性的重要审美结构。也正是这种“诗性意义”，构成了对于艺术文本阐释的复杂性和趣味性，构筑了一道拒绝“真实”和逻辑分析方法进入艺术领域的美学屏障。艺术的神秘性使得实证主义和科学原则对它无奈和茫然，却提供人类心理以审美的快感和自由想象的广阔天地。

3.“迷狂”。艺术具有尼采所说的“狄俄倪索斯”的“酒神精神”，这种“酒神精神”可以引导艺术家步入迷狂的美学境界，使其产生对于“真实”性的否定意志，从而诞生审美创造的才能和灵感。尼采在《悲剧的诞生》中说：

> 酒神状态的迷狂，它对人生日常界限和规则的毁坏，其间，包含着一种恍惚的成分，个人过去所经历的一切都淹没在其中

① 〔法〕雅克·马利坦:《艺术与诗中的创造性直觉》，刘有元等译，生活·读书·新知三联书店 1991 年版，第 104—105 页。

> 了。这样，一条忘川隔开了日常的现实和酒神的现实。可是，一旦日常的现实重新进入意识，就会令人生厌；一种弃志禁欲的心情便油然而生。①

尼采的酒神状态就是“迷狂”或“恍惚”的精神状态，这一状态就是艺术家逃避“真实”世界和反抗日常生活的美学境界，也是从事艺术创造的最佳时间，它接近马斯洛所说的“高峰体验”：

> 高峰体验时刻的人，成为一个更纯粹精神的而较少世故的人。也就是说，这时，他变得更多地是由内在精神的法则决定，而不被非精神的现实法则决定了。……
>
> 在高峰体验的时候，表达和交流通常倾向于成为诗一般的、神秘的和狂喜的，似乎这是表现存在状态的一种自然而然的语言。目前，我只是在我的被试和我自己身上觉察到了这种语言，因此，对于这一点谈不了多少。同一性的言外之意是，真正的人正因为他是真正的人而可以变得更像诗人、艺术家、音乐家和先知。②

无论是尼采的“酒神精神”还是马斯洛的“高峰体验”的心理状态，它们都成为艺术家进入艺术创造中对于知识形式的间离和对“真实”的经验世界的否定。从艺术创造主体这一极而言，“迷狂”是艺术家步入艺术庙宇的心理迹象之一，也唯有“迷狂”能够促使艺术

---

① 〔德〕尼采：《悲剧的诞生》，周国平译，生活·读书·新知三联书店1986年版，第28页。

② 〔美〕A.H. 马斯洛：《存在心理学探索》，李文湉译，云南人民出版社1987年版，第99—101页。

家忘却现实的种种禁忌和规则，反抗知识、逻辑、道德、宗教乃至法律等戒条，以近于透明的或者半透明的“童心”去对社会进行审美批判或艺术批判。从艺术接受者这一极而言，也唯有接近“迷狂”的审美期待和直接阅读，欣赏心理才可能深刻地领悟艺术的奥妙和美感，才可能和艺术家实行双向“迷狂”的心理境界的对话和交流。巴赫金的“狂欢化诗学”理论，也从一个侧面揭示艺术所具有的“迷狂”的一个特征，他认为文艺复兴属于狂欢的古希腊和古罗马精神的复兴，“是意识、世界观和文学的直接狂欢化”。[①] 其实，巴赫金的这一理论渊源可以追溯到柏拉图，在《伊安篇》里有一段精彩的言论：

> 凡是高明的诗人，无论在史诗或抒情诗方面，都不是凭技艺来做成他们的优美的诗歌，而是因为他们得到灵感，有神力凭附着。科里班特巫师们在舞蹈时，心理都受一种迷狂支配；抒情诗人们在作诗时也是如此。他们一旦受到音乐和韵节力量的支配，就感到酒神的狂欢，由于这种灵感的影响，他们正如酒神的女信徒受酒神凭附，可以从河水中汲取乳蜜，这是她们在神志清醒时所不能做的事。抒情诗人的心灵也正像这样，他们自己也说他们像酿蜜，飞到诗神的园里，从流蜜的泉源吸取精英，来酿成他们的诗歌。他们这番话是不错的，因为诗人是一种轻飘的长着羽翼的神明的东西，不得到灵感，不失去平常理智而陷入迷狂，就没有能力创造，就不能作诗或代神说话。[②]

尽管柏拉图的对于“迷狂”和“灵感”的阐释包含着一定程度

① 参见朱立元主编：《当代西方文艺理论》，华东师范大学出版社 1997 年版，第 265 页。

② 伍蠡甫主编：《西方文论选》上卷，上海译文出版社 1979 年版，第 18—19 页。

的神话思维的特征，但毕竟触摸到艺术的内在隐秘。无论是巴赫金的“狂欢化诗学”理论，还是柏拉图的“迷狂”说和“神灵附体”的“灵感”说，都显露艺术的斥拒“真实”的一个特性，尤其体现在艺术家从事艺术创造活动过程中的心理状态方面。

二、“真理”的缺席

对于“真理”的批判已经澄明了它的本体论意义，怀疑论美学认为它属于神话思维的果实，是乌托邦性质的人类精神的自我幻象，是哲学所假定的彼岸世界或者美学所虚拟的终极目标。怀疑论美学在有限的理论范围内，承认“真理”所具有的超越性价值和否定现实、引导精神走向理想的功能和意义。就艺术领域而论，艺术和“真理”不存在必然性的逻辑联系，只有偶然性的间接衔接，它基本上属于一种“缺席性”的存在。所谓的“艺术真理”仍然是虚假的意识形态的产物，是传统美学思维对于艺术的认识论的承诺或对于知识论的遵循。在此，我们试图廓清这一问题并且做出新的追问。

1. 距离。艺术和“真理”存在着一个遥远的精神距离，其理由是，艺术不关涉于概念、判断、推理等逻辑方式，它也放弃采用思辨的形式进行自我的外显。克罗齐美学的一个重要的理论构成方面就是，竭力否定艺术存在着“概念知识”。他认为：

> 我们用艺术即直觉这一定义，否定艺术具有概念知识的特性。在其纯正的亦即哲学的形式中，概念知识总是现实的，目的在于确立与非现实相对的现实，或者降低非现实、使之作为隶属于同一现实的阶段而包括在现实之中。而直觉恰恰意味着现实与非现实的难以区分，意味着意象仅仅作为纯意象，即作为意象的纯粹想象性才有其价值；它使直观的、感觉的知识与

> 概念的、理性的知识相对立，使审美的知识与理性的知识相对立，其目的在于恢复知识的这一更简单更初级形式的自主权，而这种知识形式一向是被比作认识生活中的梦境（梦境，而不是睡眠），与这种梦境相比，哲学则处在苏醒状态。[①]

克罗齐的“直觉知识”包含着特殊的哲学含义，和一般意义上的“知识”存在着本质的区别。艺术是非知识形态的精神的自我伪装，它和任何知识形式都保持一定的距离。由于艺术对于知识形式的间离特征，它必然要和旧形而上学所设定的以知识形式作为前导的“真理”保持距离。如果说，在克罗齐的哲学意义上，“真理”属于“概念知识”的话，那么，艺术的特性之一就在于对“概念知识”的撇弃。所以在这个语境里，说艺术应该使“真理”被缺席。怀疑论美学解构众多的美学理论或艺术理论所设定的艺术与真理的逻辑关联，也不认为艺术表现真理构成其主要的职责之一。

艺术即是“说谎”，这是西方自柏拉图后常见的美学话语之一。在怀疑论美学看来，往常信奉不移的“真理”其实往往也属于人类心灵的自我欺骗和自我“说谎”。然而，无论是艺术的“说谎”，还是“真理”的“说谎”都无关紧要，关键在于考虑这种“谎言”是处于哪一种“语境”或者哪一种人类文化的类型，或者思索它是否具有某种意义与价值，是否可以诞生美感、诗意和智慧。所以，怀疑论美学认为艺术可以斥拒真实的“真理”，但是不能斥拒真实的“谎言”；艺术必须和真理保持精神上的审美距离，只有这样它才可能保证自我的审美的纯粹性和想象力的自由权力。英国美学家安

---

① 〔意〕克罗齐:《美学原理·美学纲要》，朱光潜译，外国文学出版社 1983 年版，第 215—216 页。

妮·谢泼德在其所著《美学：艺术哲学引论》中区分了两种不同的"真理"，认为"艺术方面的真理与语言方面的真理很可能并不是同一种真理"。[①]尽管这种区分存在着某种合理性，然而所具有的美学意义并不大，因为这仍然表明固守着艺术表现真理的传统的美学思维模式。

2. 模糊。在此，补充一些有关"真理"看法，尤其是后现代主义"真理"观念，以期佐证怀疑论美学的"艺术"缺席"真理"的命题。正如美国学者罗斯诺（Pauline Marie Rosenau，1943—）在《后现代主义与社会科学》一书所论：

> 尼采显然影响了怀疑论的后现代主义者对于真理的理解。他嘲笑对于知识的热爱，强调神秘胜于真理，不过他同等地怀疑"富有创意的谎言"。对尼采来说，真理和谎言都是捏造之物。真理和谎言都不存在。声称自己明白真理的人是可疑的。[②]

尼采的真理观无疑具有解构性力量和合理性因素。沿袭尼采的思维路径，德里达表示对"真理"的怀疑："真理的一切形而上学规定，甚至包括海德格尔提醒我们注意的那种超越了形而上学的存在—神学的规定，或多或少不能直接与逻各斯的要求或与逻各斯谱系中的理性要求相分离。"[③]所以，用德里达的话来说："不存在自在真理之类的东西。存在的只是对于真理的过分热衷。即便真理是为

---

① 〔英〕安妮·谢泼德：《美学：艺术哲学引论》，艾彦译，辽宁教育出版社、牛津大学出版社 1998 年联合出版，第 174 页。

② 〔美〕罗斯诺：《后现代主义与社会科学》，张国清译，上海译文出版社 1998 年版，第 115 页，原注 2。

③ 〔法〕雅克·德里达：《论文字学》，汪堂家译，上海译文出版社 1999 年版，第 13 页。

我的，是与我有关的，它也是多元的。”[1] 罗斯诺评介道：

> 利奥塔德认为真理“取消了”“他人”的论点，他人的论点推翻了我们视为真理的东西，虽然它只不过是我们逐渐地视为理所当然的东西而已。
>
> 怀疑论者的语言理论把真理转变成了一个几乎是语言学约定的东西。他们认为，关于真理的各种主张从来也无法独立于语言，真理是一个“话语的效果”。……如果像后现代主义者主张的那样，语言创造并再创造了它自己的世界而没有涉及现实，那么要确定地说出任何一件事情都是不可能的，因为语言纯粹是一个人为的符号系统，语言无法担保真理。……瓦蒂莫（Vattimo）建议后现代的真理将是不具有崇高品格的。只有过去的踪迹，回忆，神话——所有这一切都“肯定是谎言”——编织成后现代的真理。因此，后现代的真理必然是零碎的、不连贯的和变化的。[2]

怀疑论美学的真理观和后现代主义的真理观，尽管存在某种的相通之处，却有明显的差异：怀疑论美学否定“真理”和语言的逻辑联系，认为真理是神话思维的虚幻产物，然而它具有某种有限的意义和价值。同时认为所谓“艺术真理”是个虚设概念，伽达默尔所阐述的“艺术真理”仅仅属于他个人的诠释学的“语境”真理，属于个人的“话语”，尽管这一概念包含深刻的诠释学意识，然而，

① 〔美〕罗斯诺：《后现代主义与社会科学》，张国清译，上海译文出版社 1998 年版，第 115 页。

② 同上书，第 115—117 页。

缺乏普遍的哲学和美学的有效性。他在《真理与方法》这个堪称现代经典的著作中写道："探讨艺术真理的问题尤其有助于准备这个广泛展开的问题，因为艺术作品的经验包含着理解，本身表现了某种诠释学现象，而且这种现象确实不是在某种科学方法论意义上的现象。其实，理解归属于与艺术作品本身的接触，只有从艺术作品的存在方式出发，这种归属才能够得到阐明。"① 显然，他所指的"艺术真理"是从对于艺术文本的阐释这个诠释学意义而言的。在我们看来，"艺术真理"就是由阐释者置身于自我的历史文化语境而对艺术文本所做出的"理解"而已，它就是文本的含义和阐释者的理解相互对话过程，或者是对文本意义的递增性的重新"发现"。

从上述的理论来说，怀疑论美学认为，艺术作品中的所谓"真理"仅仅属于"模糊"的文本意义加上阐释者所增补的"意义"，传统形而上学意义上的"真理"，必然在艺术作品中被缺席。而诠释学意义的"艺术真理"，仍然是接受者的模糊的或朦胧的阅读"自我"所产生的审美体验的结果。美国美学家杰克·斯佩克特在《艺术与精神分析》中写道，弗洛伊德"从他的深层心理学出发，不把目的放在培养一种隐藏的秘密上，而是放在揭示存在于梦、诗和艺术之中的真理的自然的、生物学的实质之上"②。这里的"真理"不过是指艺术作品所包含的深层的心理经验、精神隐秘等意义等精神内容而已，和我们所讨论的哲学和美学意义上的"真理"没有关系。如果说，美学上存在"艺术真理"和"艺术表现真理"这些概念或命题，怀疑论美学认为它们是存在缺陷的有限概念和虚假命题。艺术只有

---

① 〔德〕汉斯-格奥尔格·伽达默尔:《真理与方法》上卷，洪汉鼎译，上海译文出版社1999年版，第129页。

② 〔美〕杰克·斯佩克特:《艺术与精神分析》，高建平等译，文化艺术出版社1990年版，第49页。

拒绝“真理”的出场，或者至少使诸种的“艺术真理”的意义趋向“模糊”，艺术才获得自身的审美魅力和诗性智慧。

第四节　形式与艺术

从艺术的整个历史状况考察，“形式”（Form）对于艺术的审美特性的确立具有极其重要的作用和意义。“形式”不单纯作为艺术的感性外表而存在，或者呈现为一种隐藏艺术内容的工具、符号或手段。“形式”同时作为艺术的有机整体的结构，它本身也可以成为“内容”，成为审美的意向性的构成对象。没有超越“形式”的艺术，当然也没有绝对地超越“美”的艺术，因为在艺术文本之中，“形式”就是其“美”的构成，而“美”必然也表现为“形式”的构成因素之一，它们两者存在着密切的逻辑关联。英国美学史家鲍桑葵在其《美学史》较为详尽地讨论了“形式”问题。中国学者赵宪章在《西方形式美学》这部有关“形式美学”（Formal aesthetic）开拓性的专著里，也深入精湛地探究了这一论题。

一、感性形式与艺术

艺术形式首先是一种感性的形式，感性形式可以划分为“具象形式”和“抽象形式”两类。尽管艺术不是物理的事实，然而艺术尤其是造型艺术，必须依凭于物质性的感性形式得以存在和敞开自己。艺术的感性形式，不仅构成审美存在的要素，也是象征和隐喻的重要的符号和媒介，甚至成为艺术的精神性结构。贝尔在《艺术》中说：

> 对纯形式的观赏使我们产生了一种如痴如狂的快感，并感到自己完全超脱了与生活有关的一切观念。说到这里，我敢肯

> 定自己的意思已经表达清楚了。可以假设说，使我们产生审美快感的感情是由创造形式的艺术家通过我们所观赏的形式传导给我们的。[①]

贝尔的“假设”存在一定的合理性。其实，从接受心理考察，对艺术形式的欣赏活动，远远超越“情感”这个单纯的因素，因为对于艺术形式的审美体验，具有否定情感达到精神升华、心灵澄明和智慧开启的功能。

1. 具象形式。就艺术的感性形式而言，它包括线条、色彩、图形结构、节奏、旋律以及其他的物质性因素。如果说将线条、色彩、部分图形结构划分在具象形式的范围之内，那么，部分图形和音乐的节奏和旋律等因素可以划分在抽象形式的范围。如果说贝尔所探究的“形式”属于具象形式的话，那么，康定斯基所阐述的就属于抽象形式的论题。就具象形式而言，古典艺术的绘画、雕塑、建筑等造型艺术尤其依赖线条、色彩、图形的和谐结构去获得美的诞生。V.C. 奥尔德里奇指出：

> 艺术作品的形式是艺术作品的媒介——而不是艺术作品的材料——要素的排列或样式。一个审美知觉迟钝或缺乏的人可以看到（观察到）物理空间中的材料即各种调子、颜色、轮廓线的排列，而看不到它们作为艺术媒介的审美要素所具有的那些联系。这就是说，他将看不到它们作为在审美空间中的调子意义的关系，或者看不到它们在这种关系中的相互作用。这就忽略了作为审美客体的艺术作品的第一级形式。总之，他不会

① 〔英〕克莱夫·贝尔：《艺术》，周金环、马钟元译，中国文联出版公司1984年版，第47页。

> 觉察到同对作品的描述、解释和评价有审美联系的材料，而由于没有领悟这些材料，他也就势必不会理解这些材料的排列或形式，亦即它们的样式。作品的审美空间是由媒介的诸要素以彼此联系的方式构成的，而且这些联系或间隔在一定程度上是由象光滑、粗糙、温暖、锋利或者声音、颜色或线条的优美这样一些特性所决定的，所以，看不到媒介的要素也就看不到它们在作品空间中的联系方式即作品的形式。①

奥尔德里奇的论述，基本上限于具象形式的范畴。他所理解的“形式”不是单纯的物理形态的物质存在，而是能够构成某种关系和意义的“媒介”，因为这个“媒介”在他的理论意义上可以构成审美联系和审美要素。显然，他的“媒介”已经不是纯粹的自然形式，而是隐含着艺术家与欣赏者所灌注和领悟的精神内涵。另一位美国现代美学家谢泼德认为：“在视觉艺术中，形式属性所发挥的作用要比一个朴实的观赏者最初所假定的作用重要得多。例如，古典时期的希腊雕塑就由于其对人体形象的各种比例的熟练运用，而时常受到人们的赞美；它所达到的平衡是非常赏心悦目的。希腊古典时期所有雕像中最著名者之一，波利克雷托斯的《多里弗罗斯》（*Doryphoros*，即《持矛者》），被以后的几代艺术家推崇为比例和谐的典范。”② 因此，具象形式的“平衡”和“和谐”就成为古典艺术博取“美”的法宝之一。然而，是否有理由逆向地推断，倘若不符合这种“平衡”与“和谐”法则的具象形式的艺术品，就必然不是非

① 〔美〕V.C. 奥尔德里奇：《艺术哲学》，程孟辉译，中国社会科学出版社 1986 年版，第 61—62 页。

② 〔美〕安妮・谢泼德：《美学——艺术哲学引论》，艾彦译，辽宁教育出版社、牛津大学出版社 1998 年联合出版，第 56—57 页。

审美化的艺术品吗？至少，黑格尔持有这样的观念。例如他的《美学》就把东方的象征型艺术所具有不平衡或不和谐的特性视为非理想或非审美化的存在。其实，这仍然属于“偏见”。只是黑格尔的“偏见”属于地域和民族性质的“偏见”，而前者的“偏见”则属于历史性的偏见。因为现代艺术的具象形式，已经主动地放弃对于传统的“平衡”和“和谐”等艺术法则的遵从，甚至有意识地追求非平衡非和谐的具象形式，造成和“美”的疏离。

2. 抽象形式。抽象形式是艺术的感性形式的另一个构成，主要包括绘画、音乐等艺术类型。最典型地表现出抽象形式特性的就是被黑格尔称之为高级艺术的音乐。

作为抽象绘画的创始人之一的康定斯基，他对于绘画艺术中的感性形式的理解是深邃而敏锐的，在《论艺术的精神》曾经列举这样的例子：

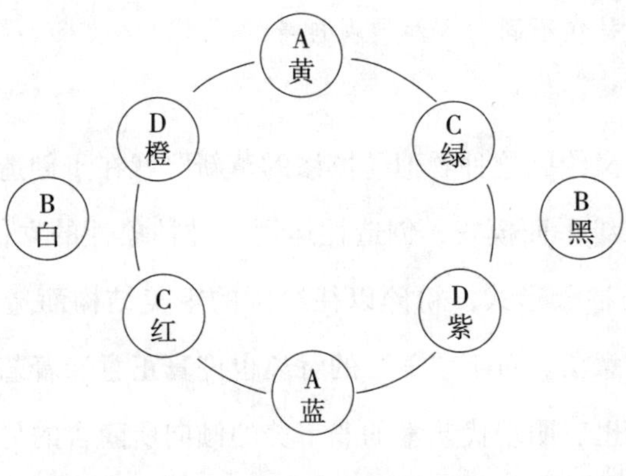

康定斯基解释说：“六种颜色（三种主要对比）组成一个巨大的圆圈，像一条大蛇咬着自己的尾巴；这象征着永恒与无限。在其左右两旁，是两个巨大的寂静的潜在状态——死亡和诞生。”[①] 这三组

① 〔俄〕瓦·康定斯基：《论艺术的精神》，查立译，中国社会科学出版社 1987 年版，第 55—56 页。

抽象的图形是否像他所说的那样象征着如此的内涵，也许并不重要，重要的在于，它揭示出色彩和图形所构成的抽象形式具有某种人类精神的意向性的特性，寄寓着欣赏者的主观阐释。由此，这样的抽象形式就可能属于“艺术”和审美的性质的象征品，至少它可以作为一种表达某种意义的符号形式。

从艺术实践来看，毕加索的立体主义绘画明显地符合抽象形式的艺术品。一种具有在现实世界不可能性的怪诞的画面组合，就像比梅尔所引述的那样：

> 在盖伦那里，我们看到另一种说法：“因此就解释了立体派的那些著名的悖谬的革新中的几个革新，例如，立体派的一个革新手法，即在同一幅画上同时给出同一个事物的几个面：人们预先假定的恰恰不是单纯的视觉观察，而是事物本身，事物本质上是在不同的方面展现自身的。”①

立体主义绘画这种看似“悖谬的革新”就在于创造性地颠覆传统绘画的二维平面模式，创造性运用一种抽象性的立体构图方法。这种悖谬的抽象形式，粉碎以往绘画的审美结构而造成一种怪诞的“丑”的意象。对于“美”的背离也许真正意味着艺术的否定精神的确立，也表明现代艺术的非审美的倾向所隐含的另一种艺术观念，那就是追求对自然的神秘性的揭示和对人类自我精神的重新审视。艺术的抽象形式所潜藏的生命颤动也许还远远不止这些。不过，艺术总是一个永远的不能被解答的心灵之谜，现代的绘画的抽象冲

---

① 〔德〕瓦尔特·比梅尔:《当代艺术的哲学分析》，孙周兴、李媛译，商务印书馆 1999 年版，第 284 页。

动是否就暗示"美"在艺术王国的寿终正寝呢?答案当然是否定的。萨特在评论现代画家罗伯特·拉普加德(Robert Lapoujade)的绘画艺术时说:

> 拉普加德之所以选择暴行题材来表现,因为它的影响已经根深蒂固地渗透在我们心中,并且已经触及到这种可耻现象的核心。他发现,只有通过非象征性艺术才能抓住它自身的肖像,并力图描绘它,以揭示人类生存境况的总体意义。他的三折画有一种无保留的美——他对于美的追求是义无反顾的。艺术的美不能被掩藏到非象征性的绘画之中。事实上,它已彻底显现了出来。这种绘画并没有展览丑恶,作者是将血腥恐怖予以过滤,并且只能如此,假如要增强作品美感的话——它需要最复杂的有机统一和丰富的表现手段。[①]

这至少表明即使是现代艺术也没有完全放弃对于"美"的承诺,也揭示了传统艺术的"化丑为美"的方式依然被运用,并且非象征的抽象形式仍然可以获得完善的审美效果。在更深刻的美学意义上,它昭示着如此的含义,现代艺术广泛地隐藏着"美"与"丑"的二律背反,构成一种有趣而现实的悖论:一方面,现代艺术竭力依赖于形式因素去撕碎传统艺术的美学观念,以破坏性的和移情本能相反的"抽象冲动"[②]表现荒诞和恐怖等非审美的意象;另一方面,现代艺术的抽象形式同样隐含着对于"美"的本能性渴望和追求,甚

① 〔美〕韦德·巴斯金编:《萨特论艺术》,冯黎明、阳友权译,上海人民美术出版社1989年版,第74页。

② 关于"抽象冲动"的概念,请参阅〔德〕W.沃林格:《抽象与移情》,王才勇译,辽宁人民出版社1987年版,有关章节。

至也适合表现“美”的意象或作为理想美的象征品。这也许就是艺术的不可界定性和规范性的又一例证。

音乐是最具有抽象特征的艺术形式。黑格尔的《美学》将音乐放置在艺术发展的最高阶段“浪漫型艺术”，认为这一阶段的艺术特性是理念超越了物质，“在这第三阶段，艺术的对象就是自由的具体的心灵生活，它应该作为心灵生活向心灵的内在世界显现出来。”[①] 音乐也是最富有想象力的思辨性的艺术，可以激发心灵的反思和顿悟的能力，得以将人类精神的隐秘和复杂以极度抽象的形式表现出来。所以，音乐是最纯粹的精神历史和最富有美感的艺术形式。由于音乐的抽象性和高度的虚无性与想象性，它的抽象形式就是其内容，内容也就是它的抽象形式。正如汉斯立克所言：

> 音乐是以乐音的行列、乐音的形式组成的，而这些乐音的行列和形式除了它们本身之外别无其他内容。在这点上它与建筑和舞蹈又很相似，这两种艺术也只是表现着优美的比例关系，而没有一定的内容。一首乐曲的影响可以按每个人的个性来估计和述说，但乐曲的内容除了听到的乐音形式外，没有其他东西；因为音乐不仅是通过乐音来说话，它说的也仅是一些乐音而已。[②]

音乐以纯粹的抽象形式获得自我的存在性，“形式”就是它的存在本质和“美”之本源。魏晋时期的嵇康认为：“音声之作，其犹臭味在于天地之间。其善与不善，虽遭遇浊乱，其体自若，而不变也。

---

① 〔德〕黑格尔：《美学》第 1 卷，朱光潜译，商务印书馆 1981 年版，第 101 页。

② 〔奥〕爱德华 · 汉斯立克：《论音乐的美》，杨业志译，人民音乐出版社 1980 年版，第 110 页。

岂以爱憎易操，哀乐改度哉？”[①]在他看来，音乐就是纯粹的乐音形式，属于“自然之和”的产物，欣赏者从音乐引发的情感活动和音乐的形式没有必然的逻辑关系。从汉斯立克和嵇康的美学意义来说，音乐无疑可以担当纯粹的抽象形式的“唯美艺术”的称号。尽管现代音乐以其对古典音乐的和谐和静穆的反叛性展现自我的特征，也尽管它顽强地抗衡“美”的诱惑，但是，“美”似乎和音乐存在着不解之缘。玛克斯·德索认为音乐具备了双重的形式优点：

> 1. 以那种同时把对立因素聚到一起的方式提高对比和对抗。2. 在调节的乐段中从艺术上将其主题的构成因素交织成最混乱的结合。音乐风格就连同相伴的或和谐的旋律一道，进一步成功地利用了这两个优点，向个别的构成部分确保其自身内在的有趣存在。[②]

音乐是抽象形式的艺术，也是幻觉的艺术，因为无论是创作主体，还是接受者都是凭借对于抽象形式的幻想和想象进行心灵的倾诉和倾听，它是精神的独白和对话的审美过程，而处于这种过程的主体仅仅依赖于乐音形式而不需要任何语言。音乐代表了人类精神对自我的永恒幻想和渴望，对自我存在的永恒的提问和解答，象征人类精神向着超越时间与空间的生命永恒的状态的飞翔。音乐属于最纯粹的审美形式的艺术，也许只有它才可能守护着“美”的永恒。

---

① 嵇康：《声无哀乐论》。

② 〔德〕玛克斯·德索：《美学与艺术理论》，兰金仁译，中国社会科学出版社1987年版，第284—285页。

二、符号形式与艺术

索绪尔“设想有一门研究社会生活中符号生命的科学；它将构成社会心理学的一部分，因而也是普通心理学的一部分；我们管它叫符号学”[①]。罗兰·巴尔特在《符号学原理》中指出：

> 符号学符号与它的语言学原型一样，也是由能指与所指组成（比如红绿灯的颜色，在交通信号中是有关通行的命令），但它在实体的层面上又与语言学符号有分别，很多的符号系统（物品、手势、图像）都有一个本体不在意指的表达实体：通常，这些由社会出于意指目的加以衍义的实用物品：衣服用于蔽体，食物用于果腹，但它们也被用来表达意义。我们提议将这些源于实用并具功能性的符号学符号称作功能符号（Fonction-signe）。[②]

显然，这里所讨论的“符号”和“符号形式”，与索绪尔、罗兰·巴尔特所称的“符号学”、“功能符号”（Fonction-signe）存在着一定的差异。然而，也正像巴尔特所指出的那样：“符号一词，随作者们的意愿而被置于一系列既相似又相异的词项之中：信号（Signal）、征象（Indice）、像符（Icone）、象征（Symbole）、寓象（Allégorie）等，它们是符号一词的主要竞争对手。”[③] 皮尔士认为：“符号代表某一事物（它的对象）；它对某人（它的解释者）来说代表某一事物；最

① 〔瑞士〕费尔迪南·德·索绪尔：《普通语言学教程》，高名凯译，商务印书馆1982年版，第38页。

② 〔法〕罗兰·巴尔特：《符号学原理》，王东亮译，生活·读书·新知三联书店1999年版，第31—32页。

③ 同上书，第25页。

后，它在某一方面（这方面称为它的场所）对某人来说代表某一事物。表现体（Representamen）、对象（Object）、解释者（Interpretant）这些术语因此可以看成是指符号借以指明的手段；它们之间的关系决定了符号化（Semiosis）过程的确切本质。"[①] 卡西尔认为："所有这些文化形式都是符号形式，因此，我们应当把人定义为符号的动物来取代把人定义为理性的动物。只有这样，我们才能指明人的独特之处，也才能理解对人开放的新路——通向文化之路。"[②] 显然，后者是在更广阔的文化人类学的思想背景上赋予"符号"一种形而上学的意义，将它阐释为人的本质存在和文化创造的象征和果实。他的学生苏珊·朗格则在美学的范畴运用了卡西尔的文化符号学的概念，提出"艺术是人类情感的符号形式的创造"的命题。

从符号学意义上，艺术也属于一种符号形式。然而，艺术的符号形式和理论意义上的符号或日常生活中的符号存在着显著的差异。如果说索绪尔的"符号学"主要是指向语言的能指和所指的人际交往的社会心理学的符号学，而巴尔特的"符号学"则是外延更为宽泛的社会存在的功能符号学，皮尔士的符号学可以称之为对象与人之间关系的解释符号学，卡西尔的符号学则是视野开阔的文化哲学的符号学，而苏珊·朗格的情感形式的符号学可以称为艺术的符号学。

1. 差异。我们所论述的"符号形式"是怀疑论美学意义的符号形式，它不同于日常生活中的符号，因为日常生活中的符号，具有明确的实用目的性和明确的指示性，是被普遍约定的具有逻辑规定性的符号，如交通信号、数学符号、商标图案等。艺术作品中的符

① 转引自〔英〕特伦斯·霍克斯：《结构主义和符号学》，瞿铁峰译，上海译文出版社1987年版，第130页。

② 〔德〕恩斯特·卡西尔：《人论》，甘阳译，上海译文出版社1985年版，第34页。

号形式，一般消解明确的目的性和功利性，而模糊和含蓄构成其特有的魅力。艺术符号尽管存在某种一般性质的普遍意义，然而艺术的自我否定性使这种普遍意义变成相对性的构成，而且它处于不断流动和变化的过程。而与日常符号的一个根本性区别在于，艺术符号具有鲜明的审美特性和个体话语的体现，可以成为一种“意象”化的令人值得品味和寻思的符号。

艺术符号不同于索绪尔理论意义上的符号，索绪尔的符号主要局限于语言的能指和所指的交流活动，并且这种交往中的语言“符号”具有客观具体的意义和共同的约定性及语法规则，因此属于逻辑符号和实用符号，艺术符号尽管也遵循一般的语言意义和语法规则，然而，更属于文学家的“话语”活动，在特定的“语境”里改变和扭转普通语言或实用语言的意义，使其包含特殊和含蓄的意义，并且使“意义”故意变得模糊和暧昧，达到中国诗学的“言外之意”和“言有尽而意无穷”的审美效果。

和巴尔特的“符号”不同，索绪尔的“符号”主要是实用功能的符号，具有宽泛的意义，更多和现实生活方式相沟通，尽管巴氏的符号也不乏审美特性，然而审美特性只是作为实用功能的附庸而已。这里的符号形式和现实的实用功能不存在逻辑联系，它守护自我的审美特性，而对实用功能表现冷漠和无视。

怀疑论美学的符号形式，不同于皮尔士的解释符号，如果说艺术符号具有某种可阐释性，然而这种可阐释性是可以随着效果历史和语境的流变而不断丰富充实，并且具有循审美的循环性，那么，皮尔士的解释符号只能包含有限的和具体的意义，它只能局限于某个情境，而超越了这个情境，就失落了被解释的意义和价值。

怀疑论美学的符号形式，也区别于苏珊·朗格的艺术符号，区别的关键之处在于，苏珊·朗格的艺术符号包含着“情感”这一个心理因素，她的“情感”不是个人化的情感，而是被称之为普遍的人类情感，这是苏珊·朗格女士对于美学理论的独特见解和极其重要的贡献。怀疑论美学认为，艺术符号可以有限地超越情感和否定情感，因为在本体论意义上，我们将艺术理解为人类精神的自我的伪装，在具体的意义上，又将艺术理解为人类精神的自由象征。这都意味着，艺术被设定为不是单纯的情感活动和情感表现，它只能仅仅构成艺术文本的有限构成之一。另外，艺术还具有悬搁情感和否定情感的美学特性，或者说艺术只有保持和情感的合适距离，才可能达到自我的绝对自由和智慧与想象力的充盈。因此，怀疑论美学的符号形式，和以往的“符号”理论划清了理论界限。

2. 探究。在对符号和符号学的上述理解的前提下，进一步对符号形式和艺术关系的进行探究。怀疑论美学的符号形式体现为审美象征的内涵。任何艺术都必须依赖于其象征的表现，然而象征表现必须借助于符号形式，因此这种必然的美学对应就属于一个合乎逻辑的事实。问题的关键取决于，这种对应不同于实用性质的符号和其象征“意义”的简单符合，而必须以审美的方式呈现出来，隐蔽着某种趣味和情调，并且留给阅读“符号”者以猜想和品味的余地。

这种符号形式，潜在地包含着苏珊·朗格所赞赏的和“生命形式”的某种相似性质。她在《艺术问题》和《情感与形式》这两本堪称现代美学经典的著作中，提出生命形式和艺术形式的类似性假说。尽管有些生命哲学家和维特根斯坦也曾论述过艺术和生命的关系问题，但是苏珊·朗格就这一问题的阐述最富有创见性。她把生命界定为运动性、有机性、统一性和节奏性这四个方面。类比艺术而言，符号形式在艺术文本机体的体现，也必须适应如此的要求。可以注视到无论是古典艺术还是近现代艺术，它们无有例外地体现了和生命结构的融合性。究其原因也很简单，因为艺术的生产者就是生命承载者，艺术就是以生命（无论这个生命是本能的生命还是理性与诗意的生命）的象征活动。所以符号形式必须携带运动、有机、统一、节奏等生命特性，使艺术文本洋溢和弥散着生命的活力和冲动。

符号形式和艺术之间不全然是密切和谐的关系，它们也有所疏离和区别。因为符号形式表现过于简单的象征意蕴，必然使艺术文本丧失其含蓄朦胧的美感。这里，借用英国布洛（Bullough）的“心理的距离”（Psychical distance）进行比喻的说明。倘若符号形式直接简单地呈现艺术文本的意蕴，就是两者距离过于靠近，容易使欣赏者一目了然，而缺乏从容品味的余韵，造成艺术趣味的淡然枯燥；反之，如果符号形式和文本潜在意义存在遥远的距离，使人在两者寻找不到任何逻辑关联，滋生不知所云的漠然感觉，也是失败的艺术创造。所以，天才的或智慧的艺术家总是设法找到符号形式和文本之间的适度的审美距离。

符号形式必须和文本内容之间建立一种“转喻”和“隐喻”的联系，最好以新批评理论人物韦勒克、沃伦的《文学理论》所声称的一种“潜沉意象”方式去表现艺术的内蕴。所谓“潜沉意象”，依两位之见：

> 潜沉意象不可与过去的或陈腐的意象相混淆，它总是潜伏在“全部视觉之下”，它诉诸感官以具体的意象，但不作明确的投射和清楚的呈现。它缺乏暗示，因此，适用于沉思性的诗歌。[①]

---

①〔美〕雷·韦勒克、奥·沃伦:《文学理论》，刘象愚等译，江苏教育出版社 2005 年版，第 232 页。

尽管他们局限于文学领域而谈及“潜沉意象”，然而，仍然部分地适用于整个艺术领域。因为符号形式和艺术文本之间，只有建立这种“潜沉意象”的氛围，才可能使其诞生诱惑欣赏者的美学魅力和包含丰富的诠释意义。

第五节　艺术与死亡

东西方文化与艺术，具有相似的死亡哲学和死亡美学的观念。作为人类克服死亡的精神工具之一——艺术，它体现了人类对于死亡的诗意思考和审美表现，为精神超越死亡提供了一个神秘而富于魅力的场所。与此相关，在艺术空间里，死亡意象呈现出理性与情感、知识与信仰的对峙与和解，为人类寻找一条通向永恒的审美境界的路径。

一、死亡之本体论阐释

西方文化自古希腊起即直面死亡这个人类个体无法抗拒的神秘力量，它是知识又不是知识：人是必死的存在是每一个初具理性判断力的主体皆能获取的知识。然而，每个个体心灵在情感深处，更乐意反抗知识的规范而相信灵魂的轮回或不朽。柏拉图以果断的口吻表述这样的信念：“人的灵魂是不死的。它在一个时候有一个终结称为死，在另一个时候又再生出来，但是永远也不会消灭。”[①] 怀疑论哲学的创始人皮罗则对死亡采取相对主义的态度，认为“死与生之间并无分别”[②]。表面上看，是对死亡的存疑或者对于生死的逻辑等同，实质上可能是受约于生命永恒或灵魂不死的畏死情绪。赫拉

---

① 北京大学哲学系外国哲学史教研室编译：《古希腊罗马哲学》，商务印书馆 1961 年版，第 191 页。

② 同上书，第 342 页。

克利特、苏格拉底、伊壁鸠鲁等哲学家对死亡采取超然的诗性态度，沉思死亡的本源意义和伦理价值。承袭这一传统，尔后的古罗马哲学家，如卢克莱修、爱比克泰德、贺拉斯等延续了对死亡这一人生终极问题的追问。在艺术创造上，作为古典型艺术的理想范本，希腊的悲剧和雕塑，均将死亡作为表现的恒定主题和中心角色，这可以被理解为西方艺术表现死亡意象的起始。

肇始于古希腊的西方文化传统，尽管有时候对待死亡采取存而不论的态度，但是在艺术上给予普遍的表现。后来的基督教文化，直截鲜明地将死亡推到精神舞台的中心。受宏观文化情境的影响，迄今为止的西方哲学、宗教、艺术无不思考死亡和表现死亡。尤其在20世纪，哲学和艺术已将死亡泛化，提升到与本体论、生存论、审美论相统一的境地。德国现代美学家赫伯特·曼纽什说：

> 一切艺术基本上也是对“死亡”这一现实的否定。事实证明，最伟大的艺术恰恰是那些对“死”之现实说出一个否定性的“不”字的艺术。埃及国王幽谷墓穴中的种种家具和陈设；西安秦始皇陵墓中埋藏的兵马俑；提香于威尼斯佛拉里教堂绘制的《圣·玛丽升天图》；巴赫的《圣马太受难曲》以及约瑟夫·波依制作的那组奇特的十字架，都是这类伟大艺术的实例。[①]

无疑，他对于艺术和死亡之关系的言说包含一定的合理因素。从中我们发现一个美学的二重性问题：一方面，死亡是艺术文本的表现对象，它显现为生命形式的基本结构之一。另一方面，死亡又是艺术品赖以生成的否定性的对象，艺术凭借对死亡的情感否定而获得对

① 〔德〕曼纽什:《怀疑论美学》，古城里译，辽宁人民出版社1990年版，第222页。

死亡的想象性征服，从而形成审美性和超越现实性的感性形式。在这个意义上，死亡转换为艺术的对立面，成为艺术的驱动性力量，召唤于艺术的构成。布洛克说："人类本身是相似的，他们居住的环境也大体上相似，因而可能发展出大体相似的文化。假如每个人都有生有死，因此也都不可避免地要关心生死问题。每个社会中的人都关心生育，都重视春天和播种，都注意收获和死亡，因而也就相应地关心自己的健康和美貌，关心自己性欲望的满足等。"[①] 他的这一看法超越了诸多西方人类学家、文化学家、美学家有关人类地域、种族、语言、神话、宗教等方面的见解，强调了人类文化的相似性原则，揭示出人类的文化艺术对于死亡的共同关注和表现的客观事实。

从文化相似性考察，我们可以看到东方像西方一样禀赋丰富深刻的死亡文化，具有与生俱来的死亡意识。在哲学上，包含完备的死亡本体论、死亡认识论和死亡价值论。在美学上，表现出独特的悲剧意识和死亡观，在艺术创造方面，是延绵不绝的死亡主题和死亡意象。那些曾经武断地说中国艺术缺乏死亡意识和悲剧意识的人们，不是出于缺乏客观考察的无知，就是源于闭目不视的偏见。遵循于人类文化相似性原则，可以发现东西方文化对于死亡的运思和表现呈现许多共同性，当然也不排斥它们各自特点的一面，因为理论思维本来就将求同与辨异结合起来。

二、神话与宗教

宗教和艺术构成人类精神对于死亡强有力的回击，介于两者之间的神话也辅助于对死亡现象的讨伐。宗教对于死亡的克服在此存而不论，我们主要探究艺术对于死亡的克服及其审美表现。

---

① 〔美〕布洛克：《美学新解》，滕守尧译，辽宁人民出版社 1987 版，第 191 页。

艺术对于死亡的克服是以神话为前导的，神话是连接宗教与艺术的桥梁，它以想象和情感为中介使宗教与艺术在原初状态更具相近性质。神话思维依照列维-布留尔的观点，被认为是以集体表象互渗律为特征的前逻辑思维，他称之为“野性的思维”。神话思维克服了共时性与历时性、原因与结果、现象与实在等范畴的对立。布留尔认为，神话思维不受因果律、时间一维性等概念限制，往往不符合一般的逻辑原则，其最大特点是支持生死概念的同一性。卡西尔则指出：“艺术在根源和起始上似乎与神话密切相连，即使在其发展过程中也没有完全摆脱神话思维和宗教思维的影响和威力。”① 由于思维方式的类同性，神话和艺术携手并肩开始对于死亡概念的克服。在人类文化的前期，神话是艺术的一部分，随着神话与艺术的逐渐分离和后者的自主独立，艺术便开始于之于死亡的独立否定。然而，神话思维却稳固地沉积在艺术的生命机体中施发积极功能。曼纽什所言的“一切艺术基本上是对死亡这一现象的否定”，不是一种随意性的言说，而是深思熟虑的对艺术一个重要特征的昭示。艺术的原初萌芽是神话，神话思维或神话意识竭力地抗拒死亡，构成早期文化的精神特征之一。艺术承袭这一精神传统，并在漫长的历史发展过程无意识或有意识地强化了否定死亡的审美功能。

艺术是人类精神结构的自由象征，是人类最具创造力和想象力的精神多样化运动。对于人类最高的精神课题——死亡，艺术当然以极其敏感专注的态度来正视，引为自我最高层次的表现对象之一。高耸雄伟的金字塔与神秘崇高的狮身人面像、深埋黄土层下的威武的兵马俑代表了人类艺术的前期阶段对死亡抗拒的辉煌记录。艺术的本质之一是人类集体无意识的生命冲动的表现，它追求生命永恒

---

① 〔德〕卡西尔：《语言与神话》，于晓等，生活·读书·新知三联书店1986年版，第168页。

和生命自由的无限可能性的哲学境界，反抗死亡和追求不朽就自然而然地渗透心灵境域。从艺术创造主体来看，艺术家作为生命个体，往往禀赋强烈的生命冲动和生命意识，具有发达的想象力和敏锐的死亡体验，对于死亡这一人生的最高主题有着独特的领悟。丹纳认为，艺术家从出生至死，心中都刻着苦难和死亡的印象，感悟到“尘世是谪戍，社会是牢狱，人生是苦海，我们要努力修持以求超脱”[①]。这就需要他构造一个艺术世界与现实对抗，摆脱对死亡的苦痛的印象，置身于一个生命自由、死亡消隐的精神境界。波德莱尔认为，正是由于艺术家的审美创造，“灵魂窥见了坟墓后面的光辉，……在地上获得被揭示出来的天堂”[②]。艺术家试图以自己的创造活动迫使死亡在艺境中隐遁，从而带来生命的永恒狂欢。

艺术主体对于死亡的克服，无疑包含一种缺乏性的心理动机。个人生命不能永恒的事实，导致心理状态的失衡，于是自发地要求获得平衡的心理驱力就起发挥调节作用，促使主体从事艺术创造活动，以达到想象性和虚妄性的生命永恒的心理体验，从而满足这种动机。缺乏性的心理动机导致主体滋生超脱死亡的本能冲动，这种本能冲动可能以有意识或无意识的形态在艺术文本中呈现。艺术家有意识或无意识地表现生命不朽的本能冲动，主要导源这几种心理动机。

1. 从艺术的审美创造过程体验到生命的不朽。个体生命的自然存在，无时不在死亡的畏惧阴影下，海德格尔在《存在与时间》中指出，死亡作为无时不在的可能性悬临在存在者的境遇，标画出人是向死的存在。然而，正是基于这种向死的生存状态，艺术家才意识到生命价值，激发起主体的创造性动机和价值实现动机，从而滋

---

① 〔法〕丹纳:《艺术哲学》，傅雷译，人民文学出版社 1963 年版，第 36 页。

② 《波德莱尔美学论文选》，郭宏安译，人民文学出版社 1987 年版，第 69 页。

生意志的实践活动。孔子所说的立德、立功、立言的“三不朽”，可以说是面临死亡的人生的价值定位和价值实践，人唯有在时刻意识到死亡的情境，才迫使自己进行有意义的创造活动。尽管孔子拒绝谈论死亡的问题，但我们从他发愤忘食，乐以忘忧，不知老之将至的情感态度里，体察到他以积极有益的实践意志达到自我实现从而获得不朽的生命哲学。“立言”属于文学创作方面。“盖文学，经国之大业，不朽之盛事。”[①]文学的创造活动使主体感受到生命价值和思想意义的不朽。庄子的“游”的概念，既是一种实践活动，又是一种审美态度，也是一种艺术创造。主体存在借助外游可以实践价值，立德立功，体察生命的充实和忘却死亡的逼近。借助神游、心游，“精骛八极，心游万仞”[②]。展开审美体验和艺术创造，由此忘却死亡阴影的迫近。从生命存在的创造活动中，主体可以感悟生存的意义，忘却“老之将至”的死亡临近，心灵提升到“相忘于江湖”逍遥于天地之间从而忘却死亡的境界。在中国的文化传统里，可以看到几乎每一个文化人均呈现一定的诗歌冲动和诗歌情结，每个人都读诗和写诗，泱泱浩荡的诗歌之风，正是起因于以文学创作达到生命不朽的集体无意识的心理情结。

2. 以艺术文本的物化形式象征生命的不朽。艺术是主体的生命延伸，是精神化了的无机身体。尤其是物质性较强的艺术文本，如造型艺术（空间艺术），诸如建筑、雕塑、绘画，在古典时期，它们的物理媒介承载人的生物有机体并转换为坚固永恒的物质形态的观念。所以，我们普遍地发现，古代艺术品在表现人体方面，偏爱选择质地坚固的青铜、大理石、象牙、优良的木材等物质材料。这基

---

① 曹丕:《典论·论文》。

② 陆机:《文赋》。

于他们以恒久的物质形式而摄取生命不朽的心理动机。这样我们可以理解埃及的金字塔、印度的埃罗拉石窟、希腊的帕特农神殿为什么用坚固的巨石来建筑，为什么神与人的形体要用当时贵重的青铜或者优质的大理石来雕刻，甚至以宝石、黄金镶嵌心或眼睛。这些都本源于希冀生命不朽、以艺术克服死亡的美学观念。显然，这些艺术类型以其永久的物质媒介契合人类的不朽的愿望。古代有些艺术品喜欢以巨大的物质形式和众多的数量作为自己的表现方式，如埃及的金字塔、中国的佛像石刻。巨大的物质形式以其永久性可能，折射古人的生命不朽的幻想。以坚固、巨大、数量众多的物质媒介作为艺术的符号形式这一古代艺术史常见现象，看来只有将它与古人企图通过不朽的艺术形式获得生命的不朽这一心理动机联系起来才能得到合理性的阐释。众多的物质数量作为古代艺术家的一种形式化的艺术追求，在一定程度上也显明以无数的艺术文本的物化形式象征生命不朽的美学观念。那埋藏于皇陵地宫下的数量庞大的武士陶俑和封闭于石窟之中延伸数公里的巨幅壁画，还有遍布山野的难以计数的罗汉石刻，与巨大的物质形式的艺术品相对应，它们是用无限的数量，象征生命的永恒和反抗生命时间的间断，它们要通过数量的延绵不断来对抗生命存在的短暂。黑格尔从他的精神现象学的哲学体系出发，把理念描述为一个自我不断否定和异化，由物质到精神不断上升的合乎规律的辩证运动发展过程。艺术美是理念的感性显现，也是一个由物质性向精神性不断上升的动态发展过程。这样艺术史就由物质性超溢精神性的象征型艺术、物质性与精神性相平衡的古典型艺术、精神性超溢物质性的浪漫型艺术三个阶段所构成。他认为初期的艺术是物质的巨大形式压倒了理念的内容，是内容与形式的不平衡、不和谐，是不够理想化的艺术，这类艺术是象征型艺术，以东方古典艺术为代表。我们可以说，黑格尔这一论断不是出于他一贯的对于东方文化的偏见，便是出于他对于上古艺术借以巨大的恒久性的物质形式来象征生命永恒的这一心理动机的忽视。艺术的丰富多变的复杂现象被他纳入一个严密逻辑的僵死体系，这不啻是一种知识的悲剧。

3. 用想象力虚设生命永恒的艺术空间来满足不朽的欲望。意识到在现实世界无法抵挡死亡的绝对性征服，人于是转向自我创造的想象性世界，以艺术世界代替现实世界，在艺术世界假定一个生死齐一，生命意志绝对自由而不寂灭的理想化的虚设境域。在这里，生命排斥了死亡，相对性地征服死亡。人们在信仰上认为这个空幻世界更加真实可信，属于更高形态的真正完善的现实世界。于是，精神的构成力量就将生命对死亡的相对战胜转变为绝对性质的征服，心灵深处也就荡漾起阿Q式的精神胜利的自恋浪潮。

艺术中永恒的生命空间一般分为两种类型：神的空间和人的空间。神话和宗教艺术偏重于营造神的空间，在神的世界，生命是不朽的，即使神暂时死亡还可以复活或是灵魂轮回。西方基督教艺术勾画了神、上帝、圣母等生命永恒的艺术空间。在希腊神话中，人的生命只具有限性而神不在此限。然而，我们可以广泛地看到，古代文艺作品描摹不少生命永恒的人的空间，在那里人被假想为不死的，至少是灵魂不死。这就满足了期盼永生的欲望。在人的空间，艺术文本往往以其他生物的生命永恒来隐喻人的生命对死亡的抵抗，借生物甚至某种物象的永恒来象征人类生命的永恒。如庄子世界的鲲鹏、凤凰、蝴蝶等生物，它们一定程度上体现了生命永恒的意象。作为人的生命不朽的补偿性隐喻，中国古典诗歌里的明月、流水、飞絮、落花、藤萝、游鱼等程度不同地显现生命永恒的情调。

三、肯定·否定·超越

艺术活动综合主体的各种心理能力。艺术是理性、感性与诗性、判断力与想象力、知识与价值的统一，它将主体不同的精神要素和不同的心理机制综合在一个和谐的文本空间。从不同艺术创造主体来看，尽管他们均具备诸种心理能力，均有较发达的想象力，然而他们毕竟在心理结构、认识形式、宗教信仰、知识水准、价值观、情感倾向、审美趣味、人生经验、意志力等方面是不等同和不平衡的。这样，由于艺术活动对于主体能力的全面要求和创造主体的心理结构的差异，就自然地导致艺术家对于死亡的不同态度，不同的审美体验和不同视角的艺术表现。或者说，艺术综合主体的诸种心理能力这一特征，以及艺术家心理基质的差异性，必然创造出丰富多变的艺术文本，诞生艺术的死亡意象的多样化和变幻性。

1. 肯定死亡。死亡之知觉是人类早期经验之一，并且诉诸理性思维。因为“凡人必然死”逻辑判断来自后天明确的知识概念。年幼的孩子往往没肯定死亡的概念和死亡意识，一旦他在理性思维上有所进展，对死的疑问和相信便随着年龄增长不期而至。就理性思维一般健全的艺术家来说，普遍地对死亡采取知识形式的态度：一方面，表现为他们在现实生活中承认死亡的必然性和绝对性；另一方面，在艺术文本里表现人物的实证性死亡。因此，从理性视角看，无论古代现代，东方西方的艺术家，对死亡基本上以知识形式在心理上接纳下来。所区别的是，古典艺术家虽然在理性方面承认死亡的客观性，却喜爱在艺术文本中创建非实证性的死亡意象，如描写人物死后成仙，升入天堂，转世复活，还魂精变等超现实现象。中国古代一些志怪志异小说家、戏剧家、诗人、画家，西方古代一些戏剧家、画家、诗人、作家，他们在理性思维上承认人必有一死这个冰冷的现实，在艺术世界却虚构生命不朽的幻想世界。当然，远古的神话，从它们的思维方式可以推测那个时代的艺术创造者可能还没有成熟的知识性的死亡概念。文化人类学家，诸如弗雷泽、泰勒、列维-斯特劳斯、列维-布留尔、马林诺夫斯基等，通过对原始土著民族的广泛深入的调查考察，认为原始思维有不合一般逻辑原则、违背知识形式和消解抽象范畴的思维特征。折射在生死问题上，就是坚定而顽强地否定死亡的客观性和信仰生命的循环性。诚如列维-布留尔所言："原始人关于生和死的观念实质上是神秘的，它们甚至不顾逻辑思维所非顾不可的那二者必居其一，……但对原逻辑思维来说，人尽管死了，也以某种方式活着。死人与活人的生命互渗，同时又是死人群中的一员。"[①] 深受神话思维影响的人类早期的艺术形式，无论是艺术文本还是艺术创造者，都没有明确有关死亡的知识性概念。

撇开历史前期部分艺术创造主体，没有对于死亡的理性思维这一事实，从宏观的历史发展的纵向维度考察，绝大多数艺术家持有明确的知识性的死亡概念，他们完善的理性判断力肯定死亡的必然性和绝对力量，在艺术世界中也不避讳甚至偏爱描摹死亡，揭示不同人物在死亡境遇的不同价值意义。肯定死亡性概念是绝大多数艺术家和艺术文本的确定的理性思维内容。

2. 否定死亡。如果说"肯定死亡"是理智功能，在绝大多数艺术家身上的体现，并相应渗透到艺术构思和传达。那么，"否定死亡"则是以情感功能转换为一种艺术意志表现于艺术作品。它具有反理性思维、反知识和超现实的心理特征，是超越日常经验的审美

---

① 〔法〕列维-布留尔:《原始思维》，丁由译，商务印书馆 1981 年版，第 298 页。

思维。需要区别的是，神话信仰的否定死亡是将情感取代理智。而近现代艺术把“肯定死亡”和“否定死亡”分别对待。一方面，在理性思维上承认死亡的不可消解性；另一方面，在情感上表现“否定死亡”的审美意象。“否定死亡”的信念体现理性思维和情感意志的对立，但是，更多渗透情感态度和情感功能，是一种想象性质的超现实性的审美假定。古典艺术家在情感意志和艺术实践上偏向“否定死亡”的艺术境界，他们期望自己喜爱和崇拜的人物能够克服死亡。他们在艺术品中把这种情感转化为一种生命永恒的隐喻，人可以转世复活，灵魂不朽，或者升入天国，隐遁成仙，生命打破时间的界疆而指向永恒。我们在古典艺术中看到情感对于死亡的普遍反抗，看到虚构的安慰情感的“否定死亡”的审美意境。西方古典绘画艺术，众多表现基督复活的杰作，使我们窥见的正是“否定死亡”的情感意志。但丁的《神曲》，歌德的《浮士德》，同样表达了伟大人物和完美女性的生命不朽的审美情感。中国古典诗人屈原，明确地意识到死亡的毁灭性与可惧性，他在诗歌中也多处言死，甚至数首诗被后人认为是“绝命辞”或“绝笔”。然而，他的瑰奇代表作《离骚》和《天问》，却构想一个“否定死亡”的生命空间，诗人在情感上坚信美神、美人、美物，在艺术世界可以否定死亡和超越死亡。庄子以自我的生命智慧，体悟死亡的本真意义。他在寓言里虚构生命绝对自由、生死齐一的审美意象。如一些动植物，在他的情感原则里，它们应该是不死的。中国古代不少戏剧家，在情感上倾向写还魂、精变、成仙、得道、转世等“否定死亡”戏剧氛围。关汉卿写窦娥，汤显祖写丽娘，死中有生，死而非死，由死转活的超现实艺术手法，属于一种情感意志而非纯粹的死亡观念。众多的古典戏曲，人神鬼相杂，涉及不少“否定死亡”的现象，它们出于古代艺术家对于理想人物的情感态度。“肯定死亡”和“否定死亡”体现理智和情感的矛盾，在艺术境界却能和谐统一，这也是艺术非逻辑实证和非客观实在性的体现之一。

3. 超越死亡。“超越死亡”是摇摆在理智和情感两极之间的主观意志，它属于一种超现实性的精神信仰，既有理性形式又有情感内容，既导源宗教因素又导源哲学因素。一方面，它以理性判断的方式告诉人们，可以凭借包括艺术创造在内的人生价值的实现去超越死亡；另一方面，它以情感信仰坚信生命的不朽和灵魂的轮回。在艺术文本中，“超越死亡”一方面来自宗教情感和宗教信仰，这些文本主要由富有宗教精神的艺术家创作。如东西方的宗教绘画，表现上帝、神灵、天使、信徒的超越死亡的故事，就是本源于宗教的情感和信仰。“超越死亡”另一方面来自形而上的价值哲学，它以超越理性的价值判断，坚信生命势能的永恒性和超越性，坚信生命不受死亡束缚而获得绝对绵延。

柏格森对于生命的理解就受到这种富有想象力的价值哲学的支配，他对于生命的诗意隐喻，诞生强烈的超越死亡的情绪。艺术家喜欢接受价值哲学充盈精神的信仰力量，驱使自我在艺术作品中创造超越死亡的意境和生命永恒的意象。中国古典诗词穿透一种哲学化的超越死亡的意蕴。它告诉人们，生命形式是不朽的，即使它们暂时会“死亡”，最终会转化为永恒的美之意象而与天地并存。在古典诗词里，我们尽管看到它们字面上的言愁、伤春、悲秋、怨命、叹死的悲凉情绪。然而，透过语言迷雾更能品味到生命对于死亡的抗拒和征服。

在近现代艺术中，“超越死亡”更多来自艺术家一种想象性的审美精神，来自艺术对于现实的提升和逾越的胆识气度。现代派营造的死亡意象在其外在形式不是简单地将艺术意象表现为“死”或“不死”，而是瞩目于对于死亡价值和死亡意蕴的追问，予以生存论与本体论的解答，更具哲学意味。同时也不像古典作品那样，偏爱将人物神灵化，而是有意让接受者知道“超越死亡”的想象性和虚拟性，只是通过“超越死亡”的假象晓谕人生的某些哲理和价值观。如果说古典艺术表现“超越死亡”出于执着的信仰和情感，而现代艺术更多出于机巧的理智态度，“超越死亡”之境界不过是明知的想象而已，人只是在内心深处有种不死愿望罢了。艺术提供给人们“超越死亡”的虚幻安慰，再为死亡意象注入现代的生存意义和价值观念。

死亡成为哲学、艺术的一个永恒母题，作为生物学意义的一个标志与人类史并行，没有一个确定的起点；作为精神现象学意义的一个论题与文化史相伴，也没有一个预定的终点。它是一种生物现象，也是一种文化现象和精神现象，构成了哲学与艺术的永恒母题。死亡也作为宗教发祥和宗教沉思的机缘与对象。正如费尔巴哈所说，倘若世上没肯定死亡这一回事，那亦就没有宗教，宗教以生死问题作为自己的最根本最重要的问题。艺术作为人类精神结构有价值的自由象征，作为对于人类精神多层面的审美反映，它在自己的历史长河里，一直将死亡作为表现的永恒母题。

第九章　艺术批判

第一节　艺术崇拜

柏拉图的“洞穴之影”和庄子的“游鱼之乐”，隐喻着人类古老的审美神话。它们象征着人类的自我精神对一种不确定的理想化生存状态的期待。审美既是人类对“可能性”生活的富有想象力和诗性智慧的渴望形式，也是主体对于现实性事物的理性化的怀疑和诗意化的否定。这两个富有象征意味的东西方的哲学寓言，表征了人类一种趋同的生存意志和文化心理——艺术崇拜。

艺术崇拜，它一方面开启精神存在对自我的怀疑和反思：我为何？我之意义为何？我为何存在于这个世界？我如何存在于生命时间？另一方面，凸现出心灵世界对自我的迷醉，那就是人类的“自恋情结”向着自我创造的符号化的文化产品——“艺术文本”所转移的结果。艺术崇拜是人类精神的两面神，一方面引导心灵走向无限可能性的审美空间，敞开着人类丰富的自由本质；另一方面，诱惑心灵界沉湎在有限现实性的功利时间，消弭精神本体和怀疑性和否定性，使审美体验的超越性让渡给理性的逻辑偏见和本能的欲念选择。这样就导致一个精神活动的消极结果：囿于现实性所限，审美活动较多受累于知识、道德、功利、欲望、理性等历时性因素，使精神存在本来极具诗意想象力的无限可能性衰变为逻辑分析力的有限现实性。共时性的超历史的精神之“虚无”本质被遮蔽在一个合功利目的的“实践性”的社会时间，逻辑生成了审美活动的平面化倾向，也造成艺术评价的媚俗。所以，艺术崇拜是一个为以往美学所漠视的论题。

在文化哲学意义上，语言、神话、艺术的起源与发展才使人作为一个较为完善的精神主体获得独立性，特别是后者，它成为人类的物质界、社会界、精神界三种欲望的满足全部情感的补偿。艺术已经和人类形成不可分割的亲和力和情感同构，成为人类的第二自我和钟情对象。因此，怀疑论美学将人类对艺术这种难舍难分的依恋情感称之为“艺术情结”。人类和艺术的亲密关系所造成的“艺术情结”，体现人类对自我的“自恋情结”，因为艺术只不过是人类自我的虚拟化的存在，是精神世界的变形和幻象。艺术崇拜将美学和艺术理论导向解释艺术文本和进行审美判断的迷途。因此，艺术崇拜是一个传统美学和艺术理论所未论及的富有矛盾二重性或二律背反的问题：一方面，它有助于接受者对艺术文本的欣赏与阐释，因为这种艺术崇拜形成主体心理的期待结构和期待视野；另一方面，它容易导致审美主体因内在的崇拜情绪而对艺术品进行主观偏爱的审美判断，使艺术价值湮没在艺术崇拜的心理误区。其次，艺术崇拜既是欣赏的起因原因，又是欣赏的终极结果，它既是艺术接受者的心理的先定结构，又与艺术欣赏密切相关，牵涉到对艺术文本的评断。

一、人类的自我崇拜

艺术崇拜的起始原因是人类先天的自我崇拜意识。人对于自我本体或自我本质的崇拜意识往往转移到审美活动过程，表现为这样一个精神逻辑：艺术崇拜源于人对自我的崇拜，自我崇拜是艺术崇拜的逻辑起点和生成动因。精神存在对自我本体的关注是一切知识探究的最高命题，也是对哲学“真理”意义的反思，因为在怀疑论看来，“真理”也是可疑的存在，它是主体存在的假定和人类自恋情结的果实。同样，人类的自我崇拜，也是对超越一切之上的对虚无（美）的诗意渴望。所以，自我崇拜属于人类最深层的文化机能，也是心理结构中最本真的想象活动。因此，怀疑论美学内在地将哲学与美学作为一体化的逻辑构成，也相应地使思辨与想象、理智与直觉这两种不同的心理功能，有机地和解到精神的自我反思的纯粹意识之中。

1. 文化崇拜。卡西尔的文化哲学或哲学人类学将人定义为“符号的动物”。认为所有的文化形式都是符号形式。在方法论上，他遵从“统一性”原则，将文化本质与人本质密切结合起来考察。在这个理论意义上，可以引申出人是文化或创造文化的动物这样一个派生的结论。人一方面适应前代所沉积的文化模式的习俗和氛围，被打上“前文化”的印记，另一方面创造新的文化产品并形成新的文化心理结构，创造“后文化”的果实。在文化这种双向的历史流程中，人们面对符号化的文化世界，最初的联想或感悟应该是向自身本质的一种理性的反思和情感的回归。存在者要在广泛的文化现象中直观自我，找到自我的本质和创造性本能。这种有时近乎无意识的心理张力隐藏在我们对许多古代艺术品尤其是远古艺术品或原始时期文物的知性解释和情感观照方面。一些远古时期的石器、岩画、陶器、青铜器、骨器等文物，在某种程度上还不能算得上是严格意义的“艺术品”，但众多的艺术理论家、美学家、考古学家、历史学家、人类学家、哲学家们，予以主观臆断性的夸饰溢美的品评、描述，所做的审美判断都不同程度受到深层的文化崇拜意识的驱使。与其说是对于远古历史的依恋和对古代文化的酷爱的心理折射，倒不如说是人类对于自我本质和创造精神的直觉赞赏的情感外露。人们倾向于将远古艺术予以较高的价值判断和审美认同，重要原因之一是根植于人类文化心理结构之中的自我崇拜而引发的文化崇拜，而这种文化崇拜又内在规定了艺术崇拜。因此，不难发现与理解为什么一些稚拙单纯缺少丰富意蕴的远古艺术，而被赋予与其不相适应的审美评价。人类对于远古艺术的心理偏爱构成了艺术崇拜的误区之一。人类在所创造的符号化的文化世界，产生了一种自我观照的惊奇感和崇敬感，应验了柏拉图的“洞穴之影”的比喻。主观偏见太强的人类对自我创造的文化现象的崇拜意识，容易模糊审美评价的尺度，也使得美学理论、艺术概念的种种规定性，陷入人云亦云的混乱困境。因此，只有走出这种文化崇拜的迷津，才可能建立相对客观的艺术评价标准和进行较切合客观事实的审美判断。

在上述理论意义的启示下，就获得这样的思维转向：人类自我的精神崇拜，只有摆脱具体的文化果实的现实限定性，才可能获得回归自身的保证，也只有存在主体时时处在对自我的怀疑和否定的精神内省过程，它才有可能获得一种诗性的智慧，达到无限可能性的虚无状态，寻求到心灵的自给自足和自我提问与回答的完满形式。只有顺承这种主观逻辑的规定性，自我崇拜才获得超文化的特权，使审美达到共时性的纯粹精神内省的可能，驱动艺术崇拜接近人类精神的神话假定：理想的和完满的自我实现，心灵界达到最高的悬浮状态——虚无，即人类心灵的诗意的生存方式，谋求到对于一切现实性和文化现象的否定和超越的能力。

2. 历史崇拜。黑格尔的哲学功绩之一是将人类的历史，描述为一个合乎规律的辩证发展过程，但侧重点是放置在绝对精神和抽象理念的发展方面。马克思主义的历史观吸取了黑格尔历史观的合理内核，将唯物主义引入历史科学，把历史看作是自然历史过程，强调了经济基础、物质生产资料的生产方式对历史的主要的和终极的作用，也不排斥人类以往的历史文化对于现实世界的间接作用。在他们的思想深处都聚集着对于历史的崇拜情结。历史和历史学或历史哲学都是人类文化的组成部分。卡西尔说："历史学与诗歌乃是我们认识自我的一种研究方法，是建筑我们人类世界的一个必不可少的工具。"[①]克罗齐则认为：

> 历史不是形式，只是内容：就其为形式而言，它只是直觉品或审美的事实。历史不推寻法则，也不形成概念；它不用归纳，也不用演绎，它只管叙述，不管推证；它不建立一些共相和抽象品，只安排一些直觉品。"这个"和"这里"，全然有确定性的个体，才是历史的领域，正如它是艺术的领域。所以历史是包含在艺术那个普遍概念里面的。[②]

人类是历史之母的产儿，他无法超越历史限定和文化背景，人类就其现实性来说，无论是作为个体或作为群体都被制约在一个相对有限的时间段中生活。人类创造历史而历史又反转过来影响人类的生存方式，人类主体精神在不断地审视历史和检索历史，在历史的轨迹上寻找对自我的认识，试图透过纷繁的历史表象揭示它内在的隐秘，为自己未来的世界提供一种理想的准则和合理的模式。历史是包容整个人类文化的精神与物质的统一体，人对于自我的崇拜则自然地演变为对历史的崇拜，这种崇拜意识又贯注在人类的历史学和历史概念中，而它们又必然地牵涉到审美和艺术的领域，相应

---

① 〔德〕卡西尔：《人论》，甘阳译，上海译文出版社 1985 年版，第 262 页。

② 〔意〕克罗齐：《美学原理·美学纲要》，朱光潜译，外国文学出版社 1983 年版，第 34 页。

派生出艺术崇拜。

人类的历史描述与研究一方面是对过去的求真回忆，另一方面是对过去的求美复活。它追寻已逝去的人类精神力量的伟大和伦理意志的完善，即使面对的是一幅幅悲惨哀伤、痛苦灰暗的历史画卷，人类从中获得的也是肯定性的理性与情感的双重快慰而非否定性的精神失落。从祖先或自己开创的历史田原中感受到心理愉悦与补偿，发现的是人类的物质生活与实践活动所达到的一种伟大的境界。在这种文化哲学角度，培根所断言的"历史涉及记忆，诗涉及想象，哲学涉及理智"[①]这种狭义的逻辑界定就显得不合适了。

历史或历史哲学包容了记忆、想象、理智、直觉，以及人类其他的认知能力。艺术崇拜是历史崇拜的副产品，人类崇拜历史的遗址、历史的文物等物质负载，进而扩大到崇拜与历史有关的艺术品（在一定意义上任何艺术品都属于历史的范畴），调动自己所有的感觉和认知能力去考察历史与阐释历史，鉴赏文物和艺术品，人们在情感深处的价值取向，即历史崇拜往往不自觉地将那些与历史现象纠连不分或密切相关的审美现象（包括艺术文本），抬举到至尊的地位。不能否认历史价值对于艺术价值的构成作用，但是必须指出的是，一些本来艺术价值并非完善的艺术品，因与某些历史事件的瓜葛而身价倍增，它们作为文物的价值可以肯定，但是作为艺术品的价值却是大可献疑的或至少是有限的。人类对于自我崇拜的具体方式之一——历史崇拜又渗透到审美活动中，构成审美崇拜。它的功能与结果可能是双重的：一方面有助于审美活动的丰富性，另一方面又招致审美活动的现实限定性和功利目的性。因此，审美只有有限度地超越历史境域的限定，放弃实践意志的目的性追求，才使精

① 参见朱光潜：《西方美学史》上卷，人民文学出版社 1979 年版，第 203 页。

神的诗意生存方式得以可能，才能使美回归精神的家园并领悟到人类心灵自慰自恋的满足。

2. 理性崇拜。古希腊哲学家说人是万物的尺度。人是理性的动物和最高的精神本体和物质存在，哈姆雷特的一句台词“宇宙的精华，万物的灵长”也许是对人之本质最含诗意的说明。如果说人的问题即认识人自我的哲学探究是一切知识的最高目标和阿基米德点，那么，理性问题即人类精神现象学则是人的本质的基质和生命之光。人类的文明程度与他的理性程度成正比关系。理性是人类的精神尺度和本质特征，构成人之为人而有别于动物界的重要特质。理性是人类的骄傲和财富，中西古代思想家无不崇尚理性，将之置放在最至尊的地位。人类对自我的崇拜深深根植于对理性的崇拜方面。理性是人类认知世界、实践意志活动、观照自我、组织社会结构等起始驱动力和最终决定因素，因此说人类的自我崇拜以理性崇拜为主要内容。尽管近现代不乏非理性思潮的强烈摇撼，然而，非理性现象隐藏深层的对于理性的召唤与复归心态。非理性现象有趣之点是，几乎每一位高扬非理性思想之帜的思想家都是一个理性主义者，他们的思想和学说往往以高度理性的思维方式呈现。

人类的理性崇拜一直决定着自己的思维方式、行为准则、伦理观念、价值判断。理性崇拜衍化在艺术崇拜方面，表现为人以理性的法则去进行审美判断和审美选择，以理性尺度去衡量品评艺术。无论从艺术创造或艺术接受来看，理性崇拜形成了对艺术价值的影响和调节机制。无论是西方 17 世纪新古典主义，还是现代派艺术的标举反理性主义大旗，均是理性崇拜的不同方式。后者以否定的反叛面目出现而骨子里却痛苦理性失落，期待一种新型的更完善的理性存在来改变现存的无理性的现实界。非理性哲学本身就潜藏着高度理性的逻辑思维，它的否定性属于更高思想梯度的肯定。在现代派艺术“满纸荒唐言”中，可以窥探出深层的理性意识和理性崇拜。

古希腊和中国先秦的理性精神，一直是东西方艺术的核心构成和终极目标，既是艺术的起点又是艺术的终点。强烈的理性崇拜意识灌注到艺术创作与欣赏即导致对艺术的理性崇拜，人们由崇拜理性转向到崇拜理性的一个现实目标和对象——艺术，人类从自己创造的艺术中观照到理性的辉煌和尊贵，感到艺术是对象化了的理性世界。他迷醉、尊崇这一自我创造的世界，这是近乎完善和理想化了的精神本体。人类在艺术活动中最大限度地知觉和想象到理性的扩张和复活。当然，必须遗憾地指出，自我精神的理性崇拜妨碍了人们对于艺术价值的客观评价，理性的无限膨胀导致以理性价值涵盖艺术价值。所以，对于一些艺术作品的理性崇拜，使一些审美价值有限的艺术对象居于不太恰当的位置，构成一个苦恼的矛盾与背反。就更宽泛的逻辑范围而言，理性崇拜容易引导审美崇拜走向一个狭窄的缺乏诗性的精神领域，排斥潜意识深层的直觉领悟和幻觉内省的心理功能，将美这个无限可能性的精神自我局限在有限理智的现实性层面上，简化为一种概念化的理性的逻辑形式。

二、祖先崇拜

在人类文化心理结构中始终为祖先崇拜留有一块永久的区域。祖先崇拜与宗教崇拜有着不同的性质但又有相近的成分。前者具有世俗的实证性而后者具有脱世的虚幻性。但一当所崇拜的祖先被赋予超自然超人类的神秘力量时，在观念上祖先就和宗教神达到相同的思维规定性，祖先崇拜就与宗教崇拜具有等值的意义。祖先崇拜是人类精神现象中最深层的意识之一，属于一种稳定的文化存在模式。它是人类在先验与后验两种形态上，跨越历史时间形式的对自我精神的确证和自恋，构成一种深层的家园意识和归属情感。在文化哲学意义上，祖先崇拜为人类的审美崇拜奠定了一个文化心理的逻辑前提，构成精神需要的潜在内容。

1. 图腾崇拜。祖先崇拜最原始的样式是图腾崇拜。先民用某种自然物、植物或动物为符号和标志，对象征一个氏族团体或一个民族整体的同一血统上的祖先加以崇拜，祈求福佑和避免灾难。摩尔根的《古代社会》，弗雷泽的《金枝》，列维-布留尔的《原始思维》，列维-斯特劳斯的《野性的思维》等文化人类学、神话学著作都有详细精湛的描述和研究。这种图腾崇拜，一方面，具有原始宗教或自然宗教的神秘色彩，在思维形式上带有原始思维或前逻辑思维特点，显现着某一氏族或民族的"集体表象"。另一方面，它又有意志实践和经济功利的目的意义，在思维方式上则显现一定的理性精神。

从大量的文化人类学资料来考察，图腾对象无论是动植物或其他物质形式，都被某一氏族或民族供奉为祖先，在他们的观念里，这些被图腾崇拜的对象，与神灵或上帝具有相等的威力和神秘性。祖先与至尊神在图腾崇拜仪式中已不能做出明确的划分，很难区别他们对于某一氏族团体有什么不同。远古先民认为图腾对象是他们某个氏族的共同祖先，因此它又具有不可动摇的血缘意义。"氏族的成员和图腾之间存在着……神秘的血缘。这是一个根深蒂固的观念，它显然具有基本的意义。他们不止一次地深信不疑地对我们说：'奥古德（Augud，图腾）就是亲族，它属于同一个家族。'"[①] 图腾即是一种以某一氏族共同体为前提的祖先崇拜方式之一，在文化哲学意义上，它带有原始宗教和原始思维的性质，在种种文化场合又与

① 〔法〕列维-布留尔：《原始思维》，丁由译，商务印书馆 1981 年版，第 239 页。

巫术、祭祀仪式纠合在一起，升格为艺术形式，并且包含神话的意义和功能。如龙文化、鱼文化、鸟文化等无不从图腾崇拜推演而来，尔后进一步的精致化的艺术创造又使它们具有艺术特征。如中原氏族崇拜的龙，荆楚氏族崇拜的鸟，半坡氏族崇拜的鱼等。它们既作为对祖先的图腾崇拜又作为艺术化的艺术崇拜对象。

起始于图腾崇拜的艺术崇拜，往往将一些图腾性的艺术品高扬到令人惊叹的地步。如龙文化或龙艺术即是这般情况。据考证，龙的原型只不过是一种普通的生物——蛇。这种动物从功利角度看，它在远古对人并无益处，可能出于某种原因被选择为图腾对象，以至于逐渐控制了以它为图腾的氏族的心理，乃至后世不断地附加种种观念、意志，便神化和艺术化为一种神秘、恐惧、伟大、崇高的观念性存在，再给它穿上想象性的组合型的感性外衣。而这个“龙”的艺术形象被历代人崇敬、朝拜、赞叹、神迷，认为是较高形态的审美艺术品，以致形成一种无意识的崇拜情感。这种龙文化或龙艺术的崇拜是典型的图腾崇拜的直接结果，最终的思想渊源是祖先崇拜。由这种崇拜引发“集体表象”的互渗和“集体无意识”的心理功能，这种崇拜所操纵的审美价值评价则局限在某一氏族、民族的文化圈内而缺乏普遍效应。因此，这种个别氏族的艺术崇拜不能当作考察整个艺术世界的“合理”的标尺。怀疑论美学从另外一种视角认为，不存在任何一种普遍有效的艺术准则和评价尺度。所以，由于人类潜意识深处的祖先崇拜情结，必然使任何的艺术判断都是个别化的心灵行为。

2. 氏族崇拜。氏族崇拜是与图腾崇拜有密切逻辑关系的崇拜形式，图腾崇拜一般以氏族为单位进行，氏族崇拜有着与图腾崇拜相似的内容与形式，但氏族崇拜是更广义的祖先崇拜，它不一定以“图腾”这一方式来进行操作，它以氏族作为利益集团和价值核心，将氏族看作是神圣的共同体，寄寓着自己的意志与信仰。氏族成为每个成员的灵魂之家，他将自我消失在氏族之中。每一个氏族成员都认为自己的氏族是天意的神圣果实，具有神秘的能力和超自然的本性，他的氏族合乎自然和神的法则，与生俱来就为统治别的氏族而存在，并且他这个氏族长生不死、循环往复。列维-布留尔、卡西尔、布列斯特、德·格鲁特等人都曾深刻论述了古人有关灵魂不灭、氏族不死、生命轮回等观念。对于本氏族的崇拜则意味对他氏族的排斥。部落之间连绵的流血战争固然以经济利益为主要原因，但这种对于本氏族的崇拜和对他氏族的贬低的原始意识也不失为原因之一。对本氏族的崇拜推广至对本氏族的一切文化创造、艺术创造的崇拜。这个氏族本位观和氏族价值观制约了氏族群体的审美意识和审美理想。[①] 例如许多氏族有自己象征性的族徽，它与图腾有关，所不同的是这种族徽不一定单纯是某种植物、动物形象而往往是由动物、植物、人形所组合的抽象几何图案。在氏族意识里这种图案是最“有意味的形式”，也是神圣优美的艺术。族徽是他整个氏族的具体化的灵魂符号，有别于一般的审美性质而获得精神观念的丰富意蕴和种种规定性，获得了一种审美抽象和艺术抽象，一个氏族则把氏族崇拜和艺术崇拜有机交融到这个对象之上。在古人意识中，氏族崇拜决定的审美规范可能远远大于人类一般的审美规范，他们难以达到审美标准的一致性。因此，现在各民族审美理想和审美趣味的差异也可视为是上述观念的历史层递和合理的心理延续。

---

① 氏族崇拜由于其漫长的历史过程，最终演化为政治学、社会学、民族学意义上的种族歧视和地域歧视、国家歧视，进而变化为一种当代意义的“文化霸权”和“艺术霸权”。例如，西方世界的诸多文化艺术奖项和评奖操作，即在潜意识的策略上体现了如此的倾向。亨廷顿的“文明的冲突”和赛义德的“东方主义”理论，可以看作是这种氏族崇拜意识在现代语境下的新的复制和变形。

氏族崇拜值得注意的另一点是巫术崇拜。每一氏族几乎都有自己的巫术观念和运用方法，巫术甚至决定了他们的思维方式和行为准则，它带有最终仲裁和绝对命令的效力。对巫术的信仰也就是对氏族的信仰，这两种情感使两个方面的同一问题处于统一体中。尽管科林伍德对艺术与巫术做出匠心独运的区分，但巫术在古代毕竟和艺术有密切血缘关系，巫术有时本身就是一种综合的艺术形式。屈原的《楚辞·九歌》描绘的巫术场面，集诗、歌、舞、乐于一处，女巫执春兰、秋菊，传芭代舞，美女以香草、野花装束，意境迷幻优美。这种祭祀活动富有巫术与艺术的双重特征。在先秦时代，史、祝、巫的职能互为兼司，他们作为氏族国家的重要职能官员，充当者一般经过严格的挑选，具有一定的经验、智慧、技艺，有些人本身就是哲学家、智者、史学家、艺术家。巫术表演有时也是艺术表演，既祭祀祖先和神灵，问卜和决策重大事件的内容，又以歌舞诗乐娱人，激发整个氏族团结、进取的感情和强化氏族的自我崇拜意识。所以说巫术作为初级的艺术形式是与氏族崇拜联结在一起的，而艺术崇拜的源头之一是氏族崇拜。

3. 神灵崇拜。神灵崇拜是以祖先为主要神灵对象的崇拜，它具有原始宗教的特点，与神话存在内在联系。

卡西尔认为："中国是标准的祖先崇拜的国家，在那里我们可以研究祖先崇拜的一切基本特征和一切特殊含义。然而，那产生祖先崇拜的普遍宗教动机并不依赖于特殊的文化和社会条件，在完全不同的文化环境中我们都可以发现它们。"① 他又援引德·格鲁特的观点作为佐证：

---

① 〔德〕卡西尔：《人论》，甘阳译，上海译文出版社 1985 年版，第 109 页。

死者与家族联结的纽带并未中断，而且死者继续行使着他们的权威并保护着家族。他们是中国人的自然保护神，是保证中国人驱魔避邪、吉祥如意的灶君（Household-gods）……正是祖宗崇拜使家族成员从死者那里得到庇护从而财源隆盛。因此生者的财产实际上是死者的财产；固然这些财产都是留存于生者这里的，然而父权的和家长制权威的规矩就意味着，祖先乃是一个孩子所拥有的一切东西的物主……因此，我们不能不把对双亲和祖宗的崇拜看成是中国人宗教和社会生活的核心的核心。①

卡氏和格氏的论断是否完全正确暂且不论，但他们认为祖先崇拜作为文化动机具有普遍性这一看法不无道理。中国也确如他们所论是属于那些具有较多祖先崇拜意识的国家。“敬天地，事鬼神，奉祖先”的文化极富继承性。孔子不语“怪、力、乱、神”的思维习惯也不排斥对祖先的敬奉、崇拜与祭祀，儒家思想内核即包含丰富的祖先崇拜的内容，“梦周公”则是从另一角度说明孔子这位儒学思想大师根植于深厚的祖先崇拜意识。像其他民族的一样，历史初期华夏氏族的祖先崇拜大多是以神灵化的方式表达。如伏羲、女娲、黄帝、炎帝、大禹、帝俊、后羿、嫦娥、共工、东君、后稷、颛顼等，他们作为神灵化的祖先被尊奉和祭祀，具有半历史和半神话的交织性。将现实性的审美现象提升到可能性的审美神话，构成了文化哲学意义的艺术崇拜。

原始思维的万物有灵观念趋向认为大自然万物像人一样有生命活力，富有与人一样的情感、意志、欲望，甚至认为某一自然物是

① 〔荷兰〕德·格鲁特：《中国人的宗教》（*The Religion of the Chinese*），纽约，1910年版，第67、82页。参见卡西尔：《人论》，甘阳译，上海译文出版社，1985年版，第109页。

人类某一民族或氏族的祖先，他们由它繁衍而来。作为氏族的祖先又可以轮回不死，他们升格为永恒的神灵，永远福佑自己的后代。列维-布留尔在《原始思维》里精辟论述了古代人类关于祖先不死的神秘信仰，而信仰在古人观念中具有超过一切实证和存在的神圣力量，它构成超现实的神话意识。但祖先一旦升格为神灵就具有了作为信仰的资格，也就获得具有神话意义的艺术崇拜特征。

祖先崇拜是人类最深广、最持久的崇拜之一，这种埋藏在古人心灵中最神圣的情感和信仰，转换为文化的构成力量和组成要素。语言、神话、宗教、艺术乃至哲学的起源和发展，都渗透着人类对自己祖先无限的敬畏、景仰与爱戴之情。神话、宗教中的部分崇拜意识含有祖先崇拜的痕迹，它们之中的一些神灵泛化成了人类的祖先，祖先崇拜渗入神话和宗教，使一些神灵成为祖先的象征。如楚辞文化中的诸神形象，东皇太一、云中君、湘君、湘夫人、山鬼、河伯、大司命、少司命等，他们在楚人的宗教观念和神话原型里，一方面是宗教神，属神灵形象；另一方面又是人格神，属人与自然物的组合形象，带有浓重的祖先色彩。在神话、宗教、巫术诸种崇拜样式里，祖先形象大多以神灵面目出现，神灵的感性形式多数为人、动物或者以人与动物组合而成。人们崇拜这些神灵，视他们为自己祖先和保护神，附会种种神话意义和审美观念。神灵崇拜也常伴随诸种艺术活动而融贯在古代的一些艺术作品中，构成艺术的重要内容。神灵崇拜必然地将审美活动提升到神话境域，将祖先作为超现实的审美存在，也就产生一个合乎逻辑的精神结果：审美崇拜。东西方民族所共有的“女神崇拜”，则不过是这种艺术崇拜的具体果实。而审美一旦走入神话也就意味获得自身的二重性：一方面，它使人类审美活动诞生对现实的超越性和否定性，走向精神自律的虚无；另一方面，又使审美心灵局限在某一文化圈和有限的历史语境而丧失审美的可能性和自由特征，尤其是对艺术文本的审美评价会消解普遍有效的审美标准。所以，艺术崇拜在严格的理论意义上不能使审美达到丰富的可能性，达到精神的自我怀疑与否定这种敞开自我存在性的理想境地。

三、文本崇拜与艺术家崇拜

如果说“艺术崇拜”是就诸种崇拜与艺术崇拜的关系而言，具有广义的性质，那么，以下所讨论的“艺术崇拜”只限于艺术文本和艺术家这两个具体的因素。

1. 文本崇拜。艺术是人类精神追求虚无化的心灵过程的文化果实，是生命存在对现实性世界的怀疑与否定，也是对诗意的生存方式的幻想性期待和对智慧化的理想生活的沉醉。在美学意义上，艺术是人类走入无限可能性的美之存在的心灵工具，敞开人类自我存在的审美本体，也是心灵所渴望与实践的美之具体形式。因此，艺术是人类所追求的美之存在的文本结果，文本崇拜内在地构成了艺术崇拜的重要层面，成为艺术崇拜的核心内容。艺术大约是人类最富生命表现意蕴和最富创造力的文化活动，是诉诸想象力为主的各种心理能力的复杂精神工程。它使人类超越现实的种种烦恼和痛苦、从压抑的内心世界解脱出来，获得超越性的理想满足。作为精神性的代偿和欲望满足，人类可以从艺术的世界寻觅到灵魂的安慰和归宿。因此，人类对艺术的礼赞和青睐隐藏着永恒的自慰和“满足”的动机，对艺术的崇拜贯穿于每一个历史过程。

作为艺术崇拜的主要构成内容与对象的是文本崇拜，尤其对原始艺术和古代作品，由于种种崇拜因素的影响而导致主体自然而然的崇拜心理；其次，因为历代艺术理论、美学观等对文本赋予丰富的阐释和广泛的赏析，它们负载历代人沉重的艺术经验和审美感悟，已被附加极丰富的内涵，这些审美评价在某种程度上已经和文本形成了一个有机整体，以致接受者不得不将自己限定在种种的欣赏活动的先行结构中。这种先行结构在接受心理上形成一种时间居先的思维定势，成为欣赏接受者的先验因式，它直接影响和决定了主体之于艺术文本的审美判断。这与接受理论家尧斯和伊瑟尔的“期待视野”与“期待结构”的概念有相通之处，只是前者已获得规范性的审美肯定，而后者是尚未完全肯定的期待状态。实际上这种欣赏的“前结构”就为艺术文本的接受者预先设定了某种审美评价，它已在心理上设置了一个崇拜性的接受结构，只不过尚未在欣赏过程与文本形成客观化了的同构对应。文本崇拜实质上已是“理在事先”，已客观地在审美心理上打上几乎近于先验的印记。在做出审美判断之前，接受者可能已经更多地了解了历代艺术批评、审美评价之于这些艺术文本的阐释，在审美心理进入实质阶段的感受之前已接受大量的非文本的审美信息，构成了对文本的预先崇拜，在审美评价之先，审美思维的预定性结构已完型和定势。比如，从微观现象上看，像达·芬奇的《蒙娜·丽莎》，凡·高的《向日葵》，对于前者“微笑”无以计数的解释或猜测，已使艺术文本蒙上神秘主义色彩；后者“向日葵”则被评论家高度灵化与神化，超出一般知觉和理性把握界限，成为一种迷幻神奇的意象。两者均被注入先设的崇拜观念，驱使审美活动走向刻意营造的近乎神话境界。尤其是一些杰作文本，受到的崇拜正好和它们的知名度成正比关系，而且随着时间的更替崇拜程度也势必呈上升趋势。具体分析这种崇拜，仍然陷入理论的困惑和二律背反：一方面，面对这种接受者对文本的崇拜，不得不承认它有助于艺术感知和了解，审美趣味的激发和提升；另一方面，不无遗憾地发现，这种崇拜会造成对文本任意性拔高的阐释，甚至使艺术文本神秘化和至尊化，导致艺术价值的独立性功能和特有机制丧失活性而最终被其他因素吞噬，迫使审美活动陷入理性和情感的双重偏见，降低审美主体的诗性智慧和自由悟性。

2. 艺术家崇拜。在日常生活中普遍见到是“名人崇拜”，构成当今社会的有趣现象之一，“名人崇拜”已经潜在地和商品社会的经济活动与价值概念密切地交织起来。“名人崇拜”不过是往昔的英雄崇拜、艺术家崇拜等历史现象的新版，现代的“名人崇拜”更多包括影视歌舞明星、球星等对象。这不列入讨论的范围。这里所讨论的艺术家崇拜，是指艺术接受者将艺术家视为天才、超人、先知，赋予他们种种美善的理想与愿望。柏拉图尽管要将某些亵渎神灵、败坏风俗的诗人驱逐出理想国，但是他内心还是为诗人留有尊贵的地位。在文化学意义上，人类对于艺术家的崇拜是可以理解的，因为艺术家为人类带来无限的爱与欢乐，让人痛苦悲哀的心情得以净化和升华，即使是悲剧也给人以教益和启迪。

然而，对于艺术家的崇拜也应当适度和有所节制，否则要妨碍对艺术文本的理解与评价。艺术家崇拜是艺术崇拜的一个方面，其表现方式是崇拜者对他们的生活经历、本人、作品及有关方面的崇拜。艺术家崇拜的重要内容之一是接受者对艺术家生活经历的崇拜，因此，重要艺术家一般都有传记、年谱、生活逸事传世。一个艺术家生活经历越曲折越有浪漫色彩和戏剧性，则他的作品越受青睐，他诗意的人生旅程也暗自为自己带来艺术声誉。一般地说，悲剧人生的艺术家最容易赢得欣赏者的同情，如凡·高、屈原、曹雪芹、贝多芬、莎士比亚、海明威等人，他们穷困潦倒、悲惨哀愁的生活遭际令众多欣赏者产生惋惜、不平与崇敬的情绪。许多艺术家将自己曲折离奇、苦痛忧愁的人生遭遇熔铸于艺术作品之中，赢得极高的赞誉与同情。从艺术家的生命存在来看，有时甚至连艺术家的相貌举止、衣着好尚等都成为崇拜对象，成为超俗和高雅的象征而被仿效。乃至于艺术家的居住地、物品、故交世戚等成为崇拜者关注的对象，引起他们的莫大兴趣。从艺术家的理性结构看，如果这位艺术家心地善良、关心大众疾苦，往往获得欣赏者的尊重。而相反者多遭唾弃。然而，从艺术家的深层心理结构和生活行为看，有些艺术家可能不符合道德原则，未必尽善尽美，然而在私生活的风流韵事方面，人们不但会宽容艺术家，而且可能会认为这是艺术家“艺术人生”的一种必要的风度和骄傲。艺术家的豪饮、滥赌、决斗、嫖妓、疯癫等不良行为状态，都可能被崇拜者看作是合乎情理的潇洒浪漫。因为艺术家不一定是位道德学家和善行者、模范守法的公民。在有些崇拜者的眼中，甚至艺术家的精神错乱、变态心理、生理缺陷等都是神秘与审美的构成。这种对于艺术家盲目的欣赏与崇拜，不利于对其艺术文本的真切理解。对艺术家的崇拜意识，客观地形成了对作品的崇拜，两者构成正比例关系。

审美只有超越受现实制约的崇拜意识，才更多获得精神的自我反思和诗性智慧，获得心灵的自我提问和回答的无限可能性。

第二节 艺术的非情感性

传统美学与艺术理论存有一个不变的恒定概念，就是艺术在本质上是表达主观情感的感性形式，“表情”似乎成为艺术作品一种超历史的共时性的原则规范。然而，艺术——这个蕴含人类精神无限可能性的自由鸟似乎一直和理性概念进行一场不定期的思维游戏，以至于现代文艺理论大师克罗齐不无调侃地宣称："任何人把艺术理解成什么，艺术就是什么。"[①] 怀疑论美学对传统美学和艺术理论的核心论题——艺术情感进行否定性阐释，对"艺术表情论"予以概念存疑；并进一步呈现艺术的非情感性的潜在特征，将艺术从个人的主观的情感遮蔽中救度出来，以恢复纯粹的审美艺术的本质。

这就意味着如此的思维转向：一方面，怀疑论美学分离艺术与情感的必然性逻辑联系，标画出艺术与情感的差异面；另一方面，沟通美与艺术的偶然性逻辑联系，昭示出只有超越个人的主观情感之累的艺术，或者说只有那些对情感予以辩证否定的艺术，至少说与情感保持适度距离的艺术，才得以获得较纯粹的"美的艺术"的可能性，并确保自己属于一种相对地超越具体历史文化语境限定的纯粹艺术。

一、外部探讨

在本体论意义上，艺术是人类精神结构的自我伪装和自由象征，是人类精神文化现象和复杂心理流程的展现，属于人类以审美理想所建构的经验世界和玄妙的灵魂之家，揭示着人类心灵的痛苦和虚无。卡西尔颇有感触地说：

> 艺术把所有这些痛苦和凌辱、残忍与暴行都转化为一种自我解放的手段，从而给了我们一种用任何其他方式都不能得到的内在自由。
>
> 因此，企图以某种情感特征来刻画艺术品的特征，那就必然不能得出正确的看法。如果艺术企图表达的不是任何特殊的

① 〔意〕克罗齐：《美学原理·美学纲要》，朱光潜译，外国文学出版社1983年版，第203页。

> 状态而正是我们内在生命的动态过程本身，那么任何这一类合格证明就简直不过是马马虎虎肤浅表面的合格而已。艺术必须始终给我们以运动而不只是情感。[①]

艺术以其宏大丰富的包容性接纳人类精神的全部存在，而情感作为主体心理结构的构成因素之一，无法扮演艺术王国中的全部角色，甚至连主角都难以充当。柏拉图也许是最早提出艺术“非情感”化的哲学家，认为艺术作品中包含某些个人的主观情感或情欲，亵渎神灵，败坏风俗，所以主张将诗人从理想国中驱逐。亚里士多德认为悲剧“激起哀怜和恐惧，从而导致这些情绪的净化。”亚氏的“净化”概念隐含着对情感的否定性理解，也隐喻地说明情感在艺术作品中的负面效应。艾耶尔也指出：“对于那种认为真正的艺术品表达情感的看法，我所持的反对意见不是认为这种看法不正确，而是认为它没有提供更多的信息。”[②] 他对艺术表现情感的理论表示出存疑的态度。

艺术就其本性来说，属于人类精神无限可能性的感性呈现，属于一种超越现实性和真伪判断的精神的悬浮状态，或者说是一种人类精神有意义的“自我伪装”存在形式，所以它必然超出真伪逻辑的范围，追求想象性的精神的自由和自律。怀疑论美学标举艺术的非情感性，旨在阐释情感这一心理要素并非属于艺术的至高无上的唯一性的终极追求，而不是简单地宣称艺术拒绝情感的介入。它要言说的观念是：情感不是艺术作品的主导性的构成力量，在某种意义上或者在某些境域，情感产生对艺术的负面影响，构成对艺术美

① 〔德〕卡西尔：《人论》，甘阳译，上海译文出版社 1985 年版，第 190 页。
② 〔英〕艾耶尔：《二十世纪哲学》，李步楼等译，上海译文出版社 1987 年版，第 223 页。

的破坏性势能。怀疑论美学本着对于艺术本体论的自我理解，认为艺术是人类精神结构的自我伪装和自由象征，是人类精神无限可能性的感性呈现，所以它必然是包含否定冲动和怀疑冲动的精神存在形式。艺术既是精神主体以诗性领悟为心灵工具对现实界的否定活动，也是不间断地对艺术本身的否定活动，艺术既是存在者凭借智慧性想象对所有现象界的怀疑活动，也是不间断地对艺术本体的怀疑活动。置身于这种永无止境的对精神存在的怀疑与否定的过程，艺术才不断诞生新的意义，并对世界与自我进行提问与回答。因此，艺术最大限度敞开了精神的自由本质和审美潜能。从这个理论视界来看，构成艺术的决定性因素当然就不在于主体的情感而在于主体精神的无限可能性，在于精神存在的否定性和怀疑性，在于存在者的诗性智慧和审美想象力，而后者是精神获得无限可能性的重要保证。我们在怀疑论美学的艺术本体论的概念上，初步阐释了艺术与情感的逻辑差异。承接上述思维逻辑，发现“真伪逻辑”构成了艺术的非情感性的又一个契机。

1. 真与伪。情感（Feeling）这个概念在心理学上与情绪（Emotion）密不可分。情绪是指“人对待认知内容的特殊态度，它包含情绪体验、情绪行为、情绪唤醒和对情绪刺激的认知等复杂成分”[①]。情感则是情绪的感受方面，即情绪过程的主观体验。情感起源于主体的需要，这种需要既可能来源于生理、心理的本能欲望，又可能来源于社会性、意识形态性的价值准则对主体的理性冲动的规范。正是因于情感的感性与理性的双重性的矛盾组合，构成自身存在的复杂性。也因为情感更大程度上与社会意识形态相关联，诸如民族、宗教、国家、阶级、习俗、道德观、文化模式等因素，均可能构成对情感

① 黄希庭：《心理学导论》，人民教育出版社1991年版，第508页。

的潜在影响，左右情感的肯定或否定的性质或促使情感的强化和弱化。所以，情感面临着快乐原则和道德原则的两难选择，受制于本我和超我的两重召唤。因此，它在很大程度上和在很多境域中扮演着自我伪装的角色，情感的内在矛盾的规定性导致情感判断的复杂性，但这种情感判断的复杂性却总会被限定在逻辑的真伪两极之中。这就意味着任何一种情感都不能超越真伪判断。

怀疑论美学对于传统艺术观念的考察包含着否定性的思维转向，那就是之于艺术的“真实性”概念的悬置。真伪判断不适合艺术，真与假构不成艺术的存在意义和价值，艺术美也并非依赖真伪判断而存在。以“真实性”作为衡量艺术品的一个价值指标是恶劣的理性思维对于精神的诗性存在的误解之一。怀疑论美学恢复艺术对于真伪逻辑的超越精神，认为艺术这个灵性的自由鸟不应在真伪逻辑的树枝上栖息，而应在亦幻亦真、亦虚亦实的天宇中飞翔。于是就获得这样一个顺理成章的思维结果：情感限定在形式逻辑的真伪判断之中，它呈现的形式有可能是伪装的和夸张的，但客观的存在总超不出对现象界的肯定与否定的态度；艺术却能超越人类知性或理性的真伪判断，呈现的形式不具有真伪的意义，艺术品所呈现的某些情绪、态度可以放弃对事物做肯定或否定判断。艺术行走在人类情感的大地上，但又不受情感逻辑的束缚，它以自我的诗性智慧和精神的无限可能性超越情感的真伪逻辑，以非情感的诗性存在引导自由自觉的心灵，进入到纯粹的虚无化的审美空间。

2. 欲望。情感的特征还在于它依存于主体的感性欲望的需要，这种“需要”主要体现在潜意识的生命本能的需要和显意识的社会功利的需要这两个层面上。而艺术的特征之一即在于它的非功利性。克罗齐认为：“艺术也不可能是功利的活动；因为功利的活动总是倾向求得快感和避免痛感的，所以，考虑到艺术的本质，艺术就和‘有用’、‘快感’、‘痛感’之类的东西无缘。实际上承认这一点并不困难，快感之为快感，不论是哪一种快感，就其本身来讲并不是艺术的。”[①] 尽管克氏的看法有理论的偏颇，但毕竟具有合理的内核。一方面，否定了艺术活动和感性欲望的联系，认为艺术与生命本能的需要无关；另一方面，否定了艺术活动与社会功利的联系，认为艺术活动与实践活动的功利倾向无关。克罗齐的艺术观为我们开启了一条寻找艺术的非情感性的思路。沿循着这一思路则不难发现一般的情感活动与艺术活动存在的显著差异。情感更多偏重于个体心理的感性欲望的需要，它受“本我”驱力的支配和服从“快乐原则”，艺术尽管也属于个体的心理活动，但它更多受“超我”势能的支配和顺应“升华原则”，因此它更多体现人类精神的普遍需要，呈现的是一种客观化的“情绪”或“情感”。或者确切地说，艺术所包含的精神正是主体存在者对情感或情绪的审美否定。情感更大程度上以获得个人化的社会功利为目的，它凭借个人的认知能力和实践能力，主要依赖知识工具去获得以个人为中心的社会化价值，从而肯定自我存在的意义并满足自我从感性到理性的需要。艺术虽然也属于个人的精神话语，但却超越了个人的功利目的，并且很大程度上放弃使用知识工具，也不依赖认知、实践的能力，而更多依赖精神的无限可能性的诗性想象和直觉领悟去构造非现实性的精神空间。它超越个人为中心的社会化价值，表达一种人类普遍精神价值的共同信念和信仰，这种信念或信仰由于自身的怀疑性和否定性，不断诞生人类精神的新的追求、新的期待，引导精神存在走向一个永无止境的审美生成境界。这就是艺术给人类心灵带来魅力的奥秘之一，也

① 〔意〕克罗齐:《美学原理·美学纲要》，朱光潜译，外国文学出版社1983年版，第211页。

是情感无法主宰艺术这个人类精神的常青树的原因之一。

3. 道德。道德感属于一种高级的社会化情感。道德感内在构成情感的重要内容，或者说，情感的肯定与否定以主体所依据的道德概念或伦理价值准则为逻辑支点。克罗齐认为，“艺术活动不是一种道德活动”[①]。克罗齐虽然缺乏一些辩证的眼光，但把握到了一块合理的基石，那就是艺术与道德的根本性差异。他扭转了文艺理论史一向将道德观念、价值判断强硬渗入艺术的审美价值的偏颇做法。

情感活动潜隐着理性层面下的道德观念，伦理观和价值观深刻影响着主体心理的肯定或否定的情感判断，道德感在某种意义上构成集体无意识的道德焦虑，压抑着每个个体的意志实践行为和内在情感走向。显然，作为人的心理存在的重要构成之一的情感，很大程度上围绕着世代相传的道德感这一轴心而运动。作为人类精神无限可能性的艺术，它呈现的是人类精神不间断地自我怀疑和自我否定的过程，是一种自由自律的纯粹意识和纯粹想象的智慧活动，它必然不受任何事物的限定，当然也拒绝道德概念的制约，同时排斥“道德情感”对自我的侵占行为。正是在这个理论意义上，怀疑论美学有选择地接受克罗齐的艺术非道德观，由此阐释艺术活动的非情感性的又一个方面。

二、艺术创造的情感研究

怀疑论美学由“艺术—情感”的外部研究，阐释艺术的非情感性的几个层面。现在，从艺术创造的视界切入，进入到“艺术—情感”的内部研究，进一步考察艺术的非情感性的问题。怀疑论美学致力于分离艺术与情感的必然性联系，旨在阐明传统的“艺术—情

---

① 〔意〕克罗齐:《美学原理・美学纲要》，朱光潜译，外国文学出版社1983年版，第213页。

感”的概念包含了一个思维陷阱，也就是将情感作为艺术的主导性因素或决定性结构，夸饰了情感在艺术作品中的功能。怀疑论美学一方面标画艺术与情感的逻辑差异，另一方面尝试说明“艺术—情感”所凸现的非情感性质。

1. 个人情感。苏珊·朗格不赞成艺术是自我情感表现的理论。她说：“发泄情感的规律是自身的规律而不是艺术的规律。”[①] 朗格认为，艺术作品所表现的是艺术家所感受到或体验到的人类的普遍情感，或者说是一种关于情感的概念。朗格这一观点无疑是受到奥托·巴恩斯（Otto Baensch）“客观情感”这一概念的影响，巴恩斯这一概念启发了朗格对于“艺术—情感”问题的进一步运思。借鉴朗格的对于“艺术—情感”的思考之路，怀疑论美学认为，艺术的非情感性在创造论意义上表现为艺术文本所包含的绝不是艺术创造主体的个人的情感话语，艺术品正是对于创造者个人情绪的一种抽象和提升。更严格地说，艺术文本所蕴含的精神可能性正是建立在对于艺术创造者的个人情感的逻辑否定之中。艺术一方面不是理性目的的有意识地逻辑再现，另一方面也不是感性欲望的随机即兴的情感表现。个人情感之于艺术品的主观渗透只会招致发泄的、歇斯底里的、丧失美感与艺术魅力的、拙劣的“实用艺术”的应运而生。个人情感只有凭借艺术创造者的不断自我否定和自我，而被上升为一种普遍意义的精神存在，才获得存在的合理性。换言之，艺术品只有被赋予了人类最普遍、最稳固、最深层的“情感”，也许才获得艺术美的可能性。否则，艺术品所包含的只能属于一种个人的、自私的、虚假的、夸饰的、发泄的等情感话语，而这些只能暂存一时却没有普遍永久的意义。因此，艺术创造活动应寻求具有普遍性、

① 〔美〕苏珊·朗格：《情感与形式》，刘大基等译，中国社会科学出版社1986年版，第9页。

共时性的人类精神来展现其内蕴，其“情感”具有的普遍意义的程度与其艺术价值的高低呈正比关系。这也说明，越是超越情感的功利性、本能欲望、道德感、阶级意识、狭隘民族意识、宗教观念等限制性因素的艺术文本，才可能使艺术价值走向较纯粹的审美境界，同时赋予自我较长久的美学魅力。

2. 时间。从时间纬度考察，情感可划分为历时性和共时性的两种存在特征。前者主要随着心理的本能需要、欲望、功利追求等因素的满足与否为前提条件而转移；后者主要相对稳定在道德感、理性认知等实践意志的社会活动过程的价值认同方面。除此之外，它还体现为一种超越历史文化语境、超越社会意识形态而为全人类所共同推崇的普遍价值选择的精神准则，构成共时性的情感信仰和情感标准。从艺术创造这一极来看，由于艺术创造主体对于情感的理解和体验的差异性，不同的创造主体可能会选择不同的情感特性来表现，这就内在决定了艺术文本在情感表现上的高下差别。于是合乎逻辑地呈现这样的艺术史现象：满足于表现历时性情感的艺术品，随着历史文化语境的变迁而逐渐丧失自身的存在价值，也不再激起欣赏者审美接受的情感认同的兴趣，在接受意义上它必然降低其艺术价值；而那些能够超越具体境域的限定而瞩目表现共时性情感的艺术文本，历史文化语境、社会意识形态的流变并不改变它内在的精神价值，不同的历史时间、不同文化圈、不同政治和宗教信仰的接受者，面对它的存在能够激起相同的情感认同和审美共鸣。这也从一个侧面为文艺理论史长久争执的一个论题，即艺术的超越意识形态性做出一个比较有信服力的说明。怀疑论美学的艺术非情感性的命题其中所包含的内容之一，就在于标举艺术创造应否定历时性的局限于某个境域、某个狭隘目的、欲望的情感结构，甚至否定那些虚假的无意义的为某些政治家、野心家出于谋求权力目的所溢美的阶级情感、民族情感等存在。怀疑论美学的主旨之一，就是剥离笼罩在历时性情感身上的伪装外衣，而追求表现共时性的人类普遍共存的跨文化、超历史和超意识形态的共同情感。

3. 有我之情与无我之情。王国维先生在《人间词话》论道："有我之境，以我观物，故物皆着我之色彩。无我之境，以物观物，故不知何者为我，何者为物。古人为词，写有我之境者为多，然未始不能写无我之境，此在豪杰之士能自树立耳。"[①] 中国古代的诗人哲学家庄子与他的思想挚友惠施，有一段关于情感的哲学问答："惠子谓庄子曰：'人故无情乎？'庄子曰：'然。'惠子曰：'人而无情，何以谓之人？'庄子曰：'道与之貌，天与之形，恶得不谓之人？'惠子曰：'既谓之人，恶得无情？'"[②] 王国维的有我之境与无我之境的概念，主要讨论的是艺术创造的问题。前一种艺术境界是指创造主体将主观情感寄寓表现对象，后一种艺术境界是指创造主体保持一种淡然无情的态度，"以物观物"，拉开一定的情感距离或以无情的态度去摹写对象。无疑王国维推崇后一种艺术创作方法。和王国维的艺术视界不同，庄子主要关注的是人生哲学的问题，这则哲学对话是以诗性的隐喻凸现了生存哲学的一个重要主题：何为人之本质？人之生存本质为有情抑或无情？人之生存方式究竟是选择有情还是无情？庄子和惠子的对话重在提问而非回答，重在启人思而不在提供现存的知识，从而留给后世一个理解与释义的思维空间。静安与庄子，看似讨论的是两个问题，一为艺术，一为哲学，实质属于同一问题，即情感的美学观问题。所以，他们的论题都禀赋形而上的

① 《中国现代美学名家文丛 · 王国维卷》，浙江大学出版社 2009 年版，第 135 页。
② 《庄子 · 德充符》。

普遍的美学意义。回归到思考的原旨上，怀疑论美学从庄子、王国维两位先哲的思维绿树上获得这样的精神果实：艺术或者至少说好的艺术应否定有我之境或“有我之情”的表现方式，而趋向无我之境或“无我之情”的表现方式。艺术的非情感性还应显现在艺术创造主体超越是非利害，“言人之不以好恶”，达到“安时而处顺，哀乐不能入”[①]的摈弃情感的“悬解”境界，从而能够从现实性的种种观念、意识形态中解脱出来，以一种纯艺术、纯审美的态度从事艺术创造活动。另一方面，这也昭示着艺术家必然放弃自我的激情，驱逐自我的矫情、虚情，乃至种种因社会历史、意识形态所影响而产生的情感均采取悬置、存而不论的策略，以一种不以物喜，不以已悲，超以物外，淡然虚静的纯审美、纯艺术的创造心境从事艺术的构思和传达。这样才可能达到“落花无言，人淡如菊”，“采菊东篱下，悠然见南山”，“寒波澹澹起，白鸟悠悠下”，“明月松间照，清泉石上流”的美学境界，能够使艺术超越情感的限定而走向审美的永恒。

4. 伪饰之情感。从艺术创造论的视界，怀疑论美学的艺术非情感性还主张否定艺术文本表现伪饰的情感。这种情感一方面具有虚假性，它属于带有功利目的的世俗情感，另一方面它蕴含夸饰性，属于理性概念的生活情感。在此以一个称谓来进行比喻性的能指：“成人情感”。艺术就在于否定带有虚假性和夸饰性的世俗情感和生活情感，追求表现本真性和超越性的诗性精神和审美智慧。这种心理存在可以借用李贽的“童心”概念来比喻性指称它为“儿童情感”。这种情感较多超越社会意识形态的限定性，摈弃虚假、夸饰、激情、矫情等因素。总之，它是对“成人情感”的顽强否定与

① 《庄子·养生主》。

本能拒绝。李贽云："天下之至文，未有不出于童心焉者也。"[①] 卓吾之"童心"，即可理解为怀疑论美学所标举的艺术非情感性的否定性力量之一，也是对艺术创造中矫情、伪情、浮情等流弊的纠偏，也说明以往艺术观念所信奉不移的"情感"概念，包含了多少虚假成分和对艺术本体构成多大的歪曲与遮蔽。

第三节 艺术创造

艺术家和常人最重要的美学区别在于，艺术家必然是一个"诗性主体"。艺术家"诗性主体"的建构，首先取决于他的心理结构：恋美情结、超越之爱、人类良知。其次取决于他的发达想象力和奇异的灵感、生命的诗意与智慧，以及独特的人生经验和情感路程，最后是他对于艺术形式的天才感觉和传达技艺。这些要素逻辑地形成艺术创造的审美结构，决定着艺术文本的美学价值和精神意义。

一、创造主体的心理结构

只有将"诗性主体"作为审美生成的逻辑前提，一个艺术家的资格才得以可能，艺术创造才得以可能。艺术家在某种意义上等同于常人，然而，在美学意义上决不能等同常人。这并非建立在克罗齐的理论上，在他看来，就直觉能力而言人人都是艺术家，之所以人人没有成为艺术家，是因为艺术家之外的常人缺乏艺术传达的能力。艺术家和常人最重要的美学区别在于，艺术家必然是一个"诗性主体"。艺术家"诗性主体"的建构，首先取决于他的心理结构：恋美情结、超越之爱、人类良知。其次取决于他的发达想象力

---

① 李贽:《焚书》卷六。

和奇异的灵感、生命的诗意和智慧，以及独特的人生经验和情感路程。最后是他对于艺术形式的天才感觉和传达技艺。罗丹对于艺术和艺术家发表过深切的感悟："艺术，就是所谓静观、默察；是深入自然，渗透自然，与之同化的心灵的愉快；是智慧的喜悦，在良知照耀下看清世界，而又重现这个世界的智慧的喜悦。艺术，是人类最崇高的使命，因为艺术是要锻炼人自己了解世界并使别人了解世界。"[①] 艺术家的心理结构必然存在恋美情结，一是对于大自然之美的迷恋，二是对于"美人"的迷恋。恋美情结往往来自于童年的经验和记忆，所以许多艺术家都酷爱自然，从童年时代就是自然之子，而且潜藏强烈的迷恋"美人"的本能冲动。随着年龄的增长，恋美情结升华为一种"审美信仰"，他把对此岸的美的沉迷转换为对于彼岸的美的乌托邦式的眺望。

这一冲动逐渐加深而激发创作动机。无论人生经历如何沧桑变迁，这种恋美情结伴随终生。弗洛伊德说："童年记忆经常是这样出现的。同成年时期的有意识的记忆完全不同，它们并不固定在被经验的时刻，又在以后得到重复，而是在以后的年月，即童年已经逝去了的时候才被引发出来；在它们被改变和被伪造的过程中，它们是要服务于以后的趋势的，所以，一般说来，它们与幻想并不能被明确地区别开来。"[②] 隐藏在童年的经验和记忆中的恋美情结，在后来的岁月不断被"回忆"修改和"伪造"，"回忆"实质上具有了幻想的性质。弗洛伊德又说："众所周知，伟大的艺术家多么经常地通过性的、甚至赤裸裸的猥亵的画来抒发他们幻想，以此得到快乐。"[③]

---

① 〔法〕葛塞尔：《罗丹艺术论》，沈琪译，人民美术出版社 1987 年版，第 8 页。

② 《弗洛伊德论美文选》，张唤民、陈伟奇译，知识出版社 1987 年版，第 58 页。

③ 同上书，第 49 页。

凡·高和毕加索两位艺术家的生命经历就是典型的例证。从另一个意义来看，既然"生命的经验"意味着艺术家对于大自然的直觉迷恋，那么，艺术家必然地属于"自然之子"，往往经历乡村文明和都市文明的双重洗礼。所以，几乎很少伟大的艺术家一生居住于都市而远离乡村，而科学家和学者则不在此限。艺术家的童年的创伤性经验也同样对艺术创造产生深刻影响，这种创伤性经验和记忆成为他一生的压抑性势能，他要借助创造过程和艺术作品释放储存在情感水库里的痛苦。这样，可以体悟为什么卡夫卡（Franz Kafka，1883—1924）所说"写作是一种祈祷的形式"。

和恋美情结相关，艺术家的心理具有超越的爱。因为首先，艺术家的爱欲一般超出常人，他爱自然和自然中的生命形式。其次，他们沉醉于异性之爱，男性艺术家常常有女性崇拜或女神崇拜的潜意识动向。再次，他痴迷"自我"，具有强烈的自恋情结。所以，艺术作品常常是艺术家的自画像或精神投影。最后，艺术家对精神形式的热爱超越常人。对于艺术、宗教、政治、文化传统等意识形态结构，隐藏着自己坚毅的心灵许诺。这些都促使他以艺术的符号象征得以表达。

"人类良知"对于艺术家而言，具有非常重要的意义。良知不是道德，良知是高于道德之上自觉的、无意识的仁爱与仁慈。可以允许和宽恕一个艺术家在道德方面存在缺陷，正如克罗齐所论："善良的意志能造就一个诚实的人，却不见得造就一个艺术家。"① 但是，不能容忍一个艺术家丧失人类良知。艺术的人类良知包括普遍的人性或人道主义、人文精神，它内涵于孔子的"仁"、"己所不欲，勿施于人"等普遍道德原则，佛教的慈悲心和基督教的"赎罪"精神与拯救意

---

① 〔意〕克罗齐：《美学原理·美学纲要》，朱光潜译，外国文学出版社1983年版，第213页。

识。唯有良知，艺术家才可能使自己的艺术创造获得美的可能。

艺术家的生命经验一方面是直接的存在形式，另一方面是间接的存在形式。人生过程中所亲身经历的生命经验，只能构成艺术创作的组成部分，它们另外部分就是艺术家依赖知识积累、理性工具等方式获得的间接的生命经验。它们包括读书生涯的知识背景、理性思维的结果等，它们和直接的生命经验一起参与艺术创作的整个过程。但是，无论是直接的生命经验还是间接的生命经验，艺术家的心理结构，如孤独感、痛苦情绪、痴狂、无意识的幻觉、宁静恬淡的美感等，有些隐匿在直接的生命经验之中，有些躲藏在间接的生命经验背后，共同构成艺术创造的动力和动机，迫使艺术家通过创造活动获得释放和显现。艺术家直接的生命经验和间接的生命经验，促使自己不断获得知识和诞生智慧，它们渗透到艺术创造活动之中。

二、想象与智慧

艺术是想象活动的精妙果实。怀疑论美学对于"想象"给予新的阐释，从本体论视界强调想象的怀疑和否定的特性，揭示其对于世界的追问、反思、批判的理性功能。一方面，想象禀赋感性的心理结构，包含幻觉、痴狂、荒诞、本能冲动等非理性内容，以对知识逻辑和日常经验的斥拒为特性。另一方面，想象不是传统哲学中被藐视的低贱的精神活动，而是人类思维的最高级的形态，综合感性和理性的精神形式，上升诗性的本质。萨特感叹道："想象活动是一种变幻莫测的活动，它是一种注定要造出人的思想对象的妖术，是要造出人所渴求的东西的；正是以这样一种方式，人才可能得到这种东西。"[①] 黑格尔说："最杰出的艺术本领就是想象。但是我们同时要注意，不要

① 〔法〕萨特：《想象心理学》，褚塑维译，光明日报出版社 1988 年版，第 192 页。

把想象和纯然被动的幻想混为一事。想象是创造性的。”[①] 黑格尔在这里区分了想象和幻想，但是，他忽视了有部分幻想是可以转化为想象的事实，幻想对于艺术创作具有极其重要的分量和意义。

中国古典美学对于想象非常关注和推崇。陆机的《文赋》说：“遵四时以叹逝，瞻万物而思纷。悲落叶于劲秋，喜柔条于芳春，心懔懔以怀霜，志眇眇而临云。”“收视反听，耽思傍讯，精骛八极，心游万仞。”“谢朝华于已披，启夕秀于未振。观古今于须臾，抚四海于一瞬。”刘勰的《文心雕龙·神思》说：“古人云‘形在江海之上，心存魏阙之下。’神思之谓也。文之思也，其神远矣。故寂然凝虑，思接千载；悄焉动容，视通万里；吟咏之间，吐纳珠玉之声；眉睫之前，卷舒风云之色；其思理之致乎！故思理为妙，神与物游。”想象活动首先在于艺术家创造心理和现象界建立“主体间性”（Intersubjectivity）的对话关系，在古典艺术中，艺术家以万物有灵观（Animism）的神话思维方式和现象界建立精神联系，或者，艺术家以诗意的直觉和体验把表现对象虚构为自我的投影，就像辛弃疾的词所咏唱的那样“我见青山多妩媚，料青山见我应如是”，人与自然建立一种虚拟的审美对话关系。其次，艺术家调动无意识的心理机能，特别是幻觉和梦境的活动，渗透到艺术创造之中。幻觉和梦境尽管不乏杂乱因素，但是它毕竟为艺术的构思提供精神动力。弗洛伊德说：

> 心理活动创造出一个代表着实现愿望的未来有关的情况。心理活动如此创造出来的东西就是白日梦或幻想，这些东西带着刺激它发生的场合和引起它的记忆的特征。这样，过去、现

① 〔德〕黑格尔：《美学》，朱光潜译，商务印书馆 1979 年版，第 1 卷，第 357 页。

在和未来就串在一起了，似乎愿望之线贯穿于它们之中。[①]

艺术家的幻觉和梦境的心理活动可以参与艺术创造，并且可能带给接受者以奇异的美感，表达隐秘的愿望，令过去、现在和未来消解界线而彼此串联。据清代著名诗论家赵翼统计，陆游的纪梦诗达99首之多。《瓯北诗话》云："人生安得有如许梦，此必有诗无题，遂托之梦耳。"艺术的梦境可以更大程度上发挥想象力的潜能，打破时间和空间的界限，营造虚幻朦胧的审美境界，使表现范围更为广阔，手法更为灵活洒脱。莎士比亚的《仲夏夜之梦》，有着浓丽幽婉的浪漫色调，全剧构造情境优美的梦境，以梦幻的方法酿成几对情人的喜剧冲突，错中错的情节发展，由于梦境的佐助，显得荒唐而有趣味，让欣赏者感受到这是一场无伤大雅、妙趣横生的美妙之梦。在中国将梦境展现在艺术中并获得巨大成功的莫过于明代戏剧家汤显祖。他写了"临川四梦"，在中国艺术史占据第一流地位。汤显祖的美学原则是"因情成梦，因梦成戏"。情是作者的或一般的社会情志，梦是作者的美学理想，也是艺术创造的方法。梦表现情和体现理想，"曲度尽传春梦景"。"四梦"之冠的《还魂记》，写少女杜丽娘因梦感情，因情而死，演出一场哀艳伤情的虚构悲剧，"梦而死"、"死中梦"、"梦中又生"的曲折情节紧扣欣赏者的审美知觉，充分体现了艺术的独创性。在艺术创造中采取梦幻的表现方法，还因为艺术家所处的社会历史环境，限制他以直叙的方式暴露现实，露而不藏的写法可能招致杀身之祸，这样就可能使艺术家被迫运用托梦而言的创造方式。曹雪芹在《红楼梦》中，"作者自云：因曾历过一番梦幻之后，故将真事隐去"。通篇以一个梦幻相契领，演出一幕"树

① 《弗洛伊德论美文选》，张唤民、陈伟奇译，知识出版社1987年版，第33页。

倒猢狲散，飞鸟各投林”的历史、家庭和个人的悲剧。梦幻在曹子的艺术构思之中，不仅是悲观虚无的“色空”观念的折射，而且是他形象刻画和心理分析的独到之笔。

克罗齐认为艺术是一种直觉，他认为：“直觉据说就是感受，但是与其说是单纯的感受，毋宁说是诸感受品的联想。”[①] 如果说直觉是沉默的持续性想象，那么，灵感则是瞬间迸发的吟唱性想象。灵感是想象的高峰境界，是心灵潮汐的高涨时刻。艺术家没有灵感是不可能创造诗意盎然和富有智慧与美感的经典之作的。德谟克利特认为：“没有一种心灵的火焰，没有一种疯狂式的灵感，就不能成为大诗人。”[②] 又说：“一位诗人以热情并在神圣的灵感之下所做的一切诗句，当然是美的。”[③] 柏拉图在《伊安》篇以诗意的语言表述自己的观点：

> 诗神就像这块磁石，她首先给人灵感，得到这灵感的人们又把它递传给旁人，让旁人接上他们，悬成一条锁链。凡是高明的诗人，无论在史诗或抒情诗方面，都不是凭技艺来做成他们的优美的诗歌，而是因为他们得到灵感，有神力凭附着。科里班特巫师在舞蹈时，心理都受一种迷狂支配；抒情诗人们在作诗时也是如此……抒情诗人的心灵也正像这样，他们自己也说他们像酿蜜，飞到诗神的园里，从流蜜的泉源吸取精英，来酿成他们的诗歌。他们这番话是不错的，因为诗人是一种轻飘的长着羽翼的神明的东西，不得到灵感，不失去平常理智而陷入迷狂，就没有能力创造，就不能作诗或代神说话。[④]

---

① 〔意〕克罗齐：《美学原理 · 美学纲要》，朱光潜译，外国文学出版社1983年版，第13页。

② 朱光潜：《西方美学史》上卷，人民文学出版社 1979 年版，第 36 页。

③ 伍蠡甫主编：《西方文论选》上卷，上海译文出版社 1979 年版，第 4 页。

④ 《柏拉图文艺对话集》，朱光潜译，人民文学出版社 1963 年版，第 8 页。

灵感是想象力的突然爆发，也是智慧的畅通，类似于佛禅的“顿悟”。灵感的起因有可能是想象活动的时间积累，有可能是外在意象的突然激发，也可能是无意识的梦幻活动的直接结果，也可能是生活经验和以往记忆的间接唤醒。当然，也有可能是情绪处于高峰状态的突发体验。总之，灵感是想象力畅通和智慧之光闪现的结果。灵感决定着艺术创造活动的成败得失，衡量着一个艺术家的天才、智慧和想象力。

艺术家的记忆和想象存在非常重要的逻辑联系。正如弗洛伊德所指出，艺术家的童年印象构成永久的生命记忆，这种记忆不断被他本人所修改、涂抹、虚构，成为一种想象的精神对象。其实，包括艺术家在内的任何生命个体的“记忆”，乃至一个民族或国家的集体“记忆”，在不间断的回首和追忆的过程中，都不同程度地被情感和想象力修改和变形。任何记忆都是历史的和想象的感性果实，不是理性和逻辑的事实。黑格尔、尼采、海德格尔的“希腊情结”，是一种文化崇拜的历史性集体记忆，他们显然以自我的崇拜情感和想象去复活、修改古希腊精神。因此，所有的记忆都必然是不可靠的虚构和想象，尤其是人文领域的记忆。当然，艺术家的“记忆”是所有记忆形式中的最富有想象力的追忆，并且是最唯美或最痛苦的“记忆”，它可能以夸张的艺术修辞走向不同的心理极端。

艺术家的想象类型，可以区分为：一类是合乎逻辑的想象、现实性想象、再现想象、客观想象、非逻辑想象等。这类想象包含一定的理性成分，是依照亚里士多德的《诗学》所说的“可然律”和“必然性”方式进行的想象活动，传统心理学的“接近联想”、“类比联想”和“对比联想”的概念可以指称它们。另一类是虚构式想象、创造性想象、非客观想象、无意识想象、梦幻式想象等以非理性为主流的想象。艺术家的想象是以后者为主体的交叉两类想象的创造性心理活动。

艺术是智慧的敞开和结果，而智慧又是想象的延伸和结果，它具有存疑的否定的理性力量。智慧呈现“虚无”、“非逻辑”、“超越语言”、“关注过程”、“绝对自由”、“幽默”等特性。因为智慧和想象的逻辑关联，它们共同参与和引导着艺术家的创造活动。佛学尤其注重智慧的开启，所谓“戒、定、慧”的修行，“开慧”、“思慧”、“修慧”的智慧汲取方式，都重视智慧之于众生的重要意义和价值。中国佛教哲学对于智慧的阐发丰富而深刻，般若的“心境俱无”说，唯识宗的“心有境无”说，“阿赖耶识”说，华严宗的“如来藏”说，“事事无碍”说，禅宗的“顿悟”说，法性宗的“离言绝待”说等，均从诸种佛学义理，强调和阐释智慧的性质。宋代普济的《五灯会元》，汇辑不同时期的各派高僧有关教义辩论和生活故事，富有趣味地说明了智慧的超越性和否定性。中国艺术精神融入了佛学的智慧，古典诗人、艺术家都不同程度受惠于佛学的智慧熏陶。

三、形式与技艺

艺术创造需要艺术家对于特定的艺术形式的精湛领悟、理解和把握，否则他无法把内心的感受和体验转变为现实性存在。艺术家必须具备对他所从事的某种艺术种类或艺术形式的敏感和娴熟的把握能力。雕塑家必然有对于三维空间的形象把握能力，一方面，他有一双敏锐的体察物质的空间结构的眼睛，有一种对空间形体进行感觉和分析并且形成审美意象的心理构造才能。另一方面，他要对雕塑的整个技术过程持有精湛的技艺。罗丹（Auguste Rodin，1840—1917）感慨雕塑是“塑造的科学”，他牢记一位前辈雕塑家的忠告：“‘你以后做雕塑的时候，千万不要看形的宽广，而是要看形的深度……千万不要把表面只看作体积的最外露的面，而要看作向你突出的或大或小的尖端，这样你就会获得塑造的科学。’这个原则，对于我，是一个惊人的收获。”[①] 画家要有一双细腻地分辨色彩、线条、平面和形状的眼睛，对于绘画的某个种类有娴熟的技巧。凡·高这位后印象派画家，沉浸在他绘画世界里，对于光线和色彩产生独特的感悟和表达。

> 他变成了一台盲目的绘画机器，甚至连自己也不知道在干什么，就匆匆地完成了一幅又一幅的冒着热气的油画。乡间果园的果树开花了。他产生了一种狂热的欲望，要去把它们全都画下来。他不再去思索自己的画。他只是去画。整整八年他所进行的紧张劳动没有白费，终于突然间化成一股巨大的凯旋的力量。有时，他要是在天将破晓时开始作画，到中午这幅油画就能完成。那时他便徒步走回城里，喝一杯咖啡，然而又步履艰难地向另一个方向出发去画一幅新的油画。
>
> 他不知道自己的画是好是坏。他并不在乎。他陶醉在色彩中了。[②]

美国舞蹈家邓肯（Isadora Duncan，1878—1927）说：“甚至于我要追一个绝对真实的动作，费了我若干年的工夫。……自最初我的跳舞便是表现人生。幼年的时候，我跳着生物自然发育之舞；成年的时候，我跳舞便深深地感觉到人生悲哀的暗潮，冷酷的残忍，前进中的挫折。”[③] 凡·高和邓肯分别对绘画和舞蹈有着精湛而独特的理

---

① ［法］葛塞尔：《罗丹艺术论》，沈琪译，人民美术出版社 1987 年版，第 30 页。

② ［美］欧文·斯通：《梵高传》，常涛译，北京出版社 1983 年版，第 423 页。“梵高”也译“凡·高”。

③ 《邓肯女士自传》，于熙俭译，三秦出版社 1994 年版，“序言”第 3 页。

解和传达。音乐家对音响、节奏、旋律、和声有着天然的敏感，如同文学家对于文字语言的节奏、音韵、意象的直觉，以及对于隐喻、象征、夸饰、叙事、抒情、描写等技巧的通晓。正如黑格尔所论：

> 一位音乐家只能用乐曲来表现在他胸中鼓动的最深刻的东西，凡是他所感到的，他马上就把它变成一个曲调，正如画家把他的情感马上就变成形状和颜色，诗人把他的情感马上就变成诗的表象，用和谐的字句把他所创作的意思表达出来。艺术家的这种构造形象的能力不仅是一种认识性的想象力、幻想力和感觉力，而且还是一种实践性的感觉力，即实际完成作品的能力。这两方面在真正的艺术家身上是结合在一起的。……艺术家对于他的这种天生本领当然还要经过充分的练习，才能达到高度的熟练；但是很轻巧地完成作品的潜能，在他的身上仍然是一种天生的资禀；否则只靠学来的熟练决不能产生一种有生命的艺术作品。①

所以，艺术家对于形式的感觉、理解和运用是从事创造活动的一系列不可缺少的步骤。

艺术家的传达活动需要精湛的“技艺”和“技巧”。艺术的原初含义就是一种“技艺”。柏拉图在《伊安》篇把艺术就理解为是一种“技艺”。古典时期，它的称谓广泛，它包含医药、手艺、手工、畜牧、耕种、骑射等专门化的工作。科林伍德对“艺术”进行词源学考证，指出“艺术”和“技艺”的密切关联。“艺（藝）”在汉语中，也包含“技艺”的意思。《说文》中作“埶”和“蓺”。《诗经·唐风·鸨羽》云：“王事靡盬，不能蓺黍稷。”《抱朴子·行品》云：“创

---

① 〔德〕黑格尔：《美学》第1卷，朱光潜译，商务印书馆1979年版，第363页。

机巧以济用，总音数而竝精者，蓺人也。”《后汉书·伏湛传》载：“永和元年，诏无忌与议郎黄景校定中书《五经》、诸子百家、艺术。”李贤注云：“艺谓书、数、射、御，术谓医、方、卜、筮。”可见，艺术是个包容性广泛的集合概念。艺术家在创造过程的传达阶段，主要依赖于自己的高超而独特的“技艺”。而展现“技艺”的一个前提条件，就是对于创作理念和创作方法的选择、提炼，美学观念和审美趣味决定艺术家对于艺术手法的偏爱，天才的富有智慧的艺术家才能表现出自己的独创性。迄今为止，艺术史展现艺术家五彩斑斓的创作方法，诸如现实主义、古典主义、浪漫主义、自然主义、象征主义、超现实主义、存在主义、意识流主义、新感觉主义、唯美主义、抽象主义、印象主义、后印象主义、魔幻现实主义、立方主义、达达主义、后现代主义等。对于艺术家而言，创作方法没有价值差异，只有眼界和运用的差异。艺术家在传达过程，选择自己喜爱和擅长的创作方法，或者以某种创作方法为主体，糅合其他方法而形成自己的创作特色。当然，天才的艺术家可能凭借自己的灵感和悟性，创造出新的创作方法。“方法”是“技艺”的逻辑前提，“技艺”是依照创作方法在具体作品的创作过程中实际运用技巧与技法的活动。技艺是一种熟练而精湛、独特而卓越的表现在某种艺术类型上的才能，它是限于某个艺术话语和形式的特殊才智和能力。这一点正是艺术家区别于常人、伟大艺术家区别于一般艺术家的重要标志之一。

第四节　艺术批评的核心功能

艺术批评从阐释学、接受美学、语言学等视角考察，其核心功能就是“审美发现”。即：发现艺术创造者所未发现；发现艺术接受者所未发现；发现艺术批评、艺术理论所未发现。语言—符号批评在对艺术文本的语言结构和符号信息的具体的技术操作的分析过程中，有助于审美发现。然而，这种批评以及语言学方法均有较大限定性，不能上升为普遍有效的艺术本体论与方法论，而涵盖整个艺术领域及其艺术批评。

雷·韦勒克认为：“18世纪和19世纪都曾被人称为‘批评的时代’，然而把这个名称加给20世纪却十分恰当。我们不仅积累了数量上相当可观的文学批评，而且文学批评也获得了新的自觉性，取得了比从前重要得多的社会地位，在最近几十年内还发展了新的方法并得出了新的评价。”[①] 这确实是一种没有夸饰成分的客观陈述，但20世纪批评的兴盛已超出文学的界限而推衍到整个艺术领域，诸种艺术批评方法风潮迭起。“发展了新的方法并得出了新的评价”，这是韦勒克发现的诸种批评的要旨精蕴所在。怀疑论美学认为，艺术批评就是以怀疑和提问的态度，对艺术文本的审美发现，它构成艺术批评的核心功能。

一、发现艺术创造者所未发现

一个艺术文本一旦形成，它在作者意义上就是一个凝固的物理事实，是一个符码化的终端信号，属于无法再递增的极值。如同蚕吐完它生命形式的丝而生成一个定型化了的茧，创造者也就发挥了他的最终功能，并实现心灵的最高目的。从而留下一个精神性的三维空间和复杂神秘的主体精神的结构模式，为后代无数解释者提供审美发现的契机。创造者所遗留的艺术文本不同于纯抽象的数学

① 冯黎明等编：《当代西方文艺批评主潮》，湖南人民出版社1987年版，第1页。

猜想或许有最终的客观性的唯一答案，它历时性地永远处于流动的“效果历史”的情境中，它的审美效应因时代、文化习俗、接受者不同而变异，如同中国古代神话所说的月亮中那棵不断被砍伐也不断生长的生命永恒的大树。文本生成则意味着艺术家使命的终结，尽管某些艺术创作者对于自我的产品做出一些“广告式”的解释说明，但时间之维的限定使之不能具有时间长久的美学意义。这就呈现包含二重性的矛盾现象，一方面艺术家是文本的主宰力量，他以诸种符号或物质媒介，构造了一个主体精神的对象化的超越性的虚拟世界，属于他灵魂“最深沉和最多样化的运动”，在这种运动中创造者无疑处于轴心点上；另一方面，当艺术文本这个灵性的自由鸟一飞出艺术家的孵化笼，创作者就无法预言它的归宿和它能给人类带来的美和欢乐的程度。作者之于自我作品的理解是有限的，在一个“话语的宇宙”（Universe of discourse）中，在一个无限延续的文化链条中，创造者所运用的艺术创造的语言是流动变化的，有限的生命个体只是文化链条上微小的一节。作为“符号的动物”，艺术家无法摆脱他那个时代、民族、文化圈、心理原型、情感结丛等制约，完形后的文本再之于他，就意味着是一个混沌的丧失自我的陌生化世界，他的解释成为一种外加的多余附庸，已经成为文本的外在奴隶。因此“发现”的使命就自然地要求由后世（也包括同代）的批评者来承担了。索福克勒斯在创作《俄狄浦斯王》后，就将解释权交给了后世的批评家。至于文本的原义，它已客观地成为变幻出万物的魔箱和一口汲不干的井。因此可以说，解释的意义大于文本，审美发现可以有限度地超越作家与作品。如果将艺术价值、意义结构用 S 表示，批评所赋予的意义用 R 表示，作者所融注的精神结构用 A 表示，则可获得这样的公式：$S < A + R$。而格·格林所归纳的公式

在双方上是等值的或近似的。① 参照他的推导方法和逻辑序列，只能认为这样的公式缺少一点诠释学的历史眼光，批评的阐释加上原作者的意义则必然大于文本。这个增殖的秘密和源泉不难发现和理解，这就是历史文化无限发展的思想活性，它们不断的审美发现与解释使艺术之树不断生长出新的枝叶，正如光合作用为植物的叶茎添增重量和构成一样。也基于这个原因，精神分析批评从《俄狄浦斯王》中发现了“恋母情结”，原型批评发现了作品中父与子、夫与妻、子与母所共有的无意识的神话原型，社会历史批评则发现氏族社会演变的客观轨迹。

康德曾认为他了解柏拉图更甚于柏拉图对自己的了解，批评的审美发现在目的论意义上即追求这种超越作者原来意义的新的精神境界。从历史的纵向维度上看，时间坐标的每一单位的延伸都伴随批评者对艺术文本和创造者的新审美发现，作者所承受的文化负载就越大，而任何一种新批评方法的诞生、新美学观念的崛起都会将作者原意予以新的发现性解释。撇开历史发展因素，从现实的横向纬度考察，一个作家或艺术创造者无论是作为生命个体和精神本体皆是有限的，他的生活体验和心灵创造力也是有限的，因此不可能对自己的艺术文本做出穷尽的终极理解，或者他就不承担释义的义务。同代的批评家可以发现他所未能发现的作品中一部分隐义符码、直觉意象、无意识的心理原型、思想内容的信息量、前逻辑的思维结构，等等。如别林斯基对于果戈理、赫尔岑、普希金、莱蒙托夫等作家之作品的批评，做出了卓越的超出作家本人所意识到的审美发现，弗洛伊德之于达·芬奇、陀思妥耶夫斯基的批评也是如此。无怪乎有的被批评的作家以感慨的情感陈述这样一个艺术事实：艺

① 冯黎明等编：《当代西方文艺批评主潮》，湖南人民出版社 1987 年版，第 586 页。

术作品的美之奥妙与价值是由作者与批评家共同创造的，而后者的创造往往是为作者所未料及的新质的审美发现。

二、发现艺术接受者所未发现

伽达默尔的哲学解释学认为："存在是通过语言来体现的，语言是人类存在的模式，而理解则是揭示这种存在的基本手段。"[①] 存在主义认为"语言是存在的家园"，卡西尔说："人生活在一个符号宇宙之中。语言、神话、艺术和宗教则是这个符号宇宙的各部分，它们是织成符号之网的不同丝线，是人类经验的交织之网。人类在思想和经验之中取得的一切进步都使这符号之网更为精巧和牢固。"[②] 语言和符号（或者说是更广义的语言）既是艺术文本的物质媒介又是艺术本体的意蕴构成。伊森伯格说："语言是也能够成为审美对象。"[③] 克罗齐倾向将美学与语言学合流同一，苏珊·朗格则从她老师卡西尔的文化哲学里自然地引申出这样的结论：艺术是人类情感符号的创造。索绪尔所构想的"有一门研究社会生活中符号生命的科学"[④] 已为众多的这一思想的追随者所逐步建立。现代符号学实际上已经建构起自己的研究对象、逻辑范畴、理论体系。因此在符号学、语言学的艺术概念的规定性上，艺术接受就是对符号的解码、语言隐义的体察、言语结构和功能的分析。接受者在欣赏过程中面对着的是一个含蕴丰富、意象纷呈、能指意义复杂的语言世界和符号世界。因此，符号—语言批评方法就不至于会被误解为一种主观偏爱的纯技术型的批评方

---

① 〔美〕D.C. 霍埃：《批评的循环》，兰金仁译，辽宁人民出版社 1987 年版，"译者前言"第 2 页。

② 〔德〕卡西尔：《人论》，甘阳译，上海译文出版社 1985 年版，第 33 页。

③ 〔美〕李普曼主编：《当代美学》，邓鹏译，光明日报出版社 1986 年版，第 161 页。

④ 〔瑞士〕索绪尔：《普通语言学教程》，高名凯译，商务印书馆 1980 年版，第 38 页。

法，它是艺术特性所要求的必然产物。这种批评方法的出现主要作用是解释文本语言，而对于艺术文本语言的语言学或符号学的理解，恰是大多数接受者所无法胜任的。在这个意义上，符号—语言批评方法、也包括解释学批评方法其主要功能在于透过文本语言的迷雾、把握其符号功能，去发现一般艺术接受者所未发现的艺术价值。

现象学美学代表人物罗·英伽登说："文学作品首先和主要是语言学的构造，它的基本结构是由双重语言学层次组成；一层是现象和语言声音现象层；另一层是词、句的意义层，由于有了词和句，出现了较高水平的意义单位，作品的再现内容与表现主观东西的那些方面就出自这些单位。"[①] 语言学批评方法最合适最成功的运用范围是文学作品，它通过对字音、词句的意义、结构、功能，再现的客体、组合的意象等的分析，探索作品的韵律、节奏、结构、象征、转义、隐喻等语言与修辞的形式特征与审美特征，从而获得一般接受者所无法感悟、理解的审美发现。苏珊·朗格将艺术语言形式与主体生命形式做了相似性的参照，发现了诗的节律与生命冲动节奏的某种一致性。罗兰·巴特娴熟地以语言学批评方法对于叙事作品进行结构分析。他把叙事作品分为三个描述层：功能层、行动层、叙述层。如他对爱伦·坡的《失窃的信件》，福楼拜的《一颗纯朴的心》，马拉美的《掷骰子永远取消不了偶然》等作品的分析，的确发现了许多阅读者所未能理解的东西。如他对小说《金手指》的分析，远远超出许多接受者所能感受到的知觉与理解。[②] 他对行动层的分析既牵涉文本序列内部的句法，又触及序列之间的（取代）句法。对

---

① 参见冯黎明等编:《当代西方文艺批评主潮》，湖南人民出版社 1987 年版，第 575 页。

② 〔法〕罗兰·巴特:《符号学美学》，董学文、王葵译，辽宁人民出版社 1987 年版，第 127 页。

于普通的阅读者来说，他们对文学作品的语言的隐义、象征、转换、句法的潜修辞、结构的有意识错乱等言语现象缺乏把握能力，而这一点正是语言学批评者所擅长的。其次，如杜夫海纳所论，还有“次语言”在艺术文本中暗施功能，语言批评方法势必要拂去这些笼罩在文本上面的迷雾，使之意义澄明、清晰，让接受者获得微言大义和言外之意，感悟到他们所未发现的审美蕴藉。但问题的另一方面是：如果把符号—语言批评方法仅仅作为纯技术操作的创新玩具而只醉心于对语言符码的细屑玩弄，或者说被语言绳索紧紧束缚而陷入纯符号的囚牢，那么就会面对一个杂乱混沌的语言迷宫而不知所措，也难以有什么审美发现。从中国文学的研究、批评来看，汉语言的诗性特征和它特有的象征性的空间结构、意象化的审美特质，为创造“诗”这个艺术语言形式提供了其他语言不可企及的优越性。因此，解答中国为什么古典诗词曲赋发达的问题，可从语言特性中找到答案之一。汉语言尤其是古代语言其复杂性、模糊性、变异性既玄秘奥妙又令人生畏，特别是上古文学作品使接受者有很大的语障。近代学者，如王国维、闻一多、朱自清、郭沫若、钱钟书等诸家，都不同程度地采用语言批评方法对其释义、还原、清理、整合，予以新的阐述，新说迭出，妙解连珠，使接受者增添了大量新型的语义信息与审美信息。这种中国特有的传统释义考据方法和借鉴西方语言学某些方法而形成的近代语言批评方法，确实对古典文学形成了新的审美发现。

语言是人类生命与意识的思维之足，语言是沟通历史精神的非物质性的心灵彩虹，它的两端连接天宇和大地，前者是逝去的先哲，后者是活着的今人，通过这座语言的彩虹之桥，可以走入古人的心灵，走入历史之母的子宫，重温生命孕化的梦，和已逝去的古人展开精神的对话与交流，而没有语言就意味着这种神奇的心理联系的断裂和接受者的自我丧失。在艺术哲学和文化哲学意义上，语言不再单纯作为艺术的物质载体而它本身就是艺术对象和艺术机体。无怪乎有的学者，不无担忧地认为“概念—语言层次的丧失”会导致“缺乏一种对历史传统的同情和精神交流，因而无法对自己的民族性获得理解和体验。”[①] 概念—语言层次的丧失会使我们不能上友古人及其艺术，与之进行心灵交流（今人之于古人的理解），审美发现就被抛弃到一个精神的孤岛和情感的荒漠。

语言很像古希腊神话中的两面神，它又是时开时闭的魔眼。一方面，语言是直接的思想现实，是心灵互相连接之纽带和情感交流之媒介；另一方面，语言又是知性的迷雾、真理的浊流，是使人与真实世界远隔的汪洋。言不尽意，语言更容易歪曲世界的真实和人类心灵的情感与经验。语言也无法还原一个真切的与实在绝对同一的现象界。难怪有的学者从符号学引申出一个灰暗的结论：“人类自豪地创制了语言之后，这个符号系统也就成了他们自囚之所，人类其实只是一只可怜的甲虫，他们只爬行于语言之维上。……语言之外，他们不可能看到另一个叫作主体的神秘实体。”[②] 这未免描绘了一个悲剧化的由语言统治一切的人类世界。威廉·冯·洪堡说：

> 人主要地——实际上，由于人的情感和行动基于知觉，我们可以说完全地——是按照语言所呈现给人的样子而与他的客体对象生活在一起的。人从其自身的存在之中编织出语言，在同一过程中他又将自己置于语言的陷阱之中；每一种语言都在使用该语言的民族周围划出一道魔圈，任何人都无法逃出这道

① 李景林：《传统文化及其超越》，载《社会科学战线》，1990 年第 1 期。

② 南帆：《主体与符号》，载《文艺争鸣》，1991 年第 2 期。

魔圈，他只能从一道魔圈跳入另一道魔圈。[①]

在他们看来，语言似乎成了人精神的囚牢，或心灵的避难所。也就是说，语言成为艺术的最高本体和最终的裁决人和法官，也是艺术的最高价值尺度。这将引起连锁的推论：符号—语言学批评是最优化、最完善、最有效的批评，它能穷尽艺术的真谛，发现到最大量的接受者所未发现的审美构成。然而这乐观的、激动人心的结论还为时过早。如果说杜夫海纳的《美学与哲学》承认有“超语言”存在的话，这一概念也不一定具有独创的性质，它也许与中国古代的哲学的“言意之辨”有相通之处。先秦诸子如老庄，敏感地发现语言的知性有限性，认为语言存在某种思维的蔽惑、心灵顿悟的阻断，人只有超越语言的物质性限定才能使心境澄明、悟性通达，从而直契存在的意义与价值，达到生命的大智慧。往后的玄学家吸收佛学“唯识”认识论的合理内核，提倡撇开语言之“累”去凝神静观，玄鉴顿悟而识物知性，而禅宗更主张佛性或悟性可以不凭借语言文字而获得。怀疑论美学认为，语言不一定是知性、认识的唯一至尊神，它对精神世界的领悟功能极其有限。因此，语言或符号的批评方法当然也就不能视为解释文本的最优方法。当然，无论是将语言功能无限夸大或抛弃都是偏颇的做法。如果承认“超语言”存在的话，又会进一步认为，存在这样一种批评方法：超语言批评方法。这也许为我国古代所特有的一种“语言”批评方法。所谓“超”，并非指完全脱离语言，而是指通过超越语言表层的意义、音律、句式、结构、修辞格等因素，寻求艺术文本的言外之意，味外

---

① 〔德〕卡西尔：《语言与神话》，于晓等译，生活·读书·新知三联书店1988年版，第37页。

之旨，弦外之音，象外之相。钟嵘的“滋味说”，司空图的以诗论诗，严羽的“以禅喻诗”，均可认为是典范的超语言的批评方法。它们透过语言的表象追求文本内在的诗意灵性、生命冲动、情感韵律、意境韵味、神气风骨等精神性的艺术之灵光。这可以称之为“诗化批评”，是批评者以写诗的灵感，与诗的文本进行心灵的对话。这种诗化批评所凝结的语言当然富有诗的气韵。如：“羚羊挂角，无迹可求”，“空中之音，相中之色，水中之月，镜中之像”，“落花无言，人淡如菊”，“饮之太和，独鹤与飞”，“行神如空，行气如虹”，“幽人空山，过雨采苹”，“采采流水，蓬蓬远春”。[①] 中国古代这种超语言的诗化批评是一种对文本的灵性感悟式的意境把握。它注意触摸文本的内在气韵、精神的整体性，注重观照宏观的有机结构。而纯语言—符号批评方法，则拘泥于对文本的微观切割，语义肢解，容易破坏艺术的生命有机体，类同生理学的解剖。如果说前者的发现是诗意的，后者的发现则是理性的，前者的超语言批评方法给接受者以丰富的审美感受和艺术价值感的新质生成，后者的符号—语言学批评方法也给接受者以审美发现，但这种发现不免沉重凝滞，伴随着一系列语言释义的负重和复杂迷乱的符号附庸，是以牺牲对艺术灵性的生动直观为代价的。所以，语言批评方法和超语言批评方法应该互补，各纠偏差。这样对一个由符号—语言构成的艺术文本就可获得更多更深层的审美发现，发现一般接受者因语言限制和缺乏超语言的顿悟能力而不能发现的艺术的精妙之美。

三、发现艺术批评、艺术理论所未发现

韦勒克说：“批评就是鉴别、判断，因此它应用和包含了标准、原则、概念；应用和包含了一种理论和美学，最终是一种哲学，一

---

① 司空图：《二十四诗品》。

种世界观。"[①] 这无疑将艺术批评看作是规范性的，一方面，它受诸种艺术原则与概念的规范。另一方面，它又以这种规范的尺度去评价艺术文本，用自己诸种价值尺度去规范艺术家及其创作。上述的看法无疑片面、偏狭。艺术不同于科学之处就在于它的反逻辑反规范的自由创造精神，它的内在机制就是不断创新、永恒超越的生命活力。克罗齐认为艺术不是概念、知识、理性，是直觉的抒情的成功表现，他精深的艺术眼光直视深蕴的艺术内质。尽管他排斥理性、思维之于艺术的调节、整合、深化等功能的美学观难免牵强或失误，但他看到了艺术这个人类精神结构的灵性之物是活的生命机体，它们凭借想象力和智慧的不断自我否定和创新进取，不断发起对传统批评方法、艺术理论的樊笼的猛烈冲击。其实，文本先于规范，艺术之树常青。因此批评的功能不应该仅仅是规范，拿起既定的理论尺度去衡量和选择适己的东西。而在方法方面，也不应是简单地运用诸种现成的艺术理论和美学观念，也不一定固定遵循某一种抽象思辨的哲学、世界观和方法论。因为艺术批评的核心功能是审美发现，要发现以往的艺术批评之于文本所未发现的审美存在，要发现传统的艺术理论所做出的审美规范、种种法则、规律等，已形成的规定性所未能包容的艺术现象，尤其要注意发现某些艺术文本对艺术理论的规范的叛逆与反动，因为这种叛逆与反动往往具有某些超出以往艺术理论、审美经验所认识到的审美现象，这可能有助于新的艺术理论的形成与建立。现代派艺术这匹黑马闯入艺术殿堂，打破了传统的艺术规范，以往的艺术经验和艺术概念已不能对它做出合理的全面的解释，这就需要新的批评方法和艺术概念的出现，需

① 〔美〕R. 韦勒克：《批评的诸种概念》，丁泓、余徵译，四川文艺出版社 1988 年版，第 298 页。

要艺术批评对这些新型的艺术现象做出新的审美阐释与发现。现象学批评方法、解释学批评方法、精神分析批评方法等，在一定程度上适应了艺术发展的需要，它们试图对不同的艺术文本做出有意味的审美新发现。如弗洛伊德对于达·芬奇、陀思妥耶夫斯基的心理分析，从“恋母”、“杀父”情结的角度，发现他们绘画和小说中未为他人所言的潜意识的心理结构。无论结论是否可靠，但方法无疑给批评者们带来新思维的启示。英伽登将文学作品划分为四个层次，提出“意向性结构”的观点，也对一些艺术现象做出不合以往艺术理论的新的解释。解释学批评方法提出“视界融合”和“解释学意识”的概念，认为“一首诗和它的释义在性质上基本是历史的，……诗的内涵性并不是诗的永恒性，它不过是诗的历史性的代名词而已”①。认为不断发现旧释义的不妥当性、不断发现新历史语境中新的释义是自己的职责与义务。霍埃所说的“批评的循环”，如果称之为“发现的循环”也许更有意趣。新的审美发现和对旧的超越呈现为螺旋式上升状态。因此将方法视为工具，发现作为目的，但没有新方法则意味审美发现的迷失。

中国古典美学中，诗论、诗话、诗评、词话、画论、曲论、文论、文赋、艺谭等艺术批评也多倾向主观性较强的诗化批评，倾向于审美发现。可以设想，将来的艺术批评样式其目的性也可能在于对文本的审美发现，它必然构成艺术批评的核心功能。

第五节　艺术批评与怀疑论

20世纪的艺术批评是怀疑论缺席的批评，而20世纪中国众多

① 〔美〕D.C.霍埃：《批评的循环》，兰金仁译，辽宁人民出版社1987年版，“译者前言”第5页。

的艺术批评是充当思想鹦鹉和知识看守的模仿式批评。因此，21世纪的中国艺术批评应该接纳怀疑论作为重要的思想方法和理性工具，作为主流艺术批评的对立者，以期诞生新的批评观念和获得新的批评话语。20世纪是艺术批评的喧嚣和骚动的时代，无论是作为精神背景的文化思潮还是作为思维方法论的哲学流派，都为20世纪的艺术批评提供了思考的温床和操作的工具，促使其诞生众多的批评观念和批评方法并获得众多新的结论。然而，20世纪的艺术批评在繁荣的表象之下却是一个怀疑论缺席的时代，这直接地影响了艺术批评的思想厚度和削弱其批判的锋芒。与此相关，20世纪中国的艺术批评，往往是充当思想鹦鹉和知识看守的模仿式批评，更难窥见怀疑论在批评舞台上的精神背影，这不能不造成其理论的局限性和思想被遮蔽。因此，21世纪的艺术批评应该接纳怀疑论作为重要的思想方法和理性工具：在一般形态上，把怀疑论引为基本的思想资源和方法论；在具体应用上，将它作为思考和分析的技术工具。从而将怀疑论作为主流艺术批评的对立者，以期诞生新的批评观念和获得新的批评话语。

一、一般方法论

康德曾经以幽默的口吻把怀疑论称之为“哲学上的游牧民族”。[①]对它的颠覆性的思维方式和破坏精神安宁的理性冲动给以戒备，然而也对其动摇独断论和逻各斯中心主义的思想价值给以积极的赞许。其实，我们对于怀疑论进行历史的溯源，无论是古典怀疑论、近代怀疑论，还是现代怀疑论或者后现代怀疑论，他们的思想投影都闪耀着对

① 康德在《纯粹理性批判》第一版“序言”中对怀疑论做出比较辩证的评价。参见蓝公武译本，商务印书馆1960年版“序言”。

蒙昧主义、独断论、实在论、逻各斯中心主义等传统形而上学进行存疑与否定、提问和批判的理性主义的光辉，为诞生具有反叛色彩的精神存在开拓心灵道路。古希腊时代的皮罗和先秦时代的庄子，他们的怀疑论都为以后东西方的哲学提供丰富的思想资源，而这些思想资源都潜在地影响了文艺。在21世纪的历史文化语境，我们的艺术批评应该延请怀疑论作为思想资源和方法论的构成之一。

1. 消解独断论。21世纪的艺术批评延请怀疑论作为思想资源和方法论最重要的思维策略之一是，消解传统形而上学的逻各斯中心主义，颠覆传统文艺理论的独断论，清除一切前思维的先验之见。换言之，就是对以往所有文学理论和艺术批评的观念与方法进行逻辑清理，采取怀疑论“悬置”方法，以存而不论的姿态对传统的文学理论和艺术批评给予悬搁和加括号，使自我的艺术批评达到一种没有任何思维限制性的宁静状态。正像胡塞尔宣称的现象学的一个口号“没有前提”所提倡的摆脱他者理论话语束缚的那样，21世纪的艺术批评也应该从“没有前提”开始自己的逻辑行程，这就意味着新世纪的艺术批评拒绝各种虚假意识形态的观念和方法的约束，不再俯伏于各种西方理论话语的压抑之下扮演一个思想奴仆的角色，而取到一张进入人格独立的精神剧场的入场券，获得自我的主体性求证和寻找到属于自我独白的话语。从怀疑论破除逻各斯中心主义和独断论的理论意义上，21世纪的艺术批评应该成为“从沉默开始”的求证自我的独立批评，而不沦落为重复他者思想和话语的依附性批评。如果说胡塞尔认为“现象学从沉默开始”[①]是借用了怀疑论“无言”的方法，在某种程度上隐喻着一种思维方法对于他者话语

① 〔美〕赫伯特·斯皮尔格伯格：《现象学运动》，王炳文、张金言译，商务印书馆1995年版，第935页。

的批判和拒绝，从而倾听自己的声音这样的意义。那么，21 世纪的艺术批评借鉴现象学“从沉默开始”的方法，以怀疑论的姿态斥拒传统形而上学给予文艺理论和艺术批评所设定的先验逻辑、理性观念和思维方法，对它们进行怀疑和否定、反思和批判，从而寻求自我的精神投影。

2. 否定“真理”与“真实”。怀疑论和传统形而上学另一个重要的精神决裂是否定“真理”与“真实”的绝对性存在，而传统文学理论和艺术批评则信守这种传统形而上学有关“真理”和“真实”的哲学原则。21 世纪的艺术批评应该借鉴怀疑论对于“真理”与“真实”的怀疑和批判，消解以往批评活动中对于它们机械的思维承诺。怀疑论认为，传统形而上学中所信奉的“真理”和“真实”是虚假的意识形态的产物，属于人类精神的“洞穴幻象”。如果说“在古希腊，真理这一术语是指公开展现人的理智之前的东西，具有确实、符合的意思”[①]是一种不够确切的表述，那么，海德格尔对于真理的后形而上学意义的探究，则如此运思：“真理意味着真实的本性。我们通过追忆古希腊的词语 Aletheia（存在物的显露）来思考这种本性。但是这能规定真理的本性吗？”[②]他认为：“人在作为表象之正确性的真理之本质意义上根据‘理念’来思考一切存在者，并且根据‘价值’来估价一切现实。”在海氏的视界里，真理是理念的逻辑异化，成为价值的潜在象征品。怀疑论在这样的逻辑行程行走得更远，它认为“真理”与“真实”是传统形而上学的所信奉的精神偶像，是人类精神史上虚假意识的产物。它们共同体现理性思维的逻辑暴力和思想极权，也隐喻着一种强烈乌托邦色彩的心灵冲动，

① 《中国大百科全书·哲学卷》第 2 册，中国大百科全书出版社 1987 年版，第 1155 页。
② 〔德〕海德格尔：《诗·语言·思》，彭富春译，文化艺术出版社 1991 年版，第 50 页。

常常为独断论开辟道路，或者张扬一种知识论为前提的话语权力，而实现对于主体的自由和智慧的压抑。因此，怀疑论否定任何一种外在的绝对“真理”与“真实”，认为它们是一种空幻的精神狂想或者机械的知识论。怀疑论认为，“真理”与“真实”只在纯粹意识的意向性活动中显露，在主体的阐释和领悟的之中。在这个理论意义上，艺术批评就不应该再恪守对于“真理”与“真实”的机械信守，也不再沉醉于无论是以知识论为宗旨，还是以虚假的精神信仰为前提的任何旧形而上学的真理观和真实观。只有这样，我们21世纪的艺术批评才不会再拘泥于“文学与真理”、“文学与真实”或者“文学作品是否表现出真理”、“是否符合真实”等这样陈旧的命题和提问，也避免像以往的艺术批评那样遵循着各种理论的真理性的约定和正统意识形态的戒律，可以抛弃对于西方话语的简单模仿而走出一条属于自我发现的心灵道路，从而使艺术批评获得独立的精神品格。

3. 超越历史主义。迄今为止艺术批评都没有逃逸出历史主义的思维阴影，当然这和所有的精神哲学和文化活动都无法超越对它的膜拜有关，所以，“历史”成为令社会大众和个体存在所有创造活动与诗性智慧的抑制性的力量，它甚至成为外在的物质性的扼杀想象力和审美自由的客体，潜在地充当了一个毁坏精神民主的封建君主。人们对于历史的图腾和崇拜构成了一个近乎集体无意识的魔圈，历史成为主体存在的异己对象，主宰了人的一切生命活动。传统哲学的思维迷津之一，就是制造了一个历史的神话，让人在“历史”之中丧失自身创造历史的激情和勇气。怀疑论对于“历史”进行了后现代意义的批判：“怀疑论的后现代主义者几乎没有对历史抱友好的态度。他们认为，历史是逻各斯中心的，是神话、意识形态和偏见的源泉，是一种封闭的方法。历史特许这一个或那一个主体为最高的中心，为真理和意义的终极起源和记录者，而所有其他的事物必须借助于那些术语才得以被理解和被解释。”[①] 萨尔曼·拉什迪（Salman Rushdie）甚至提出，“历史”是现代西方国家的创造物，它起到一种压迫第三世界民族和非西方文化的民族的精神功能。还有些怀疑论者主张：“历史是枯竭的，生活在现在的人类总是要竭力忘记过去，超越历史、超越历史知识的任何普遍性根据。”[②] 这些怀疑论的后现代主义的观念是否合适有待进一步商榷和考量，然而它们毕竟揭示这样的“历史”实质，传统形而上学的历史概念构成了对于精神活动的强大的压抑性势能，消解了主体的创造激情和生命冲动。在艺术批评的领域，对于“历史”和历史主义的信奉具体呈现为对历史理性和历史规律的坚定信念，并凭借它们的思维规定性去解释文学现象，论述历史事实和艺术形象的逻辑联系，分析经济状况和宏大叙事的客观对应，以物质生产力发展状况和作品意义联结估衡艺术的价值，因此，排斥超越历史情境的审美虚构和假定性的书写，拒绝精神的无限可能性在文学领域中的应有地位。面临21世纪的艺术批评，应该走出传统形而上学的历史膜拜主义的思维迷津，恢复主体存在的诗性智慧和想象力，超越历史理性和历史逻各斯中心论，和以往的历史概念保持一定的精神距离，仅仅把它视为人类事务中的一个边缘角色，作为多种事件延续性的见证。而在批评活动过程，更多眷注文学的符号象征形式和意象隐喻的审美表现，恢复批评主体的独立意识和当下感受，从而揭示生命体验的现实情境，为领悟精神无限可能性的审美结构开辟路径。

---

① 〔美〕波林·罗斯诺：《后现代主义与社会科学》，张国清译，上海译文出版社1998年版，第92—93页。

② 同上书，第93页。

二、具体方法

21 世纪的艺术批评在借鉴怀疑论的具体方法和技术工具方面也许存在一个比较宽阔的空间。这里仅从存疑、提问、对立、宁静这几个具体方法展开简略的阐释。

1. 存疑。塞克斯都·恩披里可在《皮罗学说概略》里说:“怀疑学派，由于它的追求和研究的活动，也被称为‘研究派’，由于研究者探究之后所产生的心理状态，也被称为‘存疑派’，由于他们怀疑和探索的习惯，以及由于他们对肯定和否定不作决定的态度，也被称为‘犹疑派’，更由于我们觉得皮罗之委身于怀疑主义，要比他的前辈更彻底、更显著，所以也被称为‘皮罗派’。”① 在前期的怀疑论，存疑还局限于消极的主体意识，缺乏对事物明确的态度。而后来的怀疑论，显然对存疑灌注一种积极的哲学态度，赋予这一方法以解构的功能和挑战的意味。在这些具有反叛意识的怀疑论者看来，存疑更应该具有斥拒和批判的意味。现象学的代表人物胡塞尔说:“在认识批判的开始，整个世界、物理的心理的自然、最后还有人自身的自我以及所有与上述这些对象有关的科学都必须被打上可疑的标记。它们的存在，它们的有效性始终是被搁置的。”② 存疑这一思维线索在西方哲学史一直延续至今，启示着思想的发展和演变。21 世纪的艺术批评应该接纳存疑这一方法，作为艺术批评的具体工具，首先，汲取怀疑论的批判精神，建立一种笛卡儿的“普遍怀疑”的思维原则，从而对东西方传统艺术批评中的虚假意识予以存疑。其次，

---

① 北京大学哲学系外国哲学史教研室编译:《古希腊罗马哲学》，商务印书馆 1961 年版，第 339 页。

② 〔德〕胡塞尔:《现象学的观念》，倪梁康译，上海译文出版社 1986 年版，第 28 页。

借鉴后现代的怀疑论的解构策略，对以往的文学理论的种种概念、命题、观念、方法进行否定性的消解，清除艺术批评中的逻各斯中心主义和独断论，拉开艺术批评和意识形态的距离，守护着艺术批评活动的纯粹性和主体性尊严，以期盼获得批评的独立性。

2. 提问。在怀疑论的哲学意义上，提问大于回答，回答或阐释是知识之学，而提问则为智慧之学。虽然怀疑论就提问这一方法没有明确的诠释，然而，它却以隐蔽出场的方式存在于古典怀疑论的思维殿堂里。庄子哲学里蕴含着丰富的东方式的怀疑论的提问。例如他不像西方传统形而上学那样，满足于追问知识如何存在、如何获得的问题，而是转向追问：主体的能否获取确定性的知识？知识如何可能？能否满足人的精神意义的要求？知识是否存在局限性？主体有否必要以有限的生命追求无限的知识存在？在怀疑论的提问方法的启发下，21 世纪的艺术批评，不能沉醉于以往的眷注于阐释性的批评，阐释学视界的艺术批评尽管有其理论存在的合理性，并且也获得了丰硕的成就，然而在哲学思维上，它毕竟属于是知识范畴的“回答”式，而不是智慧境界的提问式，因此就在方法论意义上决定了它的局限知识领域特性，并且难以提升到更宽阔的精神自由和思维创见的理论境界。所以，21 世纪的艺术批评必须在关注阐释的同时，更大热情地瞩目于提问。一方面，对以往的文艺理论、美学的所有命题、概念、观点，进行非知识论形态的提问，反思以往的诸多结论是否可靠、它们对文学现象和文学活动的阐释是否合理与正确。不再去阐释什么是文学，什么是艺术批评。而是追问：文学如何可能？艺术批评如何可能？另一方面，在艺术批评活动中，不再单向度解答问题，而是以提问的思维状态去关注作家与文本、世界与读者，去追问：创作主体在生活世界、文学世界如何得以可能？文学作品如何得以可能？生活世界如何在文学世界得以可能？读者的阅读活动和诞生的接受意义如何得以可能？等等。总而言之，21世纪的艺术批评应该以提问作为自我的精神目标之一。

3. 对立 。“对立”构成怀疑论的主要方法，这一方法作为它和形而上学的独断论进行对话和论争的理性工具，也作为它拥有探究和批判能力的重要来源。塞克斯都·恩皮里可在《皮罗学说概略》中说：“怀疑论体系的主要基本原则，是每一个命题都有一个相等的命题与它相对立原则；因为我们相信只要停止独断，我们就会得到这个结论。”[①] 怀疑论者采用或者把现象与现象对立起来，或者把思想的对象与思想的对象对立起来，或者把现象与思想的对象对立起来的方法，从现象与思想的关系中发现种种矛盾并揭示对立的命题，以解构形而上学的独断论和合理性和合法性，因此寻觅到自我的精神存在和可能性。

如果说怀疑论运用揭示矛盾对立的方式，呈现思想的差异性和丰富性，以抗衡独断论的思维压抑，并试图获得概念相对性的哲学说明，那么，21世纪的艺术批评应该借鉴于怀疑论的对立方法，明鉴以往的文学理论、美学存在着相反面，它们都包含众多的悖论，即使是为数不多的理论本身不存在矛盾的命题，我们也可以为之寻找到对立的命题。因此，对于以往的文学理论和艺术批评的命题提出反命题，以对立的思维模式进行逻辑抗衡，以求诞生自己的理论话语就成为21世纪艺术批评的先行任务。我们必须生成对立的艺术批评意识：一是对以往的艺术批评寻找对立命题和进行对立批评，二是对当下的文学现象进行对立的思维活动和批评活动。如果说古

① 北京大学哲学系外国哲学史教研室编译:《西方哲学原著选读》，商务印书馆1981年版，第176页。

希腊的怀疑论所提供的对立命题有三种方式，那么，21世纪的艺术批评也可以依赖如此思维逻辑相应推导出艺术批评上的对立命题。21世纪的艺术批评，首先，把以往的艺术批评现象和自己的批评对象予以对立，其次，将以往的艺术批评的思想对象和自己的思想对象给予对立，最后，使以往艺术批评的现象和21艺术批评所思考的对象对立起来。由此达到和传统文学理论和艺术批评不同的思想境界，以获得心灵独创的批评果实。

4. 宁静。怀疑论的创始者之一皮罗将怀疑论的起因之一，归结为是因为主体“希望获得安宁”。宁静既是一种思维态度，也是一种思维方法。古希腊早期的怀疑论者确信，在道德问题上没有确切的知识，也不应该做什么判断，放弃对这类知识的信仰和追求，才能取得一片心灵宁静的空间和获得内在的幸福感。在庄子哲学里，对于道德、知识、经验、情感等的悬搁和“坐忘”正是精神逍遥以游的内涵之一，也是心灵获得宁静与快乐的手段之一。宁静在庄子的怀疑论语境里，还是一种“无言”的智慧，因为唯有宁静，心灵可能领悟智慧和诞生智慧。

在这个意义上，21世纪的艺术批评，应该放弃对于以往文学理论和艺术批评的道德信守，并与传统的道德批评保持距离。在批评姿态上，应该借鉴怀疑论者的宁静修养，以古典主义的“雅量”从事艺术批评，而放弃司空见惯的情绪化批评，因为情绪化批评往往脱离理性和智慧，导致艺术批评走入错误的路径和思想的泥潭。21世纪的艺术批评如果试图获得丰富的理性和智慧，必须选择宁静作为自己的批评品格和姿态。以往的艺术批评存在着过剩的激情和狂喜、悲悼和苦闷，沉重的情绪化和担当道德、历史、政治、党派等意识形态的重负，以及知识论思维的压抑，使它成为不是制造偶像就是抨击妖魔的虚假话语的狂欢场所，这些痛苦的记忆和经验应该被 21 世纪的艺术批评所记取和反思。失落了宁静的艺术批评往往沉湎于激烈的论争和空洞的对话而遗忘了内心的领悟和独白，因此也缺乏想象与智慧，不可能获得对于作家和文本的富于洞见的提问和解答。21 世纪的艺术批评如果希冀获得想象力和智慧，就必须守护自我存在的宁静的姿态和方式，以期有所作为。

第六节　艺术的未来命运

对于艺术未来的猜想无异于盲人摸象的举动。对于历史每个人似乎都是智者，而对于未来每一个人都近乎白痴。因为迄今为止还没有出现任何一个明晰地预见未来的先知和预言家。而对于艺术的未来的命运，怀疑论美学仅仅从“技术”这个视角切入，做出有限的猜测。

为众多学者所争论的“现代性”问题很大程度上围绕技术这个核心拓展而来。然而，人类精神对于技术的忧思由来已久。中国先秦时期的老子和庄子就曾经展开对技术的批判。席勒在西方较早意识到技术对于人性的危害，认为机械化的工业生产导致人性的异化和堕落。西方现代马克思主义的代表人物，如马尔库塞、阿多尔诺、弗洛姆等人，都对技术进行深刻的反思和批判，在肯定技术对于社会发展的进步意义的前提下，认为技术具有双刃剑的特性，着重揭示它所隐藏的负面作用，甚至偏颇地将现代社会的种种弊端归咎于技术的发展。联系到艺术这个审美化的精神存在的方式，技术对于它的功用也许是双重的：一方面，技术的发展带对艺术的负面影响，甚至迫使某些艺术类型的解体；另一方面，技术导致新的艺术种类的诞生和繁荣，促使艺术走向一个无法预料的全新境界。

一、技术的阴影

海德格尔以保守的思想姿态表达了对于技术的深切忧虑，把技术看作是一种妨碍人类“诗意地栖居”的负面因素。在知识界，技术一度作为一个遮蔽人类诗意情怀的阴影而被谈论着。其实，这种眼光早在中国的先秦时代的庄子就具备了，他以富有幽默感的寓言方式表达对于技术的厌倦：

> 子贡南游于楚，反于晋，过汉阴，见一丈人方将为圃畦，凿隧而入井，抱瓮而出灌，搰搰然用力甚多而见功寡。子贡曰：“有械于此，一日浸百畦，用力甚寡而见功多，夫子不欲乎？”为圃者昂而视之曰：“奈何？”曰：“凿木为机，后重前轻，挈水若抽，数如泆汤，其名曰槔。”为圃者忿然作色而笑曰：“吾闻之吾师，有机械者必有机事，有机事者必有机心。机心存于胸中则纯白不备。纯白不备则神生不定，神生不定者，道之所不载也。吾非不知，羞而不为也。”子贡瞒而惭，俯而不对。[①]

对于技术的放弃是因为寄寓着一种深度的哲学视野：“有机械者必有机事，有机事者必有机心”。而这种“机心”，则损害精神的纯粹而本真的状态，造成心灵的和谐与宁静的丧失，从而违背“道”的审美和诗性的境界。庄子将技术理解为对于和谐和宁静的审美状态的破坏性势能，它和“道”是背道而驰的存在物。

1. 工具。技术的阴影自古以来就呈现于人类心灵的殿堂里，给精神以压抑感。然而，技术不过是人类的工具而已，作为延伸了人

---

① 《庄子 · 天地篇》。

类的躯体和机能，也不应该仅仅将之看作是人类外在的东西而有理由将它理解为人类内在精神的拓展。当然，作为工具，技术必然像任何一种使用工具一样，具有某种负面的因素和局限性，会给人类带来意想不到的危机和灾难。尤其是现代社会的技术的高速发展，它可能导致全球化的危机和灾难。马尔库塞指责现代技术把生产者牢固地捆绑在机器设备之上，使劳动者成为它的附属物和奴仆。他在《单向度的人》中，批判后工业社会是“利用技术而不是利用恐怖”的极权社会，它剥夺个人的自由而成为一种可恶的统治者。他甚至认为，技术愈发达和愈全面，个人打破这种奴役状态的手段与方法就愈不可想象，人们受到技术的奴役和统治的程度就更加深重。弗洛姆这样概括现代社会：“简言之，理智化、定量化、抽象化、官僚化，物化——正是当代工业社会的特点，当这些特点被运用于人而不是物的时候，这些就成了机械的原则，而不是生活的原则。”[①] 换言之，工业社会或后工业社会的特点就是技术的统治性力量的确立并由此导致人性的异化和分裂。人发明技术这个工具以达到某种目的性，然而人又被自己的发明物所奴役。从艺术与技术的关系来看，技术的发展在某种意义上也许构成某些艺术类型的衰微甚至消亡。文学作为古老的艺术形式面临的挑战，也许说明手工书写时代的逐渐退守而代之以电子图像时代的勃勃生机。技术的发展的另一种悲哀也许在于，艺术的商品化和消费行为渗透到公众的意识之中，它所包含的功利内容极大地破坏了纯粹的审美形式。艺术很少属于个人的话语而成为集约化和集体化的社会性生产，甚至作为国家和某个意识形态相近的国际组织的生产行为。好莱坞的电影和诺贝尔文学评奖，从创作和评价两个方面表明艺术的社会化行为，而降低

① 〔美〕艾·弗洛姆：《人心》，孙月才、张燕译，商务印书馆 1989 年版，第 47 页。

了个人化的色彩，意识形态和技术的结合，遮挡了传统艺术所散发的个人化的精神独白的光辉。技术所具有的社会化特性决定现代艺术的生产很少属于个人化的行为，因此政府和团体往往影响艺术生产的个人自由，技术化给艺术带来的直接结果就是抹杀个性和自由，从而导致艺术文本的审美和诗意的境界被败坏。技术这个工具也许真正构成现代艺术的一个阴影。

2. 目的。任何工具都是某种目的的直接结果，技术工具也是如此。正是这种目的性的规定，使技术工具带有一定的功利化色彩和理性倾向，这种功利化色彩和理性倾向，必然妨碍艺术的审美功能和自由特性，也破坏艺术的个人化意向。未来社会的技术发展也许增强对于艺术的压抑性势能，使艺术也成为一种谋求功利的工具，并附庸着强烈的理性目的。对于未来的艺术猜想也许不可能获得一种宽慰的感觉，反而令我们更为沉重和失望。技术的成果固然会提供艺术一个个无法预料的发展空间和机会，然而它却要艺术在享受这种技术带来的利益的同时而支付出自己的自由的尊严和审美的品格。也许令我们鼓舞的迹象还没有出现，至少我们现在还面对着由技术发展所带来的对于艺术的阴影：艺术越来越服从于工具理性和商品需求，服从于交换和消费的游戏规则，艺术家的尊严和独立人格被社会生产及其生产关系、交换关系所扭曲。艺术评判也由某一个政治集团或利益集团所操纵，至少已经被商品意识所熏染的接受群体所制约。技术工具的目的性倾向已经形成对于艺术文本的客观侵蚀，随着技术的更进一步的社会化和集约化，艺术所面临的危机似乎将更加深重。

二、技术的曙光

和“阴影”相对应，“曙光”也许表达着另一种形态的价值隐喻。和马尔库塞对于技术的批判截然不同，哈贝马斯为技术进行价值辩护，认为技术在当今历史发展过程成为第一位的生产力，它有资格成为统治的合法性的基础。他指出："技术与科学作为新的合法性形式，它已经丧失了意识形态的旧形态，已经成了一种以科学为偶像的新型的意识形态，即技术统治论的意识。这种新的意识形态已不再具有虚假的意识形态的要素和看不见的迷惑人的力量。这种新的意识形态同以往的一切意识形态相比较，已经不再具有多少意识形态的性质。"① 哈贝马斯试图求证出技术存在的合理性和合法性及其新意识形态的性质。他的这些看法，缓解了对于技术的偏见和对于技术统治的担忧。

1. 推进。显而易见，技术对于社会发展和意识形态具有双重的推进作用，它无疑有资格被看作是带给人类美好期待的一丝曙光。哈贝马斯在纪念马尔库塞诞辰 70 周年时发表如下的见解：

> 技术和科学便成了第一位的生产力。这样，运用马克思的劳动价值学说的条件也就不存在了。当科学技术的进步变成了一种独立的剩余价值来源时，在非熟练的（简单的）劳动力的价值基础上来计算研究和发展方面的资产投资总额，是没有多大意义的；而同这种独立的剩余价值来源相比较，马克思本人在考察中所得出的剩余价值的来源，即直接的生产者的劳动力，就愈来愈不重要了。②

在他看来，技术在当今社会扮演第一生产力的角色，而且作为

---

① 〔德〕哈贝马斯：《作为"意识形态"的技术和科学》，李黎、郭官义译，学林出版社 1999 年版，中译本"序"，第 4—5 页。

② 同上书，第 62 页。

剩余价值的主要来源甚至是唯一性来源，这不意味着阶级对立的消亡，但是说明阶级对立已经处于潜伏状态。其实，阶级对立问题也许不是当今面临的主要问题，而是技术问题成为首要的社会问题。因为技术发展就是生产力的直接发展，而生产力的发展就意味商品和剩余价值的获得，从而替国家或地域谋取经济优势。同时，技术发展可以作为强权的象征和统治性势能。于是，我们又迎来新的偶像和图腾——技术。这样，出现技术崇拜和技术图腾就是一种符合历史潮流的现象。人们在创造一种新的神话：技术神话。信奉技术可以成为解救社会危机的良药，技术可以满足人类日益增长的欲望与需求，同时扮演惩罚敌对的恶魔势力的有力武器。于是担负正义和良知的使者，在传统上由上帝或英雄扮演的角色而转变为由“技术”这个人为的工具来扮演。人们赋予技术以崭新的力量和内容，试图以它解决种种的社会问题，拯救日益衰微的人文精神。就艺术而言，技术的确赋予艺术以新的活力和能量。技术成果导致新的艺术类型的诞生和丰富，如电影和电视这两个密切联系的技术形式也相应地变成了艺术形式。计算机技术的飞速发展使艺术和技术的结合达到新的水准，影像和声响的高度统一迎来视觉和听觉的新的享受和快感，互联网技术更使艺术的传播和渗透更加方便和快捷，使艺术更为大众化和日常化，并且相对容易地消除地域和文化的心理差异。现代艺术在一定意义上得益于技术的成果，它使自己获得新的表现形式和传播手段，并且依赖于技术工具而谋取到丰厚的利益，获得在商品经济条件下的体面的生存状态。

2. 反馈。艺术借助于技术工具而获得自身的合法性和合理性的生存状态，技术的确为艺术创造丰厚利润并且为艺术生产者谋取到一定的社会地位，改变了以往历史上的艺术家多数流落为贫困者和流浪汉的悲惨局面。这是必须庆幸的事实，但艺术也反馈于技术以更广阔的发展空间。对于艺术的渴望和消费构成当今大众的普遍心理，技术作为第一生产力就必须满足这种社会需要。所以，在后工业社会使艺术与技术结成相辅相成的密友关系，就成为合乎历史逻辑的可能。

传统意识形态所觉察到的艺术和技术的对立关系，已经在后工业社会的信息要求和消费欲望中土崩瓦解，它们已经由原先对立的关系而转变为相互依赖和共同繁荣，当然利益成为两者携手的唯一原因。后工业社会中的文化产业的兴旺很大程度上取决于市民社会对于艺术商品的需求，在一般商品相当丰富的情形下，对于艺术商品的享受就上升为新的欲望期待。艺术已经融入普通人的生活之中，欣赏艺术不再作为少数人享受的特权。艺术已经在技术的帮助之下，发展为一定规模的产业形式，构成商品的生产、流通与消费的完整流程，由此成为某些人和社会机构获取丰硕利润的途径和工具。未来的艺术发展必然朝着技术和商品的密切结合的方向，艺术作为满足人类的基本需要的客观性对象而被社会所重视，技术则为这个受到普遍欢迎的对象而奔波和服务。因为审美和娱乐构成人类的共时性的本能化需要，而这种需要主要凭借于艺术对象才能获得，所以艺术具有巨大的商品诱惑力和市场潜力。这一点越来越成为现代社会的普遍意识，文化产业或艺术产业必将为技术发展不断提供施展能力的契机和空间。

未来的技术将以无法预料的方式和速度发展，它也许会激发新的艺术形式，或者将多种艺术形式综合于一体，颠覆传统的艺术形式和艺术概念，改变传统的艺术的审美风格和评价标准。随着技术的商品化和社会化程度的加强，人们对于技术的掌握和享受就更加容易和简单，这也许使克罗齐的人人成为艺术家的理论假定有可能成为现实。曼纽什指出：

> 既然人人都是艺术家，那艺术就不仅仅是属于过去的一种令人敬畏的现象，它始终伴随着人类的生活而产生，它本身也是永远处于一种永恒不断的变化过程中。因此，艺术永远不应该是只属于少数几个人的，人人都具有艺术的潜力，问题在于如何保护这种潜力和发挥这种潜力。而这也就是歌德所说的那种“积极的怀疑主义”。①

这一个为歌德所设想的“积极的怀疑主义”时代，似乎露出丝丝曙光，也许在未来掌握某种技术就意味着掌握着某种艺术创造的技能，技术使艺术活动变得更为简单和大众化，我们也许以失落掉渴慕经典的激情和兴趣为代价，而获得有如一般商品消费的欲望满足。

然而，我们还不能勾勒一幅艺术和技术欢度蜜月的乐观图景。技术有着自己无法克服的无奈，那就是它必须遵循客观的自然法则和刻板的机械模式，而这些和艺术不断地怀疑与否定的自由天性存在着本质的差异，技术的社会化特性也和艺术的个性喜好发生根本性的冲突。两者之间这些不可调和的矛盾也许造成它们永久的不平衡关系。然而，它们只有在这种不平衡之中寻找相对的平衡，以求获得共同的利益和理性目标。这样艺术就不得不迁就技术而降低自己的尊严，而面临一个悲剧的黄昏。

3. 艺术的未来命运。黑格尔在《美学》宣称随着理念不断地自我完善和回归自身，哲学取代艺术就是一个合乎历史和逻辑的必然

---

① 〔德〕赫伯特·曼纽什:《怀疑论美学》，古城里译，辽宁人民出版社1990年版，第20页。

结局，他实际用隐晦的语言表达了艺术死亡的预言。维特根斯坦曾经用“退化”（Deteriorates）一词来指称当代西方艺术的状况。海德格尔也认为艺术的衰亡不可避免，只是他把这一时限延迟到几个世纪之后。克罗齐不无幽默地将黑格尔的这一论断比喻为“葬礼演说”，并反驳地认为黑格尔的美学思想中的反艺术倾向。杜夫海纳则以乐观的情绪宣称：

> 这也许就是我们所生活的世界的意义。艺术永远能表现这个世界，不仅因为艺术栖身于它，也不仅因为艺术承担着世界的需求，运用世界的技术，而且还因为它揭示了能够被加以说明的东西：通过这些东西，这个世界仍然是自然的一个面貌。
>
> ……
>
> 艺术永远是人对自然的第一声回答。像这样，经过挣扎和痛苦，躁动在即将临盆的世界的腹中，艺术可能仍然是幸运的，而且有着美好的未来。①

很显然，杜夫海纳对于艺术的未来抱有坚定的信心。阿多尔诺则以一种复杂的心境，表达自己的另一种看法：

> 艺术，正如黑格尔所估计的那样，可能很快进入其终结或没落时代。一个世纪之前，里莫鲍德（Rimbaud）的名言直觉地预料到现代艺术的历史；尔后，他便保持沉默，并且充当了一名雇员，这都预示着艺术的衰落。

---

①〔法〕米盖尔·杜夫海纳：《美学与哲学》，孙非译，中国社会科学出版社 1985 年版，第 202 页。

> 今日的美学不可避免地成为艺术的挽词。它可以避免而且必须避免的是致墓边悼词，即预言一切将要终结、品评过去的成就或赶追野蛮状态的浪头。野蛮状态并不比与美学完全相辅相成的文化更好或更糟。假设艺术已经终结、自灭、消亡或者朝不保夕。但这一切并非意味着过去艺术的内容也必然会消失殆尽。艺术很可能凭借其过去的内容在一个崭新的、不同的、摆脱了野蛮文化的社会中得以幸存。①

显然，阿多尔诺流露出深刻的担忧情绪，然而他并没有表达和黑格尔相一致的艺术衰亡的观点，相反，他在对当代艺术的复杂性的分析之中，窥视到艺术的巨大生命张力，看到艺术不可克服的再生和复活的本性。我国学者朱狄认为："'艺术死亡'的命题之所以成为热门话题，与其说与黑格尔的预言有关，还不如说与当今西方艺术界的现状有关。当传统的'艺术'观念已被冲击，新的'艺术'观念又远未取得普遍承认的情况下，出现'艺术死亡'的讨论是毫不足怪的。"② 这一看法无疑具有某种的合理性。然而问题的复杂性似乎还远不止于这些。人们之所以滋生对于自己的历史和文明的深重的忧虑和悲剧感，因为世界的发展和技术的进步越来越呈现人类自我毁灭的趋向。而毁灭包括艺术在内的文明历史的主要因素可能就是人类及其发明的"技术"。水能载舟亦能覆舟的古训用于技术和艺术也基本合适。

然而，怀疑论美学对于黑格尔的"艺术死亡"的论断表示决然的存疑态度。它对于艺术的未来命运表示出乐观主义的情绪，因为

---

① 〔德〕阿多尔诺：《美学理论》，王柯平译，四川人民出版社 1998 年版，第 6 页。

② 朱狄：《当代西方艺术哲学》，人民出版社 1994 年版，第 513 页。

它直觉地领悟到，艺术属于人类永恒的精神家园，为心灵的神圣信仰和审美的终极境界，它是指引着人类在灰暗的历史路径上踽踽前行的星斗和灯光，它是人类的自我幻象和自我提问，最大限度地激发生命本体的智慧和想象、良知和人性。艺术是既澄明又朦胧的彼岸世界和隐藏无限可能性的神秘境界，它是人类的第二“自我”和永远的“情人”，它将伴随人类泅渡永恒的生命之河，这也是怀疑论美学所不“存疑”的对美和艺术的坚定信仰。

附　录

主要参考文献

一、古代典籍

《诸子集成》，中华书局 1954 年版。
《老子》，中华书局 1986 年版。
《论语》，中华书局 2006 年版。
《墨子》，中华书局 2011 年版。
司马迁:《史记》，中华书局 1982 年版。
《南华真经注疏》，郭象注，成玄英疏，中华书局 1998 年版。
王弼:《老子注》，楼宇烈校释，中华书局 2008 年版。
《王弼集》，中华书局 1980 年版。
《阮籍集校注》，中华书局 1987 年版。
《嵇康集》，人民文学出版社 1962 年版。
向秀:《庄子注》，中华书局 1983 年版。
郭象:《庄子注》，成玄英疏，中华书局 2011 年版。
葛洪:《抱朴子内篇》，中华书局 1985 年版。
葛洪:《抱朴子外篇》，中华书局 1991 年版。
刘义庆:《世说新语》，中华书局 2011 年版。
释僧祐:《弘明集》，上海古籍出版社 1991 年版。
《陆柬之文赋》，上海书画出版社 2000 年版。
刘勰:《文心雕龙》，上海古籍出版社 2010 年版。
钟嵘:《诗品》，上海古籍出版社 2007 年版。
《金刚经》，中华书局 2007 年版。
慧能:《坛经》，中华书局 2012 年版。
陆德明:《经典释文・庄子音义》，中华书局 1983 年版。

释赞宁:《宋高僧传》，中华书局 1987 年版。
释普济:《五灯会元》，中华书局 1984 年版。
郭熙:《林泉高致》，中华书局 2010 年版。
《张载集》，中华书局 1978 年版。
《二程集》，中华书局 1981 年版。
《沧浪诗话校释》，人民文学出版社 2005 年版。
《朱子语类》，中华书局 1999 年版。
宣颖:《南华经解》，清康熙十六年（1890）宝旭斋刊本。
郭庆藩:《庄子集释》，中华书局 2004 年版。
王先谦:《庄子集解》，中华书局 1987 年版。
王夫之:《庄子解》，中华书局 1964 年版。
李渔:《闲情偶寄》，中国社会科学出版社 2009 年版。
刘熙载:《艺概》，中华书局 2009 年版。
何文焕:《历代诗话》，中华书局 1081 年版。

二、今人著述

王国维:《人间词话》，中华书局 2009 年版。
冯友兰:《中国哲学史新编》，人民出版社 1980 年修订本。
侯外庐等:《中国思想通史》，人民出版社 1957 年版。
崔大华:《庄学研究》，人民出版社 1992 年版。
全增嘏:《西方哲学史》，上海人民出版社 1983 年版。
李泽厚:《批判哲学的批判》，人民出版社 1984 年版。
刘放桐:《现代西方哲学》，人民出版社 1990 年修订本。
任继愈主编:《中国哲学史》，人民出版社 1979 年版。
范明生:《晚期希腊哲学和基督教神学》，上海人民出版社 1993 年版。
汪子嵩、范明生、陈村富、姚厚介等:《希腊哲学史》，人民出版社 1993 年版。
陈鼓应:《老庄新论》，上海古籍出版社 1992 年版。
陈鼓应:《悲剧哲学家尼采》，三联书店 1987 年版。
北京大学哲学系中国哲学史教研室编:《中国哲学史》，中华书局 1980 年版。
朱光潜:《西方美学史》，人民文学出版社 1979 年版。
蒋孔阳:《德国古典美学》，商务印书馆 1980 年版。
蒋孔阳、朱立元主编:《西方美学通史》，上海文艺出版社 1999 年版。

伍蠡甫主编:《西方文论选》，上海译文出版社 1979 年版。
侯外庐等主编:《宋明理学史》，人民出版社 1997 年版。
徐崇温主编:《存在主义哲学》，中国社会科学出版社 1986 年版。
《现象学与哲学评论》(《现象学在中国》特辑)，上海译文出版社 2003 年版。
《现象学与哲学评论》(《现象学与中国文化》)，上海译文出版社 2003 年版。
冯俊等:《后现代主义哲学讲演录》，商务印书馆 2003 年版。
高宣扬:《福柯的生存美学》，中国人民大学出版社 2005 年版。
高宣扬:《当代法国思想五十年》，中国人民大学出版社 2005 年。
袁可嘉:《欧美现代派文学概论》，广西师范大学出版社 2003 年版。
徐复观:《中国艺术精神》，华东师范大学出版社 2001 年版。
田兆元:《神话与中国社会》，上海人民出版社 1998 年版。
颜翔林:《后形而上学美学》，中国社会科学出版社 2010 年版。
颜翔林:《死亡美学》，上海人民出版社 2008 年版。

三、中文译本（按作者名字汉语拼音字母音序排列）

〔德〕阿多尔诺:《美学理论》，王柯平译，四川人民出版社 1998 年版。
〔美〕S. 阿瑞提:《创造的秘密》，钱岗南译，辽宁人民出版社 1987 年版。
〔美〕V.C. 奥尔德里奇:《艺术哲学》，程孟辉译，中国社会科学出版社 1986 年版。
〔英〕艾耶尔:《20 世纪哲学》，李步楼等译，上海译文出版社 1987 年版。
〔法〕《波德莱尔美学论文选》，郭宏安译，人民文学出版社 1987 年版。
〔阿根廷〕豪尔赫·博尔赫斯:《博尔赫斯论诗艺》，陈重仁译，上海译文出版社 2002 年版。
〔苏联〕巴克拉捷:《近代德国资产阶级哲学史纲要》，涂纪亮等译，中国社会科学出版社 1980 年版。
〔法〕热尔曼·巴赞:《艺术史》，刘毅明译，上海人民美术出版社 1989 年版。
〔法〕列维-布留尔:《原始思维》，丁由译，商务印书馆 1981 年版。
〔古希腊〕《柏拉图文艺对话集》，朱光潜译，人民文学出版社 1963 年版。
〔古希腊〕柏拉图:《理想国》，郭斌和、张竹明译，商务印书馆 1986 年版。
〔法〕罗兰·巴尔特:《符号学原理》，王东亮译，三联书店 1999 年版。
〔法〕R. 巴特:《符号学美学》，董学文、王葵译，辽宁人民出版社 1987 年版。
〔德〕瓦尔特·比梅尔:《当代艺术的哲学分析》，孙周兴、李媛译，商务印书馆 1999 年版。

〔英〕克莱夫・贝尔:《艺术》,周金环、马钟元译,中国文联出版公司 1984 年版。
〔美〕露丝・本尼迪克特:《文化模式》,王炜等译,三联书店 1988 年版。
〔英〕鲍桑葵:《美学史》,张今译,商务印书馆 1985 年版。
〔美〕威廉・巴雷特:《非理性的人》,杨照明、艾平译,商务印书馆 1995 年版。
〔德〕瓦尔特・本雅明:《发达资本主义时代的抒情诗人》,张旭东、魏文生译,三联书店 1989 年版。
〔法〕米盖尔・杜夫海纳:《美学与哲学》,孙非译,中国社会科学出版社 1985 年版。
〔法〕丹纳:《艺术哲学》,傅雷译,人民文学出版社 1963 年版。
〔法〕笛卡儿:《第一哲学沉思集》,庞景仁译,商务印书馆 1980 年版。
〔法〕笛卡儿:《哲学原理》,关文运译,商务印书馆 1959 年版。
〔德〕威廉・狄尔泰:《体验与诗》,胡其鼎译,三联书店 2003 年版。
〔德〕玛克斯・德索:《美学和艺术理论》,兰金仁译,中国社会科学出版社 1987 年版。
〔古希腊〕塞克斯都・恩披里可:《悬搁判断与心灵宁静》,包利民等译,中国社会科学出版社 2004 年版。
〔德〕费尔巴哈:《基督教的本质》,荣震华译,商务印书馆 1984 年版。
〔法〕福柯:《性经验史》,佘碧平译,上海人民出版社 2003 年版。
〔法〕福柯:《疯癫与文明》,刘北成、杨远婴译,三联书店 1999 年版。
〔美〕弗洛姆:《人心》,孙月才、张燕译,商务印书馆 1989 年版。
〔美〕弗罗姆:《爱的艺术》,李健民译,商务印书馆 1987 年版。
〔美〕弗罗姆:《逃避自由》,北方文艺出版社,1987 年版。(该书未标明译者)
〔奥〕弗洛依德:《梦的释义》,张燕云译,辽宁人民出版社 1987 年版。
〔奥〕《弗洛伊德论美文选》,张唤民、陈伟奇译,知识出版社,1987 年版。
〔奥〕弗洛伊德:《图腾与禁忌》,杨庸一译,中国民间文艺出版社 1986 年版。
〔英〕弗雷泽:《金枝》,徐育新等译,大众文艺出版社 1998 年版。
〔英〕E.H. 冈布里奇:《艺术与幻觉》,卢晓华译,工人出版社 1988 年版。
〔德〕哈贝马斯:《作为“意识形态”的技术和科学》,李黎、郭官义译,学林出版社 1999 年版。
〔德〕海德格尔:《诗・语言・思》,彭富春译,文化艺术出版社 1991 年版。
〔德〕海德格尔:《存在与时间》,陈嘉映、王庆节译,三联书店 1987 年版。
〔德〕海德格尔:《尼采》,孙周兴译,商务印书馆 2003 年版。

〔德〕海涅:《论德国宗教和哲学的历史》，海安译，商务印书馆 2000 年版。
〔美〕C.S. 霍尔、V.L. 诺德贝:《荣格心理学入门》，冯川译，三联书店 1987 年版。
〔美〕D.C. 霍埃:《批评的循环》，兰金仁译，辽宁人民出版社 1987 年版。
〔德〕黑格尔:《哲学史讲演录》，贺麟、王太庆译，商务印书馆 1959 年版。
〔德〕黑格尔:《美学》，朱光潜译，商务印书馆 1979 年版。
〔德〕黑格尔:《小逻辑》，贺麟译，商务印书馆 1980 年版。
〔英〕特伦斯·霍克斯:《结构主义和符号学》，瞿铁峰译，上海译文出版社 1987 年版。
〔奥地利〕爱德华·汉斯立克:《论音乐的美》，杨业志译，人民音乐出版社 1982 年版。
〔德〕H.G. 加达默尔:《真理与方法》，洪汉鼎译，上海译文出版社 1999 年版。
〔美〕H. 加登纳:《艺术与人的发展》，兰金仁译，光明日报出版社 1988 年版。
〔日〕今道友信等:《存在主义美学》，崔相录、王生平译，辽宁人民出版社 1997 年版。
〔丹〕基尔克郭尔:《概念恐惧·致死的病症》，京怀特译，上海三联书店 2004 年版。
〔法〕加缪:《西西弗的神话》，杜小真译，西苑出版社 2003 年版。
〔美〕凯·埃·吉尔伯特、〔德国〕赫·库恩:《美学史》，夏乾丰译，上海译文出版社 1989 年版。
〔德〕康德:《判断力批判》，宗白华译，商务印书馆 1964 年版。
〔德〕康德:《纯粹理性批判》，蓝公武译，商务印书馆 1960 年版。
〔俄〕康定斯基:《艺术中的精神》，中国人民大学出版社 2003 年版。
〔意〕克罗齐:《美学原理·美学纲要》，朱光潜译，人民文学出版社 1983 年版。
〔德〕卡西尔:《人论》，甘阳译，上海译文出版社 1985 年版。
〔德〕卡西尔:《语言与神话》，于晓等译，三联书店 1988 年版。
〔英〕赫伯特·里德:《现代艺术哲学》，曹剑译，百花文艺出版社 1999 年版。
〔美〕苏珊·朗格:《情感与形式》，刘大基等译，中国社会科学出版社 1986 年版。
〔美〕苏珊·朗格:《艺术问题》，滕守尧等译，中国社会科学出版社 1983 年版。
〔美〕戴维·利明、埃德温·贝尔德:《神话学》，李培茱等译，上海人民出版社 1990 年版。
〔美〕波林·玛丽·罗斯诺:《后现代主义与社会科学》，张国清译，上海译文出版社 1998 年版。

〔美〕M. 李普曼主编:《当代美学》，邓鹏译，光明日报出版社 1986 年版。
〔英〕罗素:《西方哲学史》，何兆武、李约瑟译，商务印书馆 1963 年版。
〔英〕罗素:《宗教与科学》，徐奕春、林国夫译，商务印书馆 1982 年版。
〔法〕卢梭:《社会契约论》，何兆武译，商务印书馆 1980 年版。
〔法〕勒维纳斯:《上帝·死亡与时间》，余中先译，三联书店 1997 年版。
〔德〕莱辛:《拉奥孔》，朱光潜译，人民文学出版社 1979 年版。
〔德〕《马克思恩格斯选集》，人民出版社，1972 年版，第 1—4、19、26、31、40、42 卷。
〔法〕雅克·马利坦:《艺术与诗中的创造性直觉》，刘有元等译，三联书店 1991 年版。
〔英〕马林诺夫斯基:《文化论》，费孝通等译，中国民间文艺出版社 1987 年版。
〔英〕马林诺夫斯基:《巫术、科学、宗教与神话》，李安宅译，中国民间文艺出版社 1986 年版。
〔德〕马尔库塞:《审美之维》，李小兵译，三联书店 1989 年版。
〔德〕马尔库塞:《爱欲与文明》，黄勇、薛明译，上海译文出版社 1987 年版。
〔法〕保罗·里克尔:《恶的象征》，公车译，上海人民出版社 2003 版。
〔美〕托马斯·门罗:《走向科学的美学》，石天曙、滕守尧译，中国文联出版公司 1985 年版。
〔美〕马斯洛:《自我实现的人》，许金声、刘峰译，三联书店 1987 年版。
〔美〕马斯洛:《存在心理学探索》，李文湉译，云南人民出版社 1987 年版。
〔美〕马斯洛、弗罗姆等:《人的潜能与价值》，华夏出版社 1987 年版。
〔美〕G.F. 穆尔:《基督教简史》，郭舜平等译，商务印书馆 1981 年版。
〔德〕尼采:《悲剧的诞生》，周国平译，三联书店 1986 年版。
〔英〕R.B. 培里:《价值与评价》，刘继编选，中国人民大学出版社 1989 年版。
〔瑞士〕荣格:《人·艺术和文学中的精神》，卢晓晨译，工人出版社 1988 年版。
〔瑞士〕荣格:《心理学与文学》，冯川、苏克译，三联书店 1987 年版。
〔瑞士〕荣格:《分析心理学的理论与实践》，成穷、王作虹译，三联书店 1991 年版。
〔德〕斯宾格勒:《西方的没落——世界历史的透视》，齐世荣等译，商务印书馆 1963 年版。
〔德〕叔本华:《作为意志和表象的世界》，石冲白译，商务印书馆 1982 年版。
〔德〕叔本华:《生存空虚说》，陈晓南译，作家出版社 1988 年版。

〔美〕杰克·斯佩克特:《艺术与精神分析》,高建平等译,文化艺术出版社1990年版。

〔美〕K.T. 斯托曼:《情绪心理学》,张燕云译,辽宁人民出版社1987年版。

〔法〕列维-斯特劳斯:《野性的思维》,李幼蒸译,商务印书馆1987年版。

〔法〕萨特:《存在与虚无》,陈宣良等译,三联书店1987年版。

〔法〕雅克·施兰格等:《哲学家和他的假面具》,徐有渔等译,社会科学文献出版社1999年版。

〔美〕乔治·桑塔耶纳:《美感》,缪灵珠译,中国社会科学出版社1982年版。

〔德〕舍勒:《死·永生·上帝》,孙周兴译,中国人民大学出版社2003年版。

〔美〕梯利:《西方哲学史》,葛力译,商务印书馆1995年版。

〔德〕席勒:《美育书简》,徐恒醇译,中国文联出版公司1984年版。

〔德〕谢林:《艺术哲学》,魏庆征译,中国社会出版社1996年版。

〔德〕文德尔班:《哲学史教程》,罗达仁译,商务印书馆1997年版。

〔意〕维柯:《新科学》,朱光潜译,人民文学出版社1986年版。

〔德〕W. 沃林格:《抽象与移情》,王才勇译,辽宁人民出版社1987年版。

〔美〕理查德·乌尔海姆:《艺术及其对象》,傅志强、钱岗南译,光明日报出版社1990年版。

〔美〕雷·韦勒克、奥·沃伦:《文学理论》,刘象愚等译,三联书店1984年版。

〔美〕R. 韦勒克:《批评的诸种概念》,丁泓、余徵译,四川文艺出版社1988年版。

〔美〕约翰·维克雷编:《神话与文学》,潘国庆等译,上海文艺出版社1995年版。

〔德〕西美尔:《生命直观》,刁承俊译,三联书店2003年版。

〔古希腊〕亚里士多德:《诗学》,罗念生译,人民文学出版社1962年版。

〔古希腊〕亚里士多德:《尼各马可伦理学》,廖申白译,商务印书馆2003年版。

〔美〕詹姆逊:《后现代主义与文化理论》,唐小兵译,北京大学出版社1997年版。

〔美〕詹姆逊:《语言的牢笼·马克思主义与形式》,钱佼汝、李自修译,百花洲文艺出版社1995年版。

四、外文文献

Benedetto Croce, *Poetry And Literature*, Carbondale: Southern Illinois University Press, 1981.

Benedetto Croce, *Aesthetics–As Science of Expression and General Linguistic*, London: Macmillan & Co. Ltd., 1922.

Theodor W.Adorno, *Aesthetic Theory*, London: Routledge & Keganpaul, 1984.

Theodor W.Adorno, *The Philosophy of Modern Music*, New York: Seabury, 1973.

Hans–Georg Gadamer, *Truth and Method*, New York: The Crossroad Publishing Corporation, 1989.

Hans–Georg Gadamer, *The Relevance of The Beautiful And other Essays*, Cambridge: Cambridge University Press, 1986.

James Dicenso, *Hermeneutics And The Disclosure of Truth—A Study In The Work of Heidegger, Gadamer, And Ricoeur*, America: The University Press of Virginia, 1990.

Pauline Marie Rosenau, *Post–Modernism and the Social Sciences Insights, Inroads, and Intrusions*, New Jersey: Princeton University Press, 1992.

Curt John Ducasse, *The Philosophy of Art*, New York: The Dial Press, 1929.

Nelson Goodman, *Languages of Art*, Indiana: The Bobbs–Merrill Company Inc., 1968.

Wasily Kandinsky, *Concerning the Spiritual in Art*, New York: George Wittenborn Inc., 1955.

Frederic Jamesom, *Marxism and Form: Twentieth–Century Dialectical Theories of Literature*, New Jersey: Princeton University Press, 1974.

Robin George Collingwood, *The Principles of Art*, Oxford: Oxford University Press, 1938.

Jean–Paul Sartre, *Essays In Aesthetics, Selected And Translated By Wade Baskin*, New York: The Citadel Press, 1963.

William Barrett, *Irrational Man*, New York: Doubleday & Company Inc., 1962.

Hilary Putnam, *Reason, Truth, And History*, Cambridge: Cambridge University Press, 1981.

Virgil C.Aldrich, *Philosophy of Art*, New Jersey: Prentice–Hall Inc., 1963.

George Santayana, *The Sense of Beauty: Being the outline of Aesthetic Theory*, New Jersey: Dover Publications Inc., 1955.

Erich Fromm, *The Heart of Man*, New York: Happer Colopkon Press, 1980.

Michel Foucault, *Language, Counter–Memory, Practice*, Ithaca: Cornell University Press, 1977.

Michel Foucault, *The Archaeology of Knowledge*, New York: Pantheon, 1972.

Martin Heidegger, *Poetry, Language, Thought*, New York: Harper & Row, 1971.
Martin Heidegger, *On the Way to Language*, New York: Harper& Row, 1972.
Ludwig Wittgenstein, *Philosophical Investigations*, Oxford: Blackwell, 1953.
Enst Cassirer, *Symbol, Myth and Culture*, New Haven: Yale University Press, 1979.
Jacques Derrida, *Writing and Difference*, Chicago: The University of Chicago Press, 1978.
Jügen Habermas, *The Structural Transformation of The Public Sphere*, Cambridge: The MIT Press, 1987.

主要人名、术语对照

A

Aphasia 无言、沉默
Aesthetic attitude 审美态度
Ataraksia 宁静
Adorno, Theodor Wiesengrund 阿多尔诺
Abstraction 抽象
Abstract thought 抽象思维
Aesthetics 美学
Aesthetic mysticism 美学神秘主义
Aesthesis 审美
Aesthetic appreciation 审美欣赏
Aesthetic experience 审美经验
Appearance 表象
Archetypes 原型
Archetypal images 原型意象
Aristotle 亚里士多德
Art 艺术
Artist 艺术家
Antinomy 二律背反
Autonomy 自律
Absolute 绝对
Absolute idea 绝对理念
Alienation 异化
Allegory 寓言、寓意
Anthropologist 人类学家
Axiology 价值论
Apprehension 理解力
Analogy 类比

B

Bell, Clive 贝尔
Beauty 美
Beautiful 美的
Bosanquet, Bernard 鲍桑葵
Bullough, Edward 布洛
Being 在
Black humour 黑色幽默
Bergson, Henri 柏格森
Barthes, Roland 巴特

C

Catharsis　净化
Complex　情结
Collective unconscious　集体无意识
Composition　创作
Conception　概念
Causal laws　因果律
Consonance　和谐
Content　内容
Croce, Benedetto　克罗齐
Criticism　批评
Cassirer, Ernst　卡西尔
Consciousness　意识
Charm　魅力
Composition　构思
Classic art　古典艺术
Classic aesthetics　古典美学
Classicism　古典主义
Connoisseurship　鉴赏能力
Contemplation　观照、静观
Chance　偶然性
Conflict　冲突
Characteristic　特性
Cultural hegemony　文化霸权
Cultural industry　文化产业
Cosmos　宇宙、世界
Cause　原因
Context　语境

D

Description　描述
Diachronical　历时性
Detachment　超然
Disinterestendness　无利害关系
Disposition　意向
Dualism　二元论
Dialectic method　辩证法
Dialogue　对话
Deconstruction　解构
Defamiliarization　陌生化
Descartes, René　笛卡儿
Derrida, Jacques　德里达
Dreams　梦幻
Dionysus　狄俄倪索斯
Death　死亡
Discourse　话语
Desire　欲望、期望
Discharge　释放
Despair　绝望

E

Emotion　情感
Empathy　移情作用
Evaluation　评价
Expression　表现
Essence　本质
Essentialism　本质主义
Epokhe　存疑
Epoche　悬置
Erlebnis　体验
Expectations　期望
Enthusiasm　激情
Element　要素

F

Feeling　情感
Form　形式
Formalism　形式主义
Feuerbach, Ludwig Andreas　费尔巴哈

Fromm, Erich 弗洛姆
Freud, Sigmund 弗洛伊德
Foucault, Michel 福柯
Freedom 自由
Function 功能
Fancy 幻想
Free association 自由联想
Fiction 虚构
Figuration arts 造型艺术

G

Gadamer, Hans-Georg 伽达默尔
Greek 古希腊
Genius 天才

H

Hanslick, Eduard 汉斯立克
Hume, David 休谟
Hegel, Georg Wilhelm Friedrich 黑格尔
Habermas, Jügen 哈贝马斯
Husserl, Edmund 胡塞尔
Hermeneutics 阐释学
Heidegger, Martin 海德格尔
Harmony 和谐
Human nature 人性
Horizon 视界

I

Individualization 个性化
Idea 观念
Id 本我
Intellect 理智
Inspiration 灵感
Introspection 内省
Isostheneia 均等
Imitation 模仿
Idealism 唯心主义
Illusion 幻觉
Instinct 本能
Imagery 意象、比喻
Images 形象
Image 想象
Imagination 想象力
Impression 印象
Interperetation 解释
Irrationalism 非理性主义
Inference 推断
Iension 张力
Infinite 无限性
Intuition 直觉

J

Judgement 判断
Jung, Carl 荣格
Justice 正义

K

Kant, Immanuel 康德
Knowledge 知识、认识

L

Levi-Strauss, Claude 列维-斯特劳斯
Lévy-Brühl, Lucién 列维-布留尔
Langer, Susanne 朗格
Logos 逻各斯
Logical positivism 逻辑实证主义
Logical realism 逻辑实在论
Laws 规律

Liberty 自由
Legality 合法性
Libido 原欲
Libe instinct 生命本能

M

Marcuse, Herbert 马尔库塞
Meaning 意义
Metaphor 隐喻
Mimesis 摹拟
Medium 媒介
Metaphysics 形而上学
Myth 神话
Mythology 神话学
Mask 面具
Mysticism 神秘主义
Madness 迷狂
Materialism 唯物主义
Margin 边缘
Mass 大众
Mainusch, Herbert 曼纽什

N

Nihility 虚无
Nihilism 虚无主义
Nietzsche, Friedrich Wilhelm 尼采
Negation 否定
Normative description 规范性描述
Nationalism 民族主义
Necessity 必然性
Nature 自然
Naturalism 自然主义
Narcissism 自恋欲、自恋情结
Narration 叙述

O

Object 客体
Objectivity 客观性
Originality 独创性
Ontology 本体论
Oedipus complex 俄狄浦斯情结

P

Plato 柏拉图
Pyrrhon 皮罗
Plotinos 普罗提诺
Pattern 样式
Perceptino 知觉
Phenomena 现象
Phenomenalism 现象主义
Phenomenology 现象学
Prehension 领悟
Psychical distance 心理距离
Premiss 前提
Philosophy of art 艺术哲学
Play 游戏
Probability 可能性
Pretence 伪装
Pure art 纯艺术
Pluralism 多元论
Purposiveness 合目的性
Psychoanalysis 精神分析学
Pleasure 快感
Peak-experience 高峰体验
Paganism 偶像崇拜
Poem 诗
Poetry 诗歌
Poet 诗人

Positivism 实证主义
Postmodernism 后现代主义
Power 权利

Q

Question 提问
Qualification 限定

R

Reticency 沉默
Rickert, Heinrich 李凯尔特
Representation 再现
Rules 规则
Relation 关系
Rationality 合理性
Reason 理性
Rationalism 理性主义
Rhetoric 修辞学
Recreation 娱乐
Religion 宗教
Primordial images 原始意象

S

Santayana, George 桑塔耶纳
Salvation 拯救
Skeptical aesthetics 后形而上学美学
Schiller, Friedrich 席勒
Schelling, Friedrich Wilhelm Joseph von 谢林
Schopenhauer, Authur 叔本华
Sartre, Jean-Paue 萨特
Saussure, Ferdinand de 索绪尔
Signifiant 能指
Signifier 所指
Synchronical 共时性
Structure 结构
Structuralism 结构主义
Semantics 语义学
Significant form 有意味的形式
Scepticism 怀疑论、怀疑主义
Sensation 感觉
System 体系
Spiritual distance 心理距离
Style 风格
Subjectivism 主观主义
Subculture 亚文化
Symbols 象征
Super-ego 超我
Symbolism 象征主义
Sign 符号
Self 自我
Soul 心灵、灵魂
Self-consciousness 自我意识
Sublimity 崇高
Symmetry 对称
Spectator 观众
Sentiment 情绪
Sympathy 共鸣
Sublimation 升华
Suppression 压抑
Simmel, Georg 西美尔

T

Truth 真理
Totem 图腾
Taboo 禁忌
Texture 结构、特征
Technic 技巧

Thinking 思维
Tragedy 悲剧
Tragic consciousness 悲剧意识
The death instinct 死亡本能
Taste 趣味
Traditon 传统
Text 文本
The persona 人格面具

U

Unconscious 无意识
Universality 普遍性
Ugly 丑
Unity 统一性
Utopia 乌托邦
Universe 宇宙、世界

V

Value 价值
Value judgement 价值判断
Viability 生存性
Vision 视觉、幻象
Vent 宣泄

W

Wisdom 智慧
Wittgenstein, Ludwig 维特根斯坦
Windelband, Wilhelm 文德尔班
Work of art 艺术品
Will 意志

后记之一：面对青山

跋涉生命中苦涩而审美的路径，凝视青山，茂密的绿色犹如一场白日梦幻令心灵沉醉其间，直觉地感悟到稼轩“我见青山多妩媚，料青山见我应如是”的诗趣。也许，青山诱惑着生命冥冥之中的绿色约定。

朦胧中将自我融入青山中飘飞的绿色和落英的无言之中。青山无言，那是令人仰慕的最高和最虚无的美学状态，象征着空灵与飘逸的生命之般若，它是先哲孔圣所言的“仁”的至境。然而，沉醉于语言乌托邦的生灵无法逃逸于“言说”的悲剧，面对沉默的青山，油然地敬畏和崇拜，瞬间滋生自我有如微尘的感觉。于是，渴慕成为青山中一片发散着透明芳香的叶片，摈弃语言而成为一个沉默的倾听天籁的流浪者。

面对青山的碧树鸟鸣，觉得孤寂的语言像一朵飘飞的云，而沉默的思则像一片轻盈颤动的草叶。人和青山成为一个隐喻的对比：瞬间和永恒、欲求和超然、人籁和天籁……面对青山的刹那间，惊鸿照影而无思无言，生命存在类似青山中一片短瞬而落的叶片，留给大地的只是一个飘浮的阴影。然而，幻觉中作为青山的一片绿叶，希冀永久地收藏对大地的相思和眷念，期待生命终结的时刻对于青山的皈依，融化于青山的怀抱而成为一个永恒的无言者和倾听者，把对大地的思念寄附于弥散馨香的空谷幽兰……

面对青山，哲学和美学的任何言说似乎都多余和无奈，属于知其不可为而为之的绝望努力。然而，“绝望”构成哲学和美学的一种安身立命的存在方式，犹如青山的沉默无言构成一种诗意盎然的空灵意象。夕阳余辉给予青山宁静安详的触摸，它们无声地应和大自然之间的承诺和隐秘。作为青山里的一片绿色，负载着无上的幸运和幸福，沉思和言说实在是多余的“意义”，而选择无言也许是一种生命的大智慧。面对青山，“情与貌，略相似”，也许是诗意的自我欺骗。然而，生存于世间很大程度上是戴着审美的面具而行走。所以，我在“艺术”和“面具”之间找到了逻辑关联。

怀疑论美学的思和言，是面对青山的踽踽独行的踪迹。此论题，十余年前在湘江之畔有所萌芽，岳麓山的潭影枫香启悟心性。其后寓居金陵白云山下，又有幸数载春秋面对青山，日复一日地凝视观瞻和沉思阅读，于苦涩的境遇里获取无限的美学抚慰。

1999 年之秋，在丹桂弥香和银杏金黄的时节，至复旦大学哲学系从事博士后研究工作，潜心于此论题的探究。复旦哲学系硕儒荟萃，为一隅充满生机的学术青山，耳濡目染，有所受益。以刘放桐先生领衔的博士后流动站的诸位方家，惠予宝贵的教诲和批评。系主任吴晓明教授以其博识空灵的视野，多有雅正。朱晓红博士在科研方面给予热忱周到的帮助。在此，致以深深谢忱！沪上两个春秋，于复旦中心村幽静之环境，享受孤独的美学时光，得以清神静气地读书和沉思，也有机会时常拜会学术界的前辈和同仁，领略其乐融融的学术友情，有如面对青山的审美愉悦。

夕阳之中的面对青山，置身于回忆之树的枝叶：洪泽湖畔的清澈沼泽和白色飞鸟开启童心之于大自然的审美灵性，外祖母的忧郁故事和慈悲人格，赋予自己点点滴滴的生命智慧。负笈南国岳麓，受业于湘学界德高望重的樊篱先生，恩师悉心启教，于学术和人生均给予弟子以殷殷垂爱，留给我悠远的青山魂梦。随园三载，师从词学名家钟振振教授攻读博士学位，先生为师为兄，精湛学识与古典人格，惠我良多。

在笔者的学术路径上，有幸得到诸多师友的厚爱：著名散文家王充闾先生与后辈的忘年厚谊；中国社会科学院两位德高望重的长辈王保生先生、胡明先生和学兄王兆胜教授，启教良多；江苏社会科学院敦玉林研究员、皮后锋研究员，《书屋》胡长明编审、浙江大学章辉博士等挚友，给予古典情怀的价值支撑……均幻化为此时面对悠悠青山的审美体验。

黄昏降临，蝙蝠在暮色里起舞狂欢，难道它是身披玄羽黑衫的怀疑论者在黑暗中持美学姿态逍遥以游吗？也许，怀疑论美学就扮演着黄昏中飘然流浪的蝙蝠角色。默望着啼鸣的飞鸟安详地归巢栖居，返回到温馨的家，也许怀疑论美学也像这返林的飞鸟，心仪着皈依青山碧树的乡愁冲动……

青山暮色中迷幻的光与影，模糊了物象的差异，这是庄子“齐一”的境界吗？青山与自我融会于相互的无言凝视……作为一位怀疑论者，此时的心神，不再怀疑能够将自己幻化为青山丛林中的一丝绿色，化为黄昏中自由逍遥的蝙蝠和寻找碧树之家的飞鸟……面对青山，一切之一切，都融化于自然母体的虚无之美的纯粹的绿色梦幻之中……倾刻间，中止语言而让心神游向“道”的彼岸……

是为记。

颜翔林

世纪初暮春黄昏之中于金陵白云山下

初夏夜雨中

改定于沪上复旦园中心村

壬辰初冬

修订于永嘉茶山之望麓草庐

后记之二：重归岳麓

无雪的冬季是如此的寂寞，消失了漫天白絮的绝望和快乐的坠落感，那飘逸的音流呢喃着对天宇的相思和对大地的皈依。雪花绽放，犹如破裂的瓷片给人忧悒而温暖的美感。雪花退场的冬季，思的天空反而流淌出丝丝的清冷。临窗默坐，目光触摸午后阳光下青绿茂密的樟叶，才知道岳麓彻底地遗忘了冬天里的童话和童话里闪烁寒意的皑皑白雪。这无数透明芳香的樟叶分明是梦幻中的绿色雪片，它们多像童话世界里荡漾着浪漫色泽的迷幻眼睛。隐心于岳麓的怀抱，周身绕以午后的阳光，在冬天里凝视满目樟叶而宁静地倾听或独白。

重归岳麓，犹觉生命的境遇由若干偶然性所给定。胎衣埋于江淮，童年逍遥于洪泽湖畔的沙滩和沼泽，老父启蒙，混沌初开。十五岁异乡漂泊，艰辛求学，以愚顽之心叩问先贤良知。寂寞的求知路径上，时常萌生知识批判的冲动。究其原因，即是不同人生阶段承受于“知识”和“知识分子”的双重压榨。然而，更多受惠于诸多良师挚友们知识与智慧的双重启悟，弥足珍贵的友情作为心灵的永恒藏品。自江淮客居金陵，负笈湘水，随园执教，再至复旦园享受两载美学时光。其间，沉醉山林，明月神会，清风濯心，足以慰藉痴情黄卷的孤独者。

也许得山水之助而令本人的美学探究蒙幸：此课题获得复旦大学哲学系刘放桐先生、吴晓明先生、潘富恩先生、俞吾金先生、黄颂杰先生、金顺尧先生、张汝伦先生等诸位方家，于学理层面的严谨评判和热忱赞赏，启教我在余下的生命时间里竭尽心智于可爱的学术；那些不为我知的评委们，将此课题遴选为2001度国家社会科学基金项目。最后，致谢贤内李静女士，多年的悉心关照，使我忘却诸多世俗的烦恼，得以在美学的原野上自由地徜徉。

昨夜，闻悉已罹绝症的老父不能进食，千里之外的长子唯有无眠以守。追溯三十余年前，湖畔冰封之际，父亲于茅舍油灯之下，背诵《孟子见梁惠王》，其景切切，其情亦切切……电话里的声音依然超然，嘱咐儿子不必担心于他，自己明年春天就会好的。其实，父亲明知不久于世，他那份期待不是留给自己，而是留给儿子的。

回忆湖畔岁月，父亲时常以棍棒和肢体来“管理”和“开悟”儿子，儿子那时觉得父亲是一个强权和霸道的象征。今日反省，觉得父亲那个时代的“强权”和“霸道”，对儿子的长大不无裨益。反倒以为，我等这辈以“民主”自许的父亲们，在给予子女们诸多的溺爱和放任之后，他们能否寻找到理想的长大途径还是一个有待验证的问题。不过，无论如何，我们再也无法借鉴父亲的方式去管理儿子了，舍弃某些即使是曾经有用并习惯了的东西，也许意味着历史的变革。然而，作为一个具有怀旧情结的受虐者，儿子却深深地怀念父亲的棍棒和巴掌……因为它们构成了我的美学化的历史记忆。

午后的阳光穿透樟叶，它引导自己彻底地遗忘非美学化的欲念，心灵随着阳光在山林里自由而沉默地漫游。满山碧绿的树叶，那是碧绿的湖水吗？那是生命的心会？

颜翔林

2002年元旦午后于岳麓山望叶斋

改定于维也纳新年音乐会开始曲《健康进行曲》奏响之际

2014年11月21晨曦中再审定

跋：琴溪

三年前的四月，清明前后，淅沥小雨相伴，车行皖南，陪同友人由宣城经泾县往桃花潭。在绵延的青山里，沿途时现青砖灰瓦与粉墙的徽式建筑，掩映小桥流水，翠竹摇曳。不经意间，古樟浓荫如巨伞，桃花三两枝，由车窗诱惑我们的眼睛与抚慰心神。依我之见，皖南是一片真正意义上的江南，大约也是“最后的江南”。

细雨朦胧之中，忽然瞥见一块标志牌，写着“琴溪”的字样。不远处，一条细长的溪流在青山丛林和长满油菜花的金黄田野里蜿蜒。友人与我不由地停车驻足，流连于“琴溪”之畔。当然，吸引我们的不仅仅是周围的景致，还有“琴溪”这一命名。雨中的琴溪，水流略显湍急，两岸景色朦胧，它的美，令我们忘记了思与言，唯有凝视与沉默……

继续前行，车窗后再瞥见“琴溪”二字，情不自禁地将这一符号收藏在心底的记忆。

车上与友人对话，笑言自己对“琴溪”命名的臆测。其一，溪穿越于青山碧野，远望晶莹如丝，悠长柔媚犹如琴弦。其二，溪水潺潺，大自然的天籁之声，音韵优雅，仿佛琴瑟演奏，故名琴溪。其三，古人也许在此溪边美景，弹琴赋诗，饮酒论文……友人笑答，三种猜测都不无道理，然而，这仅是个想象力的游戏。沉吟片刻，友人推断：无论如何，琴溪的命名甚有诗意与情趣，绝非今人所为。

此次皖南之行，得一“琴溪”命名，也是审美的一大收获和满足了。至于琴溪命名，我们只有留给这清明的微雨和琴溪的水声去解答了。

皖南之行，留下“琴溪”的悬念一晃几个春秋，不时地萦绕心扉，可一直也无求解。遗忘是人的弱点之一，这是时间赋予人的自然秉性。渐渐地，觉得琴溪离自己越来越遥远，变得模糊混沌，变成一个朦胧而抽象的符号。

今年春天的一个雨夜，一杯清茶伴书香，偶尔翻阅清人王琦所注《李太白全集》，读到下列一首五律，题《酬崔十五见招》：

尔有鸟迹书，
相招琴溪饮。
手迹尺素中，
如天落云锦。
读罢向空笑，
疑君在我前。
长吟字不灭，
怀袖且三年。

读到此，不禁猛然站立，拍掌击案，大笑不已！不经意间，终于有了琴溪的答案。欣喜之余，不禁感慨昔日读书未精和学识有限，竟不知古老的琴溪，竟不知琴溪和诗仙李白有染！

释卷冥想，不禁感叹人以记忆力获取的知识有限，不禁感喟短暂人生的认识力有限。茫然间，感觉“有限性”才是生命的本真，世界上没有知识弥漫的主体，人的生命和知识都极其有限的。此为这一雨夜读书的体悟之一，可谓“有限性思维”或“有限性意识”。

其实，庄子早已以诗意的智慧在《养生主》说过“有限性”的话语：“吾生也有涯，而知也无涯。以有涯随无涯，殆已！已而为知者，殆而已矣！”庄子感叹，生命尺度有限，知识无限，人生在世，假若以有限的生命追求无限的知识是多么的不可能和危险。这是庄子有关“知识悲剧”和“生命悲剧”的哲学思维。然而，我还是为自己对于琴溪的无知而感喟。

品茗片刻，静下心来，不料又读到太白一首与琴溪相关的诗——《宣城长史弟昭赠余琴溪中双舞鹤，诗以见志》：

令弟佐宣城，
赠余琴溪鹤。
谓言天涯雪，
忽向窗前落。
白玉为毛衣，
黄金不肯博。
当风振六翮，
对舞临山阁。
顾我如有情，
长鸣似相托。
何当驾此物，
与尔腾寥廓。

友人赠送李白来自“琴溪”的白鹤，诗人欣喜不已，怜爱万端，即使黄金也不愿交换。此鹤白如雪，翎如玉，以含情的眼睛顾盼诗人，迎风舞动翅膀，对着李白长鸣，似乎有所托付。于是诗人期盼如古代的仙人驾乘白鹤，在寥廓的大千世界自由飞翔，寻找快乐和至美之所在。青年就有“学仙”志趣的李白，曾经有“吾将学仙去，冀与琴高言”的梦想，而琴溪恰恰是传说中仙人“琴高”的处所！

《一统志》云：“琴溪，在宁国府泾县东北二里，溪侧有琴台，相传琴高控鲤之所。”《江南通志》记载：“琴溪，在宁国府泾县，源出自宁国诸山，与溪头水合，西过琴高山下，乃名琴溪。传是仙人琴高控鲤之地。”《列仙传》：“琴高者，赵人也。以鼓琴为宋康王舍人，行涓彭之术。浮游冀州、涿郡之间。二百余年后，辞入涿水中取龙子。与弟子期日，皆洁斋待于水傍设祠，果乘赤鲤来，出坐祠中，旦有万人观之。留一月余，复入水去。”以上几则古代典籍的记载，足以说明“琴溪”的命名由来。李白的诗作，更带我的心神到历史时空中的琴溪……丹青水墨的琴溪之侧，盛唐气象的古琴台，李白与友人雅集台上，投壶饮酒，弹琴鼓瑟，赋诗论文。诗人情不自禁地吟咏：“古来登高人，今复几人在？”“别后登此台，愿言长相思。”……

窗外雨声清幽，轻悄地掩合书卷，追忆视觉印象模糊，内在意象却清晰唯美的琴溪，遥想琴台的所在。推测没有了琴台的溪水，没有了诗仙的溪流，它那份不为人感知的孤独与感伤又如何排遣？李白《把酒问月》有“今人不见古时月，今月曾经照古人。古人今人若流水，共看明月皆如此”的诗句，多么精妙的诗性智慧和美学玄思。我们再也见不到古代的琴溪，现在的琴溪只是古代琴溪的幻象，充其量只是审美的“影子”而已。然而，今天的琴溪，曾经栖息过仙人琴高，驻足过诗仙李白，还有自由盘旋过羽翮洁白如雪的仙鹤……然而，时空的无情，生命尺度的有限性，古人今人都如同琴溪流水，仰望明月也如此而已。一切之一切，都是有限个体，万象皆幻象。李白的诗歌和琴溪的因缘，这一审美关联再一次让我滋生“有限性存在”的意识。

琴溪的命名和仙人与关，与神话的传说相关，也和诗人、诗歌密切相关。与其说哲学起源从“惊异”开始，倒不如说哲学从“命名”开始更为确切。命名是人类对现象界进行分类和区别的开始，也是主体对意识结构的划分方法的认识路径。命名是精神本体对理解活动的确认，是知识积累的必要手段，也是科学的重要方法和策略。没有命名，人类的文明将无法建立，而所有的知识和科学则没有基础。然而，科学和世俗世界的命名往往追求实证与实用，没有美感和诗意，尤其一些出于政治权力和经济目的的命名，由于其霸权意识和功利欲求，距离诗意与美感更为遥远。以上是从命名的功能性讲，而从命名的时间性观察，古人的命名比今人的命名远富诗情画意，这也是今人为什么失落诗意和浪漫情怀的原因和标志之一。其中缘由之一，古人受惠于神话和宗教的意识，受惠于诗性智慧和卓荦奇妙的想象力，所以他们对世界的命名显然比今人的命名富有诗情画意，也更有咀嚼的味道。

由此联想“琴溪”的命名和我们对这一符号的直觉喜爱，真如友人所料，唯有古代，唯有古人才能有如此的命名。

旋即拨打友人的电话，快乐地交流读书感悟，告诉琴溪命名的答案，诉说太白的琴溪诗作带来的惊喜！友人在电话里分享“琴溪”的喜悦。最后，悠然地说道，琴溪虽在皖南，但经由古人的诗意命名，更有李白的诗作，诞生了超越实存的美感和魅力。此琴溪，是彼琴溪，也非等同彼琴溪。琴溪是现时与过去、实在和想象的美妙混合啊！我赞同友人的阐释。

这个雨夜，感慨琴溪，感叹知识的无限和自我的有限。由此推论，这本《怀疑论美学》也是有限性思维的果实，它像琴溪流水中的一束细微波澜，一朵不经意的浪花，一串短暂鸣响的音符，即兴而来，任性而去。倘若它能够留给阅读者有如琴溪风景的一瞥，即是一种超越时间的心会，为生命的小小快乐和美学的幸事！

是为再记。

颜翔林

壬辰五月十三于先祖光禄大夫曾为太守之永嘉修订